机械工程训练

（机械类）

主　编　李海越　刘凤臣　管晓光
主　审　李文双

哈尔滨工程大学出版社

内 容 简 介

本书突出机械工程训练的实用性、先进性和全面性。全书共分15章,包括绪论、金属材料及热处理、铸造、锻压、焊接、切削加工基础、车削、铣削、刨削、镗削、齿轮加工、磨削、钳工、数控加工技术、现代加工方法、零件加工工艺和结构工艺性、综合创新训练等主要内容。

本书可以作为高等学校工程训练(或金工实习)的基本教材,适用于机械类专业,其它专业也可选用,还可作为机械制造工程技术人员的参考书。

图书在版编目(CIP)数据

机械工程训练/李海越主编. —哈尔滨:哈尔滨工程大学出版社,2010.8(2014.6重印)
机械类专业适用
ISBN 978-7-81133-872-0

Ⅰ.①机… Ⅱ.①李… Ⅲ.①机械工程-高等学校-教材 Ⅳ.①TH

中国版本图书馆CIP数据核字(2010)第160258号

出版发行 哈尔滨工程大学出版社
社　　址 哈尔滨市南岗区东大直街124号
邮政编码 150001
发行电话 0451-82519328
传　　真 0451-82519699
经　　销 新华书店
印　　刷 哈尔滨市石桥印务有限公司
开　　本 787mm×1 092mm 1/16
印　　张 21.25
字　　数 515千字
版　　次 2010年8月第1版
印　　次 2014年6月第2次印刷
定　　价 38.00元
http://www.hrbeupress.com
E-mail:heupress@hrbeu.edu.cn

前 言 PREFACE

本书根据教育部教学指导委员会的《普通高等学校工程训练教学基本要求》、《工程材料及机械制造基础教学基本要求》和《普通高等学校工程训练中心建设基本要求》的精神,汲取和总结了新的教学经验与改革成果,结合普通高等学校工程训练基地教学的实际需要,在黑龙江科技学院李文双等主编的《机械工程训练》基础上修订而成。

本教材具有如下特点:

1. 对机械工程训练的知识和技能体系进行了整体优化,以基本要求为基础,教学实际应用为主线。努力做到通俗易懂,实用性强,有利于培养学生的工程实践能力。

2. 工程训练系列教材共三部,本书适用于机械类专业,教材内容突出了基础性与专业性,目的在于领引学生步入机械制造学科的神圣殿堂。

3. 在原教材的基础上,除了对所有内容进行修订外,还新增加了零件加工工艺和结构工艺性、综合创新训练两章。

4. 总结与借鉴了机械工程训练新的教学成果和教学经验,采用了国家新标准。

5. 本教材配有目的与要求、复习思考题和安全操作规程,方便广大师生使用。

本教材由黑龙江科技学院工程训练与基础实验中心组织编写,由李海越、刘凤臣和管晓光主编,其中李海越编写了第 1,2,6,14,15 章,刘凤臣编写了第 11,13 章,管晓光编写了第 4,5 章,徐靖编写了第 3 章,李光辉编写了第 7,8 章,孟庆强编写了第 9 章,徐衍锋编写了第 10 章,韩明志编写了第 12 章,全书由李文双主审。

由于编者水平有限,书中不妥之处,恳请读者批评指正。

编者
2010 年 7 月

目录
CONTENTS

目录 CONTENTS

第1章　绪　　论

机械工程训练,又称金工实习或机械制造实习,是一门传授机械制造基础知识和技能的实践性很强的技术基础课,它既是工科院校实践教学不可缺少的重要环节之一,又是“材料成形工艺基础”、“机械制造工艺基础”(原称“金属工艺学”)等课程先修的实践教学环节。

1.1　机械工程训练的内容

1.1.1　机械制造过程

机械是机器和机构的统称。机器和机构都是人为的组合体,各部分都有确定的相对运动,但机器还能代替人做功或转变能量。

1. 机械制造工程在国民经济中的巨大作用

现代机械制造工程有5大服务领域:(1)研制和提供能量转换机械,包括将热能、化学能、原子能、电能、流体压力能和天然机械能转换为适合于应用的机械能的各种动力机械,以及将机械能转换为所需要的其它能量的能量变换机械;(2)研制和提供用以生产各种产品的机械,包括农、林、牧、渔业机械和矿山机械以及各种重工业机械和轻工业机械等;(3)研制和提供从事各种服务的机械,如物料搬运机械,交通运输机械,医疗机械,办公机械,通风、采暖和空调设备以及除尘、净化、消声等环境保护设备等;(4)研制和提供家庭和个人生活用的机械,如洗衣机、电冰箱、钟表、照相机、运动器械和娱乐器械等;(5)研制和提供各种机械武器。

各种先进的仪器设备是机械、电子、计算机、自动控制、光学、声学和材料科学,甚至化学、生物与环境科学结合与交叉的产物。因此无论学生将来从事何种专业,机械制造工程的学习对他们的未来发展都会起着重要作用。

机械制造是人类按照市场的需求,运用主观掌握的知识和技能,借助于手工或可以利用的客观物质工具,采用有效的工艺方法和必要的能源,将原材料转化为最终机械产品,投放市场并不断完善的全过程。可以描述为宏观过程和具体过程。

2. 机械制造的宏观过程

机械制造的宏观过程如图1-1所示,首先设计图纸,再根据图纸制定工艺文件和进行工装的准备,然后是产品制造,最后是市场营销。再将各个阶段的信息反馈回来,使产品不断完善。

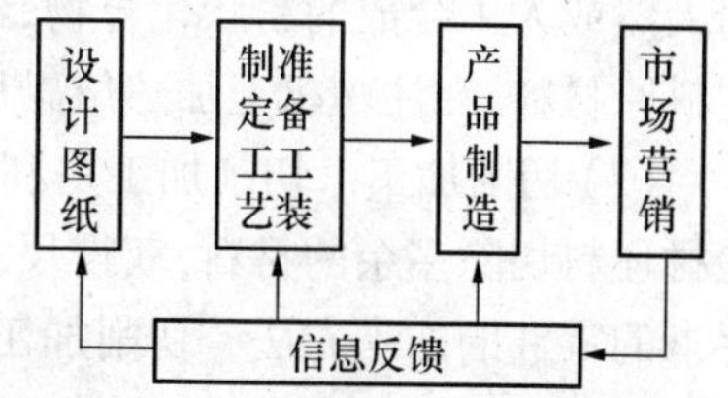

图1-1　机械制造的宏观过程

3. 机械制造的具体过程

机械制造的具体过程如图1-2所示。原材料包括生铁、钢锭、各种金属型材及非金属材料等。将原材料用铸造、锻造、冲压、焊接等方法制成零件的毛坯(或半成品、成品),再经过切削加工、特种加工制成零件,最后将零件和电子元器件装配成合格的机电产品。

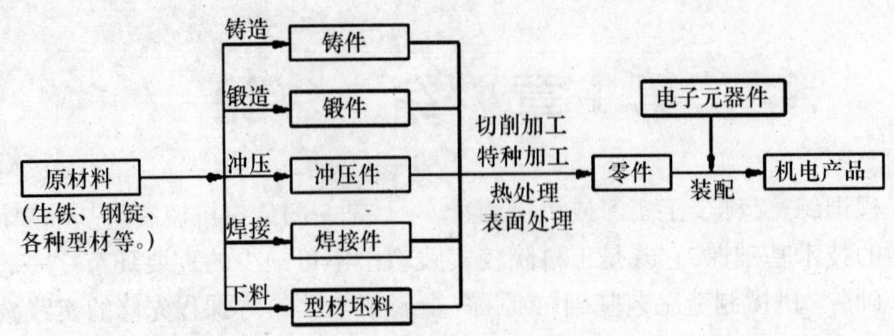

图1－2　机械制造的具体过程

现将机械制造过程中的主要工艺方法简介如下：

(1) 铸造　铸造是把熔化的金属液浇注到预先制作的铸型型腔中，待其冷却凝固后获得铸件的加工方法。铸造的主要优点是可以生产形状复杂、特别是内腔复杂的毛坯，而且成本低廉。铸造的应用十分广泛，在一般机械中，铸件的质量大都占整机质量的50%以上，如各种机械的机体、机座、机架、箱体和工作台等，大都采用铸件。

(2) 锻造　锻造是将金属加热到一定温度，利用冲击力或压力使其产生塑性变形而获得锻件的加工方法。锻件的组织比铸件致密，力学性能高，但锻件形状所能达到的复杂程度远不如铸件，锻造零件的材料利用率也较低。各种机械中的传动零件和承受重载及复杂载荷的零件，如主轴、传动轴、齿轮、凸轮、叶轮和叶片等，其毛坯大多采用锻件。

(3) 冲压　冲压是利用压力机和专用模具，使金属板料产生塑性变形或分离，从而获得零件或制品的加工方法。冲压通常在常温下进行。冲压件具有质量轻、刚度好和尺寸精度高等优点，各种机械和仪器、仪表中的薄板成形件及生活用品中的金属制品，绝大多数都是冲压件。

(4) 焊接　焊接是利用加热或加压(或两者并用)，使两部分分离的金属件通过原子间的结合，形成永久性连接的加工方法。焊接具有连接质量好、节省金属和生产率高等优点。焊接主要用于制造金属结构件，如锅炉、容器、机架、桥梁和船舶等，也可制造零件毛坯，如某些机座和箱体等。

(5) 下料　下料是将各种型材利用气割、机锯或剪切等而获得零件坯料的一种方法。

(6) 非金属成形　非金属成形在各种机械零件和构件中，除采用金属材料外，还采用非金属材料，如木材、玻璃、橡胶、陶瓷、皮革和工程塑料等。非金属材料的成形方法因材料的种类不同而有异，例如，橡胶制品是通过塑炼、混炼、成形和硫化等过程制成；陶瓷制品是利用天然或人工合成的粉状化合物，经过成形和高温烧结制成的；工程塑料制品是将颗粒状的塑料原材料，在注塑机上加热熔融后注入专用的模具型腔内冷却后制成的。

(7) 切削加工　切削加工是利用切削工具(主要是刀具)和工件作相对运动，从毛坯和型材坯料切除多余的材料，获得尺寸精度、形状精度、位置精度和表面粗糙度完全符合图样要求的零件的加工方法。切削加工包括机械加工(简称机工)和钳工两大类。机工主要是通过工人操纵机床来完成切削加工的，常见的机床有车床、铣床、刨床和磨床等，相应的加工方法称为车削、铣削、刨削和磨削等。钳工一般是通过工人手持工具进行切削加工的，其基本操作包括锯削、锉削、刮削、攻螺纹、套螺纹和研磨等，通常把钻床加工也包括在钳工范围内，如钻孔、扩孔和绞孔等。

(8) 特种加工　特种加工是相对传统切削加工而言的。切削加工主要依靠机械能，而特种加工是直接利用电、光、声、化学、电化学等能量形式来去除工件多余材料的。特种加工的方法很多，常用的有电火花、电解、激光、超声波、电子束和离子束加工等，主要用于各种难加工材料、复杂结构和特殊要求工件的加工。

(9) 热处理　热处理是将固态金属在一定的介质中加热、保温后以某种方式冷却，以改变其整体或表面全相组织而获得所需性能的加工方法。在毛坯制造和切削加工过程中常常要对工件进行热处理。通过热处理可以提高材料的强度和硬度，或者改善其塑性和韧性，充分发挥金属材料的性能潜力，满足不同的使用要求或加工要求。重要的机械零件在制造过程中大都要经过热处理。常用的热处理方法有退火、正火、淬火、回火和表面热处理等。

(10) 表面处理　表面处理是在保持材料内部组织和性能的前提下，改善其表面性能（如耐磨性、耐腐蚀性等）或表面状态的加工方法。除表面热处理外，表面处理常用的还有电镀、磷化、发蓝和喷塑等。

(11) 装配　装配是将加工好的零件及电子元器件按一定顺序和配合关系组装成部件和整机，并经过调试和检验使之成为合格产品的工艺过程。

(12) 热加工和冷加工　在单件小批生产中，习惯把铸造、锻造、焊接和热处理称为热加工，把切削加工和装配称为冷加工。

1.1.2　机械工程训练的内容

按照教育部《普通高等学校工程训练教学基本要求》等有关文件的精神，机械类专业机械工程训练应安排铸热、锻压、焊接、车工、铣刨、磨工、钳工、特种加工和数控加工等工种的训练。具体训练内容如下：

(1) 常用钢铁材料及热处理的基本知识；

(2) 冷热加工的主要加工方法及加工工艺；

(3) 冷热加工所用设备、附件及其工、夹、量、刀具的大致结构、工作原理和使用方法。

1.1.3　机械工程训练的教学环节

训练在工程训练基地（或中心）内按工种进行。教学环节有实际操作、现场演示和训练讲课等。

(1) 实际操作是训练的主要环节，通过实际操作获得各种加工方法的感性知识，初步学会使用有关的设备和工具。

(2) 现场演示在实际操作的基础上进行，以扩大必要的工艺知识面。

(3) 训练讲课包括概论课、理论课和专题讲座。

1.2　机械工程训练的目的

机械工程训练的目的是学习工艺知识，增强实践能力，提高综合素质，培养创新意识和创新能力。

1.2.1　学习工艺知识

学生应该具备较强的基础理论知识和专业技术知识外，还必须具备一定的机械制造的基本工艺知识。与一般的理论课程不同,学生在机械工程训练中,主要是通过自己的亲身实践来获取机械制造的基本工艺知识。这些工艺知识都是非常具体、生动而实际的,对于各专业的学生学习后续课程、进行毕业设计乃至以后的工作,都是必要的基础。

1.2.2 增强实践能力

这里所说的实践能力,包括动手能力,在实践中获取知识的能力,以及运用所学知识和技能独立分析和亲手解决工艺技术问题的能力。这些能力,对于大学生是非常重要的,而这些能力只能通过训练、实验、作业、课程设计和毕业设计等实践性课程或教学环节来培养。

在机械工程训练中,学生自己动手操作各种机器设备,使用各种工、夹、量、刀具,接触实际生产过程。

1.2.3 提高综合素质

作为一个工程技术人员,应具有较高的综合素质,即应具有坚定正确的政治方向,艰苦奋斗的创业精神,团结勤奋的工作态度,严谨求实的科学作风,良好的心理素质及较高的工程素质等。

工程素质是指人在有关工程实践工作中所表现出的内在品质和作风,它是工程技术人员必须具备的基本素质。工程素质的内涵应包括工程知识、工程意识和工程实践能力。其中工程意识包括市场、质量、安全、群体、环境、社会、经济、管理、法律等方面的意识。机械工程训练是在生产实践的特殊环境下进行的,对大多数学生来说是第一次接触工人,第一次用自身的劳动为社会创造物质财富,第一次通过理论与实践的结合来检验自身的学习效果,同时接受社会化生产的熏陶和组织性、纪律性的教育。学生将亲身感受到劳动的艰辛,体验到劳动成果的来之不易,增强对劳动人民的思想感情,加强对工程素质的认识。所有这些,对提高学生的综合素质,必然起到重要的作用。

1.2.4 培养创新意识和创新能力

培养学生的创新意识和创新能力,最初启蒙式的潜移默化是非常重要的。在工程训练中,学生要接触到几十种机械、电气与电子设备,并了解、熟悉和掌握其中一部分设备的结构、原理和使用方法。这些设备都是前人和今人的创造发明,强烈地映射出创造者们历经长期追求和苦苦探索所燃起的智慧火花。在这种环境下学习,有利于培养学生的创新意识。在训练过程中,还要有意识地安排一些自行设计、自行制作的创新训练环节,以培养学生的创新能力。

1.3 机械工程训练的要求

1.3.1 机械工程训练的特点

机械工程训练以实践为主,学生必须在教师的指导下,独立操作,它不同于一般理论性课程,其特点如下:

(1) 它没有系统的理论、定理和公式,除了一些基本原则以外,大都是一些具体的生产经验和工艺知识；

(2) 学习的课堂主要不是教室，而是具有很多仪器设备的训练室或实验室；

(3) 学习的对象主要不是书本，而是具体生产过程；

(4) 教学不仅有教师，而且以工程技术人员和现场教学指导人员为主导。

1.3.2 机械工程训练的学习

因为机械工程训练具有实践性教学特点，所以，学生的学习方法也应作相应的调整和改变。

(1) 要善于在实践中学习，注重在生产过程中学习工艺知识和基本技能；

(2) 要注意训练教材的预习和复习，按时完成训练作业、日记、报告等；

(3) 要严格遵守规章制度和安全操作规程，重视人身和设备的安全；

(4) 建议学生按照以下认知过程学习。

教学目的导向→预习复习→认真听讲→记好日记→遵章守纪→积极操作→确保安全→循序渐进→听从安排→完成作业(件)→主动学习→勇于创新→提高素质能力。

1.3.3 机械工程训练，安全第一

安全教学和生产对国家、集体、个人都是非常重要的。安全第一，既是完成机械工程训练学习任务的基本保证，也是培养合格的高质量工程技术人员应具备的一项基本的工程素质。在整个机械工程训练中，学生要自始至终树立安全第一的思想，必须遵守规章制度和安全操作技术规程，时刻警惕，不要有麻痹大意的情绪。

第 2 章　金属材料及热处理

【目的与要求】

1. 了解表面处理的一些方法、特点和应用；
2. 了解一些热处理生产环境保护知识；
3. 掌握金属材料热处理主要生产工艺过程及其特点；
4. 掌握热处理的安全技术操作规程；
5. 熟悉常用钢铁材料的种类、牌号、性能特点及选用。

2.1　金属材料的性能

金属材料的性能是指用来说明金属材料在给定条件下的行为参数。其性能主要表现在两个方面:一个是使用性能,一个是工艺性能。使用性能是指物理、化学、力学等方面的性能,工艺性能是指铸造、热处理、锻压、焊接、切削加工等方面的性能。

2.1.1 物理性能和化学性能

1. 物理性能

金属材料的物理性能主要包括密度、熔点、导热性、导电性、磁性、热膨胀性等。

密度是指在同一温度下单位体积物质的质量,一般用 ρ 表示,单位为 g/cm^3 或 kg/m^3。

熔点是指材料在缓慢加热时由固态转变为液态并有一定潜热吸收或放出时的转变温度。

导热性是指材料传导热量的能力。用热导率 λ 表示,单位为 $W/(m \cdot K)$。

导电性是指材料传导电流的能力。用电导率 γ 表示,单位为 S/m。

磁性是指材料在磁场中能被磁化或导磁的能力。也称为导磁性。一般用磁导率 μ 表示,单位为 H/m。

热膨胀性是指材料因温度改变而引起体积变化的现象,一般用线膨胀系数表示。

2. 化学性能

化学性能也就是指金属材料的化学稳定性,包含抗氧化性和耐蚀性。耐蚀性包含耐酸性和耐碱性。在腐蚀性介质中或在高温下服役的零部件比在正常的室温条件下腐蚀强烈。在设计这类零部件时应考虑选用化学稳定性比较好的合金钢。

2.1.2 力学性能

金属材料在外力作用下所表现出的各项性能指标统称为金属材料的力学性能,有四大力学性能指标:强度、塑性、硬度、韧性。力学性能是金属材料的主要性能,是机械设计、制造选择材料的主要依据。

1. 强度

金属材料在载荷的作用下抵抗变形和开裂的能力称为强度。其数值测定是按国家标准规定的标准试样(如图 2－1 所示)在试验机上测出的。

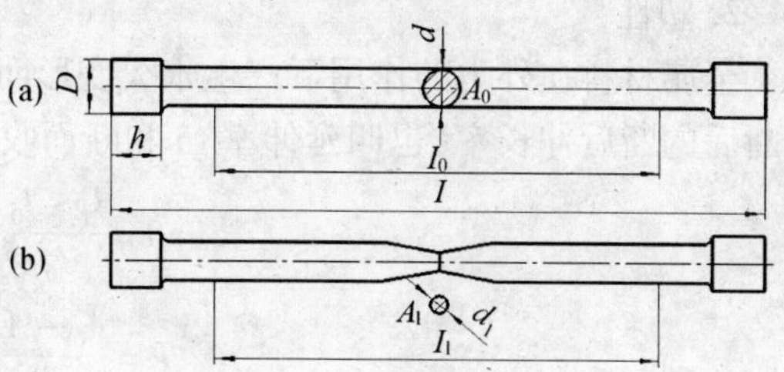

图 2－1　标准拉伸试样

根据试样在拉伸过程中承受的载荷和产生的变形量之间的关系可以获得拉伸曲线,如图 2－2 所示。试样在拉伸过程中可以看出有以下几个变形阶段:

(1) 弹性变形阶段 oe

这个阶段载荷 P 低于 P_e,伸长量与拉力成正比,试样只产生弹性变形,当外力去除后,试样能恢复到原来的长度。P_e 为能恢复原状的最大拉力,弹性极限用 σ_e 表示。

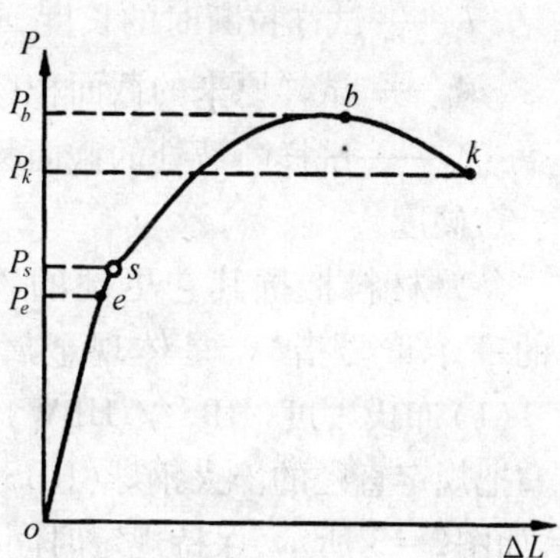

图 2－2　低碳钢的拉伸曲线图

(2) 屈服阶段 es

载荷达到 P_s 时曲线出现一个平台或锯齿形线段,这时不再增加载荷试样仍继续变形。屈服强度就是指材料开始屈服时的应力。屈服现象结束后曲线继续上升,表明试样又能承受更大的载荷了,材料在屈服点后得到了强化,这种现象叫屈服强化或形变强化,也叫冷作硬化或加工硬化。屈服强度用 σ_s 表示,单位用 MPa 表示。其计算公式为

$$\sigma_s = \frac{P_s}{A_0}$$

式中　σ_s——屈服强度;

P_s——试样产生屈服时的最小载荷,单位用 N 表示;

A_0——试样原始横截面积,单位用 mm^2 表示。

(3) 强化阶段 sb

当载荷超过 P_s 后,试样的伸长量又与载荷成曲线关系上升。在载荷增加不大的情况下而变形量却较大,表明这时试样产生大量的塑性变形。图中 P_b 是试样拉伸时的最大载荷。材料在拉断前所承受的最大拉应力称为抗拉强度,用 σ_b 表示。其计算公式为

$$\sigma_b = \frac{P_b}{A_0}$$

式中　σ_b——抗拉强度,单位用 MPa 表示;

P_b——试样断裂前所承受的最大载荷,单位用 N 表示;

A_0——试样原始横截面积,单位用 mm^2 表示。

σ_b 越大说明材料抵抗破坏的能力越强,所以说 σ_b 是一个重要的强度指标。

(4) 颈缩阶段 bk

当载荷超过 P_b 时,试样的局部截面开始变小,这种现象称为"颈缩"。试样局部截面越来越小,载荷也会越来越小,当载荷达到曲线上的 k 点时,试样被拉断。

屈服强度和抗拉强度是评定材料性能的主要指标,也是设计零件的主要依据。

2. 塑性

金属材料在外力的作用下产生永久变形而不断裂的能力称为塑性。常用的塑性指标是拉断后的断后伸长率(也叫延伸率)δ 和断面收缩率 Ψ。

$$\delta = \frac{l_1 - l_0}{l_0} \times 100\%$$

$$\Psi = \frac{A_0 - A_1}{A_0} \times 100\%$$

式中 l_0——试样原来的长度,mm;

l_1——试样拉断时的长度,mm;

A_0——试样原来的截面积,mm^2;

A_1——试样断裂处的截面积,mm^2。

3. 硬度

金属材料抵抗其它更硬的物体压入其表面的能力称为硬度。硬度是衡量金属材料的一个重要指标,是体现金属材料表面抵抗局部塑性变形、压痕或划痕的能力。

(1) 布氏硬度(HBS / HBW)

把规定直径的淬火钢球(HBS)或硬质合金球(HBW)以一定的试验力压入被测材料表面,如图 2-3 所示,保持规定时间后测量压痕直径,经计算得出布氏硬度值。HBS 适合打硬度值在 450 以下的材料,HBW 适合打硬度值在 650 以下的材料。所测得的硬度值按下式计算:

$$\text{HBS(HBW)} = 0.102 \times \frac{F}{\pi Dh} = 0.102 \times \frac{2F}{\pi D(D - \sqrt{D^2 - d^2})}$$

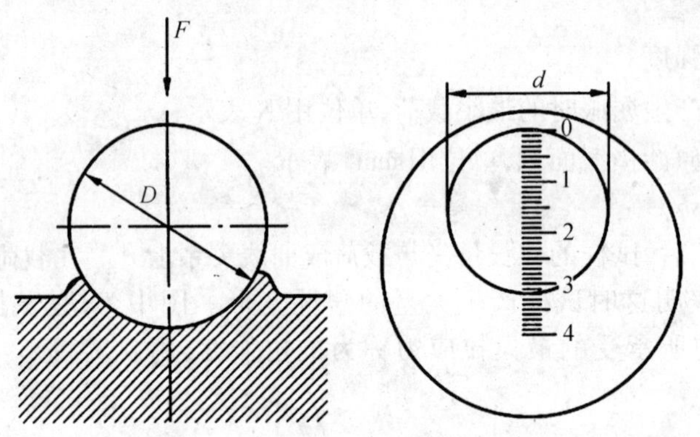

图 2-3　布氏硬度试验原理

(2) 洛氏硬度(HRA / HRB / HRC)

试验原理如图 2-4 所示。图中 1 为初始试验力压入位置,2 为总试验力压入位置并保持规定时间,3 为保持初始试验力的回弹位置。

由于被测材料越硬,压入深度增量 h 越小,这与布氏硬度所标记的硬度值大小的概念相矛盾。为了与习惯上数值越大硬度越高的概念相一致,采用常数 K 减去压入深度 h 来表示硬度值。为简便起见又规定每 0.002 mm 压入深度为一个硬度单位。洛氏硬度的计算公式如下:

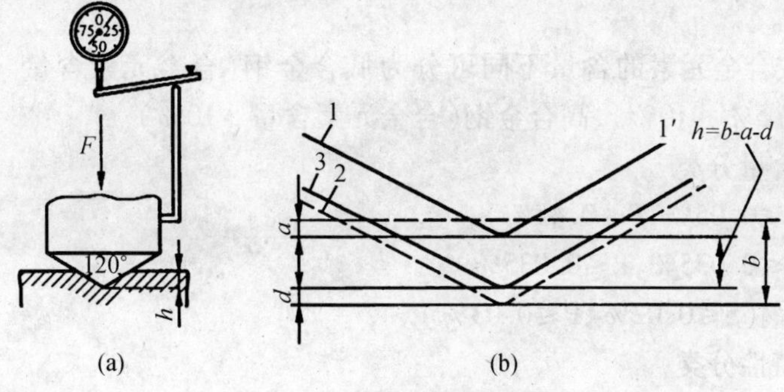

图 2-4　洛氏硬度试验原理

$$HR = \frac{K - h}{0.002}$$

式中　HR——硬度；

K——常数（金刚石压头 K 取 0.2；淬火钢球压头 K 取 0.26）；

h——压入深度增量。

实际操作中，洛氏硬度值可以直接在硬度试验机的表盘上读出。由于压头和施加试验力的不同，洛氏硬度有多种标尺，常用的有 HRA、HRC、HRB。各种洛氏硬度标尺的试验条件和应用范围见表 2-1。

（3）维氏硬度（HV）

维氏硬度采用金刚石正棱角锥，可以准确测量金属零件的表面硬度或测量硬度很高的零件。一般用于测量氮化硬度。

4. 冲击韧性

材料抵抗冲击载荷作用的能力称为冲击韧性。通常以材料被冲断所消耗的冲击能量来衡量冲击韧性的大小。一般用材料单位横截面积的冲击消耗能量 a_k（J/cm^2）作为冲击韧性指标。

$$a_k = \frac{A_k}{S_0}$$

式中　a_k 是冲韧性指标（J/cm^2）；A_k 是冲击消耗能量（J）；S_0 是试样缺口处最小横截面积。

2.2　常用金属材料

金属材料一般分为四大类：

（1）工业纯铁（C≤0.0218%），一般不用来制造机械零件；

（2）钢（0.0218% < C≤2.11%）；

（3）铸铁（2.11% < C≤6.69%）；

（4）有色金属，一般包括铝、铜及其合金等。

2.2.1　钢的分类及应用

1. 钢的分类

（1）按化学成分分类

①碳钢:按碳的含量不同可分为低碳钢(C≤0.25%)、中碳钢(0.25% <C≤0.6%)、高碳钢(C>0.6%)。

②合金钢:按合金元素的含量不同可分为低合金钢(合金元素含量<5%)、中合金钢(合金元素含量为5% ~10%)、高合金钢(合金元素含量>10%)。

(2)按硫磷含量分类

①普通钢(S≤0.05%,P≤0.45%);

②优质钢(S≤0.035%,P≤0.035%);

③高级优质钢(S≤0.02%,P≤0.03%)。

(3)按使用特性分类

结构钢;工具钢;特殊性能钢。

2. 碳钢的牌号、主要性能及用途

(1)普通碳素结构钢

常用的Q235-A·F代号示意如下:

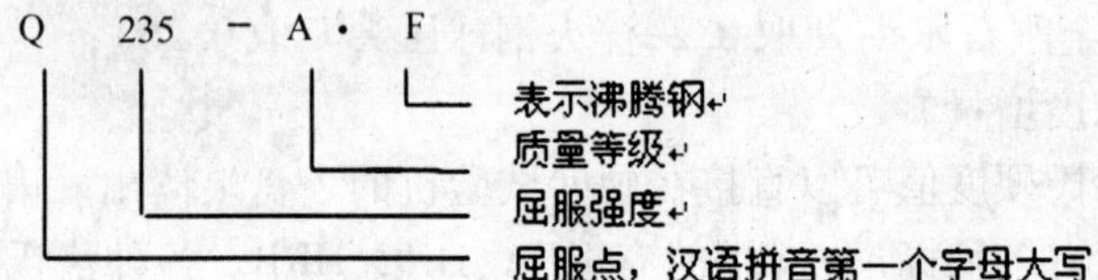

普通碳素结构钢由于焊接性能好而强度不高,一般用于制造受力不大的机械零件,如地脚螺钉、钢筋、套环及一些农机配件。另外也用于工程结构件如桥梁、高压线塔、建筑构件等。

(2)优质碳素结构钢

优质碳素结构钢的牌号是用两位数表示平均含碳量的万分比,如:08F、45、65Mn等。

(3)碳素工具钢

常用的碳素工具钢牌号中"T"是"碳"的汉语拼音字母的字首,数字表示平均含碳量的千分比,如T8、T10、T12A等。

(4)碳素铸钢

在一些工程机构上,个别零件由于形状复杂而难于用锻造和切削加工等方法来完成,同时又要求具有相当的强度,用铸铁满足不了性能要求,因此用碳素钢经熔化铸造而成。常用的碳素铸钢牌号、化学成分和力学性能见表2-1。牌号中"ZG"是"铸钢"的汉语拼音的字母字首,后边两组数字中第一组表示屈服点,第二组表示抗拉强度。

表2-1 常用碳素铸钢的牌号、成分和力学性能以及用途

牌号	$M_e \times 100$				室温力学性能(不小于)					用途举例
	ω(C) ≤	ω(Si) ≤	ω(Mn) ≤	ω(P) ≤	$\sigma_s(\sigma_{0.2})$ /MPa	σ_b/MPa	δ ×100%	ψ ×100%	A_{kv}/J	
ZG200-400	0.20	0.50	0.80	0.04	200	400	25	40	30	良好的塑性、韧性及焊接性,用于受力不大的机械零件,如机座及变速箱壳等

表 2-1(续)

牌号	$M_e \times 100$				室温力学性能(不小于)					用途举例
	ω(C) ≤	ω(Si) ≤	ω(Mn) ≤	ω(P) ≤	$\sigma_s(\sigma_{0.2})$ /MPa	σ_b/MPa	δ ×100%	ψ ×100%	A_{kv}/J	
ZG230 -450	0.30	0.50	0.90	0.04	230	450	22	32	25	一定的强度和好的塑性、韧性、焊接性。用于受力不大、韧性好的机械零件,如外壳、轴承盖、阀体、犁柱等
ZG270 -500	0.40	0.50	0.90	0.04	270	500	18	25	22	较高的强度、较好的塑性,铸造性良好,切削性好,用于轧钢机机架、轴承座、连杆、箱体、曲轴、缸体等
ZG310 -570	0.50	0.60	0.90	0.04	310	570	15	21	15	强度和切削性能好,塑性和韧性较低,用于载荷较高的大齿轮、缸体、制动轮、辊子等
ZG340 -640	0.60	0.60	0.90	0.04	340	640	10	18	10	高的强度和耐磨性,切削性好,焊接性差,流动性好,裂纹敏感性较大,用作齿轮、棘轮等

3. 合金钢的分类及牌号

所谓合金钢就是在碳钢的基础上加入某些合金元素,以便提高钢的某些性能。

合金钢可分为合金结构钢、合金工具钢、特种性能钢。

(1)合金结构钢　含碳量为万分比,合金元素含量为百分比,合金元素含量小于1.5%时只标符号而不标含量。如42CrMo含碳量为0.42%,铬、钼的含量均小于1.5%。

(2)合金工具钢　含碳量小于1%时的为千分比,含碳量大于或等于1%时不标出。如9CrSi表示含碳量为0.9%。

(3) 特殊性能钢　含碳量小于千分之一时则用“0”表示,如 0Cr13Al;含碳量≤0.03%时,则用“00”表示,如 00Cr17Ni4Mo2。

2.2.2　铸铁的分类及应用

铸铁是含碳量大于 2.11% 的铁碳合金。一般含有硅、锰元素及磷、硫等杂质。铸铁在工业生产上应用比较广泛。与碳素钢比较机械性能相对较差,但其具有优良的减震性、耐磨性、切削加工性和铸造性能,生产成本也比较低。

1. 根据碳在铸铁中存在的形式分类

(1) 白口铸铁

碳完全以渗碳体形式存在,断口呈银白色,硬而脆,难以进行切削加工。一般用于不需加工但需耐磨且有较高硬度的零件,如铧犁、球磨机的磨球、轧辊等。

(2) 灰口铸铁

碳大部分以片状石墨形式存在,断口呈暗灰色。工业中应用比较广泛。

(3) 麻口铸铁

碳以石墨和渗碳体的混合形式存在,断口呈灰白相间的麻点状,脆性较大,工业上很少使用。

2. 根据石墨在铸铁中的形状分类

(1) 普通灰铸铁

石墨呈片状,抗压强度明显大于抗拉强度,同时还具有良好的切削加工性、减震性、吸震性等特点。它还具有熔点低、流动性好、收缩量小等优点,因此铸造性能良好。

灰铸铁的牌号是由“灰铁”汉语拼音的字首和后面的表示最低抗拉强度的数字组成,如 HT150 表示最低抗拉强度为 150 MPa 的灰铸铁。

(2) 球墨铸铁

球墨铸铁中碳主要以球状石墨形式存在,是在铸铁水中加球化剂进行球化处理获得的。球墨铸铁既有灰铸铁的优点,又具有较高的强度和一定的塑性和韧性,因此,综合机械性能优越。在一定程度上可以代替钢制造一些形状复杂、承受载荷大的零件,如曲轴、连杆、凸轮轴、齿轮等。

球墨铸铁的牌号是由“球铁”的汉语拼音字首加上后面的表示最低抗拉强度和最低延伸率的两组数字组成。如 QT450-10 表示最低抗拉强度为 450 MPa,最低延伸率为 10% 的球墨铸铁。

(3) 可锻铸铁

可锻铸铁是由白口铸铁经过长时间石墨化退火而获得的具有团絮状石墨的铸铁。它具有较好的强度、塑性和韧性。可锻铸铁的牌号分别由 KTH(黑心可锻铸铁)、KTB(白心可锻铸铁)、KTZ(珠光体可锻铸铁)组成。

2.2.3　有色金属

1. 铜及其合金

(1) 纯铜

纯铜的密度为 8.93 g/cm^3,熔点 1 083 ℃。退火状态下的机械性能:$\sigma_b = 240$ MPa,HBS = 35,$\delta = 45\%$。由于它具有高的导电率、高的抗腐蚀性和良好的加工性,所以被广泛地应用于电气工业的电缆、电线、线圈、触点等。还可用于冷却器、热交换器、容器等。

(2) 黄铜

黄铜是以锌为主加元素构成的铜基合金。用“H”表示,如 H68,表示含铜 68%,含锌 32% 的黄铜。HPb59 - 1 表示含铜 59%,含铅 1%,其余为锌的黄铜。

(3) 青铜

青铜是以锡、铝、硅、铍等为主加元素构成的铜基合金。其牌号分别由“QSn”、“QAl”、“QSi”、“QBe”和两组或三组数字组成,如 QSn10 - 1 表示含锌 10%,附加元素 1%,铜 89% 的青铜。锡青铜的机械性能随含锡量的变化而变化,锡含量小于 8% 时,具有较好的塑性,适用于压力加工;锡含量大于 10% 时,塑性低,只适合铸造。锡青铜主要制造轴承、衬套、涡轮、螺母等耐磨件。

2. 铝及其合金

(1) 纯铝

纯铝银白色,密度为 2.72 g/cm^3,熔点 660.4 ℃。机械性能:$\sigma_b = 90$ MPa,HBS = 28,$\delta = 38\%$,面心立方结构,无同素异构转变。导电性好、导热性好、抗蚀性能好、塑性好、强度低。可制造板材、箔材、线材、带材及型材。是配制铝合金的主要材料。主要牌号有 1070A、1060A、1050A 等。

(2) 铝合金

铝合金分为变形铝合金和铸造铝合金两类。

①变形铝合金

变形铝合金分为防锈铝合金、硬铝合金、超硬铝合金和锻铝合金。防锈铝合金强度比纯铝高,具有良好的耐蚀性、塑性和可焊性。切削性能较差,不能进行热处理强化处理,只能进行冷塑变形强化。牌号有 5A05、3A21;硬铝合金可以通过热处理强化来获得较高的强度和硬度,还可进行变形强化。中铝硅系应用最为广泛。牌号有 2A01、2A11;超硬铝合金通过淬火加人工时效可获得更高的强度和硬度,切削性能好,是目前强度最高的铝合金。但耐蚀性和焊接性较差。牌号有 7A04;锻铝合金的合金元素含量较少,在加热状态下具有良好的塑性和耐热性,锻造性能好。牌号有 2A50、2A70。

②铸造铝合金

铸造铝合金用“ZL”加三位数字表示,如 ZL107。分成铝硅、铝铜、铝镁及铝锌等四大系列,其铸造性能好,导热性及抗蚀性较好,又具有一定的强度,可用于制造形状较复杂、要求导热、抗蚀性较高的结构件和零件,如仪表壳体、压铸件、高温下工作的零件等。

2.3 热处理概述

机械零件在机械加工中要经过冷、热加工等多道工序,其间经常要穿插热处理工序。所谓热处理就是将固态金属材料通过加热、保温和冷却,改变其组织,从而获得所需要的组织结构和性能的一种工艺方法。

热处理是一种重要的加工工艺,在机械制造业中被广泛的应用。如在机床、汽车、拖拉机等机器的制造中约三分之二还多的零部件需要热处理。人们习惯上称热处理工是钢铁的内科医生。

2.3.1 常用的热处理方法

1. 退火和正火

退火是将工件加热到某一合适温度，保温一定时间，然后缓慢冷却（通常是随炉冷却，也可埋入导热性较差的介质中冷却）的一种工艺方法。

退火的目的：降低硬度，便于切削加工；细化晶粒、改善组织，提高机械性能；消除内应力，并为后续热处理做好组织准备。

退火主要适用于各类铸件、锻件、焊接件和冲压件，退火一般是机械加工及其它热处理工序之前的预先热处理工序。

正火是将工件加热到某一温度（加热温度由钢中的含碳量及合金元素的含量来决定，碳钢一般加热到 780～900 ℃），保温一定时间后，出炉在空气中冷却的一种工艺方法。

正火的目的与退火大体上差不多，正火由于冷却速度快，所以晶粒较细，但其强度、硬度较退火件稍高，而塑性、韧性略有下降。由于正火采用空冷，消除内应力不如退火彻底，可正火生产周期短，操作简单，因此在满足使用性能要求的前提下，尽量采用正火工艺。一般的情况下，低、中碳钢采用正火工艺，高碳钢采用退火工艺。

2. 淬火与回火

淬火是将工件加热到临界温度以上，保温一段时间，然后用较快的速度冷却（一般采用水或油等介质）以得到高硬度组织的一种热处理工艺。

钢的淬火加热温度范围如图 2－5 所示，图中阴影部分为不同含碳量钢的淬火加热温度。所谓临界温度，对含碳量小于 0.8% 的碳钢来说就是图中的 A_3，对含碳量大于或等于 0.8% 的碳钢来说就是图中的 A_1 线。表 2－2 是一些常用钢的淬火加热温度。

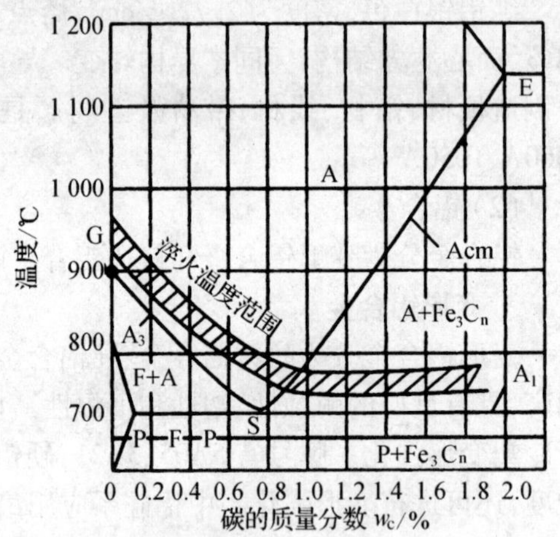

图 2－5 钢的淬火加热范围图

表 2－2 一些常用钢的淬火加热温度

钢　号	淬火加热温度/℃	钢号	淬火加热温度/℃
30	870～890	50CrVA	850～880
35	850～870	GCr15	820～860
45	820～850	CrWMn	820～840
70	780～820	9CrSi	850～880
T8A	770～820	9Mn2V	780～820
T10A	770～810	Cr12	950～980
T12A	770～810	Cr12MoV	1 000～1 050
40Cr	830～860	5CrNiMo	830～860
40Mn2	810～850	5CrMnMo	820～850
40CrMnMo	840～860	3Cr2W8V	1 050～1 100
40CrNiMo	840～860	W18Cr4V	1 260～1 290
65Mn	780～840	W6Mo5Cr4W2	1 200～1 240
60Si2Mn	850～870		

工件经淬火后硬度、强度及耐磨性都有显著提高，而脆性增加，并产生很大的内应力。为了降低脆性、消除内应力必须进行回火。

回火是将把淬过火的工件重新加热到某一温度，保温一定时间后，冷却到室温的一种工艺方法。回火分三种，详情见表2－3。

表2－3　回火方式、目的以及适用范围

回火方式	回火温度/℃	回火目的	适用范围	硬度(HRC)
低温回火	150～250	降低内应力及脆性，保持高硬度及耐磨性	高碳工具钢、低合金工具钢制作的刃具、量具、冷冲模、滚动轴承及渗碳件等	58～64
中温回火	350～450	提高弹性和屈服强度，获得强度和韧性的配合	弹簧、热锻模、冲击工具及刀杆等	35～45
高温回火	500～650	获得强度、韧性、塑性及硬度都较好的综合机械性能	重要的结构件、连杆、螺栓、齿轮及轴等	20～30

另外，还有一个常用的热处理工艺叫做调质，所谓调质就是淬火加上高温回火。

2.3.2　几种常见设备的简单介绍

热处理设备可分为主要设备和辅助设备两大类。主要设备用来完成热处理的主要操作——加热和冷却；辅助设备用来完成各种辅助工序、生产操作、动力供应及安全生产的保障等。

1. 加热炉

常用的加热炉有箱式加热炉、井式加热炉，盐浴加热炉等。

(1) 箱式电阻炉

箱式电阻炉是通过电阻丝或硅碳棒加热，以空气为加热介质，也称空气炉。其炉型表示如RJX－30－9，其中“R”表示电阻，“J”表示加热，“X”表示箱式；“30”表示额定功率；“9”表示最高加热温度为950 ℃。电阻炉可用于工件的退火、正火、淬火、回火、调质以及固体渗碳等热处理的加热。电阻炉在使用前，必须检查其电源接头及电源线的绝缘是否良好；炉体及控温系统应保持清洁，控温系统要定期检查；炉内的氧化皮要定期的清理干净，以防引起电热元件的短路；装炉时工件不得随意抛撒，不得撞击炉墙、炉衬；进出料时，必须切断电源，保证生产安全。

(2) 盐浴加热炉

盐浴炉是以熔盐为加热介质，其主要方式是电极加热。常用的熔盐主要有 $NaCl$、KCl、$BaCl_2$、$CaCl_2$、$NaNO_3$ 等。盐浴炉通常须设置炉盖和通风罩，使用时要采用强力抽风，工作人员必须穿防护服,佩戴手套和防护眼镜;工件和浴盐等须烘干后才能入炉,并定期对盐浴脱氧、捞渣和添加新盐或更换新盐。

2. 冷却设备

热处理冷却设备是为了能够保证工件在冷却时具有相应的冷却速度和冷却温度。常用的冷却设备有水槽、油槽等。为了提高生产能力,常配备冷却循环系统和吊运设备。其它的还有冷热处理炉、冷却室、冷却坑等。

3. 测、控温仪表

热处理时,为了准确测量和控制工件及冷却介质的温度,需要测、控温仪表进行测温和控温。

(1) 玻璃液体温度计

玻璃液体温度计是根据液体介质(水银、酒精、甲苯等)在玻璃管内受热膨胀的原理进行温度测量,测量范围:-100~800 ℃。特点是准确方便,直接读取数值,带电接点者还可配继电器实现控制。

(2) 热电偶与毫伏计

热电偶是由两根成分不同的金属丝或合金丝组成,一端焊接起来插入炉中(热端),另一端(冷端)分开,用导线和毫伏计相连。当热端被加热后与冷端间产生温度差,冷端两线间产生电位差,使带有温度刻度的毫伏计的指针发生偏转指示温度。

热电偶高温计可以和自动控温设备组合起来自动控制炉温。使用时先按照工艺设定工件加热温度,当炉温低于设定温度时就自动接通电源进行加热;当炉温高于设定温度后就自动切断电源停止加热。炉温下降低于设定温度后,重新接通电源再加热,保证炉内温度的均匀。热电偶高温计可供测定0~2 000 ℃范围内的各种气体或液体的温度。

(3) 光学高温计

光学高温计是利用物体单色波辐射强度随温度而变化的原理进行测温。光学高温计具有结构简单、使用方便和非接触测量物体温度等优点。但由于测量结果受现场环境的影响较大,又不能实现温度的自动控制和测量,同时只能测量高温而不能测量低温,在热处理中只用于热电偶较易腐蚀或难于测量的高温场合。如测感应加热的工件表面温度,高温盐炉的炉温测量等。

2.4 典型钢材的热处理

钢材料热处理工艺的确定,主要依据的是含碳量的高低以及合金元素含量的多少,还有工件的形状、有效厚度、装炉量、工件的摆放等因素。一般的来讲,碳及合金元素的含量决定加热温度的高低;有效厚度、装炉量、加热方法、炉子功率、钢材导热系数以及工件的摆放方式决定加热时间的长短。保温时间过长,容易造成工件的氧化、脱碳,晶粒粗大;保温时间过短,容易造成工件奥氏体转化不均匀,达不到预期效果。

2.4.1 碳钢的热处理工艺

亚共析钢,以45钢为例。随含碳量的增加,奥氏体化温度降低。也就是说随着含碳量的增加淬火加热温度降低。正火工艺曲线如图2-6所示,淬火及回火的工艺曲线如图2-7所示。

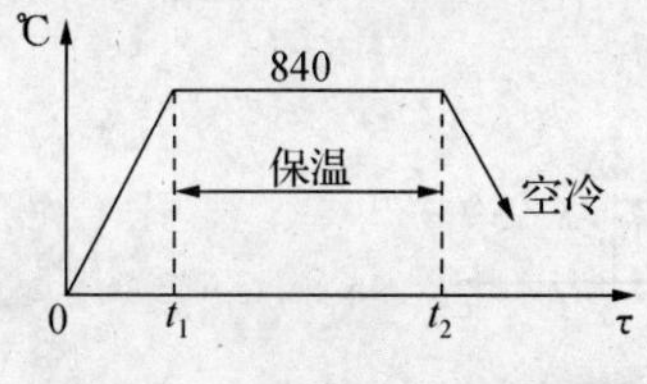

图 2-6 45 钢正火工艺曲线

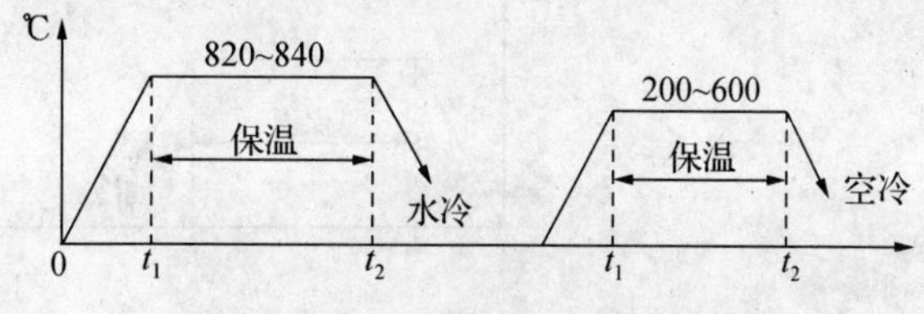

图 2-7 45 钢淬火及回火工艺曲线

共析钢,以 T8 钢为例。这种钢比较特殊,只有一个临界点 A1,奥氏体转化温度基本上在 PSK(727 ℃)这条转变线上,奥氏体化孕育时间比较短,加热温度要求控制的较严。它的退火工艺曲线如图 2-8 所示,淬火及回火的工艺曲线如图 2-9 所示。形状复杂的工件可采取一定的保护措施或采取双液淬火。

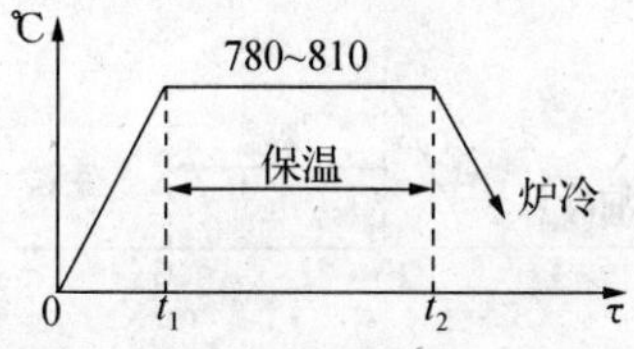

图 2-8 T8 钢的退火工艺曲线

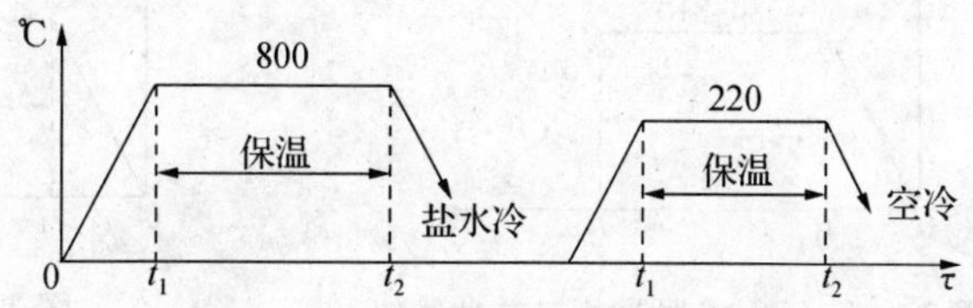

图 2-9 T8 钢的淬火及回火工艺曲线

过共析钢,以 T10 钢为例。随着含碳量的增加,奥氏体化温度升高。也就是说随着含碳量的增加淬火加热温度升高。它的退火工艺曲线如图 2-10 所示,淬火及回火的工艺曲线如图2-11所示。

图 2-10 T10 钢的退火工艺曲线

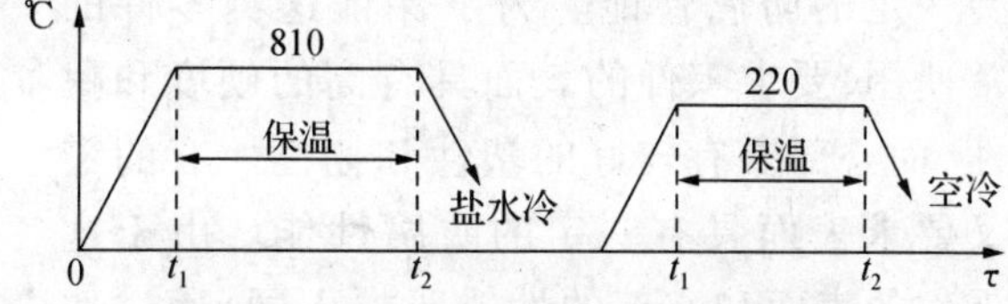

图 2-11 T10 钢的淬火及回火工艺曲线

2.4.2 合金结构钢的热处理工艺

合金钢结构钢,以 40Cr 为例。它的退火工艺曲线如图 2-12 所示,正火工艺曲线如图 2-13所示,淬火及回火工艺曲线如图 2-14 所示。40Cr 之所以采取油淬火,是因为它含有合金元素铬,增加了淬透性,水淬容易开裂。

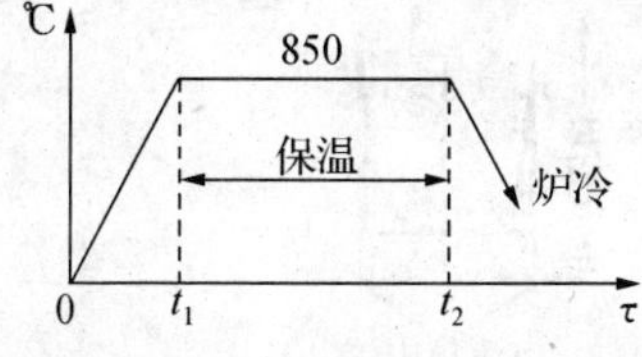

图 2-12 40Cr 的退火工艺曲线

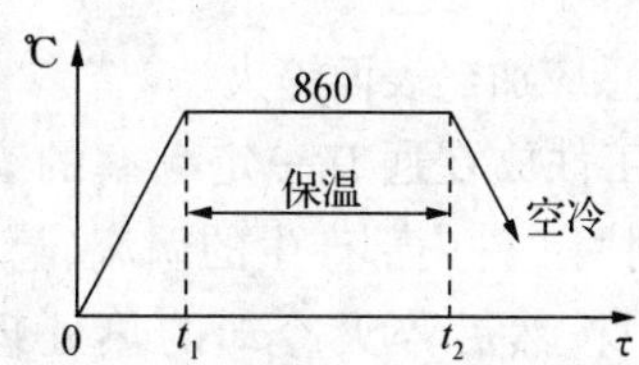

图 2-13 40Cr 的正火工艺曲线

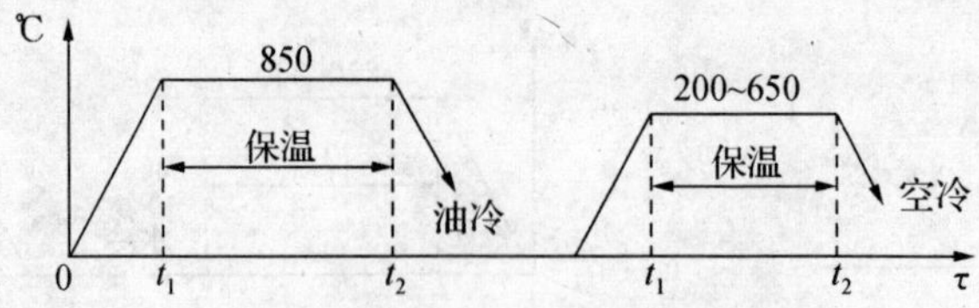

图 2－14　40Cr 的淬火及回火工艺曲线

2.4.3　轴承钢的热处理工艺

轴承钢,以 GCr15 为例。它的含碳量不标就表示 1% 左右,含铬量使用千分之几表示,GCr15 的含铬量为 1.5%。它的退火工艺曲线如图 2－15 所示,淬火及回火的工艺曲线如图 2－16所示。

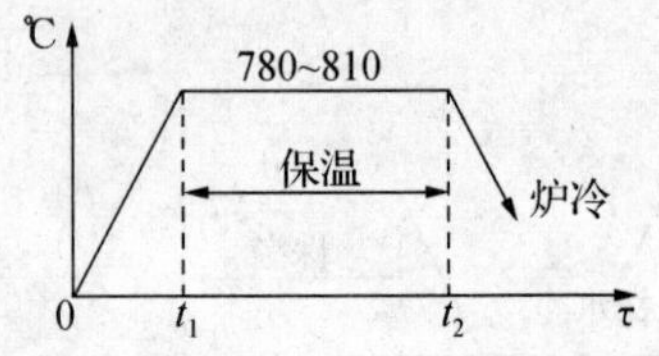

图 2－15　GCr15 的退火工艺曲线

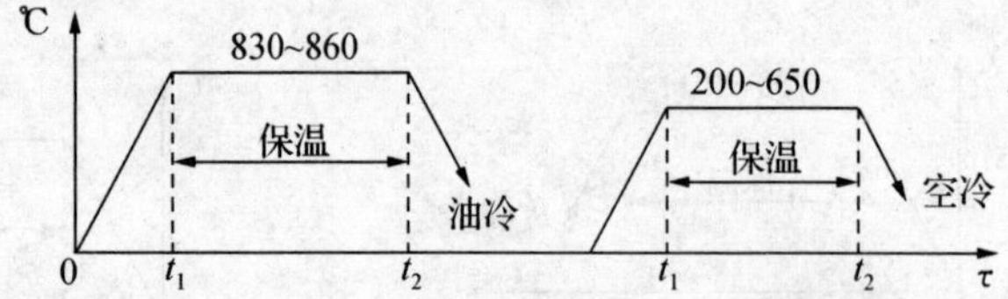

图 2－16　GCr15 的淬火及回火工艺曲线

2.5　零件表面处理

在机械设备中有些零件需要承载扭转和弯曲等交变载荷,以及强烈的摩擦和冲击。如齿轮、凸轮、凸轮轴、主轴、活塞销等。有些零件需要一定的防腐性能。为了保证这类零件的正常使用,要求零件的表面具有高的硬度和耐磨性,而心部要有较好的塑性和韧性。有的零件又要求表面具有一定的防腐性能。由于这类零件的表面和心部的性能要求不同,通过选材很难解决,一般通过表面处理来实现。

2.5.1　零件的表面淬火

表面淬火是指将工件表层快速加热到奥氏体温度状态,采用某种介质立即冷却,使表面层得到淬火马氏体组织,而心部仍然保持原来组织状态的热处理工艺。

1. 感应加热表面淬火

将工件放在通有一定频率的交流电的感应圈内,利用工件内部产生的涡流(感应电流)加热工件本身,然后淬火冷却的热处理工艺。如图 2－17所示。由于工件产生的涡流具有“集肤效应”,即工件表面电流密度大,中心电流密度小,

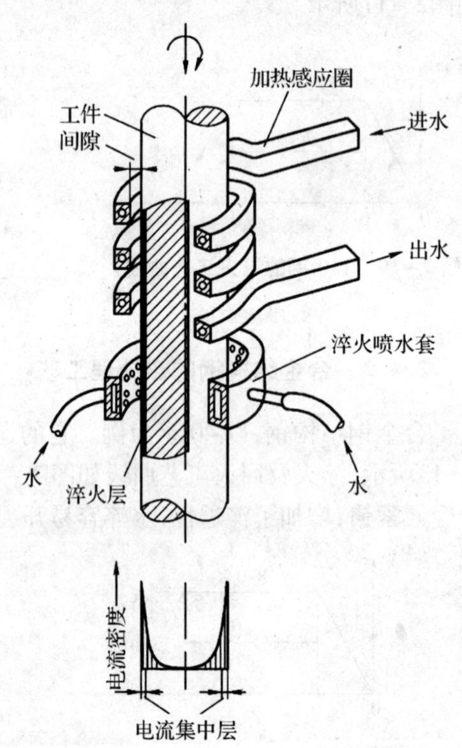

图 2－17　感应加热表面淬火示意图

很快将工件表面层加热到淬火温度,可工件心部的温度变化不大,随后水冷(或油等其它介质),工件表面层被淬硬,而心部不硬。交流电的频率越高,加热层越薄,所需时间也越短,淬火硬化层也薄。一般来讲,高频(200 ~ 300 kHz)淬硬层深0.5 ~2 mm,适用于中小型工件,如模数较低的齿轮、中小型轴等;中频(1 000 ~ 10 000 Hz)淬硬层深2 ~ 10 mm,用于淬硬层深较深的工件,如直径较大的轴和曲轴、中等模数的齿轮、大模数齿轮的单齿淬火等;工频(50 Hz)淬硬层深 10 ~ 20 mm,用于大型工件,如冷轧辊、火车轮毂等。

感应加热表面淬火后必须进行回火,可以采用箱式炉(或井式炉)回火、感应加热回火或采用自回火。

2. 火焰加热表面淬火

火焰加热表面淬火是利用乙炔 - 氧或煤气 - 氧的混合气体燃烧的火焰,喷射到零件表面上。火焰温度高达 2 000 ~3 000 ℃,加热速度很快,在很短时间内使零件表面层被加热到淬火温度,立即喷水冷却。表面层获得细小马氏体组织,而心部保持原始组织。为了消除淬火后的内应力,要进行低温回火或利用工件余热自行回火。

2.5.2 零件的化学热处理

零件的化学热处理是将零件放入某种介质的氛围中加热、保温,使一种或几种元素渗入零件的表面,从而改变零件表面的化学成分、组织与性能的热处理方法。其目的是提高零件表面的硬度、耐磨性、耐热性和耐腐蚀性等。

1. 氮化

氮化也叫渗氮。将氮渗入工件表面的过程叫氮化。氮化后的工件表面具有高的硬度、耐磨性和耐腐蚀性,心部性能不变。氮化前工件一般要求进行调质处理。38CrMoAl 是典型的氮化用钢。

(1) 气体氮化

气体氮化工艺是将工件装入氮化炉中,向炉内通入氨气(或氨氮混合气体),温度定在 500 ~560 ℃,氨气分解产生的氮原子被工件表面吸收并逐渐向内部扩散,形成氮化层。氮化层深度一般在 0.07 ~0.6 mm,表面硬度在 500 ~1 200 HV 之间。

(2) 离子氮化

离子氮化工艺原理是将工件装入真空容器中,工件接阴极,真空容器接阳极。真空容器内通入少量的氨气或氨氮混合气体,两极接 400 ~600 V 的高压直流电,使气体被电离,被电离的氮和氢的正离子加速冲向工件,撞击工件表面,使工件周围产生辉光,放出热量,氮的正离子在阴极(工件)获得电子后变成活性氮原子渗入工件表面并向内部扩散形成氮化层。

离子氮化适用于各种钢件、铸铁件及有色金属件。离子氮化设备复杂,装炉量少,造价高。但离子氮化工件变形小,氮化层的抗疲劳性和韧性都比气体氮化高,节约气源和电能,工作环境温度低,劳动条件好。

2. 软氮化

软氮化是指同时向工件的表面渗入氮和碳的工艺过程。也叫做碳氮共渗。软氮化能提高工件表面的硬度、耐磨性、抗疲劳性、抗蚀性和抗咬合性。一般分为中温和低温两种形式,中温温度 820 ~860 ℃,低温温度 520 ~570 ℃。中温软氮化以渗碳为主,硬度低,一般还需要进行淬火处理。低温软氮化以渗氮为主,硬度较高。

3. 渗碳

渗碳是指向工件的表层渗入碳原子的工艺过程。渗碳后的工件表层面是高碳组织，而心部仍然是原先的低碳组织。工件渗碳后要进行淬火处理。渗碳用钢一般为低碳钢或低碳合金钢（含碳量小于等于0.25%），如15、18、20CrMnTi、20Cr、20MnVB等。工件经渗碳、淬火和低温回火后，表层具有较高的硬度、耐磨性和抗疲劳性，而心部仍保持较高的塑性、韧性和一定的强度。

渗碳工艺分成固体渗碳、液体渗碳和气体渗碳三种。其中气体渗碳用的比较广，固体渗碳次之。气体渗碳的工作原理是渗碳剂在900～950 ℃的高温下发生分解，产生活性碳原子，活性碳原子渗入工件表面，经过一定时间后获得要求的表面碳浓度、渗层深度和合适的碳浓度剃度。然后进行淬火处理，可直接淬火也可降温后重新加热升温淬火。直接淬火的方法是把工件冷却到适宜的淬火温度保温一段时间后在油中冷却。

气体渗碳效率高、生产条件好、渗碳过程比较容易控制、渗碳质量好。

2.5.3 发黑

发黑是将工件放入含有苛性钠和硝酸钠（亚硝酸钠）的溶液中加热处理，使其表层生成一层很薄的黑色或黑蓝色的氧化膜的过程。发黑也叫发蓝或煮黑。常见的氧化膜呈黑色或深黑蓝色，个别含锰高的工件呈暗红色。发黑一般用于提高工件的抗蚀能力，并能得到美丽的外观。在精密仪器、光学仪器和机械制造上得到广泛的应用。

其机理是钢在溶液中加热，表面开始受到微腐蚀作用，然后析出铁离子，铁离子与碱和氧化剂发生作用生成亚铁酸钠（Na_2FeO_2）和铁酸钠（$Na_2Fe_2O_4$）。然后铁酸钠和亚铁酸钠继续作用生成了四氧化三铁（Fe_3O_4）氧化膜。发黑过程颜色变化如下：黄色、橙色、红色、紫红色、紫色、蓝色，最后变成黑色。

1. 工艺流程

发黑前检验→去油（苛性钠＋碳酸钠）→水洗→烘干→去锈（盐酸溶液）→水洗→烘干→发黑→水洗→热水洗（60～80 ℃）→皂化（肥皂液）→干燥→浸油（机油或防锈油）→检验→入库。

2. 溶液配方及工艺条件，见表2－4。

表2－4 发黑处理溶液配方及工艺条件

溶液配方	工艺条件		
	工件含碳质量百分比	温度/℃	时间/min
$NaNO_3$ 200 g NaOH 1 400 g H_2O 600 kg	含量0.7%以上及生铁	135～138	10～20
	0.7%～0.4%	138～142	25～40
	0.4%～0.1%	140～145	40～60
	合金钢	140～145	60～120

2.6 钢铁的火花鉴别

火花鉴别就是将钢铁材料在高速旋转的砂轮上磨削，根据产生火花的形状、亮度、颜色等特征，大致判断钢材的种类和化学成分。

火花鉴别法是生产现场常用的对钢铁材料进行鉴定的简便方法，主要适用于：钢号混杂不清；特性可疑；验证比较含碳量的多少；检查钢材表面脱碳情况；鉴别合金元素类别。如果需要对钢材的成分进行准确的鉴定，这种方法就不行，需送计量部门进行化验分析。

2.6.1 火花形成的原因

钢材与砂轮摩擦时，表层的一些金属被砂轮的颗粒磨削下来，形成细小的金属颗粒，沿砂轮旋转的切线方向飞出。由于砂轮的摩擦和金属的变形和开裂，飞射出的金属颗粒具有很高的温度，有些已经处于半熔的状态。高温的金属颗粒在空气中发生急剧的氧化、燃烧、发热、发光形成光亮的流线，呈现出飞射的轨迹。这种金属颗粒的剧烈燃烧产生的热量，又进一步使金属颗粒内部熔融或达到燃点，其表层已氧化的金属氧化物为其提供了氧，碳开始燃烧生成气体，从颗粒内部迸发出来形成爆裂和火花，或改变颗粒的飞行方向。不同的元素燃烧呈现出不同的火焰颜色，最终汇聚成纷繁的火花形态。

火花鉴别正是通过考察火花的不同形态特征，根据各种元素成分在燃烧过程中呈现的不同特点，经分析鉴定和实验对比，来进行材料的鉴别。

2.6.2 火花的特征

火花的特征包括颜色和形状，其中火花形状是由火花束、流线、节点、爆花和尾花组成。

1. 火花束

材料被砂轮磨削时产生的全部火花叫做火花束。一般由根部、中部和尾部组成，示意图如图 2－18 所示。

2. 流线

在火花束中线条状的火花被称为流线，一般比较明亮。如图 2－19 所示。

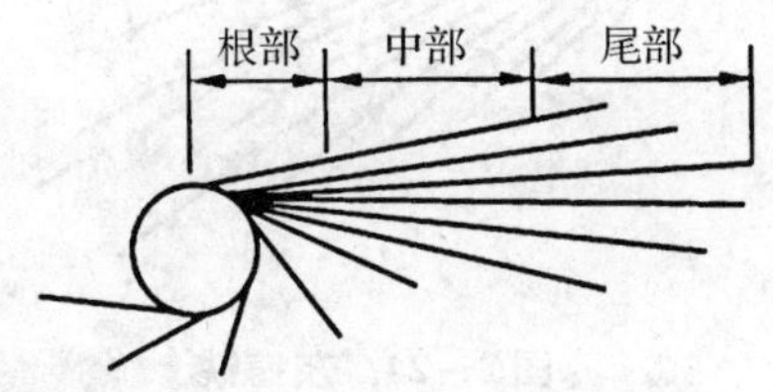

图 2－18 火束形状

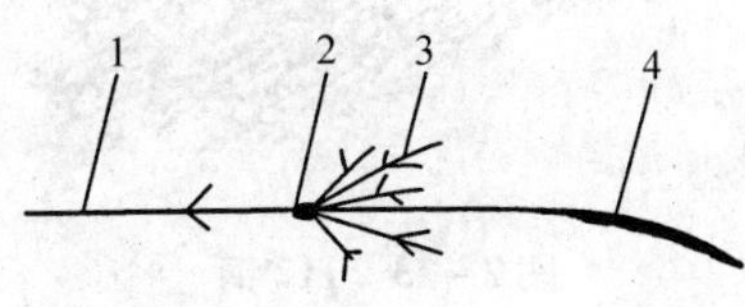

图 2－19 流线形状示意图

3. 节点

就是流线上火花爆裂的那个点，是流线上最明亮的点。

4. 爆花

节点处爆裂的火花被称为爆花。是由芒线（小流线）和花粉（点状火花）组成的。通常爆花可分为一次爆花、二次爆花和三次爆花等。如图 2－20所示。

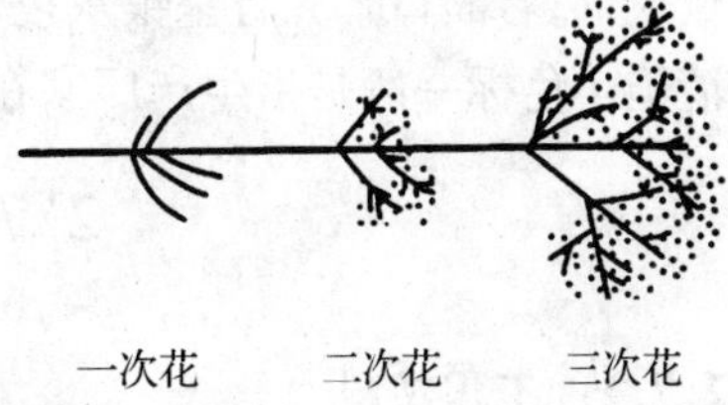

图 2－20 爆花形状图

5. 尾花

火花束尾部的火花叫尾花。含硅的尾花为直羽状、含钼的为枪尖状、含钨的为狐尾状。

2.7.3 几种常用钢铁材料的火花特征

1. 低碳钢

以 20 钢为例，火束较长，颜色为橙黄略带红色，发光适中，流线较多有分叉爆裂，花量不多，呈一次节花。如图 2－21 所示。

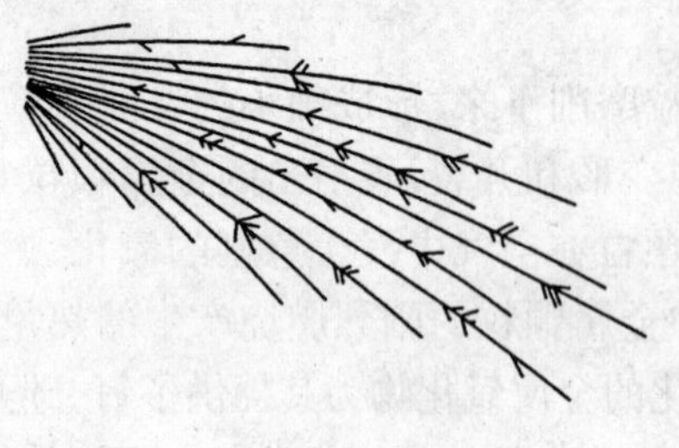

图 2－21 20 钢

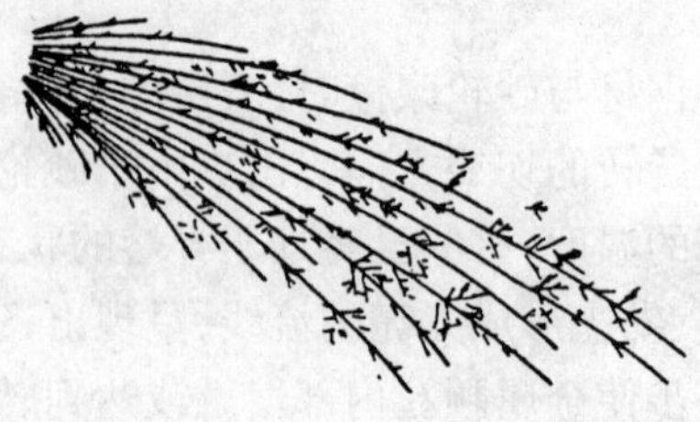

图 2－22 45 钢

2. 中碳钢

以 45 钢为例，火束稍短，颜色为黄色，流线细长且多，芒线多叉，花粉较多，为二次爆花，花量占整个花束的五分之三。如图 2－22 所示。

3. 高碳钢

以 T12 为例，火花束粗短，颜色暗红，流线细密，碎花，花粉多，呈多次爆花。如图2－23所示。

4. 铸铁

以 HT200 为例，火花束较短，颜色为橙红带点橘红，流线较多，尾部较粗，呈弯曲状，打磨时手感较软，一般为二次爆花。如图 2－24 所示。

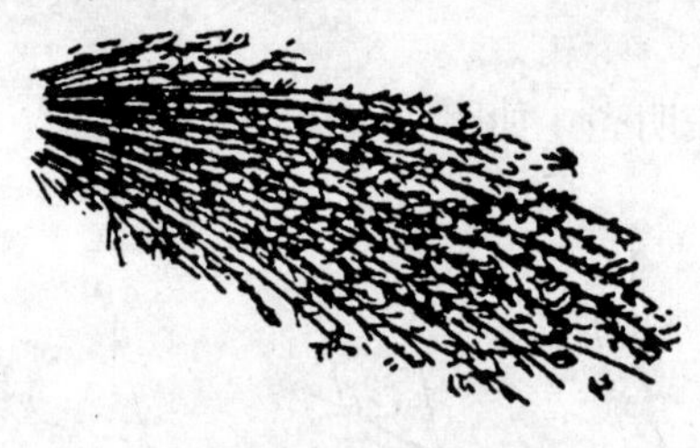

图 2－23 T12 钢

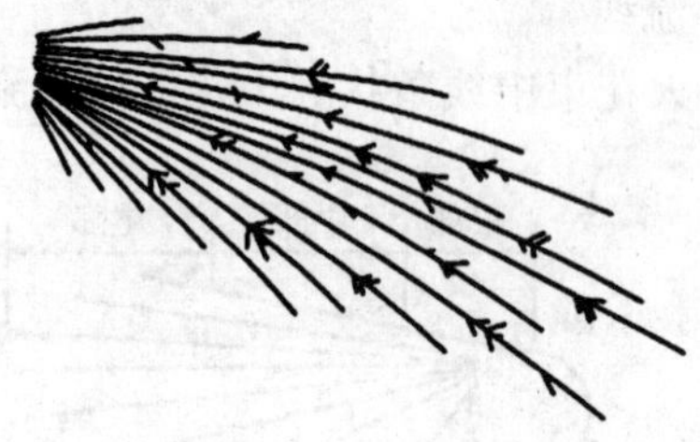

图 2－24 灰铸铁

钢铁材料的现场鉴别除了火花鉴别以外还有断口鉴别、音响鉴别和色标鉴别等。生产现场经常根据断口的自然形态来判断材料的韧性和脆性等。如断口呈纤维状、无金属光泽且颜色发暗、断口边缘有明显的塑性变形特征，可以断定该材料具有良好的塑性和韧性，且含碳量较低；若断口平齐且呈银灰色，则表明是脆性断裂。从声音上看，铸铁声音低沉，而钢则较清脆。色标一般是指生产厂家在材料的一端或涂色或打钢印。

2.7 其它工程材料

2.7.1 工程塑料

1. 塑料的组成

塑料是把各种添加剂加入到天然或合成树脂中组成的一种高分子材料。它在一定的温度和压力下能加工成形,常温下形状不变。用途非常广泛,好多情况下可以取代金属。

2. 塑料的分类

(1) 按用途分类　通用塑料、工程塑料、特殊塑料。

(2) 按树脂的热性能分类　热塑性塑料、热固性塑料。

3. 塑料制品生产

塑料制品生产也就是塑料成形加工。塑料制品生产主要包括成形加工、机械加工、修饰和装配四个过程。

2.7.2　陶瓷材料

陶瓷是一种无机非金属材料,是固体化合物,是在加热或同时加热加压条件下制备而成的。可分为普通陶瓷和特种陶瓷两类。

2.7.3　合成橡胶材料

橡胶是以生胶为主要原料,加入一定量的添加剂(硫化剂、防老化剂、补强剂、填充剂等)而组成的高分子弹性体。生胶是不可用的,它需加入添加剂然后通过加热、加压的硫化处理后变成熟胶才可使用。

2.7.4　复合材料

由两种或两种以上化学成分不同的物质,经人工合成获得的多相材料称为复合材料。与传统材料比具有比强度(抗拉强度与相对密度比)和比模量(弹性模量与相对密度之比)大、抗疲劳性能好、减震性能好、断裂性能好,耐高温、耐蚀性和工艺性也较好等特点。但复合材料横向抗拉强度和层间剪切强度不高,抗冲击性能差,伸长率也较低,制造成本偏高。

2.7.5　粉末冶金材料

1. 粉末冶金材料及其特点

粉末冶金是将金属、合金、金属化合物或非金属粉末均匀混合、压制成形后,经高温烧结而制成合金材料的工艺。

2. 常用的粉末冶金材料

粉末冶金材料包括金属材料及合金、陶瓷材料及复合材料等。按用途可分为机械零件材料、工具材料、高温材料、电工材料和磁性材料等。

2.7.6　纳米材料

纳米是一个尺度的度量单位。纳米材料(Nano materials)的范围。纳米材料是由粒度为纳米尺度的粒子压缩而成。它的组成包括纳米尺度的粒子和纳米尺度的界面两部分。界面的存在使材料具有许多独特的性能,是二十一世纪最具影响力的新型材料。

纳米材料分为晶体和非晶体两大类。纳米晶体材料(Nanocrystalline materials)里的每个小晶粒的取向都是不同的,晶粒之间存在大量的界面;纳米非晶体材料(Nanoglass materials)的组织结构是只有短程序的非晶态结构。纳米材料中界面占总体积分数的50%,缺陷结构大于70%。由于表面效应、界面效应量子尺寸效应和小尺寸效应,使纳米材料具有良好的催化、扩散、烧结、电学和光学等性能。

2.8 热处理安全操作技术规程

2.8.1 热处理生产特点

热处理生产由于工序繁多,与高温金属相接触,车间环境一般较差(高温、大烟雾、高噪声高劳动强度),安全隐患较多,既有人员安全问题,又有设备、产品的安全问题。因此,热处理的安全生产问题尤为突出。

2.8.2 热处理主要安全注意事项

1. 操作前,按有关规定对设备进行检查;
2. 操作时,必须穿戴必要的防护用品,如工作服、手套、眼镜等;
3. 仪器和仪表等未经许可不得随意使用和调整;
4. 加热设备和冷却设备之间不得放置任何妨碍操作的物品;
5. 地面不得有油污;
6. 不得用手接触温度较高的工件,以免造成灼伤;
7. 不得进入有标记的危险区域;
8. 保持设备和工作场地的整洁。

复习思考题

1. 什么是金属材料的力学性能？四大力学性能指标分别是什么？
2. 钢的含碳量范围是多少？
3. 普通碳素结构钢 Q235 - A · F 中字母及数字各代表什么含义？
4. 根据石墨在铸铁中的形状,铸铁可分为几类？试说出其性能。
5. 什么是热处理,常用的热处理方法有哪几种？
6. 为降低高碳钢材料的硬度便于切削加工,应选择何种热处理工艺？
7. 什么是退火,什么是正火,它们有什么异同点？
8. 锉刀、弹簧和车床主轴各应选择哪些主要热处理工艺以保证其使用性能？
9. 中碳钢齿轮要求表面很硬、心部有足够的韧性,应采用什么热处理工艺？
10. 回火的作用是什么,回火温度对淬火钢的硬度有什么影响？
11. RJX - 30 - 9 中字母及数字各代表什么？如果把“9”变成“12”或“6”呢？
12. 火花有哪些形状？
13. 什么叫复合材料,与传统材料比有什么特点？
14. 什么叫发黑,机理是什么,苛性钠与硝酸钠的配比是几比几？
15. 有的工件为什么要进行氮化处理,气体氮化前一般要执行什么热处理工艺？

第3章　铸　　造

【目的与要求】

1. 了解铸造生产工艺过程及其特点；了解常用特种铸造方法的特点和应用；
2. 了解铸造生产环境保护及安全技术；
3. 掌握砂型铸造工艺的主要内容、铸件分型面的选择原则及常见铸造缺陷；
4. 掌握铸造的安全操作规程；
5. 熟悉两箱造型（整模分模、挖砂等）的特点和应用；能独立完成简单铸件的两箱造型。

3.1　概　　述

3.1.1　铸造及其特点

将熔融的金属液体浇注到与铸件形状相适应的型腔中，待其冷却凝固后得到零件或毛坯的工艺过程称为铸造。铸造是机械制造中生产机器零件或毛坯的主要方法之一。用铸造方法制成的毛坯或零件称为铸件。用于铸造生产的金属主要有铸铁、铸钢以及铸造有色金属，其中铸铁毛坯或零件的生产应用最广。

由于铸造时金属是在液态下成型，与其它成型方法相比较，铸造生产具有以下特点：

(1) 可以生产形状复杂，特别是具有复杂内腔的铸件，如箱体、气缸体、机座、机床床身、机架等。

(2) 生产适应性强。适用于各种合金的生产，其中以铸铁材料的生产应用最广。铸件的轮廓尺寸可以在 0.5 mm ~ 1 m 左右，铸件的质量可以从几克到百吨以上。

(3) 铸造生产成本低廉。铸造生产所用原材料来源广泛，设备投资少，节省工时，材料利用率高。

铸造也存在一定的缺点。铸件内部组织粗大，常有缩松、气孔等铸造缺陷，导致铸件力学性能不如锻件高；铸造工序多，而且一些工艺过程还难以精确控制，使得铸件质量不够稳定，废品率高；铸造生产的劳动强度大，生产环境差，环境污染严重。

铸造是机械制造工业毛坯和零件的主要供应方式，在国民经济中占有极其重要的地位。铸件在机械产品中所占的比例大，如内燃机关键零件都是铸件，占总质量的 70% ~ 90%；汽车中铸件质量占 19%（轿车）~ 23%（卡车）；机床、拖拉机、液压泵、阀和通用机械中铸件质量占 65% ~ 80%；农业机械中铸件质量占 40% ~ 70%。矿冶（钢、铁、非铁合金）、能源（火、水、核电等）、海洋和航空航天等工业的重、大、难装备中铸件都占很大的比重和起着重要的作用。

在科学技术不断进步的今天，铸造技术也在不断发展。其它领域的新技术、新发明也不断促进铸造技术的发展。铸造生产的现代化将为制造业的不断进步与发展奠定可靠基础。

3.1.2 常用铸造方法

铸造生产的方法很多，通常可以按照铸造的工艺方法、铸造合金以及铸造质量进行分类：

(1) 按照铸造工艺方法分类　可分为砂型铸造和特种铸造两类，其中砂型铸造是最常用的铸造方法，约占铸件总重的90%以上；

(2) 按照铸造合金分类　可分为黑色金属铸造和有色金属铸造两类，黑色金属铸造又包括铸铁件的生产和铸钢件的生产；

(3) 按照铸造质量分类　可分为普通铸造和精密铸造。

3.2 砂型铸造

将熔炼好的金属液体注入砂型中得到铸件的方法称为砂型铸造。

3.2.1 砂型铸造的工艺过程

砂型铸造的主要工序为铸造模样和芯盒、制备型砂及芯砂、造型、制芯、合型、熔化金属及浇注、铸件凝固后开型落砂、表面清理和质量检验等。图 3－1 为套筒铸件生产的工艺过程。

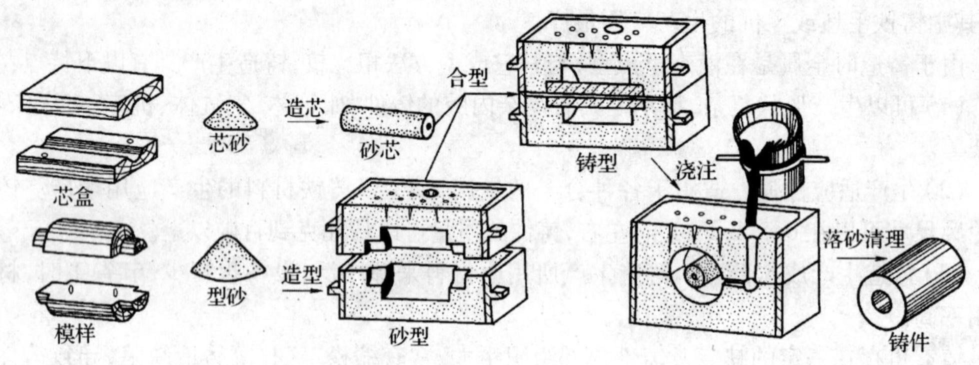

图 3－1　套筒铸件生产的工艺过程

3.2.2 砂型准备

1. 砂型的组成

图 3－2 为合型后的砂型。砂型一般由上砂型、下砂型、砂芯、浇注系统等部分组成，砂芯中取出模样后留下的空腔称为型腔，上下砂芯间的结合面称为分型面。使用砂芯的目的是获得铸件的内孔或异形腔。砂芯的外伸部分称为芯头，用以固定砂芯，铸型中用以固定砂芯芯头的空腔称为芯座。

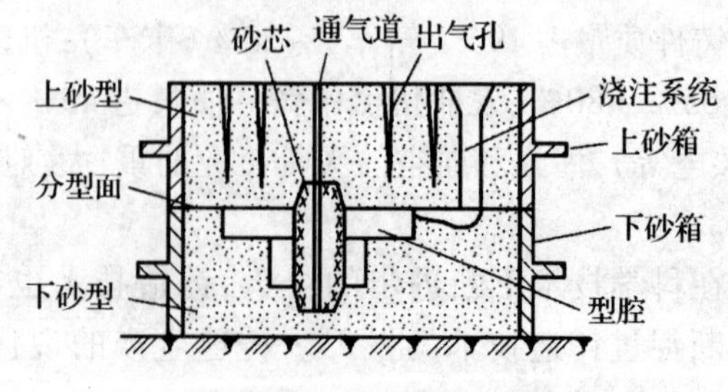

图 3－2　砂型的组成

2. 造型材料

砂型和砂芯是用型砂和芯砂制造的。用来造型和制芯的各种原砂、黏结剂和附加物等原材料，以及由各种原材料配制的型砂、芯砂、涂料等统称为造型材料。造型材料的种类及质量，将直接影响铸造工艺和铸件质量。图3－3为型砂结构示意图。

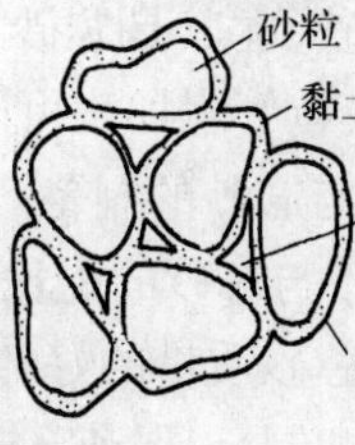

图3－3　型砂结构示意图

(1) 型砂与芯砂的组成

基本组成为原砂＋黏结剂＋水＋附加物。

①原砂　原砂的主要成分是石英(SiO_2)，铸造用砂要求原砂中二氧化硅含量为85%～97%，砂的颗粒以圆形、大小均匀为佳。为了降低成本，对已用过的旧砂，经适当的处理后，也可以掺在型砂中使用。

②黏结剂　黏结剂主要起黏结作用。在砂型中用黏结剂把砂粒黏结在一起，形成具有一定强度和可塑性的型砂和芯砂，加入黏结剂后，可使型砂具有一定的可塑性与强度。常用的黏结剂有黏土与特殊黏结剂两大类。

除以上各黏结剂外还有水玻璃、纸浆、糖浆及糊精等。

③附加物　附加物是为使型砂具有某种特殊性能而加入的少量其它物质。附加物的作用是改善型砂与芯砂的性能。常用的附加物有煤粉、木屑、草末等。在湿型砂中加入煤粉能防止铸件黏砂，使铸件表面光滑，在型砂中加锯末、木屑能改善砂型和砂芯的透气性。

④水　水可与黏土形成黏土膜，从而增加砂粒的黏结作用，并使其具有一定的强度和透气性。水分的多少对砂型的性能及铸件的质量有很大的影响。水分过多，易使型砂湿度过大，强度低，造型时易黏膜；水分过少，型砂与芯砂干而脆，强度、可塑性降低，造型、起模困难。因此，水分要适当，一般当黏土与水分的质量比为3:1时，砂型强度可达最大值。

⑤涂料　为提高铸件表面光洁度防止型砂与高温金属液发生化学反应形成低熔点化合物，在铸型和型芯表面常涂上一层涂料。

(2) 型砂与芯砂应具备的主要性能

①透气性　透气性是型砂由于本身各砂粒间存在着空隙所具有让气体通过的能力。透气性好，浇注时铸型小的气体容易排出；透气性差，气体不容易排出，铸件容易产生气孔等缺陷。

②流动性　流动性是指型砂与芯砂在外力或本身重力的作用下，沿模样表面和砂粒间相对流动的能力。流动性不好的型砂与芯砂不能铸造出表面轮廓清晰的铸件。

③耐火性　耐火性是指型砂与芯砂抵抗高温的能力。耐火性差，铸件易产生黏砂现象，铸件难于清理和切削加工。一般耐火性与砂中石英含量有关，石英含量越高，耐火性越好。

④强度　型砂与芯砂抵抗外力破坏的能力称为强度。强度包括湿强度和干强度。砂型强度应适中，如果型砂强度不好，则可能发生塌箱、掉砂、甚至被液体金属冲毁、造成砂眼、夹砂和型腔扩大等缺陷。或因强度过高使透气性、退让性变差，产生气孔及铸造应力倾向增大。

⑤可塑性　可塑性是指型砂在外力作用下，能形成一定的形状，当外力去掉后，仍能保持此形状的能力。可塑性好，可使铸型清楚地保持模型外形的轮廓，容易制造出复杂形状的砂型，并且容易起模。手工起模时在模样周围砂型上刷水的作用就是增加局部砂型的水分、以提高可塑性。

⑥退让性　退让性是指铸件在冷却、凝固收缩时,型砂与芯砂易于被压缩的能力。退让性差的型砂(尤其是芯砂)会使铸件产生大的应力,导致铸件变形,甚至开裂。型砂中加入锯末、焦炭粒等附加物可改善其退让性;砂型紧实度越高,退让性越差。

3. 型砂与芯砂的制备

(1) 型砂与芯砂的配比

型砂与芯砂质量的好坏,取决于原材料的性质及其配比。型砂与芯砂的组成物应按照一定的比例配制,以保证一定的性能要求。比如小型铸铁件湿型的配比为:新砂10% ~20%,旧砂80% ~90%,另加膨润土2% ~3%,煤粉2% ~3%,水4% ~5%。铸铁中小芯砂的配比为:新砂40%,旧砂60%,另加黏土5% ~7%,纸浆2% ~3%,水7.5% ~8.5%。

(2) 型砂与芯砂的制备

型砂与芯砂的性能还与配砂的操作工艺有关,混制越均匀,型砂与芯砂的性能越好。一般型砂与芯砂的混制是在混砂机中进行的,图3 -4 是常用的碾轮式混砂机示意图。混制时,按照比例将新砂、旧砂、黏土、煤粉等加入到混砂机中,干混2 ~3 分钟,混拌均匀后再加入适量的水或液体黏结剂(水玻璃等)进行湿混5 ~12 min后即可出砂。混制好的型砂或芯砂应堆放4 ~5 h,使水分分布得更均匀。在使用前还需对型砂进行松散处理,增加砂粒间的空隙。

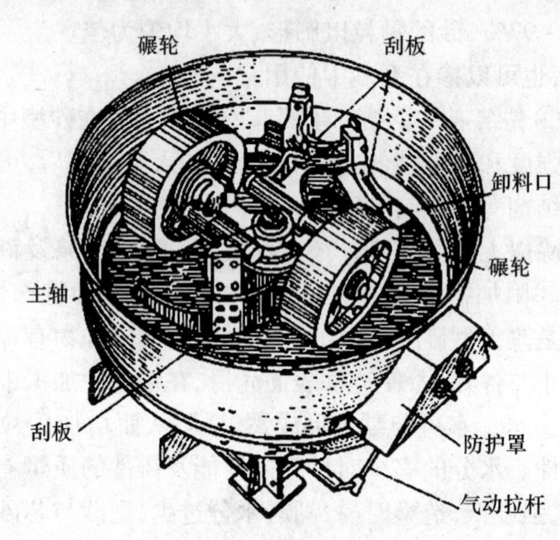

图3 -4　碾轮式混砂机

(3) 型砂与芯砂性能的检测

混好的型砂与芯砂应经过性能检测后才能使用。大量生产时可用型砂性能试验仪检测。单件小批生产时,可用手捏检验法检测,即用手把型砂捏成团,手放开后砂团不松散,手上也不会黏砂,抛向空中则砂团散开,则表明型砂基本合格。

3.2.3　造型与制芯

造型和制芯是铸造生产过程中两个重要的环节,是获得优质铸件的前提和保证。

造型方法可分为手工造型和机器造型两大类。手工造型主要用于单件小批生产,机器造型主要适用于大批量生产。

1. 手工造型

手工造型的特点是操作灵活,适应性强,是目前应用最广泛的造型方法。手工造型的方法很多,可以根据铸件的结构特点、生产批量以及本单位的条件合理进行选择。常见的方法有整模造型、分模造型、活块造型、挖砂造型、假箱造型、刮板造型、三箱造型、地坑造型。

(1) 整模造型

整模造型的特点是模样为整体结构,造型时模样轮廓全部放在一个砂箱内(一般为下砂箱),分型面为平面。造型时,整个模样能从分型面方便地取出。整模造型操作简单,不受上下箱错位影响而产生的错型缺陷,所得铸型型腔的形状和尺寸精度好,适用于外形轮廓上有一个平面可作分型面的简单铸件，如压盖、齿轮坯、轴承座、皮带轮等零件的铸型的造型。图3－5为整模造型工艺过程。

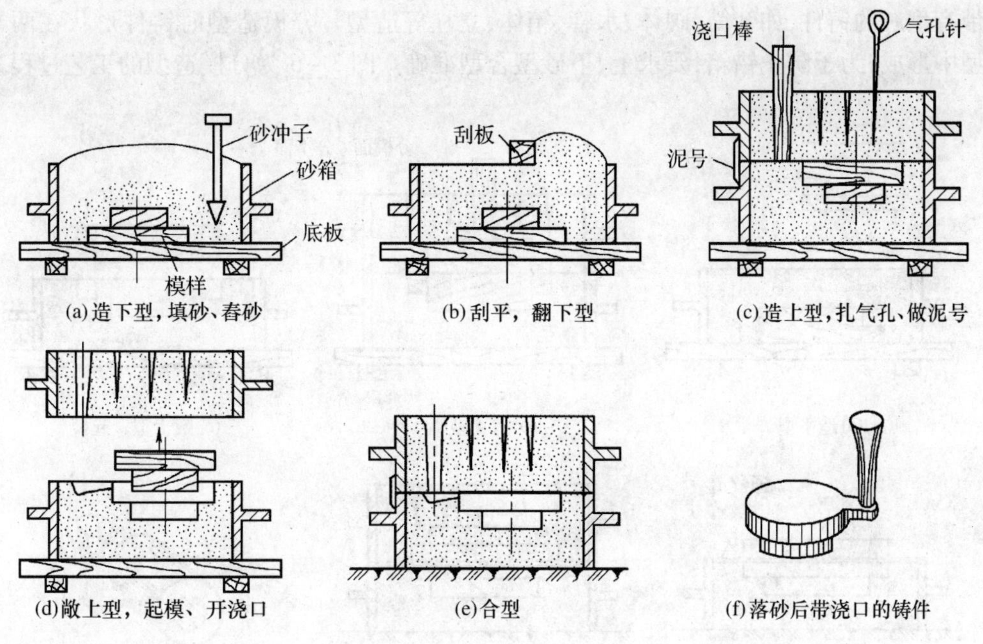

图3－5　整模造型的工艺过程

当零件的最大截面在端部时，以它为分型面制成整体模样子，造型时将模样子放在一个砂箱（下箱）内。

①将模样放在底板上；

②安放下砂箱，撒上厚度约2 mm左右的面砂，再加填充砂；

③均匀捣实每层型砂，除去多余型砂；

④扎通气孔；

⑤翻转下砂箱，用压勺修光分型面；

⑥套上上砂箱，撒分型砂；

⑦放浇口棒，加填充砂，并舂紧，挖外浇口，划合型线；

⑧拿下上砂箱；

⑨在下砂箱上挖出内浇口；

⑩用起模刀起出模样，用毛笔沾水把模样子边缘润湿；

⑪修型，去除多余砂粒，撒石墨粉；

⑫合型，紧固上、下砂型，或放上压铁；

⑬经浇注、凝固冷却、落砂清理，得到带浇注系统的铸件；

⑭去除浇铸系统（冒口）后，检验入库。

（2）分模造型

铸件的最大截面不在端面时，一般将模样沿着模样的最大截面（分模面）分成两个部分，利用这样的模样造型称为分模造型。有时对于结构复杂、尺寸较大、具有几个较大截面又互相影响起模的模样，可以将其分成几个部分，采用分模造型。模样的分模面常作为砂型的分型面。分模造型的方法简便易行，适用于形状复杂的铸件的造型，特别是广泛用于有孔或带有型芯的铸件，如套筒、阀体、水管、箱体、立柱等造型。分模造型时铸件形状在两半个砂型中形成，为了防止错箱，要求上、下砂型合型准确。图 3-6 为分模造型的工艺过程。

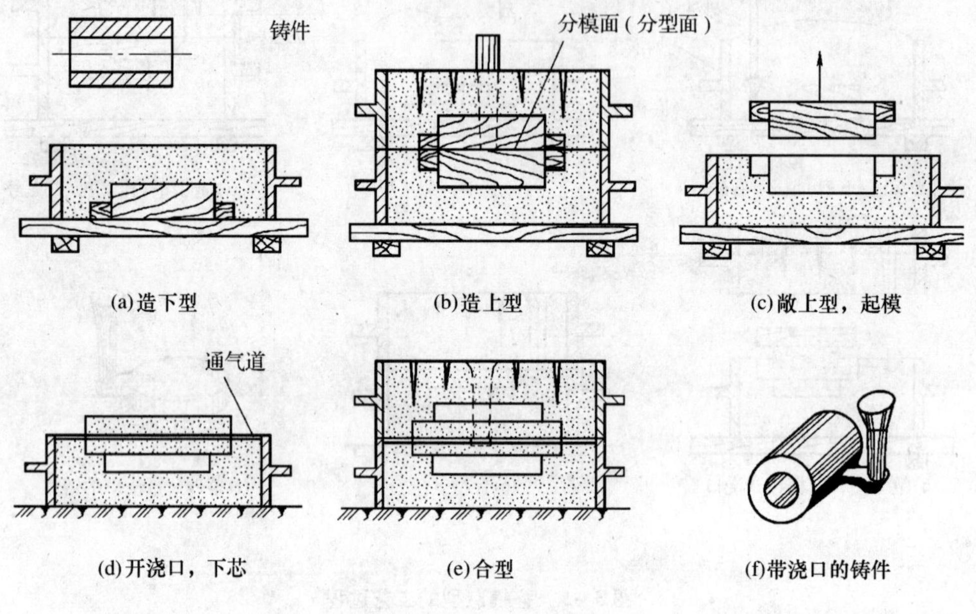

图 3-6　分模造型的工艺过程

(3) 活块造型

模样上有妨碍起模的突起（凸台、肋板、耳板等），在制作模样时将这些部分制成可拆卸或活动的部分，用燕尾槽或活动销连接在模样上，起模或脱芯后，再将活块取出，这种造型方法称为活块造型。活块造型的优点是可以减少分型面数目，减少不必要的挖砂工作；缺点是操作复杂，生产效率低，经常会因活块错位而影响铸件的尺寸精度。因此，活块造型一般只适用于单件小批量生产。图 3-7 为活块造型的工艺过程。

(4) 挖砂造型

当铸件的最大截面不在一端，而模样又不便分模时（如分模后的模样太薄，强度太低，或分模面是曲面等），则只能将模样做成整模，造型时挖掉妨碍起模的型砂，形成曲面的分型面，称为挖砂造型。在挖砂造型时，挖砂的深度要恰到模样的最大截面处，挖制的分型面应光滑平整，坡度合适，以便开型和合型操作。由于挖砂造型的分型面是一曲面，在上型形成部分吊砂，因此必须对吊砂进行加固。加固的方法是：当吊砂较低较小时，可插铁钉加固；当吊砂较高较大时，可用木片或砂钩进行加固。图 3-8 为挖砂造型的过程。挖砂造型生产率低，对操作人员的技术水平要求较高，一般仅适用于单件或小批量生产小型铸件。当铸件的生产数量较多时，可采用假箱造型代替挖砂造型。

(5) 假箱造型

为了克服挖砂造型的缺点，提高劳动生产率，在造型时可用成型底板代替平面底板，并

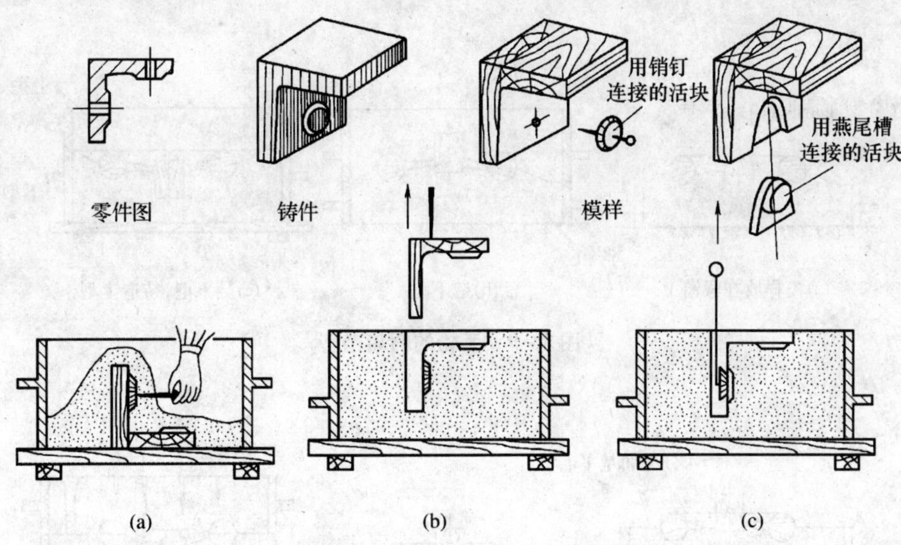

图 3－7　活块造型的工艺过程

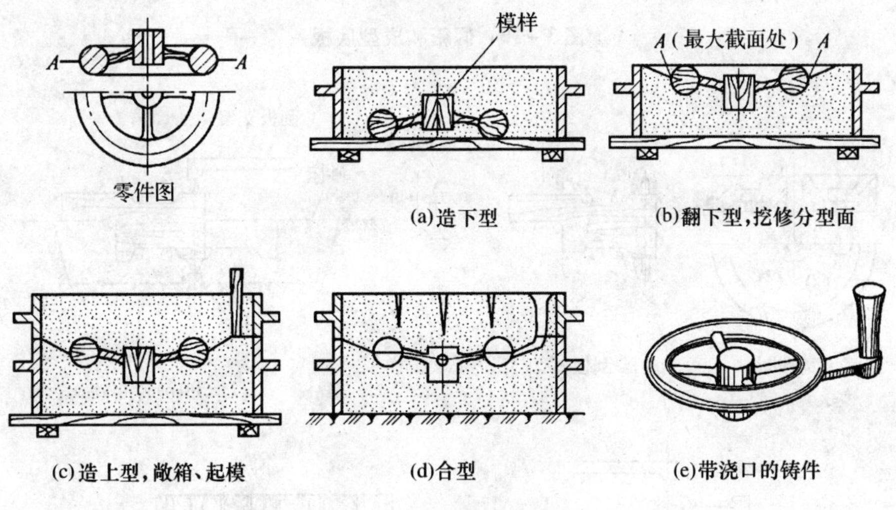

图 3－8　挖砂造型的过程

将模样放置在成型底板上造型以省去挖砂操作（如图 3－9 所示）；也可以用含黏土量多、强度高的型砂舂紧制成砂质成型底板，可称之为假箱，以代替平面底板进行造型（如图 3－10 所示），称为假箱造型。

(6) 刮板造型

刮板造型是指不用模样而用刮板操作的造型方法。刮板是一块与铸件截面形状相适应的木板，依据砂型型腔的表面形状，引导刮板作旋转、直线或曲线运动，完成造型工作。对于某些特定形状的铸件，如旋转体类，当其尺寸较大、生产数量较少，若制作模样则要消耗大量木材及制作模样的工时，因此可以用刮板造型，刮制出砂型型腔。刮板造型只能用手工操作，对操作技术要求较高，一般只适合于单件小批量、尺寸较大铸件的造型。图 3－11 为刮板造型的过程。

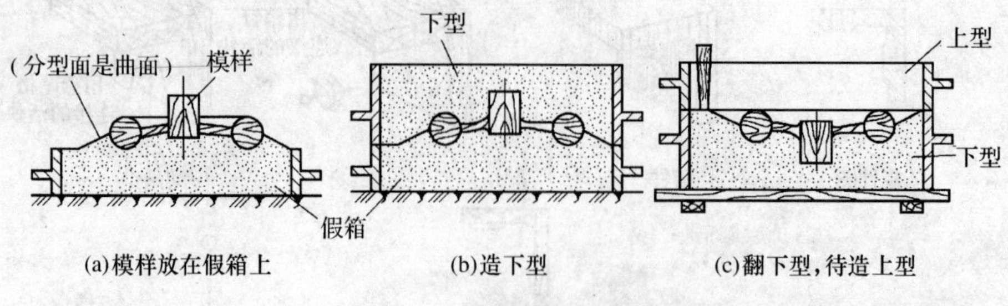

图 3-9 手轮的假箱造型

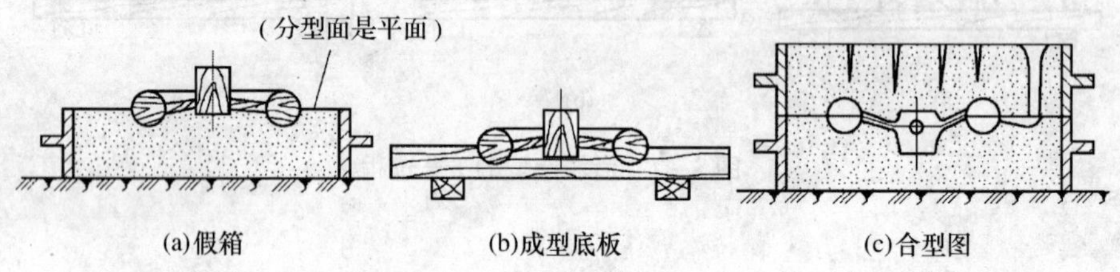

图 3-10 假箱和成型底板

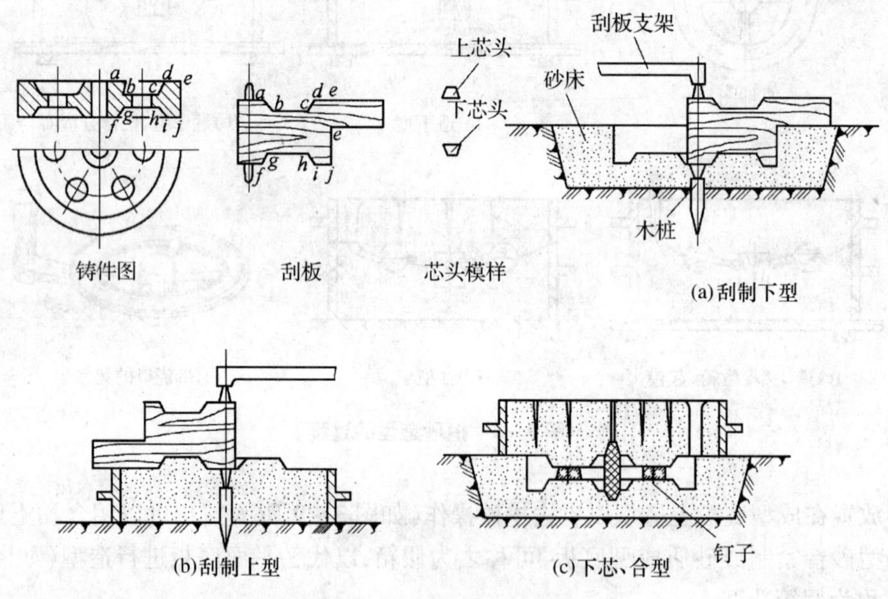

图 3-11 刮板造型的过程

(7) 三箱造型

有些铸件具有两端截面比中间大的外形(例如槽轮),必须使用三个砂箱、分开模造型。砂型从模样的两个最大截面处分型,形成上、中、下三个砂型才能起出模样。这种用三只箱、铸型有两个分型面的造型方法称为三箱造型。三箱造型比两箱造型多一个分型面,容易产生错箱。操作复杂、效率低,只适合单件或小批生产。图 3-12 为三箱造型的工艺过程。

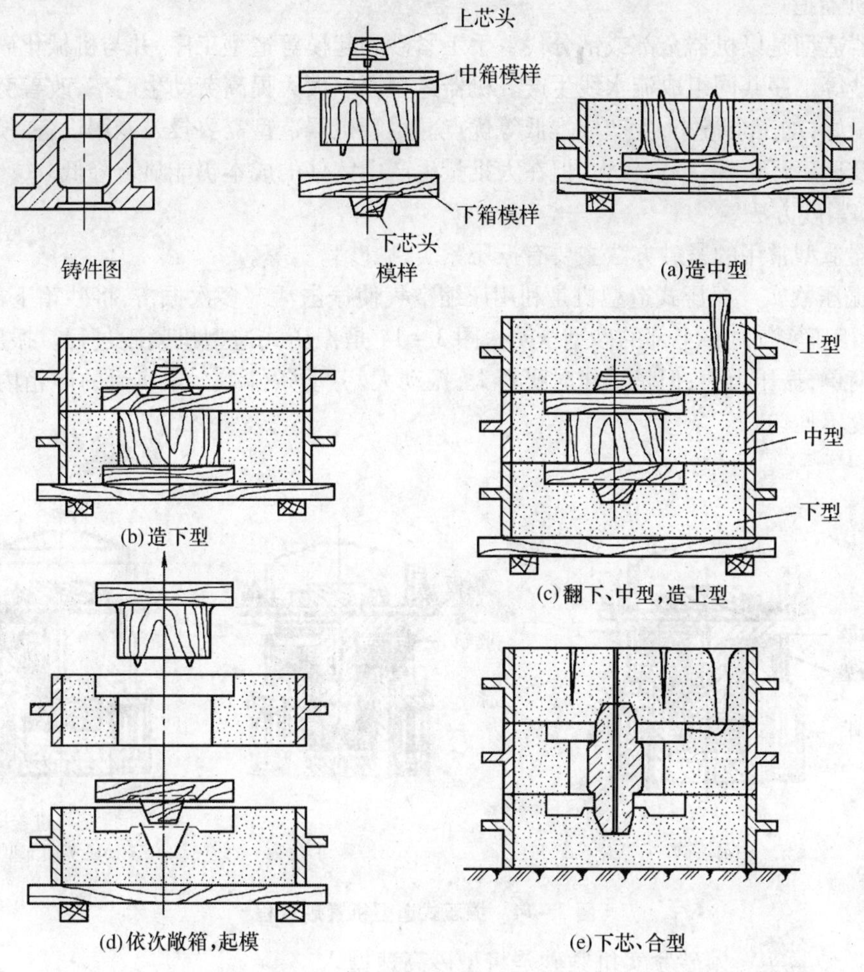

图 3-12　三箱造型的工艺过程

(8) 地坑造型

用车间地面的砂坑或特制的砂坑制造下型的造型方法叫地坑造型。地坑造型制造大铸件时，常用焦炭垫底，再埋入数根通气管以利于气体的排出。地坑造型可以节省砂箱，降低工装费用。地坑造型过程复杂、效率低，故主要用于中、大型铸件的单件或小批量生产。图 3-13 为地坑造型的工艺过程。

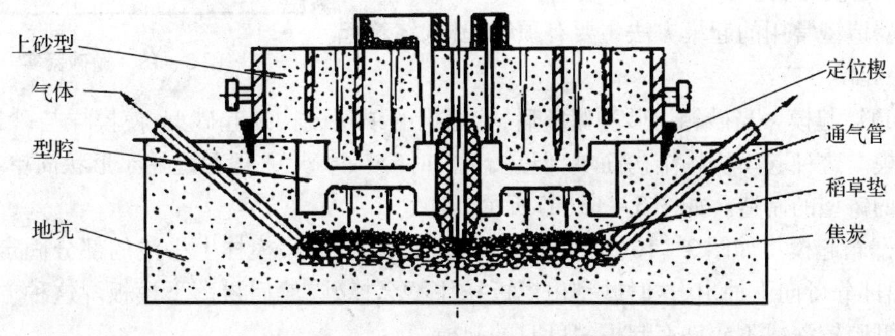

图 3-13　地坑造型的工艺过程

2. 机器造型

机器造型是以机器全部或部分代替手工紧砂和起模等造型工序,并与机械化砂处理、浇注和落砂等工序共同组成流水线生产。机器造型可以大大提高劳动生产率,改善劳动条件,铸件质量好,加工余量小,生产成本低等优点。尽管机器造型需要投入专用设备、模样、专用砂箱以及厂房环境等,投资较大,但在大批量生产中铸件的成本仍能显著降低。

(1) 紧砂方法

机器造型常用的紧砂方法主要有振压紧实、抛砂紧实等。

①振压紧实　振压式造型机是利用压缩空气使振击活塞多次振击,将砂箱下部的砂型紧实,再用压实气缸将上部的砂型压实。图 3－14 是振压式造型机紧砂过程。振压式造型机结构简单,振压力大;但是工作时噪音大,振动大,劳动条件差。紧实后的砂箱内,各处的紧实程度不均匀。

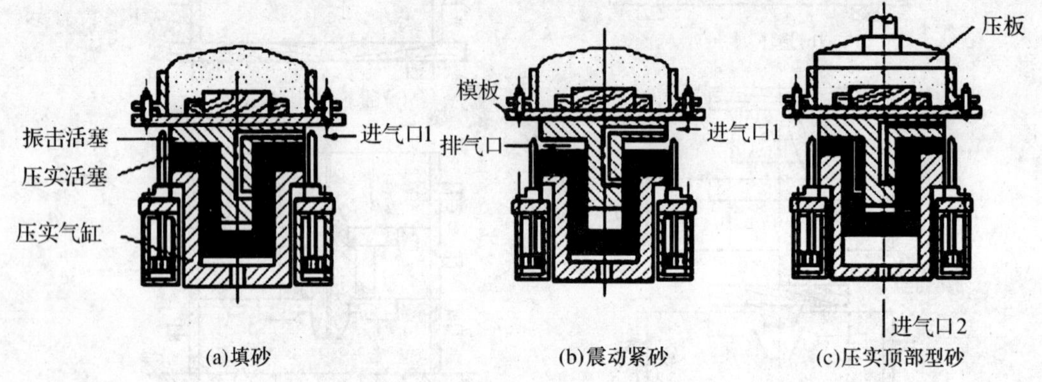

图 3－14　振压式造型机紧砂过程

②抛砂紧实　抛砂紧实机紧砂是将型砂高速抛入砂箱中,这样同时完成添砂和紧砂工作。如图3－15所示,转子高速旋转,将型砂抛向砂箱,随着抛砂头在砂箱上方移动,将整个砂箱填满并紧实。由于抛砂机抛出的砂团速度大致相同,所以砂箱各处的紧实程度均匀。此外,抛砂造型不受砂箱大小的限制,适用于生产大、中型铸件。

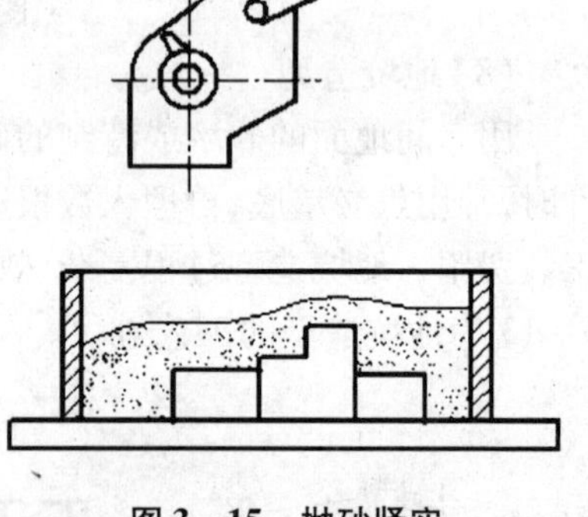

图 3－15　抛砂紧实

(2) 起模方法

机器造型常用的起模方法主要有顶箱起模、漏箱起模、翻箱起模等方法。

①顶箱起模　当砂箱中砂型紧实后,造型机的顶箱机构顶起砂型,使模样与砂箱分离,完成起模。这种起模机构结构简单,但是,起模时容易掉砂,一般只适用于形状简单、型的高度不大的铸型的制造。如图 3－16(a)所示。

②漏箱起模　如图 3－16(b)所示,模样分成两个部分,模样上平浅的部分固定在模板上,凸出部分可向下抽出,这时砂型由模板托住不会掉砂,然后再落下模板。这种方法适合于铸型型腔较深或不允许有起模斜度时的起模。

③翻箱起模　如图 3－16(c)砂箱中砂型紧实后,起模时,将砂箱、模样一起翻转 180°,

然后再使砂箱下降,完成起模工作。

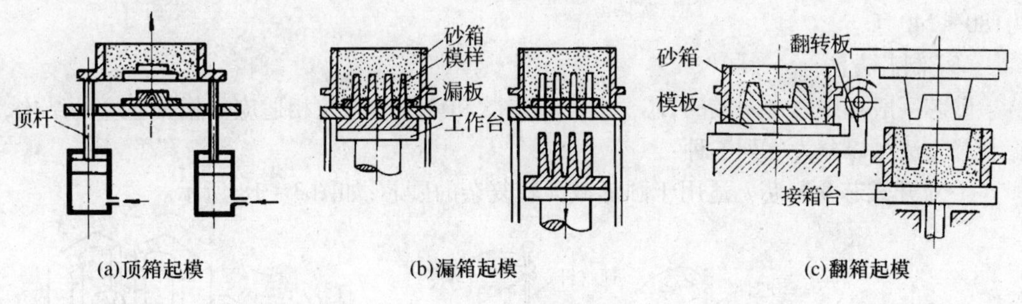

图 3-16　起模方法

3. 制芯

(1) 砂芯的用途及要求

砂芯主要作用是形成铸件的内腔,也可用来形成复杂的外形。在浇注过程中,砂芯的表面被高温金属液包围,同时受到金属液的冲刷,工作环境条件恶劣,所以,要求砂芯比砂型有更高的强度、耐火性、退让性和透气性,以确保铸件质量,并便于清理。

(2) 制芯工艺措施

为了保证砂芯的尺寸精度、形状精度、强度、透气性和装配稳定性,造芯时应根据砂芯尺寸大小、复杂程度及装配方案采取以下措施:

①放置芯骨　在砂芯中放置芯骨,可以提高砂芯的强度,并便于吊运及下芯。小型芯骨可以用铁丝、铁钉等制成,大、中型芯骨一般用铸铁浇注而成,并在芯骨上做吊环,以便运输。

②开通气孔　为了提高通气性,在砂芯内部应开设通气孔,并且各部分通气孔要互相贯通,以便迅速排出气体。形状简单的砂芯可用通气针扎出通气孔,对于形状复杂的可预埋蜡线,熔烧后形成通气孔,或在两半砂芯上挖出通气槽等。图 3-17 所示为芯骨和通气道。

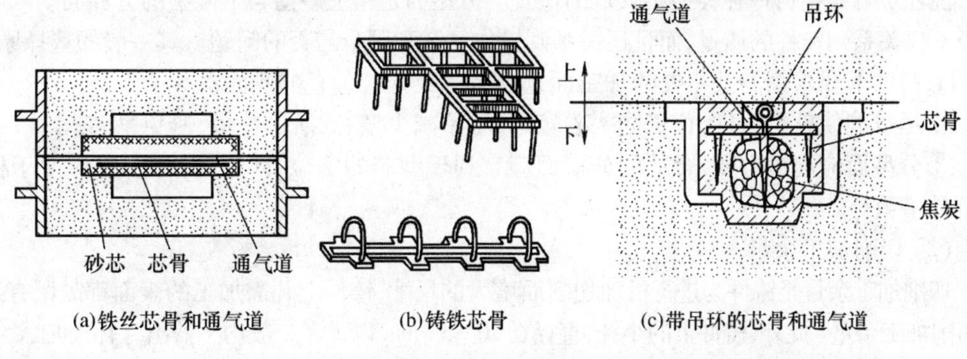

图 3-17　芯骨和通气道

③刷涂料　在砂芯表面涂刷耐火材料,防止铸件粘砂。铸铁件用砂芯一般采用石墨作为涂料,铸钢件用砂芯一般用石英粉作为涂料,非铁合金铸件的砂芯可用滑石粉涂料。

④烘干　将砂芯烘干以提高砂芯的强度和透气性。根据砂芯所用芯砂的配比不同，砂芯的烘干温度也不一样。黏土砂芯烘干温度为 250 ~ 350 ℃，油砂芯烘干温度为180 ~240 ℃。

(3) 制芯方法

砂芯一般是用芯盒制成的，芯盒的空腔形状和铸件的内腔相适应。根据芯盒的结构，手工制芯方法可以分为下列三种：

①对开式芯盒制芯　适用于圆形截面较复杂的砂芯，如图 3 –18 所示。

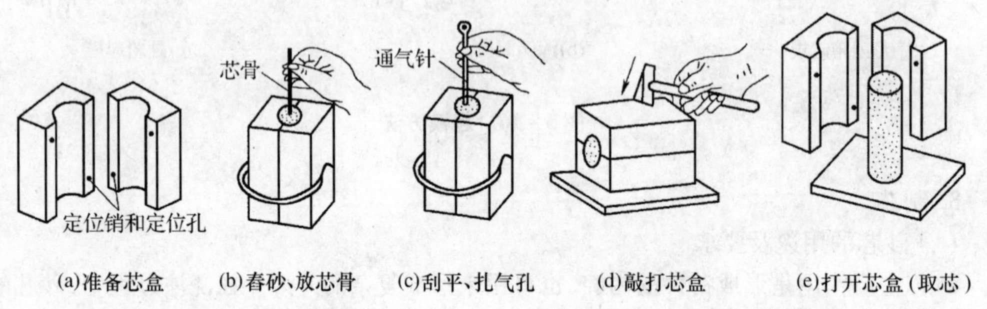

图 3 –18　对开式芯盒制芯过程

②整体式芯盒制芯　用于形状简单的中、小砂芯。

③可拆式芯盒制芯　对于形状复杂的中、大型砂芯，当用整体式和对开式芯盒无法取芯时，可将芯盒分成几块，分别拆去芯盒取出砂芯。芯盒的某些部分还可以做成活块。

成批大量生产的砂芯可用机器制出。黏土、合脂砂芯多用振击式造芯机制芯，水玻璃砂芯可用射芯机制芯，树脂砂芯需用热芯盒射芯机和壳芯机制芯。

3.2.4　模型与芯盒的制造

模型是用来形成铸型型腔的，其形状应与铸件外形相似。芯盆是用来制造型芯的，型芯是形成铸件内腔的，其形状应与铸件内腔相似。模型与芯盒的材质，主要用木材，故常称木模，批量多者，也可用金属模型。

(1) 浇注位置和分型面

浇注位置是指铸件在铸型中安放的位置。分型面是指上砂型与下砂型的分界面。两者的选择不仅关系到铸件的质量，而且还关系到操作复杂和困难与否的问题。其一般的选择原则：

①铸件上要求高的及主要的加工面，应朝下，或处于垂直的侧面；

②尽可能使整个铸件，位于同一砂箱内，尽量减少型芯、活块数量、避免吊芯；

③分型面应起模方便，合适的分模面应有利于型芯的定位、固定与排气，并应便于检查和不易错箱等。

(2) 切削加工余量

切削加工余量是铸件为进行机加切削而增大的尺寸，铸件上凡需加工的表面都需留有适当的切削加工余量。此外，铸件上的小孔，直径在 20 ~30 mm 以下者一般均不铸出，留待加工。铸件上如有小的凹槽与台阶，也不铸出，留待机械加工时加工出来。

(3) 拔模斜度

为便于模型从砂型中取出，不致破坏砂型，模型侧壁，而顺着拔出方向均应留有斜度，称拔模斜度。垂直壁愈高，斜度愈小。

(4) 铸造圆角

模型上一个表面与相邻的另一表面之间的交角应尽可能做成圆角。防止铸件应力集中而引起裂纹。消除砂型上较难捣实的、脆弱的、易于损坏的尖锐角。

(5) 泥芯头

高度较大的孔,必须采用型芯,型芯上一般都设有芯头,作为在砂型中固定泥芯之用。这样在模型上相应的地方应做出凸出的部分,使得在铸型中形成固定泥芯头的孔腔,这孔腔称泥芯座。

(6) 收缩余量

木模图与铸造工艺图外形相似但尺寸不同,这是因为金属注入铸型后,冷凝时发生收缩,所以模型上的尺寸应加上收缩余量。

造型时首先要考虑的问题,是如何把模型从砂型中取出来,形成铸件的型腔。为了取出模型,铸型必须有分型面,并按铸件外形复杂程度、批量大小以及配合木模的结构与分模面来考虑选用何种造型方法。

3.2.5 浇注系统的设置

为保证液态金属平稳地流入型腔,以免冲坏铸型,防止熔渣、砂粒等杂物进入型腔,并补充铸件因冷凝而引起收缩的金属液体,造型过程中,应开设一系列的通道,这些通道称为浇注系统。

1. 浇注系统的组成

浇注系统由外浇口、直浇口、横浇口以及内浇口等四部分组成(浇口也称浇道),如图 3-19 所示。

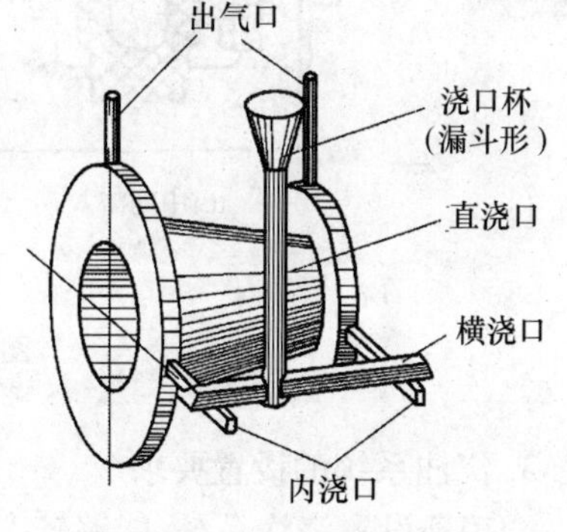

图 3-19　典型的浇注系统

(1) 外浇口　可单独制作或直接在铸型中形成。用于容纳浇入的金属液,减缓液流冲击,分离熔渣并防止气体随液流带入型腔。小型铸件通常为漏斗形(称浇口杯),较大型铸件为盆状(称浇口盆)。

(2) 直浇口　浇注系统中的垂直通道称为直浇口。直浇道通常有一定的锥度,防止气体吸入并便于起模。直浇道中的金属产生的静压力将有利于金属的充型,以获得完整的铸件。直浇口下面带有圆形的窝座称为直浇口窝,用来减缓金属液的冲击力,使其平稳地进入横浇口。

(3) 横浇口　浇注系统中连接直浇口与内浇口的水平部分称为横浇口。横浇口的主要作用是分配金属液进入内浇口,并起挡渣作用。横浇口一般位于内浇口上部,断面多为梯形。

(4) 内浇口　浇注系统中引导液态金属进入型腔的部分称为内浇口。内浇口是熔融金属直接流入型腔的通道。其主要作用是控制金属液进入型腔的速度和方向,调节铸件各部分冷却速度。内浇口一般开设在下型分型面上,并注意使金属液切向流入,不要正对型腔或型芯,以免冲坏铸型。

2. 浇注系统的类型

(1) 顶注式　内浇口设在铸件顶部,如图 3-20(a)所示。顶注式浇口使金属液自上而下流入型腔,利于充满型腔和补充铸件收缩,但充型不平稳,会引起金属飞溅、吸气、氧化及冲砂等问题。顶注式适用于高度较小、形状简单的薄壁件,易氧化合金铸件小则宜采用。

(2)底注式　内绕口设在型腔底部,如图3-20(b)所示。金属液从下而上平稳充型,易于排气,多用于易氧化的非铁金属铸件及形状复杂、要求较高的黑色金属铸件,底注式浇道使型腔上部的金属液温度低,而下部高,故补缩效果差。

(3)中间注入式　中间注入式浇口介于顶注式和底注式之间的一种浇口,开设方便,应用广泛。主要用于一些中型、不是很高、水平尺寸较大的铸件的生产。

(4)阶梯式　阶梯式浇口沿型腔不同高度开设内浇口,金属液首先从型腔底部充型,待液面上升后,再从上部充型。兼有顶注式和底注式浇口的优点,主要用于高大铸件的生产。

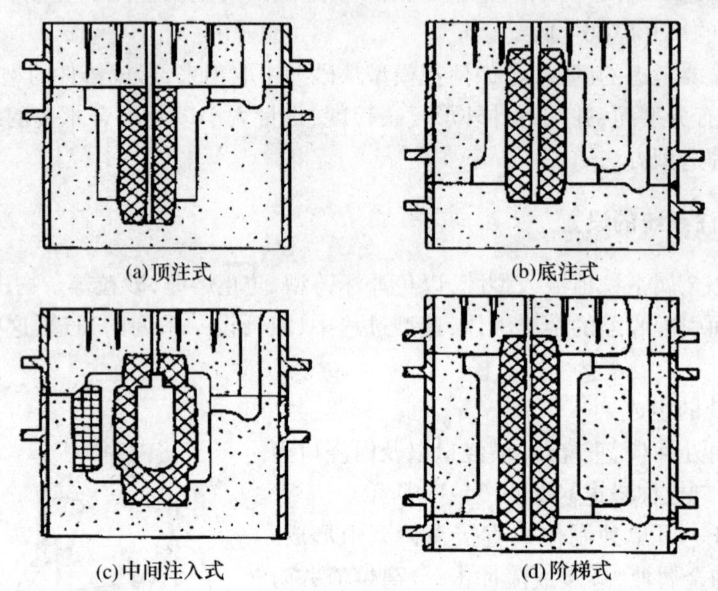

图3-20　浇注系统的类型

3. 浇注系统的设置要求

合理地设置浇注系统,能够较大限度地避免铸造缺陷的产生,保证铸件质量。对浇注系统的设置要求为:

(1)使金属液平稳、连续、均匀地进入铸型,避免对砂型和砂芯的冲击;

(2)防止熔渣、砂粒或其它杂物进入铸型,调节铸件各部分温度分布,控制冷却和凝固顺序,避免缩孔、缩松及裂纹的产生。

3.2.6　冒口与冷铁

1. 冒口

对于大铸件或收缩率较大的合金铸件,由于凝固时收缩大,如不采取适当的措施,一般在铸件最后凝固的位置形成缩孔和缩松现象。冒口的设置就是补充铸件凝固时所需要的金属液,使缩孔进入冒口中。冒口即为在铸型内储存供补充铸件用的熔融金属的空腔,也指该空腔中充填的金属。冒口应设在铸件厚壁处、最后凝固的部位,并应比铸件晚凝固。冒口形状多为圆柱形或球形。常用的冒口分为两类,即明冒口和暗冒口。如图3-21所示。

(1) 明冒口　冒口的上口露在铸型外的称为明冒口,从明冒口中看到金属液冒出时,即表示型腔被浇满。明冒口的优点是有利型内气体排出,便于从冒口中补加热金属液。缺点是明冒口消耗金属液多。

(2) 暗冒口　位于铸型内的冒口称为暗冒口。浇注时看不到金属液冒出。其优点是散热面小,补缩效率比同等大小的明冒口高,利于减小金属消耗。一般情况下,铸钢件常用暗冒口。

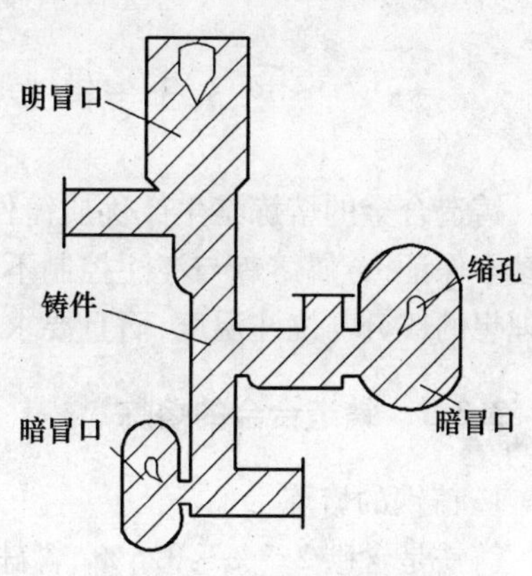

图 3－21　明冒口与暗冒口

2. 冷铁

为增加铸件局部的冷却速度,在砂型、砂芯表面或型腔中安放的金属物称为冷铁。砂型中放冷铁的作用是加大铸件厚壁处的凝固速度,消除铸件的缩孔、裂纹和提高铸件的表面硬度与耐磨性。冷铁可单独用在铸件上,也可与冒口配合使用,以减少冒口尺寸或数目。

3.2.7　合型

将上型、下型、砂芯、浇口盆等组合成一个完整铸型的操作过程称为合型,又称合箱组型。合型是制造铸型的最后一道工序,直接关系到铸件的质量。即使铸型和砂芯的质量很好,若合型操作不当,也会引起气孔、砂眼、错箱、偏芯、飞边和跑火等缺陷。合型应保证型腔的几何形状、尺寸的准确、砂芯安放牢固等。

1. 铸型的检验和装配

下芯前,先清除型腔、浇注系统和砂型表面的浮砂,并检查其形状、尺寸及排气通道是否合格,再检查型腔的主要形位尺寸,然后,固定好型芯,并确保浇注时金属液不会钻入芯头而堵塞排气道,最后再准确平稳地合上上型箱。

2. 铸型的紧固

金属液充满型腔后,上型箱将受到金属液向上的抬箱力,因此,装配好的铸型必须进行紧固,否则,金属液将从分型面的缝隙流出,产生“跑火”。单件小批量生产时,多使用压铁压住上箱。压铁质量一般是铸件质量的 3 ~ 5 倍。大批、大量生产时,也可采用卡子或螺栓紧固铸型,如图 3－22 所示。

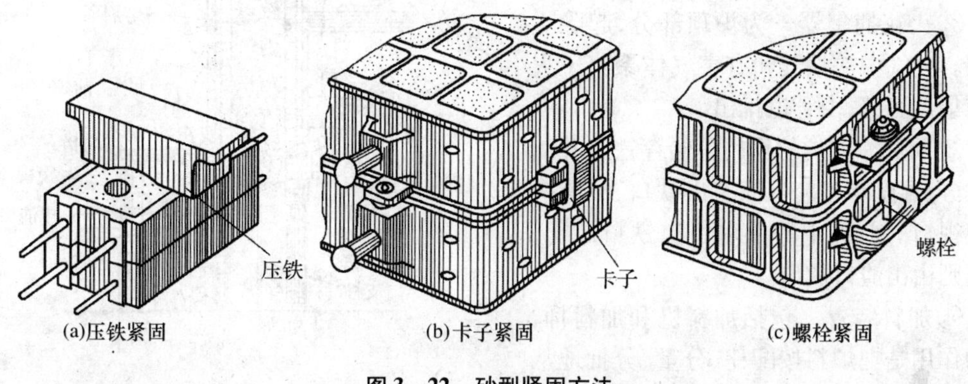

图 3－22　砂型紧固方法

3.3 铸造合金的熔炼、浇注和落砂

铸造合金的熔炼是生产优质铸件的关键环节之一。质优合格的金属液是优质合格铸件的基本保证,金属熔炼与浇注控制不当会造成铸件的成批报废。合格的铸造合金不仅要求有理想的成分与浇注温度,而且要求金属液有较高的纯净度(夹杂物、含气量要少)。

3.3.1 铸造合金的熔炼

1. 铸铁的熔炼

铸铁是含碳2.7% ~3.6% 、含硅1.1% ~2.5% ,以铁为主的铁碳合金。铸铁中的碳有两种形态,即碳化铁(FeC)和石墨。以碳化铁存在时,铸铁的断口呈银白色,称为白口铸铁;主要以石墨存在时,铸铁的断口呈暗灰色,称为灰铸铁。铸铁中含C、Si量少,或冷却速度大,则易得到白口铸铁。白口铸铁脆性大,硬度极高,很难切削加工,其应用范围有限。灰铸铁易于铸造和切削加工,它的抗拉强度和塑性低于钢,但其耐磨性、减振性好,价廉,因此得到广泛应用,铸铁件的生产占铸件生产的70% ~75% 。

一般来说,铸铁的熔炼应符合以下要求:铁水的化学成分要符合要求,铁水的温度要足够高,熔化效率高,节约能源。

熔炼铸铁的设备有:冲天炉、感应电炉、电弧炉等,最常用的是冲天炉。用冲天炉熔化的铁水质量不如电炉,但冲天炉具有结构简单、操作方便、燃料消耗少、成本低、熔化的效率高,而且能连续生产。

(1) 冲天炉的构造

冲天炉是圆柱形竖式炉,由炉体、火花捕集器、前炉、加料装置、送风装置等五部分构成,冲天炉的构造如图3-23所示。

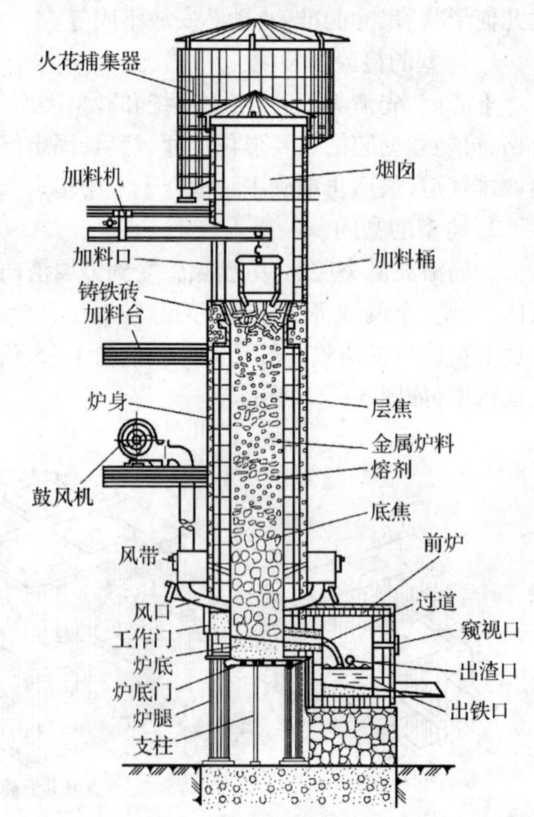

图3-23　冲天炉的构造

①炉体　包括烟囱、加料口、炉身、炉缸、炉底和支承等部分。它主要的作用是完成炉料的预热、熔化。自加料口下沿至第一排风口中心线之间的炉体高度称有效高度,即炉身的高度,是冲天炉的主要工作区域。炉身的内腔称为炉腔。

②火花捕集器　为炉顶部分,起除尘作用。废气中的烟气和有害气体聚集于火花捕集器底部,由管道排出。

③前炉　前炉的作用是储存铁水并使之成分、温度均匀。上面有出铁口、出渣口和窥视口。前炉中的铁水由出铁口放出,熔渣则由出渣口放出。

④加料装置　包括加料机和加料桶,它的作用是把炉料按配比、分量、分批地从加料口送进炉内。

⑤送风装置　包括进风管、风带、风口及鼓风机的输出管道，其作用是将一定量空气送入炉内，供底焦燃烧用。风带的作用是使空气均匀、平稳地进入各风口。冲天炉广泛应用多排风口，每排设4～6个小风口，沿炉膛截面均匀分布。

(2)炉料

炉料是熔炼铸铁所用的原材料的总称，一般由金属炉料、燃料和熔剂三部分组成。

①金属炉料　由高炉生铁、回炉铁(冒口、废铸件等)、废钢及铁合金(硅铁、锰铁等)按比例配制而成。高炉生铁是主要的金属炉料，回炉铁可降低铸件成本，废钢可降低铁熔液中的含碳量，铁合金用来调整铁熔液的化学成分或配制所需的合金铸铁。

②燃料　冲天炉主要的燃料是焦炭，焦炭的燃烧为铸铁熔炼提供热量，要求焦炭中碳的含量、发热量、强度要高，块度适中，挥发物、硫等的含量要少。其用量一般为金属炉料质量的1/8～1/12，这个比值称焦铁比。

③熔剂　熔剂的作用是造渣。在熔化的过程中熔剂与炉料中有害物质形成熔点低、比重轻、易于流动的熔渣，以便排除。常用的熔剂有石灰石($CaCO_3$)或萤石(CaF_2)，块度比焦炭略小，加入量为焦炭质量的25%～30%。

(3)冲天炉的铸铁熔炼

1)熔炼原理

冲天炉是利用对流的原理来进行熔化的。在冲天炉熔化过程中，炉料从加料口装入，自上而下运动，被上升的热炉气预热，并在熔化带(在底焦顶部，温度约1 200 ℃)开始熔化。铁水在下落过程中又被高温炉气和炽热的焦炭进一步加热(称过热)，温度可达1 600 ℃左右，经过过道进入前炉。此时温度稍有下降，最后出炉温度约为1 360～1 420 ℃。从风口进入的风和底焦燃烧后形成的高温炉气，是自下而上流动的，最后变成废气从烟囱中排出。

冲天炉内铸铁的熔化过程不仅是一个金属炉料的重熔过程，而且是炉内铁水、焦炭和炉气之间生产的一系列物理、化学变化的过程。一般铁水由于和炽热的焦炭接触含碳量有所增加，硅、猛等合金元素的含量由于燃烧氧化有所下降，有害元素磷的含量基本不变，由于焦炭中的硫熔于铁水使含硫量增加约50%。所以，用冲天炉熔化时要获得低硫铁水是比较困难的。

影响冲天炉熔化的主要因素是底焦的高度和送风强度等，必须合理控制。

2)铸铁熔炼的操作

①修炉　每次装料化铁前用耐火材料将炉内损坏处修好并烘干。

②点火　加入刨花、木柴并点燃。

③加底焦　木柴烧旺后分批加入底焦至高出风口0.6～1 m处为止。

④加炉料　底焦烧旺后，先加一批熔剂，再按金属炉料、燃料、熔剂的顺序一批批地向炉内加料至加料口为止。

⑤鼓风熔化　鼓风5～10 min，金属炉料便开始熔化，同时也形成熔渣，铁液和熔渣经炉缸和过桥流入前炉储存。

⑥排渣与出铁　前炉中的铁液聚集到一定容量后，便可定时排渣与出铁。

⑦打炉　当剩下待铸的铸型不多时，即停止加料。等最后一批铁液浇完即可打开炉底门，将炉内的剩余炉料熄灭并清运干净。

2. 铸钢的熔炼

铸钢是含碳量小于2.11%的铁碳合金，代号为“ZG”。铸钢的强度、韧件、塑件、耐热件和焊接性都比铸铁高。铸钢的缺点是铸造性能差，生产工艺和熔炼设备复杂。铸钢分为铸造碳钢和铸造合金钢。按含碳量的高低,碳钢又可分为低碳钢(碳含量低于0.25%)、中碳钢(碳含量为0.25%~0.60%)、高碳钠(碳含量超过0.60%)。“ZG25”表示铸钢,其含碳量约为0.25%。合金钢是为了改善和提高铸钢件的某些件能,加入某种合金元素熔炼而成,钢中加入铬、钨、钢、钒等元素可提高钢的硬度和耐磨性能,用于制造刀具和模具。

铸钢的铸造性能比铸铁差(流动性差、体收缩与线收缩大、氧化与吸气倾向大),熔点高,对成分控制及冶金质量的要求严。铸钢一般采用电弧炉、感应电炉、平炉、转炉、电渣炉及等离子炉等设备生产,更加注重钢水的冶炼过程。

电弧炉是利用从炉顶上方插入的并可自动调节的石墨电极与钢料之间产生的高温电弧,将钢料熔化。电弧炉开炉、停炉简便,容易操作。电弧炉熔炼周期短,能严格控制钢水的化学成分,适合熔炼优质钢和合金钢。

此外,采用中频感应电炉,能熔炼各种高级合金钢和碳含量极低的钢。感应电炉的熔炼速度快、合金元素烧损小、能源消耗少、且钢液质量高,即杂质含量少、夹杂少,适于小型铸钢车间采用。图3-24为中频感应电炉结构示意图。

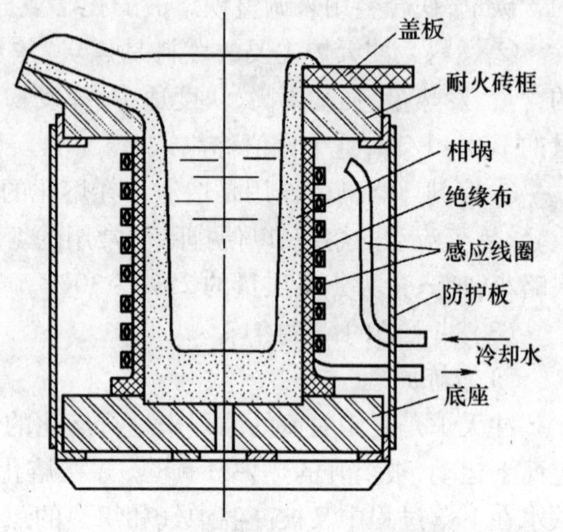

图3-24 中频感应电炉结构示意图

3. 有色合金的熔炼

有色金属是相对于黑色金属而言的。工程中常采用的有色金属有铝、镁、铜、锌、铅、锡等。铸造有色合金有铸造铝合金、铸造铜合金等。铸造铝合金是以铝为基体的铸造合金,铸造铝合金的代号为“ZAl”。“ZAlSi12”表示含硅量约为12%的铝硅合金。铸铝具有一定的机械性能,还具有优良的导电、导热性。它质量轻、塑性高、耐腐蚀,广泛用于制造仪表、泵、内燃机与飞机等的零件。铸造铜合金按其主要组成和性能分为两大类:铸造青铜和铸造黄铜。黄铜是指以锌为主要合金元素的铜基合金,为提高强度加入锰等元素的称为高强度锰黄铜,加入镍等元素的称为白铜。

铸造有色合金大多熔点低、易吸气和氧化,多用坩埚炉熔炼。铜合金多用石墨坩埚,铝合金常用铸铁坩埚。熔炼时,合金置于用焦炭、油或电加热的坩埚中,并用熔剂覆盖,靠坩埚的热传导使合金熔化。最后还需将去气剂或惰性气体通入熔化的金属液中,进行去气精炼。精炼完毕,立即取样浇注试块。

3.3.2 铸件的浇注

将熔融金属从浇包浇入铸型的过程,称为浇注。浇注也是铸造生产中的一个重要环节。如果浇注操作不当,铸件将会产生浇不到、冷隔、缩孔、气孔和夹渣等缺陷。

为了获得合格的铸件,除正确的造型、熔炼合格的铸造合金熔液外,浇注温度的高低、浇注速度的快慢也是保证铸件质量的重要因素。

合金熔液浇入铸型时的温度称为浇注温度。较高的浇注温度能保证合金熔液的流动性能,有利于夹杂物的积聚和上浮,减少气孔和夹渣等缺陷。但过高的浇注温度,会使铸型表面烧结,铸件表面容易黏砂,合金熔液氧化严重,熔液中含气量增加,冷凝时收量增大,铸件易产生气孔、缩孔、热应力大、裂纹等缺陷。浇注温度过低,合金熔液的流动性变差,又容易产生浇不到、冷隔等缺陷。所以,应在保证获得轮廓清晰铸件的前提下,采用较低的浇注温度。一般的,铸铁的浇注温度在1 340 ℃左右;碳钢的浇注温度在1 500 ℃左右;锡青铜浇注温度在1 200 ℃左右;铝硅合金的浇注温度在700 ℃左右。

单位时间内注入铸型中合金熔液的质量称为浇注速度。较快的浇注速度,可使合金熔液很快地充满型腔,减少氧化程度,但过快的浇注速度,易冲坏砂型。较慢的浇注速度易于补缩,获得组织细密的铸件,但过慢的浇注速度易产生夹砂、冷隔、浇不到等缺陷。所以,在操作过程中,应根据合金的种类、铸型的结构复杂程度等因素,合理地选择浇注速度。一般来说,薄壁铸件应采用较快的浇注速度,厚壁铸件应采用快慢结合的浇注速度。

浇注工作组织的好坏,浇注工艺是否合理,不仅影响到铸件质量,还涉及工人的安全。浇注前要准备足够数量的浇包。先把浇包内衬修理光滑平整并烘干,整理场地,使浇注场地有通畅的走道且无积水,浇注时要严格遵守浇注的操作规程。

3.3.3 铸件的落砂与清理

1. 铸件的落砂

落砂是待铸件在砂型中冷却到一定温度,打开砂箱、取出铸件的过程。落砂应注意铸件温度和凝固时间。落砂过早,高温铸件在空气中急冷,易产生变形和开裂,表面也易氧化或形成白口,难以切削加工。落砂过晚,过久地占用生产场地和砂箱,不利于提高生产率。铸件在砂箱中停留的时间,与铸件的形状、大小及壁厚有关。大而复杂的芯子会妨碍铸件的固态收缩,在铸件中产生较大应力,甚至产生裂纹,因而形状复杂的铸件需提早开箱,打断其芯骨。一般形状简单,小于10 kg的铸件,浇注后0.5 ~ 1 h便可落砂。

中、小铸造厂的落砂,一般用手工落砂。批量生产时,可采用震动、抛丸、高压水等机器落砂。

2. 铸件的清理

铸件工作清理包括:去除浇冒口、清除型芯及芯骨、清除铸件表面的黏砂及飞边、毛刺等。

(1) 去除浇冒口　脆性铸件如灰铸铁件的浇冒口可用铁锤直接敲掉,敲打浇道时应注意锤击方向,如图3 - 25所示,以免将铸件敲坏;铸钢等韧性较好的铸件,可用气割切除;有色金属铸件多用锯割。

(2) 清除型芯　铸件内腔的芯砂可用钩铲、风铲、钢钎、钢凿和手锤等工具手工铲除,或适当敲击铸件,震落芯砂。机械清理可采用震动落砂、水力清砂、水爆清砂等方法。

(3) 清砂　对小型铸件表面黏砂,一般采用清理滚筒或喷砂机清理;大、中型铸件常采用抛丸机清理。图3 - 26为履带式抛丸清理机示意图。

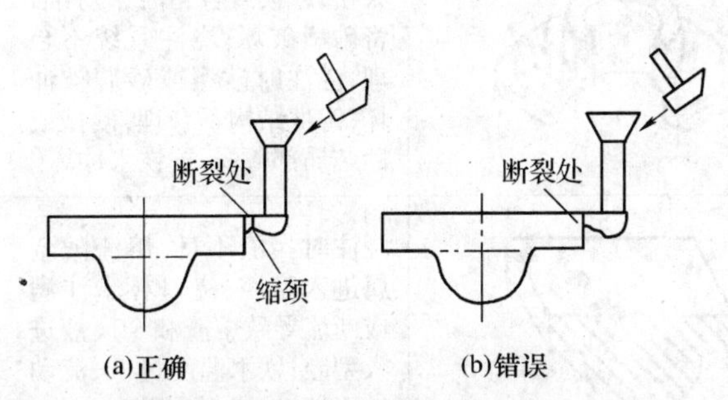

图3 - 25　脆性铸件浇冒口的敲打

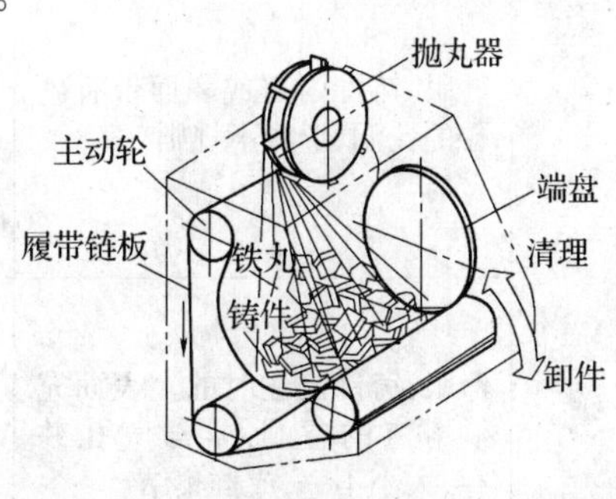

图3 - 26　履带式抛丸清理机示意图

(4) 修整　飞翅、毛刺和浇冒口等,一般使用錾子、锉刀、风铲及砂轮等修整。

3.4　铸件质量检验与缺陷分析

3.4.1　铸件质量检验

铸件质量包括内在质量和外观质量。内在质量包括化学成分、物理和力学性能、金相组织以及存在于铸件内部的孔洞、裂纹、夹杂物等缺陷;外观质量包括铸件的尺寸精度、形状精度、位置精度、表面粗糙度、质量偏差及表面缺陷等。根据产品的技术要求应对铸件质量进行检验,常用的检验方法有外观检验、无损探伤检验、金相检验及水压试验等。

3.4.2　铸件缺陷分析

在铸造生产过程中,由于种种原因,在铸件表面和内部产生的各种缺陷总称为铸件缺陷。按铸件缺陷性质不同,通常可以分为以下八个方面:多肉类缺陷、孔洞类缺陷、裂纹冷隔类缺陷、表面缺陷、残缺类缺陷、夹杂类缺陷、形状和质量类缺陷以及成分、组织和性能不合格类缺陷等。表 3-1 为常见的铸件缺陷及缺陷产生的原因。

表 3-1　常见的铸件缺陷及产生原因

类别	缺陷名称及特征	简　图	产生原因
孔洞类缺陷	气孔:铸件内部或表面有大小不等的孔眼,孔的内壁光滑,多呈圆形		造型材料水分过多或含有大量发气物质;型砂透气性差;铁水温度过低;砂芯透气孔堵塞或砂芯未烘干;浇注温度过低;浇注系统不合理,气体无法排除等
	缩孔:铸件最后凝固的部位出现的形状极不规则、孔壁粗糙的孔洞,多产生在壁厚处		浇注系统和冒口设置不合理,不能保证顺利凝固;铸件设计不合理,壁厚不均匀;浇注温度过高,铁水成分不准,收缩太大
	砂眼:铸件内部或表面带有砂粒的孔洞,形状不规则		型砂和砂芯的强度不足,砂太松,起模或合箱时未对准,将砂型破坏;浇注系统不合理,浇注时砂型或砂芯被冲坏;铸件结构不合理,砂型或砂芯局部薄弱,被铁水冲坏
	渣眼:铸件浇注时的上表面充满熔渣的空洞,常与气孔并存,大小不一,成群集结		浇注时挡渣不良,熔渣随金属进入型腔;浇口杯未注满或断流导致熔渣和金属液进入型腔;铁水温度过低,流动性不好,熔渣不易浮出

表 3-1(续)

类别	缺陷名称及特征	简　图	产生原因
表面缺陷	机械黏砂:铸件表面黏附一层砂粒和金属的机械混合物,使表面粗糙		浇注温度过高,未刷涂料或刷的不足;砂型的耐火度不够;砂粒粗细不合适;砂型的紧实度不够,砂太松
	夹砂结疤:铸件表面产生的疤片状金属突起物,表面粗糙,边缘锐利,在金属片和铸件之间夹有一层型砂	金属片状物	型砂热强度较低,型腔表层受热膨胀后易鼓起或开裂;型砂局部紧实度过大,水分过多,水分烘干后易出现脱皮;内浇道过于集中,使局部砂型烘烤温度过高;浇注温度过高,浇注速度过慢
形状及质量差错类缺陷	错箱:铸件的一部分与另外一部分在分型面处相互错开		合箱时上下箱体未对准;砂箱的标线或定位销未对准;分模的上下木模未对准等
	偏芯:型芯位置偏移,引起的铸件形状及尺寸不合格		型芯变形或安放位置偏移;型芯尺寸不准或固定不准;浇口位置不对,铁水冲偏了型芯
裂纹、冷隔类缺陷	裂纹:铸件开裂,裂纹处金属表面成氧化色,外形不规则	裂纹	铸件结构不合理,壁厚差太大;浇注温度太高,导致冷却速度不均匀;浇注位置选择不当,冷却顺序不对;砂型太紧,退让性差等
	冷隔:铸件有未完全熔合的缝隙,交接处多呈圆形,一般出现在离内绕道较远处、薄壁处或金属汇合处		铁水温度太低,浇注速度太慢,因表层氧化未能熔为一体;浇口太小,或布置不合理;铸件壁太薄,砂型太湿,含发气物质太多等
残余类缺陷	浇不到:铸件残缺或铸件轮廓不完整,或轮廓虽完整,但边角圆且光亮,常出现在远离浇口的位置及薄壁处		浇注温度太低;熔融金属量不足;浇口太小或未开排气孔;铸件设计太薄等

①多肉类缺陷　铸件表面各种多肉缺陷的总称，包括飞翅、毛刺、抬型、胀砂、冲砂、掉砂等缺陷。这类缺陷影响铸件的外观质量，增加铸件的清理成本。

②孔洞类缺陷　在铸件表面和内部产生不同形状、大小的孔空洞缺陷的总称，包括气孔、缩孔、缩松、疏松、渣眼等缺陷。这类缺陷会降低铸件的力学性能，影响铸件的使用性能，而且常位于铸件内部不容易发现，因此危害最大。其中以气孔和缩孔最为常见，对铸件的质量影响很大。

③裂纹、冷隔类缺陷　包括冷裂、热裂、热处理裂纹、白点、冷隔、浇注断流等缺陷。这类缺陷极大地降低了铸件的力学性能，严重时将导致铸件报废，其中以热裂最为常见。

④表面缺陷　铸件表面产生的各种缺陷的总称，包括鼠尾、沟槽、夹砂结疤、机械黏砂、化学黏砂、表面粗糙等缺陷。这类缺陷影响铸件的表面质量，并增加铸件清理工作量。

⑤残余类缺陷　铸件由于各种原因造成的外形缺损缺陷的总称，包括浇不到、未浇满跑火、型漏和损伤等缺陷。这类缺陷通常会导致铸件的报废，而且还可能危害操作者人身安全。

⑥形状及质量差错类缺陷　包括拉长、超重、变形、错型、错芯、偏芯等缺陷。这类缺陷影响铸件外观质量，增加铸件清理工作量。

⑦夹杂类缺陷　铸件中各种金属和非金属杂物的总称。通常是氧化物、硫化物、硅酸盐等杂质颗粒机械地保留在固体金属内，或凝固时在金属内形成，或在凝固后的反应中形成。这类缺陷降低铸件的力学性能，影响铸件的使用性能，缩短铸件的使用寿命。

⑧成分、组织及性能不合格类缺陷　包括亮皮、菜花头、石磨漂浮、石磨集结、组织粗大、偏析、硬点、反白口、脱碳等缺陷。这类缺陷影响铸件的切削加工性能和使用性能。

3.5　特种铸造

砂型铸造因其适应性广、成本低廉而得到广泛地应用。但砂型铸造的精度、表面质量低，加工余量大，生产率低，很难满足各种类型生产的需求。为了满足生产的需要，往往采用其它一些铸造方法。这些除砂型铸造以外的铸造方法统称为特种铸造。特种铸造方法很多，目前应用较多的有金属型铸造、压力铸造、熔模铸造、离心铸造和消失模铸造等。

3.5.1　金属型铸造

金属型铸造是将液态金属浇入用金属制成的铸型中而获得铸件的一种铸造方法。一般金属型是用铸铁或耐热钢做成。图 3－27 所示为一种垂直分型式的金属型结构，使用时将活动半型和固定半型接合即可形成完整的型腔进行浇注。

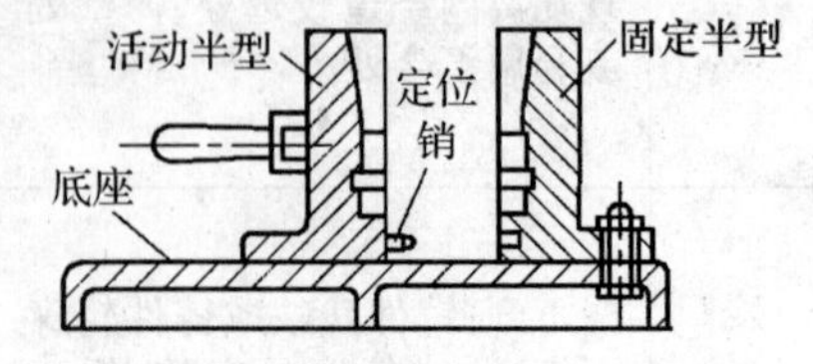

图 3－27　垂直分型式的金属型

金属型铸造的优点在于可以一型多铸，反复使用；铸件精度和表面质量较高，可以少加工或不再加工就可使用，且铸件组织致密，力学性能好；生产率高。但铸型制造成本高，退让性差，不宜生产形状复杂的铸件等。金属型铸造多用于有色金属铸件的大批量生产，如飞机、汽车、摩托车的铝活塞、气缸体、缸盖等,有时也用它来生产某些铸铁件和铸钢件。

3.5.2 压力铸造

压力铸造是在高压作用下,将金属液以较高的速度压入高精度的型腔内,力求在压力下快速凝固,以获得优质铸件的高效铸造方法。它的基本特点是高压(5 ~ 150 MPa)和高速(5 ~ 100 m/s)。

压铸机是压铸生产中的基本设备。压铸机有热压室式、立式和卧式等类型,它们的工作原理基本相似。卧式压铸机用高压油驱动,合型力大,充型速度快,生产率高,应用较广泛。如图 3 - 28 所示为卧式冷压室压铸机工作示意图。

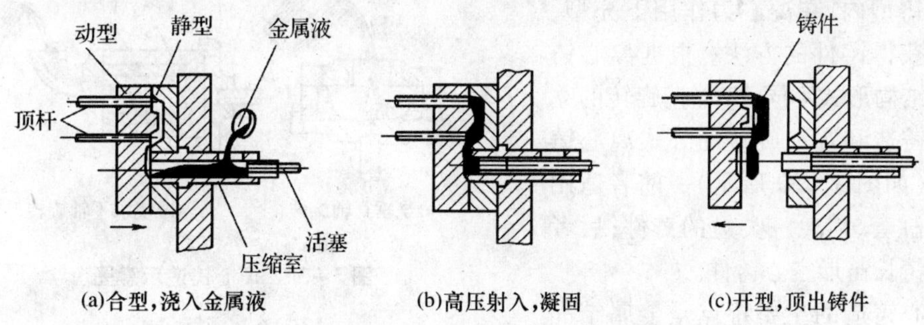

图 3 - 28 卧式冷压室压铸机工作示意图

压铸是目前铸造生产中先进的加工工艺之一。它的主要特点是生产率高,平均每小时可压铸 50 ~ 500 次,可进行半自动化或自动化的连续生产;产品质量好,尺寸精度高于金属型铸造,强度比砂型铸造高 20% ~ 40%。但压铸设备投资大,制造压铸模费用高、周期长,只宜于大批量生产。生产中多用于压铸铝、镁及锌合金。

压力铸造发展的主要趋向是:压铸机的系列化与自动化,并向大型化发展;提高模具寿命,降低成本;采用新工艺(如真空压铸、加氧压铸等)来提高铸件质量。

3.5.3 熔模铸造

熔模铸造是用易熔材料制成精确的模样,在其上涂上若干层耐火涂料,经过干燥、硬化成整体壳型,然后加热型壳熔去模样,再经高温焙烧而成为耐火型壳,将液体金属浇入型壳中,金属冷凝后敲掉型壳获得铸件的方法。由于石蜡——硬脂酸是应用最广泛的易熔材料,故这种方法曾叫“失蜡铸造”。熔模铸造的工艺过程如图 3 - 29 所示。

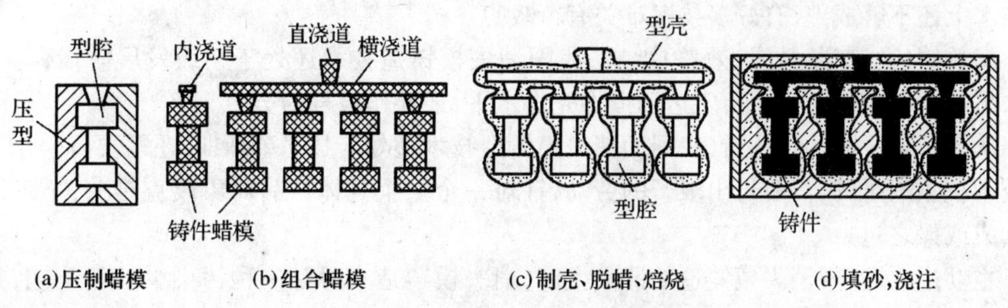

图 3 - 29 熔模铸造工艺过程

熔模铸造是一种精密铸造方法。它的主要特点是铸件尺寸精度高,表面粗糙度值低,可铸出形状复杂的铸件,可以铸造各种合金铸件,包括铜、铝等有色合金,各种合金钢,镍基、钴基等特种合金(高熔点难切削加工合金)。对于耐热合金的复杂铸件,熔模铸造几乎是唯一的生产方法。熔模铸造工序繁杂,生产周期较长(4~15 d),且铸件不能太大(一般不大于25 kg),生产成本较高。熔模铸造主要用于汽轮机、汽轮发动机的叶片与叶轮,纺织机械、汽车、拖拉机、风动工具、机床、电器、仪器的小零件及刀具、工艺品等。

3.5.4 离心铸造

离心铸造是将液态金属浇入高速旋转的铸型内,在离心力作用下充型,凝固后获得铸件的方法。根据离心铸造机的结构形式不同,有垂直旋转的立式离心铸造和水平旋转的卧式离心铸造两种(如图3-30所示)。前者适用于铸气缸套、齿轮一类短的铸件;后者适用于铸长笛形空心铸件。

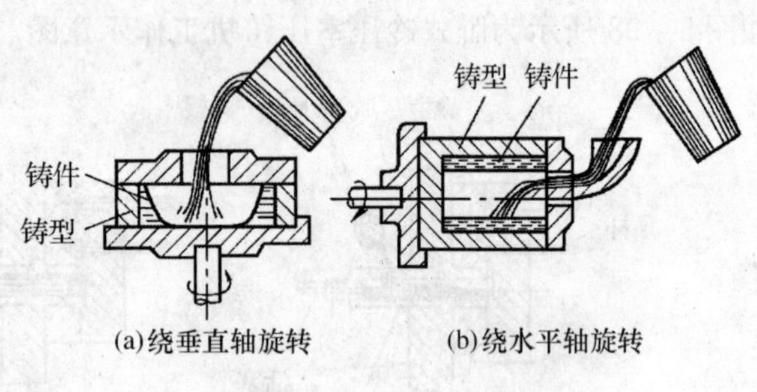

图3-30 离心铸造示意图

离心铸造的主要特点是金属结晶组织致密,一般不需要设置浇冒口,从而大大提高了金属的利用率。

3.5.5 消失模铸造

消失模铸造(LFC,Lost Foam Casting)又称为气化模铸造或实型铸造。即整体模样和浇注系统采用泡沫塑料制造并留在铸型内,浇注时模样燃烧、气化而消失,获得铸件的铸造方法。美国是消失模技术的发源地。1958年,美国人H. F. Shroyer最早用泡沫板材加工的模样,用含有黏结剂的型砂作充填砂制造金属制件并取得专利(美国专利号2830343)。1962年,也是美国人M. C. Flemings第一个用干砂和泡沫模样生产铸件,成为最早的LFC法的原创发明者。

欧洲消失模发展比美国晚,但进展也非常迅速。近年来,消失模铸造技术发展的特点是计算机软件开发应用的速度明显加快,使消失模的工艺设计建立在更科学的基础上。

目前我国生产的LFC产品仅停留在中等难度以下的铸件,如磨球,炉箅条,热处理框架等耐热、耐磨件,球铁管件,灰铸铁箱体件等,难度大的复杂铸件(如汽车缸体、缸盖)还不能批量生产出来。铸钢件、球铁件受碳缺陷和黑渣、气孔的困扰,废品率还比较高。LFC技术在技术上还不够成熟,有好多技术难关有待攻克。

从总体(总产量、技术、效益)上看,我国消失模铸造技术还处于初级发展阶段,与美国的水平有10~15年的差距,要达到世界先进水平,还要作艰苦的努力。

从新技术成长的规律看,我国的消失模铸造技术还处于技术革新期,还需要有一个艰苦的技术积累的过程,需要付出艰辛的劳动,针对一个一个具体产品对象攻克难关,不可能坐享其成或操之过急。

主动进攻,实现消失模铸造的清洁生产,消失模铸造本身是一种污染少的新工艺,只要进一步处理好尾气净化和型砂系统的除尘及再生回用两个环节,就完全可以做到清洁生产,这将是其它铸造精确成形方法不可比拟的、独特的优越性。

实型铸造不用起模,加大了铸件设计的自由度,简化了生产过程,缩短了周期。主要应用形状结构复杂、无法起模或活块和外型芯过多的铸件的生产。

3.6 铸造安全操作技术规程

3.6.1 铸造生产特点

铸造生产由于工序繁多,要与高温熔融金属相接触,车间环境一般较差(高温、高粉尘、高噪声高劳动强度),安全隐患较多,既有人员安全问题,又有设备、产品的安全问题。因此,铸造的安全生产问题尤为突出。

3.6.2 铸造主要安全注意事项

(1) 进入车间后,应时刻注意头上吊车,脚下工件与铸型,防止碰伤、撞伤及烧伤等事故;

(2) 混砂机转动时,不得用手扒料和清理碾轮,不准伸手到机盆内添加黏结剂等附加物;

(3) 注意保管和摆放好自己的工具,防止被埋入砂中踩坏,或被起模针和通气针扎伤手脚;

(4) 工作结束后,要认真清理工具和场地,砂箱要安放稳固,防止倒塌伤人毁物;

(5) 铸造熔炼与浇注现场不得有积水;

(6) 注意浇包及所有与铁水接触的物体都必须烘干、烘热后使用,否则会引起爆炸;

(7) 浇包中的金属液不能盛得太满,抬包时二人动作要协调,万一铁水泼出,烫伤手脚,应招呼同伴同时放包,切不可单独丢下抬杆,以免翻包,酿成大祸;

(8) 浇注时,人不可站在浇包正面,否则易造成意外的烧伤事故;

(9) 所有破碎、筛分、落砂、混辗和清理设备,应尽量密闭,以减少车间的粉尘,同时应规范车间通风、除尘及个人劳动保护等防护措施;

(10) 铸造合金熔炼过程中产生的有害气体,如冲天炉排放的含有一氧化碳的多种废气,铝合金精炼时排放的有害气体等,应有相应的技术处理措施。现场人员也应加强防护。

复习思考题

1. 铸造生产有哪些优缺点? 试述砂型铸造的工艺过程。
2. 什么叫做分型面,选择分型面时必须注意什么问题?
3. 型砂主要由哪些材料组成,它应具备哪些性能?
4. 手工造型的基本方法有哪几种,简述各种造型方法的特点及其应用范围。机器造型有何特点?
5. 浇注系统由哪些部分组成,开设内浇道时要注意些什么问题?
6. 为保证型芯的性能要求,造芯工艺上应采用哪些措施?
7. 冲天炉的炉料包括哪些材料,这些材料有何作用?
8. 液态金属浇注时,型腔中的气体从哪里来,应采取哪些措施防止铸件产生气孔?
9. 何谓特种铸造,常用的特种铸造方法有哪些?
10. 试分析铸件常见缺陷的产生原因。

第4章　锻　　压

【目的与要求】

1. 了解冲压设备、冲压工艺过程及剪、折机床的操作；
2. 了解常用加热炉的种类、结构、加热过程、始锻和终锻及锻件冷却方法；
3. 掌握自由锻造设备、工具、基本工序及操作方法，能独立进行锻造操作；
4. 掌握锻压安全操作技术规程；
5. 熟悉锻压生产工艺过程、分类、应用范围及其特点。

4.1　概　　述

金属压力加工是利用金属在外力作用下所产生的塑性变形获得具有一定形状、尺寸和力学性能的原材料、毛坯或零件的生产方法，称为金属压力加工，又称金属塑性加工。锻压属于压力加工范畴，是机械制造中的重要加工方法之一。是锻造与冲压的总称。

4.1.1　锻造

锻造是在加压设备及工(模)具的作用下，使金属坯料产生局部或全部的塑性变形，以获得一定的几何尺寸、形状、质量和力学性能的锻件的加工方法。根据变形温度不同，锻造可分为热锻、温锻和冷锻三种，其中应用最广泛的是热锻。热锻是在再结晶温度以上进行锻造的工艺，锻造后的金属组织致密、晶粒细小，还具有一定的金属流线，使金属的力学性能得以提高。因此，承受重载荷的机械零件，如机床主轴、航空发动机曲轴、连杆、起重机吊钩等多以锻件为毛坯。用于锻造的金属必须具有良好的塑性，在锻造时不致破裂。常用的锻造材料有钢、铜、铝及其合金；铸铁塑性很差，不能进行锻造。

4.1.2　冲压

使板料在压力机作用下经分离和变形而得到制件的工艺方法统称为冲压。冲压通常是在常温下进行的，因此又称为冷冲压，只有板料厚度超过8.0 mm时，才用热冲压。用于冲压件的材料多为塑性良好的低碳钢板、紫铜板、黄铜板及铝板等。有些绝缘胶木板、皮革、硬橡胶、有机玻璃板也可用来冲压。冲压件有重量轻、刚度大、强度高、互换性好、成本低、生产过程便于实现机械自动化及生产效率高等优点，在汽车、仪表、电器、航空及日用工业等部门得到广泛的应用。

4.2　锻压工艺

4.2.1　自由锻

只用简单的通用性工具，或在锻造设备的上、下砧间经多次锻打和逐步变形而获得所需的几何形状及内部质量的锻件，这种方法称为自由锻。自由锻有手工自由锻（简称手锻）和机器自由锻（简称机锻）之分，机锻是自由锻的主要方法。

自由锻使用的工具简单，操作灵活，但锻件的精度低，生产率不高，劳动强度大，故只适用于单件、小批和大件、巨型件的生产。

1. 加热

锻件加热的目的是提高金属的塑性和降低金属的变形抗力，以利于金属的变形和得到良好的锻后组织和性能。但加热温度过高又易产生一些不良的缺陷。

（1）钢在加热中的化学和物理反应

钢在加热时，表层的铁、碳与炉中的氧化性气体（O_2、CO_2、H_2O 等）发生一些化学反应，形成氧化皮及表层脱碳现象。加热温度过高，还会产生过热、过烧及裂纹等缺陷。钢在加热时常见的缺陷及其防止措施见表 4－1。

表 4－1　钢在加热时的缺陷及其防止措施

<table>
<tr><th>缺陷名称</th><th>定　义</th><th>后　果</th><th>防止措施</th></tr>
<tr><td>氧化</td><td>金属加热时，介质中的氧、二氧化碳和水等与金属反应生成氧化物的过程</td><td rowspan="2">氧化使钢材损失、锻件表面质量下降，模具及炉子使用寿命降低。当脱碳层厚度大于工件加工余量时，会降低表面的硬度和强度，严重时会导致工件报废</td><td rowspan="2">快速加热，减少过剩空气量，采用少氧化、无氧化加热，采用少装、勤装的操作方法，在钢材表面涂保护层</td></tr>
<tr><td>脱碳</td><td>加热时，由于气体介质和钢铁表层碳的作用，使得表层含碳量降低的现象</td></tr>
<tr><td>过烧</td><td>加热温度超过始锻温度过高，使晶粒边界出现氧化及熔化的现象</td><td>坯料无法锻造</td><td>控制正确的加热温度、保温时间和炉气成分</td></tr>
<tr><td>过热</td><td>由于加热温度过高、保温时间过长引起晶粒粗大的现象</td><td>锻件力学性能降低、变脆，严重时锻件的边角处会产生裂纹</td><td>过热的坯料通过多次锻打或锻后正火处理消除</td></tr>
<tr><td>裂纹</td><td>大型或复杂的锻件，塑性差或导热性差的锻件，在较快的加热速度或过高装炉温度下，因坯料内外温度不一致而造成裂纹</td><td>内部细小裂纹在锻打中有可能焊合，表面裂纹在拉应力作用下进一步扩展导致报废</td><td>严格控制加热速度和装炉温度</td></tr>
</table>

（2）锻造加热温度范围及其控制

锻坯加热是根据金属的化学成分确定其加热规范，不同的金属，其加热温度也不同。为了保证质量，必须严格控制锻造温度范围。始锻温度指锻坯锻造时所允许的最高加热温度。终锻温度指锻坯停止锻造时的温度。锻造温度范围指从始锻温度到终锻温度的区间。

一般情况下，始锻温度应使锻坯在不产生过热和过烧的前提下，尽可能高些；终锻温度应使锻坯在不产生冷变形强化的前提下，尽可能低一些。这样便于扩大锻造温度范围，减少加热火次和提高生产率。常用金属材料的锻造温度范围如表 4－2 所示。

表 4－2　常用金属材料的锻造温度范围

金属种类	牌号举例	始锻温度/℃	终锻温度/℃
普通碳素钢	Q195，Q235，Q235A，Q255	1 280	700
优质碳素钢	40#，45#，60#	1 200	800
碳素工具钢	T7，T8，T9，T10	1 100	770
合金结构钢	30CrMnSiA，18CrMnTi，18CrNi4WA	1 180	800
合金工具钢	Cr12MoV	1 050	800
	5CrMnMo，5CrNiMo	1 180	850
高速工具钢	W18Cr4V，W9CrV2	1 150	900
不锈钢	1Cr13，2Cr13，1Cr18Ni9Ti，1Cr18Ni9	1 150	850
高温合金	GH33	1 140	950
铝合金	LF21，LF2，LD5，LD6	480	380
镁合金	MB5	400	280
钛合金	TC4	950	800
铜及其合金	T1，T2，T3，T4	900	650
	H62	820	650

锻造时的测温方法有观火色法及仪表检测法，其中观火色法是通过目测钢在高温下的火色与温度关系来判断加热温度的高低，简便快捷，应用较广，表 4－3 为碳钢的加热温度与其火色的对应关系。

表 4－3　碳钢的加热温度与其火色的对应关系

加热温度/℃	1 300	1 200	1 100	900	800	700	600 以下
火色	黄白	淡黄	黄	淡红	樱红	暗红	赤褐

（3）加热设备的特点及其应用

按热源不同，加热方法可分为火焰加热和电加热两大类。表 4－4 为这两类加热方法的特点及应用。常用的加热设备如图 4－1 所示。

表 4-4 常用加热方法的特点及应用

加热方法	加热设备	原理及特点	应用场合
火焰加热	手工炉(又称明火炉)	结构简单,使用方便,加热不均,燃料消耗大,生产率不高	手工锤,小型空气锤自由锻
	反射炉(如图 4-1(a)所示)	结构较复杂,燃料消耗少,热效率较高	锻压车间广泛使用
	少、无氧化火焰加热炉	利用燃料的不完全燃烧所产生的保护气氛,减少金属氧化,而炉膛上部二次进风,形成高温区向下部加热区辐射,达到少氧化、无氧化的加热目的	成批中小件的精锻
电加热	箱式电阻炉(如图 4-1(b)所示)	利用电流通过电热体产生热量对坯料加热,结构简单,操作方便,炉温及炉内气氛易于控制	用于非铁金属、高合金钢及精锻加热
	中频感应炉	需变频装置、单位电能消耗为 0.4~0.55 kW·h/kg,加热速度快、自动化程度高、应用广	ϕ20~150 mm 坯料模锻、热挤、回转成形

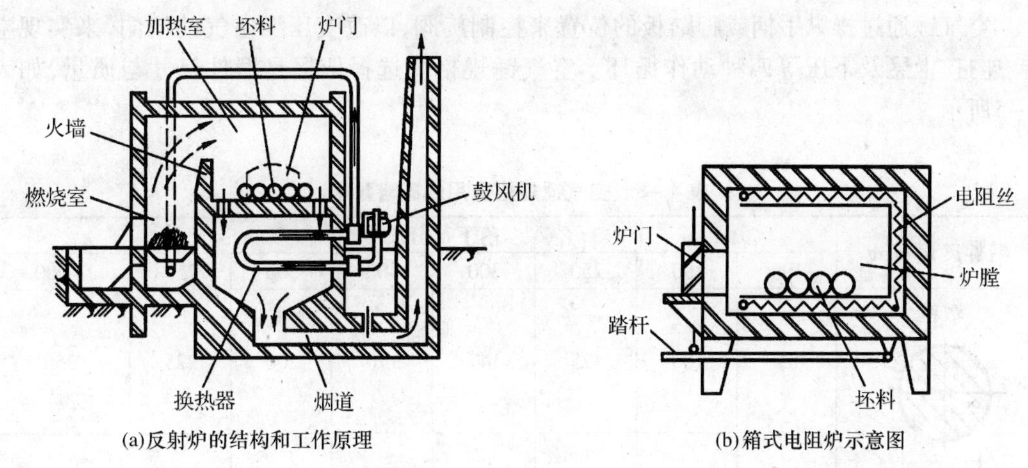

(a)反射炉的结构和工作原理　　(b)箱式电阻炉示意图

图 4-1 常用加热设备

(4) 锻件的冷却

锻件的冷却应做到使冷却速度不要过大和各部分的冷却收缩比较均匀一致,以防表面硬化、工件变形和开裂。锻件常用的冷却方法有空冷、坑冷和炉冷三种。空冷适用于塑性较好的中、小型的低、中碳钢的锻件;坑冷(埋入炉灰或干砂中)适用于塑性较差的高碳钢、合金钢的锻件;炉冷(放在 500~700 ℃的加热炉中随炉缓冷)适用于高合金钢、特殊钢的大件以及形状复杂的锻件冷却。

2. 自由锻成形

自由锻成形主要借助于锻造设备和通用的工具来实现的。

(1) 自由锻设备锻造中、小型锻件常用的设备是空气锤(如图 4－2 所示)和蒸气－空气自由锻锤,大型锻件常用水压机。空气锤的规格是以落下部分(包括工作活塞、锤杆与锤头)的质量来表示的。但锻锤产生的打击力,却是落下部分重量的 1 000 倍左右。例如牌号上标注 65 kg 的空气锤,就是指其落下部分的质量为 65 kg,打击力约是 650 kN。常用的是规格为50～750 kg 的空气锤。空气锤既可进行自由锻,也可进行胎模锻,它的特点是操作方便,但吨位不大并有噪声与振动,只适用于小型锻件。

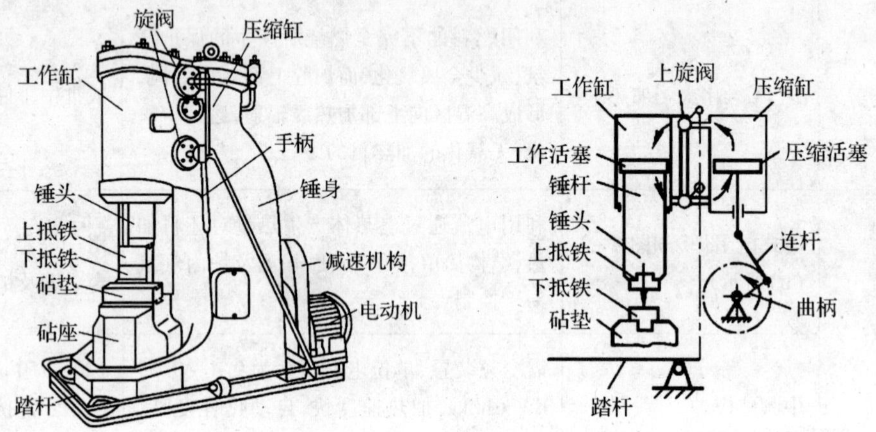

图 4－2　空气锤

空气锤通过操纵手柄或脚踏板的位置来控制旋阀,以改变压缩空气的流向,来实现空转、连打、上悬及下压等四种动作循环。空气锤规格的选择依据是锻件尺寸与质量,如表 4－5所示。

表 4－5　空气锤规格选用的概略数据

锻件尺寸/mm	落下部分质量/kg							
	100	150	250	300	400	500	750	1 000
墩粗 (ϕ)	85	100	125	147	170	200	225	250
(a)	75～30	90～40	110～50	130～65	150～75	180～80	200～95	200～105
拔长 (a)	100	120	150	175	180	220	250	300
锻件质量/kg(不大于)	4	6	10	17	26	45	62	84

(2) 自由锻的基本工序

自由锻的基本工序有镦粗、拔长、冲孔、弯曲、错移、扭转及切割等，其中镦粗、拔长、冲孔用得较多。自由锻基本工序的定义、操作要点和应用见表 4－6。

表 4－6　自由锻基本工序及应用

工序名称	定义及图例	操作要点	应　用
镦粗	使毛坯高度减小，横截面积增大的锻造工序称为镦粗 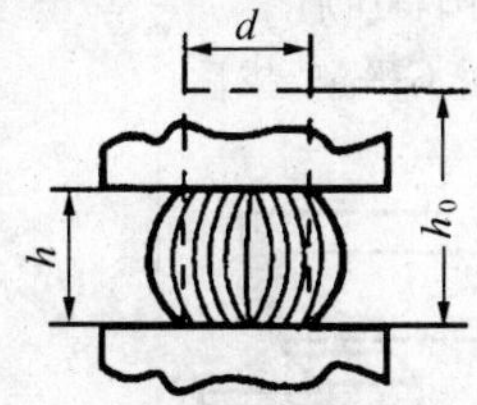 d　h　h_0 在坯料上某一部分进行的镦粗称为局部镦粗 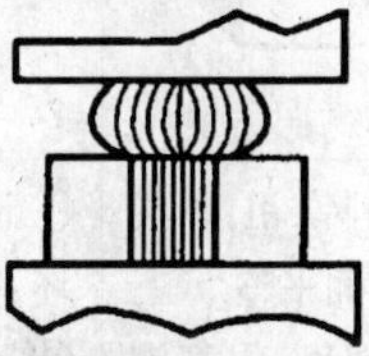 坯料在垫环上或两垫环间进行的镦粗称为垫环镦粗 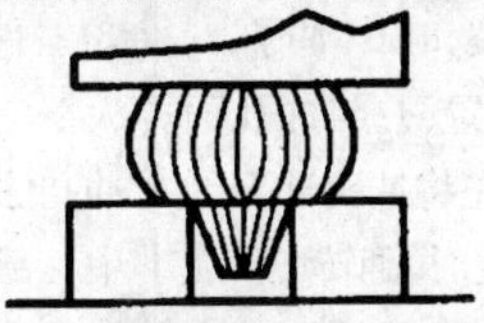	①h_0/d_0 应小于 2.5，否则易镦弯，镦弯锻坯应及时校正 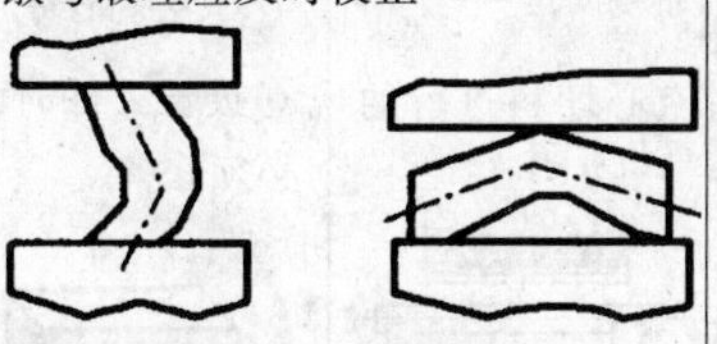 ②加热应均匀，以防镦裂 ③端面应平整，且与轴线垂直 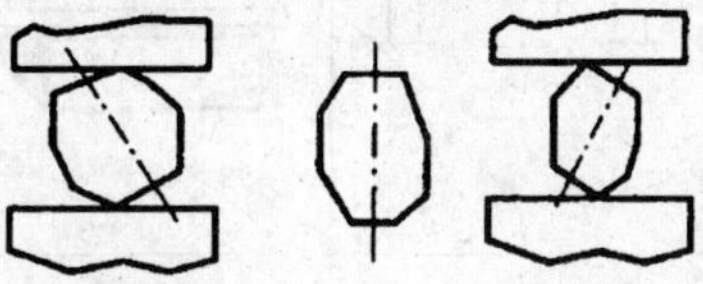 ④每击一次转动一下工件，防止镦偏、镦歪 ⑤应不大于锤头最大行程的 0.7～0.8 倍，防止出现夹层 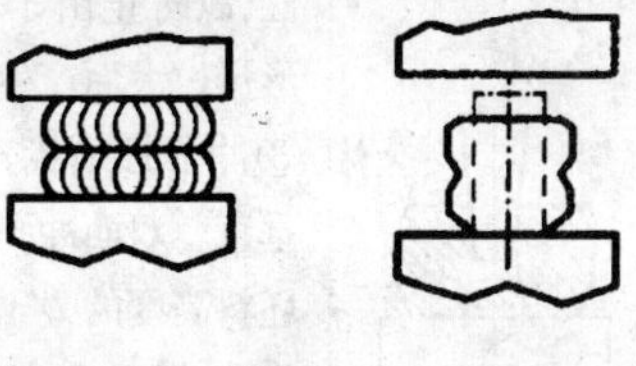	①用来制造高度小和截面大的工件，如齿轮、圆盘、叶轮等 ②作为冲孔前的准备工序，使锻坯横截面增大和平整，并减小冲孔高度 ③提高后续拔长工序的锻造比 ④提高锻件横向力学性能和减少力学性能的异向性 ⑤局部镦粗可以锻造凸肩直径和高度较大的饼状锻件，也可以锻造端部带有法兰的轴杆类锻件 ⑥垫环镦粗可用于锻造带有单边或双边凸肩的饼状锻件
拔长	使毛坯横截面面积减小，长度增加的锻造工序称为拔长 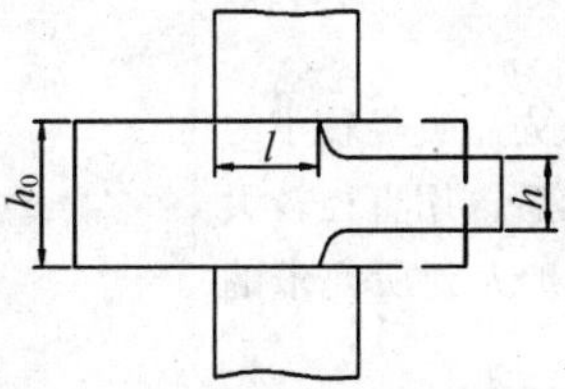 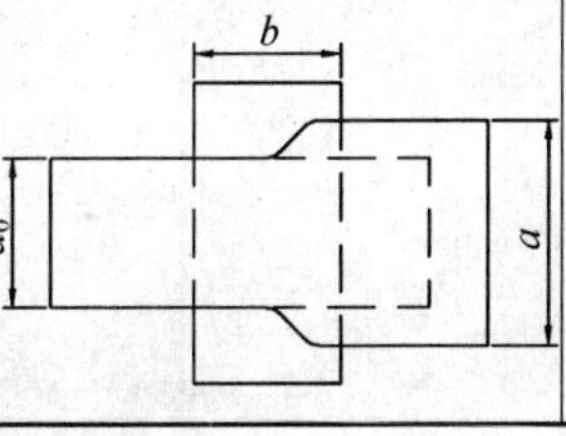 l　h_0　h b　a_0　a	①$l=(0.3-0.7)b$，过大，降低拔长效率，过小，易产生折叠 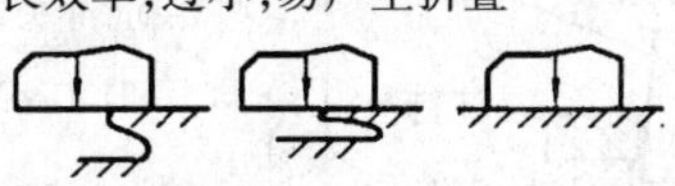 ②$a/h \leqslant 2.5$，防止产生夹层 ③不断翻转锻件，保证温度均匀 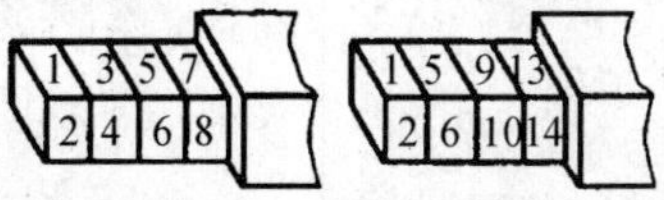 1 3 5 7 2 4 6 8　1 5 9 13 2 6 10 14 ④拔长总是在方截面下进行，如坯料	①用来制造长而截面小的工件，如轴、拉杆、曲面等 ②改善锻件内部质量 ③制造长筒类锻件，如炮筒、透平主轴、圆环、套筒等

表 4-6(续)

工序名称	定义及图例	操作要点	应　用
拔长	用芯轴穿于空心毛坯的孔中进行的拔长称为芯棒拔长 拔长 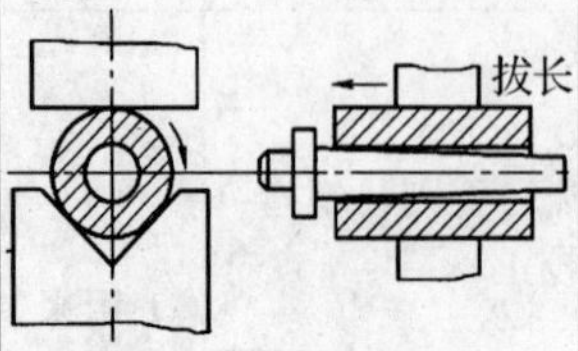 用马杠对空心坯料进行的扩孔称为马杠扩孔 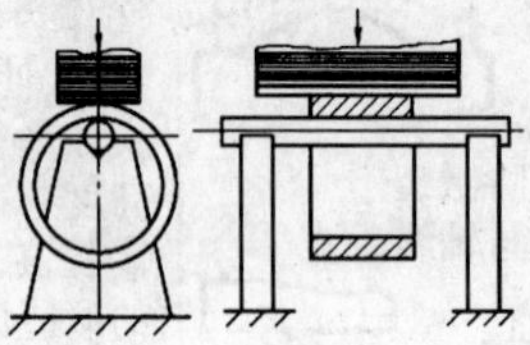	为圆形截面应按照下图方式进行 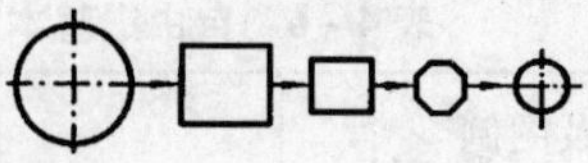 ⑤局部拔长时,应先压肩,以使过渡面平直整齐 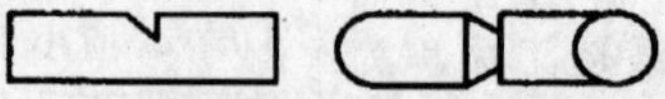 方料压肩　圆料压肩 ⑥拔长工件时,表面不平整,拔后必须修整 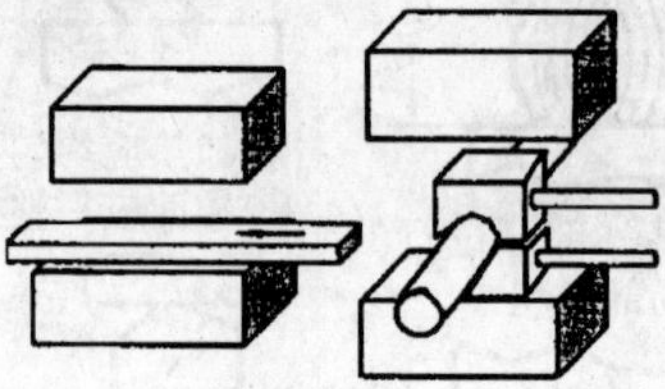	
冲孔	在坯料上冲出通孔或不通孔的锻造工序称为冲孔,包括: ①双面冲孔 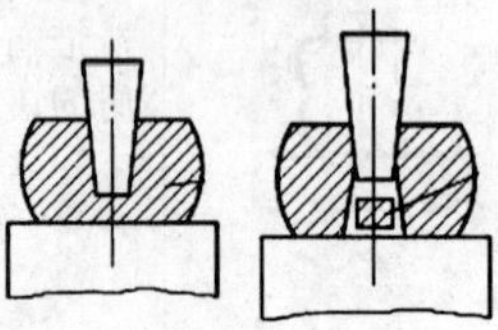 ②单面冲孔 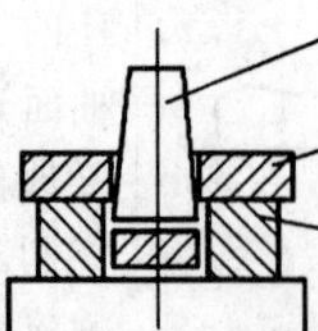 冲子 坯料 漏盘 ③冲头扩孔 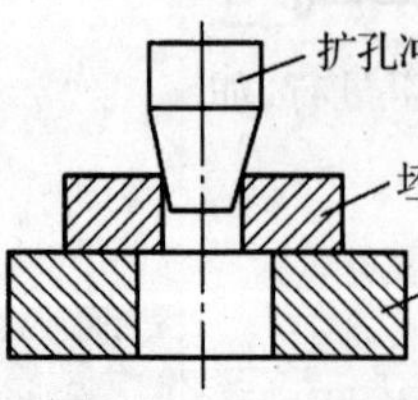 扩孔冲子 坯料 垫环	①冲孔前一般需将坯料镦粗,以便减小冲孔高度和使冲孔面平整 ②适当提高坯料始锻温度,提高塑性;以防止由于冲孔时坯料局部变形量过大而产生冲裂和损坏冲子 ③冲子必须找正位置,并与冲孔面垂直。双面冲孔时先将冲头冲至约坯料高度的2/3深度时,翻转坯料后将孔冲通,可以避免孔的周围冲出毛刺 ④为顺利拔出冲头,可在凹痕上撒一些煤粉,冲头要经常用水冷却 ⑤直径小于 25 mm 的孔,一般不冲出 ⑥冲较大孔时,要先用直径较小的冲头冲出小孔,然后再用直径较大的冲头逐步将孔扩大到所要求的尺寸	①制造带孔件,如齿轮坯、圆环、套筒等 ②用于芯轴拔长和扩孔前的准备工作 ③锻件质量要求高的大型空心件可以利用冲孔去除质量较差的中心部分

(3) 典型锻件自由锻工艺实例

齿轮坯锻件(如图 4－3 所示)分析。锻件材料:45 钢;生产数量:20 件;坯料规格:ϕ120 mm × 4 220 mm;锻造设备:750 kg 空气锤。其自由锻工艺过程如表 4－7 所示。

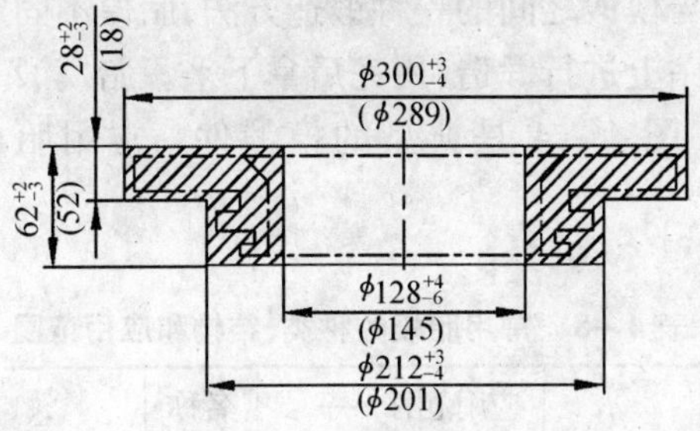

图 4－3　齿轮坯锻件

表 4－7　齿轮坯自由锻工艺过程

序号	工　序	简　图	操作方法	使用工具
1	镦粗	ϕ160；124	为去除氧化皮用平砧镦粗至 ϕ160 mm ×124 mm	火钳
2	垫环局部镦粗	ϕ288；40；ϕ160	由于锻件带有单面凸肩,坯料直径比凸肩直径小,采用垫环局部镦粗	火钳,镦粗漏盘
3	冲孔	ϕ80	双面冲孔	火钳,ϕ80 mm 冲子
4	冲头扩孔	ϕ128	扩孔分两次进行,每次径向扩孔量分别为 25 mm、23 mm	火钳,ϕ105 mm 和 ϕ128 mm 冲子
5	修整	ϕ212；62；ϕ128；28；ϕ300	边旋边轻打至外圆,ϕ 300 $^{+2}_{-4}$ mm 后,轻打平面至 62 $^{+2}_{-3}$ mm	火钳,冲子,镦粗漏盘

4.2.2 胎模锻

1. 胎模锻

胎模锻是介于自由锻与模锻之间的一种锻造方法,胎模不固定在锤头和砧座上,而是根据需要随时将胎模放在下砧上进行锻造,用完后拿下来。胎模锻一般采用自由锻方法制坯,然后在胎模中最后成形。图 4－4 是典型的模锻件。常用胎模的种类、结构和应用见表4－8。

表 4－8　常用胎模的种类、结构和应用范围

序号	名称	简图	应用范围
1	摔模	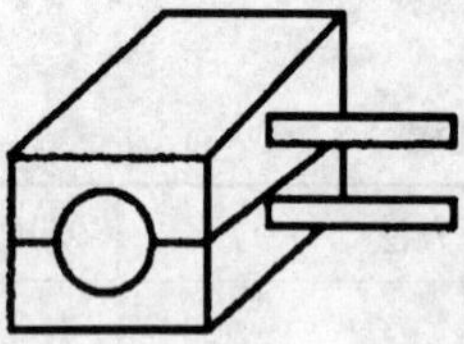	轴类锻件的成形或精整,或为合模锻造制坯 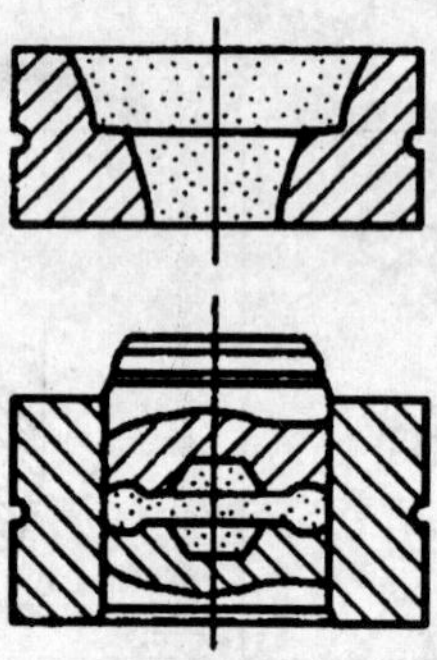
2	弯模	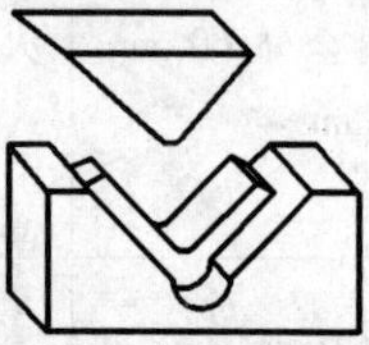	弯曲类锻件的成形,或为合模锻造制坯
3	扣模		非回转体锻件的局部或整体成形,或为合模锻造制坯
4	套模		回转体类锻件的成形
5	合模		形状较复杂的非回转体类锻件的终锻成形

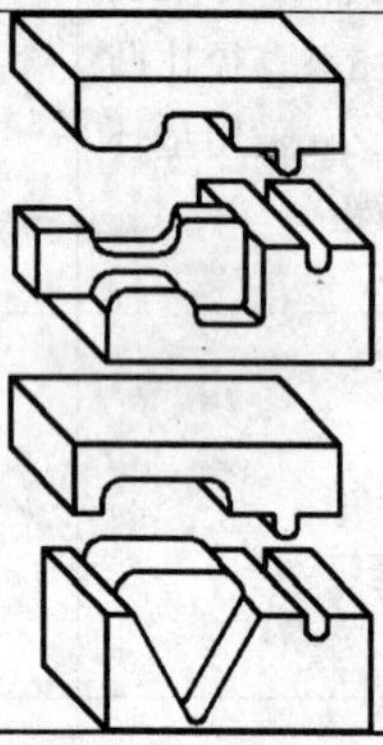

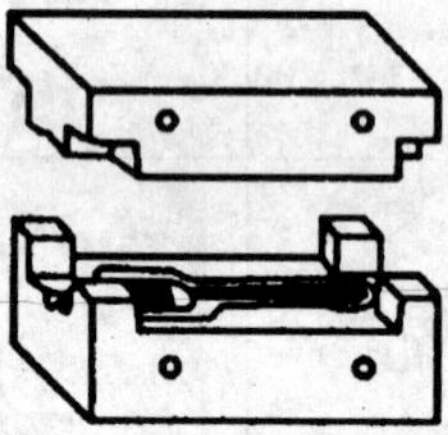

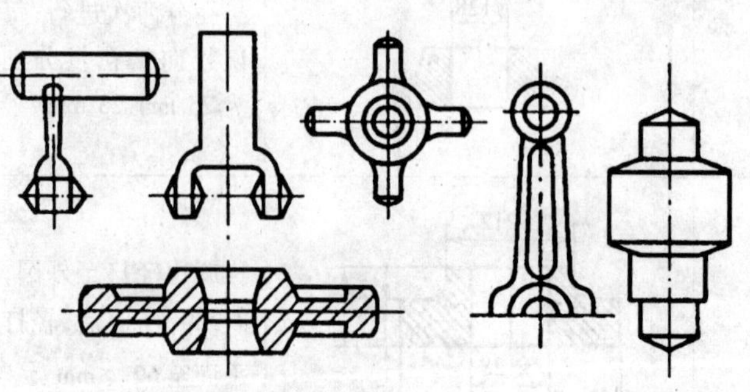

图 4－4　典型模锻件

胎模锻与自由锻相比,有锻件形状较准确,尺寸精度较高、力学性能较好及生产效率较高的优点,主要用于中、小批生产。

2. 典型胎模锻件工艺讨论

如果生产批量和要求不同,同种零件的毛坯应选用不同的锻造方法,因此两种锻件的结构也有所区别。现以轮毂为例分析。锻件材料:45 钢;锻件质量:0.68 kg;坯料尺寸:ϕ 42 mm×70 mm;锻造设备:560 kg 空气锤。

①若轮毂件的批量不很大,尺寸精度要求一般,可选用胎模锻成形。根据锻坯的重量 $G_{坯}=G_{锻件}+G_{料头}+G_{烧损}$ 及锻造比 $Y=F_{坯}/F_{锻件}\geqslant 2.5\sim 3$($G$ 表示重量,F 表示截面积)决定下料尺寸,加热后在开式筒模(跳模)中最终成形跳出,如图 4-5 所示。

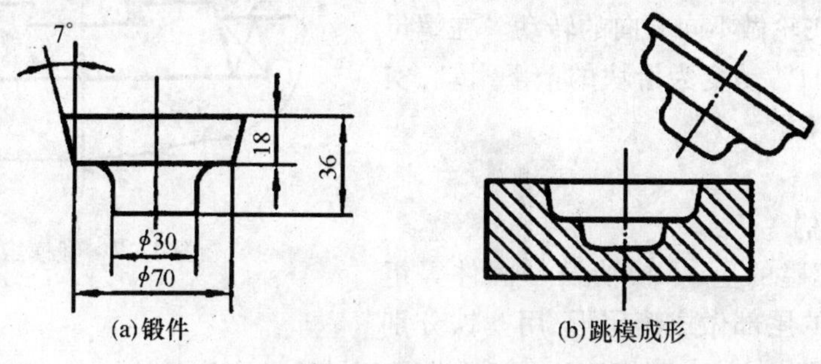

图 4-5 轮毂在开式筒模中最终成形跳出

②若轮毂件的批量很大,且孔腔也需成形,则选用固定模锻成形。其模锻件的结构与胎模锻件结构就有所不同;模锻件上有分模面、飞边、圆角、模锻斜度和冲孔连皮等。并且它的加工余量及公差也都较小,如图 4-6 所示。锻件成形后用模具切去飞边及冲穿连皮。

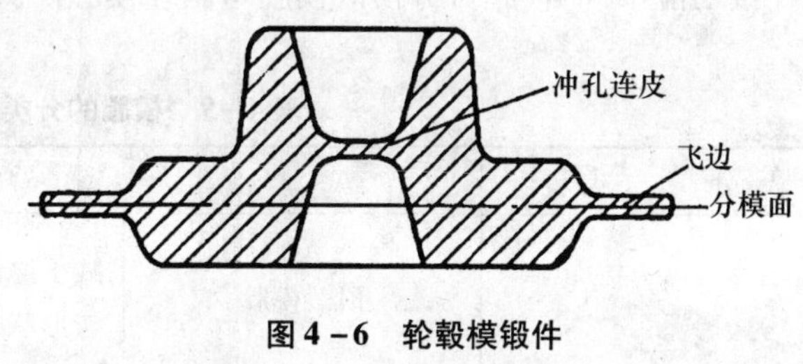

图 4-6 轮毂模锻件

4.2.3 模锻

模锻是使金属坯料在冲击力或压力作用下,在锻模模膛内变形,从而获得锻件的工艺方法。由于金属是在模膛内变形,其流动受到模壁的限制,因而模锻生产的锻件尺寸精确、加工余量较小、结构可以较复杂,而且生产率高。模锻生产广泛应用在机械制造业和国防工业中。

1. 模锻的种类

模锻按使用的设备不同分为锤上模锻、曲柄压力机上模锻、摩擦压力机上模锻,还有精密模锻等。

(1) 锤上模锻

锤上模锻所用设备为模锻锤,由它产生的冲击力使金属变形。一般工厂中常用的蒸气-空气模锻锤。该种设备上运动副之间的间隙小,运动精度高,可保证锻模的合模准确性。

(2) 曲柄压力机上模锻

曲柄压力机是一种机械式压力机,其工作过程为:当离合器在结合状态时,电动机的转动通过带轮、传动轴和齿轮传给曲柄,再经曲柄连杆机构使滑块做上下往复直线运动。离合器处在脱开状态时,带轮(飞轮)空转,制动器使滑块停在确定的位置上。锻模分别安装在滑块和工作台上。顶杆用来从模膛中推出锻件,实现自动取件。

(3) 摩擦压力机上模锻

摩擦压力机是借摩擦力带动飞轮转动。飞轮分别与两个摩擦盘接触,产生不同方向的转动,螺杆也就随飞轮做不同方向的转动。在螺母的约束下,螺杆的转动变为滑块的上下滑动,实现模锻生产。

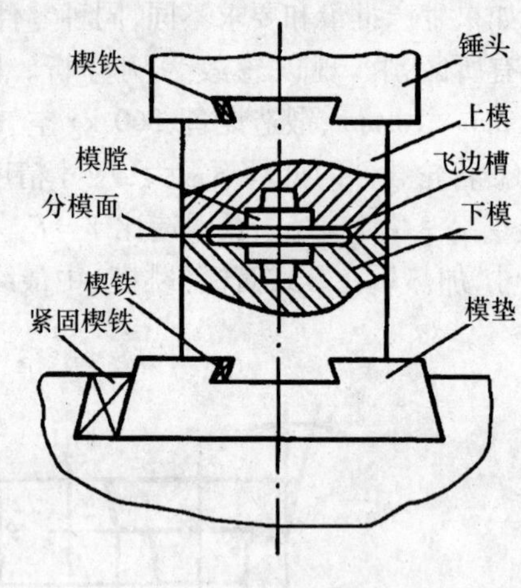

图 4 -7　锻模结构

2. 锻模

(1) 锻模结构

锻模由带模膛的上、下模块及紧固件等组成。上、下模块的尾部做成燕尾形,用楔铁分别紧固在锤头及模垫上。上、下模块的前后定位是用键块及垫片调整的,如图 4 -7 所示。

(2) 模膛分类

按功能不同,模膛可分模锻模膛与制坯模膛两大类(见表 4 -9)。

表 4 -9　模膛的分类及功能

分　　类	功　　能	
模锻模膛	预锻模膛	减少终锻模膛磨损,提高终锻模膛寿命,使坯料尺寸与形状接近锻件,其圆角及模锻斜度较大
	终锻模膛	使坯料最后成形的模膛,其形状、尺寸与锻件相同,只是比锻件大一个收缩率,并且在分模面上有飞边槽(如图 4 -7 所示)
制坯模膛 (用于较复杂的锻件)	拔长模膛	有开式、闭式两种,用于截面相差大的锻件(如图 4 -8(a)所示)
	滚压模膛	减少某部分截面的面积,增加另一部分截面的面积(如图 4 -8(b)所示)
	弯曲模膛	用于弯曲锻件,若弯曲后再锻,应旋转 90°(如图 4 -8(c)所示)
	切断模膛	用于从坯料上切下锻件的情况(如图 4 -8(d)所示)

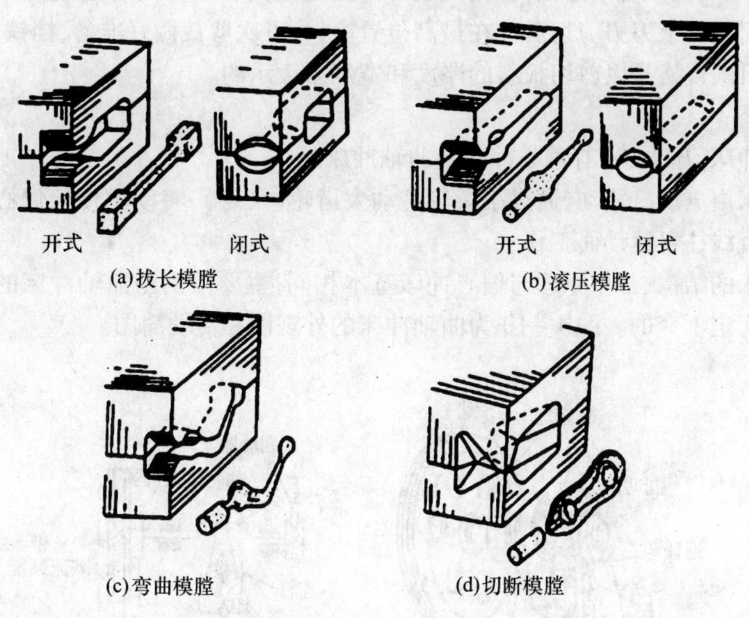

图 4-8 制坯模膛

4.2.4 板料冲压

板料冲压是用板料成形零件的一种加工方法。

1. 冲压设备

(1) 剪床

龙门剪床也称剪板机,它是下料的基本设备之一。剪板机的外形及传动如图 4-9 所示。

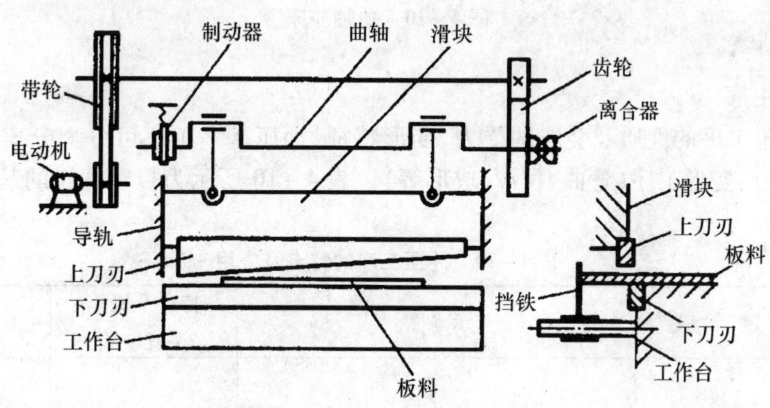

图 4-9 剪板机结构原理图

剪床的上、下刀刃与水平方向的夹角不同,可分为平刃和斜刃剪床。工作时由电动机带动带轮、齿轮和曲轴转动,从而使滑块及上刀刃作上、下运动,进行剪裁。

工作时,电动机一直不停地转动,而上刀刃是通过离合器的闭合与脱开来进行剪裁的,制动器的作用是使上刀刃剪切后停在最高位置上,为下次剪裁做好准备,挡铁用来控制下料尺寸。剪板机的规格是以剪切板料的厚度和宽度来表示的。

(2)冲床

常用的冲床(压力机)有偏心冲床和曲轴冲床。

偏心冲床由电动机驱动,通过小齿轮带动大齿轮(飞轮),将动力传给偏心轴,再通过连杆使滑块作直线往复运动而工作。

曲轴冲床的结构、工作原理与偏心冲床基本相同,主要区别是曲轴冲床的主轴为曲轴,它的行程是固定不变的。图4-10为曲轴冲床的外观图和传动简图。

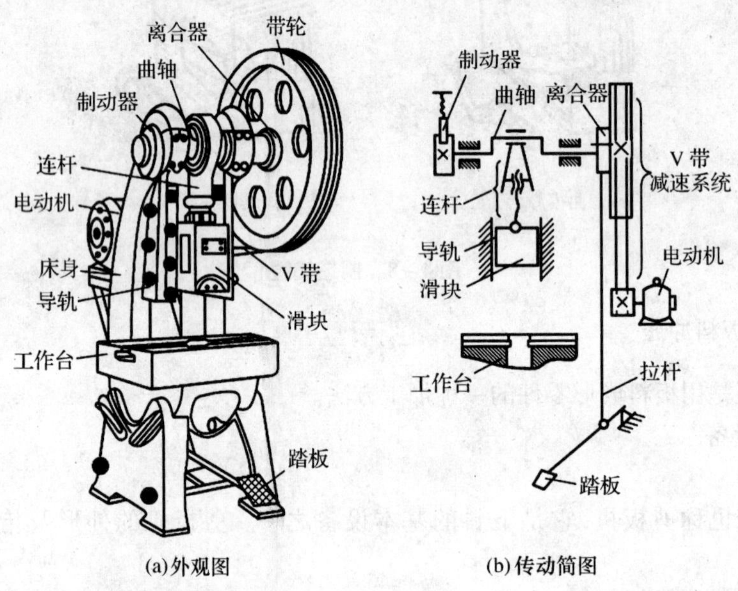

(a)外观图　(b)传动简图

图4-10　曲轴冲床

2. 冲压工序

根据冲压工序的性质及金属的受力、变形特征,冲压基本工序可分为分离工序(剪切、冲孔、落料等)、变形工序(弯曲、拉深、成形等)。表4-10所示为板料冲压的基本工序特点及应用。

表4-10　冲压工序的特点及应用

工序名称	定　义	示意图	特点及操作注意事项	应　用
剪切	将材料沿不封闭的曲线分离的一种冲压方法		上、下刃口锋利,间隙很小	将板料切成条料、块料作为其它冲压工序的准备工作

表 4－10（续）

工序名称	定　义	示意图	特点及操作注意事项	应　用
落料	利用冲裁取得一定外形的制件或坯料的冲压方法	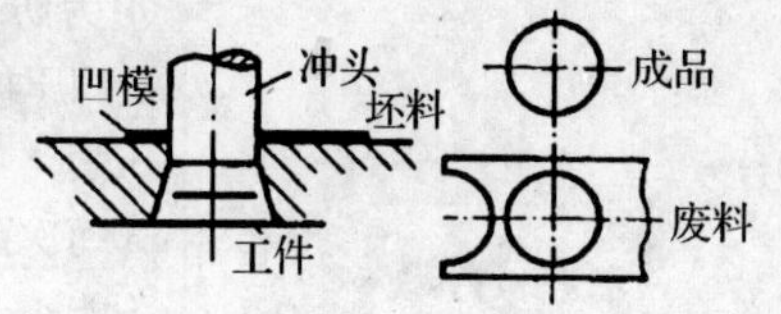 凹模 冲头 坯料 工件 成品 废料	冲头和凹模间隙很小，刃口锋利	制造各种形状的平板零件或作为变形工序的下料
冲孔	将冲压板坯以封闭的轮廓分离开来，得到带孔制件的一种冲压方法	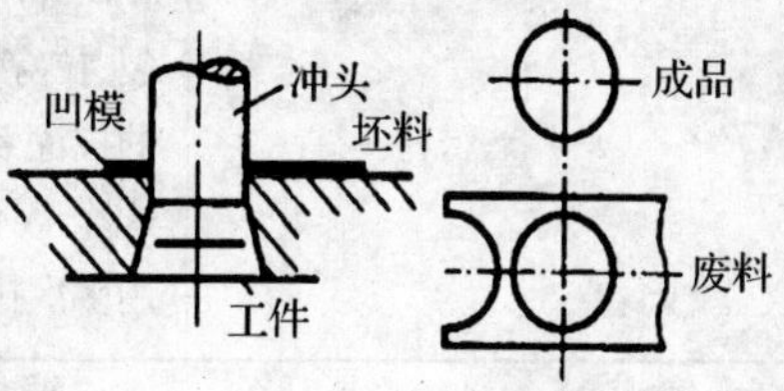 凹模 冲头 坯料 工件 成品 废料	冲头和凹模间隙很小，刃口锋利	制造各种带孔的冲压件
弯曲	将板料在弯矩作用下弯成具有一定曲率和角度的成形方法	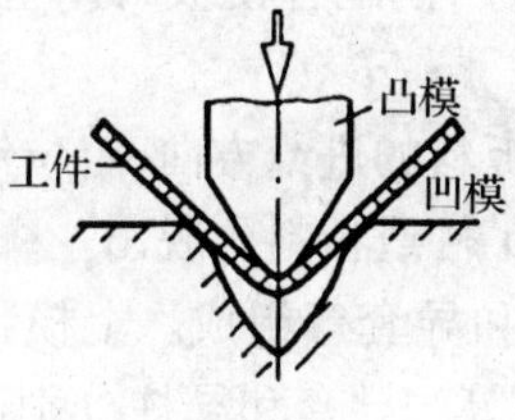 凸模 工件 凹模	①受弯部位的内层金属受压缩，易起皱，受弯部位的金属外部受拉伸，易拉裂 ②凸模端部圆角半径不能太小，以免变形金属外部拉裂 ③凹模工作部位的边缘要有圆角，以免拉伤工件 ④模具角度等于冲压件要求的角度减去回弹角 ⑤弯曲线应尽可能与坯料流线组织垂直	制造各种弯曲形状的冲压件
拉深或拉延	变形区在一拉一压的应力状态作用下，使板料（浅的空心坯）成为空心件（深的空心件），而厚度基本不变的加工方法	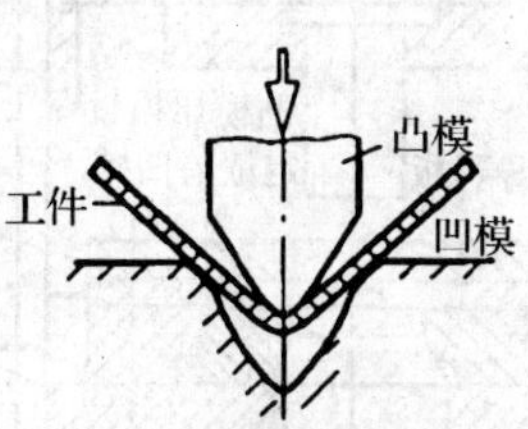 凸模 工件 凹模	①凸、凹模的顶角必须以圆弧过渡避免坯料拉裂 ②凸、凹模的间隙等于板厚的 1.1～1.2 倍，以便坯料通过 ③板和模具间应有润滑剂，以减小摩擦	

表 4－10(续)

工序名称	定　义	示意图	特点及操作注意事项	应　用
			④为防止起皱，要用压板将坯料压紧；⑤每次拉深系数不能小于 0.5～0.8，否则易拉裂、拉穿，若要求的拉深系数小于这个数值，可采用多次拉深工艺	制造各种形状的中空冲件

3. 冲压模具

冲压模具(简称冲模)是使板料产生分离或成形的工具。冲模的结构合理与否对冲压件质量、生产率及模具寿命等都有很大的影响。冲模一般分上模和下模两部分。上模通过模柄安装在冲床滑块上，下模则通过下模板由压板和螺栓安装，紧固在冲床工作台上。

(1) 冲模的组成及其作用

①凸模与凹摸　凸模也称冲头，与凹模配合使板料产生分离或成形，是冲模的主要工作部分。

②导板与定位销　导板用以控制板料的进给方向，定位销用来控制板料的进给量。

③退料板　每次冲压后使凸模从工件或板料中脱出。

④模架　由上模板、下模板、导柱和导套等组成。上模板用以固定凸模、模柄等零件。下模板则用以固定凹模、导板和退料板等。导套和导柱分别固定在上、下模板上，用以保证上、下模对准。

(2) 冲模的种类

①简单模

在冲床的一次冲程中只完成一道工序的模具称为简单模，如图 4－11 所示。

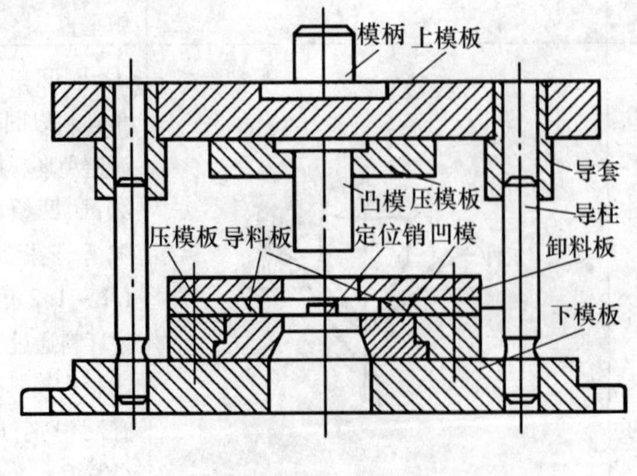

图 4－11　简单模

②连续模

在冲床的一次冲程中，在模具不同的工作部位上同时完成数道冲压工序的模具称为连续模。图 4 – 12 所示的是冲孔与落料的连续模。

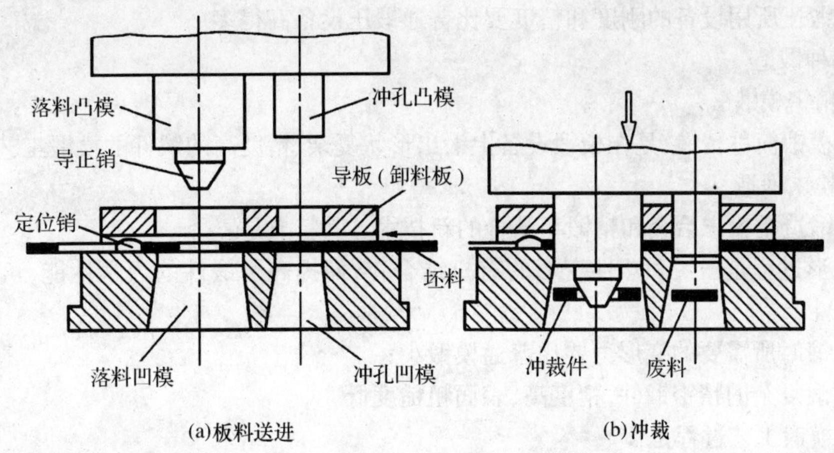

图 4 – 12　连续模

连续模生产效率高，易于实现自动化。但要求定位精度高，成本也比简单模高。

③复合模

在冲床的一次冲程中，在模具同一工作部位上同时完成数道工序的模具称为复合模。图 4 – 13 所示的是落料与拉深的复合模。

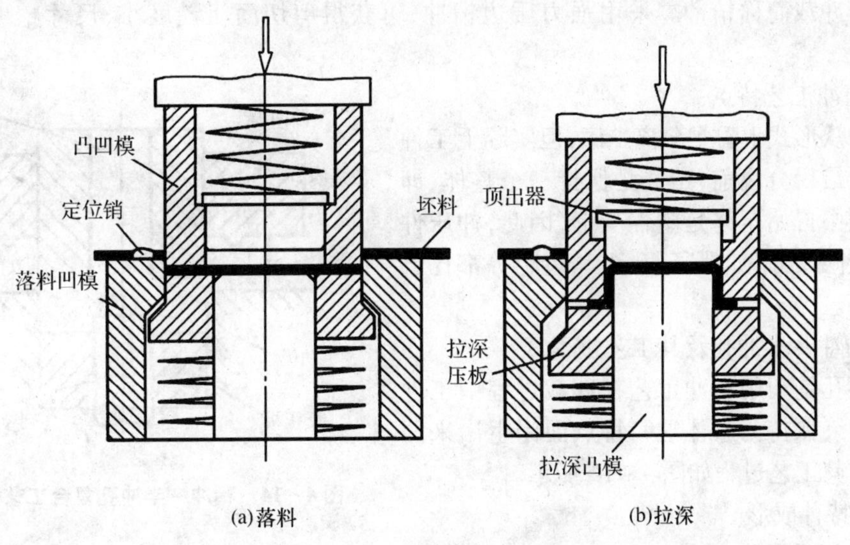

图 4 – 13　落料与拉深复合模

复合模与连续模在结构上的主要区别是：在复合模上有一个整体的凹凸模（即落料凸模与拉深凹模为一整体）。因此冲压的零件同轴度、平整性及生产率都较高。但复合模制造复杂，成本高，适用于大量生产。

4.2.5 特种锻压

特种锻压是相对普通锻压而言的，它生产出的产品不一定是毛坯，有些甚至可以直接作为零件使用，从而实现少无切削加工。

特种锻压所用设备的刚度和精度要比普通锻压设备高得多。

1. 特种锻造

(1) 精密模锻

精密模锻简称精锻，是在模锻设备上锻出形状复杂、精度高的锻件的模锻工艺。

(2) 粉末锻造

粉末锻造是粉末冶金和精锻相结合的新技术。其特点是：

①变形过程是压实和塑性变形的有机结合，从而提高了锻件的力学性能，可作为重要的受力构件；

②模锻时所需要的变形力要比普通模锻小；

③可锻复杂的精密锻件，精度高，表面粗糙度低。

粉末模锻工艺过程是：

金属粉末配制—混粉—冷压制坯—少氧化或无氧化烧结加热—模锻（在压力机或高速锤上进行）—热处理—机加工—成品。

特种锻造还有轧制、挤压、拉拔及摆动碾压等。

2. 特种冲压

科技与工业的迅速发展，要求高效、低成本生产更多的复杂而精密的冲压件，这为特种冲压生产展现了广阔的发展前景。

(1) 精密冲裁

精密冲裁简称精冲。采用强力压边精冲，可获得剪切面粗糙度小、尺寸精度高的冲压件。

①精冲工艺特点

精冲从形式上看是分离工序，但实际上工件与条料在最后分离前，始终是保持一个整体，即冲裁过程中自始至终是塑性变形，因此，冲压件的结构极限尺寸，如孔径、孔距和边距等都比普通冲裁小。

②精冲－半冲孔及其工艺过程

半冲孔是利用精冲工艺在冲裁过程中工件和条料始终保持为整体这一特点而派生出来的新工艺。其工艺过程如图 4－14 所示。

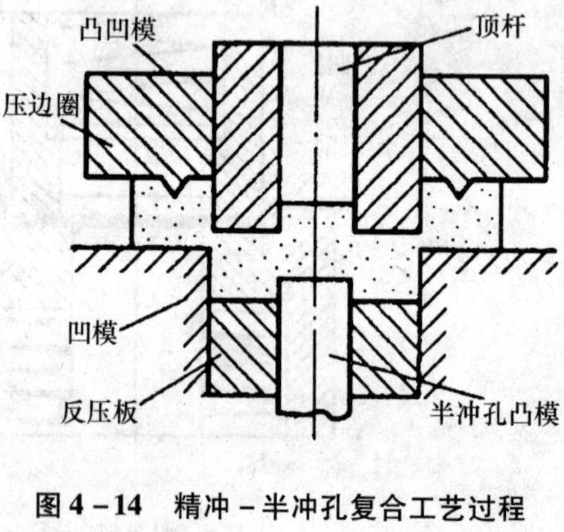

图 4－14　精冲－半冲孔复合工艺过程

(2) 特种成形

①旋压成形

旋压是在专用旋压机上进行的。图 4－15 所示为旋压工作简图，它利用坯料随芯模旋转（或旋压工具绕坯料与芯模旋转）和旋压工具与芯模相对进给，使坯料受压连续变形。

②超塑性成形

超塑性是指金属或合金在低的形变速率（$\varepsilon = 10^{-2} \sim 10^{-4}\,s^{-1}$）、一定的变形温度（约为熔点的一半)和均匀的细晶粒度(晶粒平均直径为0.2~5 μm)等特定的条件下,金属的伸长率超过100%的特性。在超塑性状态下使金属成形的工艺方法称为超塑性成形。经超塑处理后的伸长率,钢可达500%,锌铝合金超过1 000%。常用的超塑性材料有铝合金、钛合金及高温合金等。

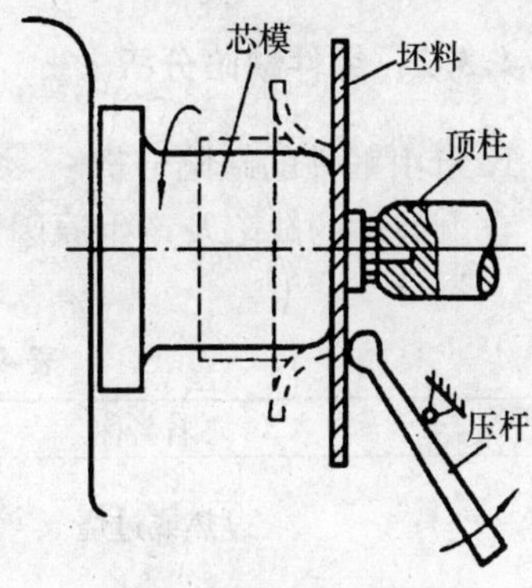

图4-15 旋压工作示意图

经超塑处理后的金属极易成形,因此,扩大了可锻金属的种类,如只能采用铸造成形的镍基合金,也可进行超塑模锻成形;超塑模锻时,金属填充模膛性能好,可锻出精度高、加工余量小,甚至不再加工的零件,为实现少无切削锻件制造又开辟了一条新路。超塑性成形还可用于板料冲压,如图4-16所示为一次拉深成形及挤压成形。

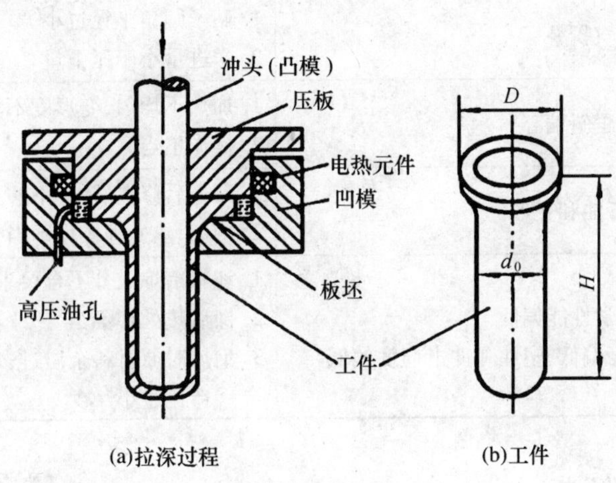

图4-16 超塑性板料拉深

③高速成形

爆炸成形是一种高速成形方法,它是利用炸药在极短时内释放的能量,通过介质(水或空气)以高压冲击波作用于坯料,使其在极高的速度下变形的一种工艺方法。爆炸成形用水代替刚体凸模(或凹模),适用于加工形状复杂、难以用成对钢模成形的工件,它可进行拉深、翻边、压花、弯曲、扩口、缩口及冲孔等冲压加工。对于大件(如汽车上的前盖板及飞机上的机身框架、肋板等)可单件加工,对于小件可成组加工。

4.3 锻压件质量检验与缺陷分析

4.3.1 锻件的质量检验

冷却后的锻件应按规定的技术条件进行质量检验,常用的检验方法有工序与工步检验。按锻件图用量具检验锻件的几何尺寸及表面质量。对重要的锻件还需进行金相组织与力学性能的检验。

4.3.2 锻件缺陷分析

1. 自由锻件的缺陷分析

自由锻件的缺陷及产生原因如表4-11所示。

表4-11 自由锻件缺陷及产生原因

缺陷名称	产生原因
过热或过烧	1. 加热温度过高,保温时间过长 2. 变形不均匀,局部变形度过小
裂纹 (横向和纵向裂纹,表面和内部裂纹)	1. 坯料心部没有热透或温度较低 2. 坯料本身有皮下气孔、冶炼质量差等缺陷 3. 坯料加热速度过快,锻后冷却速度过大 4. 变形量过大
折叠	1. 砧子圆角半径过小 2. 送进量小于压下量
歪斜偏心	1. 加热不均匀,变形度不均匀 2. 操作不当
弯曲和变形	1. 锻造后修整、矫直不够 2. 冷却、热处理操作不当
力学性能偏低 (锻件强度不够,硬度偏低,塑性和冲击韧度偏低)	1. 坯料冶炼成分不合要求 2. 锻后热处理不当 3. 冶炼时原材料杂质过多,偏析严重 4. 锻造比过小

2. 模锻件的缺陷分析

模锻件的缺陷及其产生原因如表4-12所示。

表4-12 模锻件的缺陷及其产生原因

缺陷名称	产生原因
凹坑	1. 加热时间太长或粘上炉底熔渣 2. 坯料在模膛中成形时氧化皮未清除干净
形状不完整	1. 原材料尺寸偏小 2. 加热时间太长,火耗太大 3. 加热温度过低,金属流动性差,模膛内的润滑剂未吹掉 4. 设备吨位不足,锤击力太小 5. 锤击轻重掌握不当 6. 制坯模膛设计不当或毛边槽阻力小 7. 终锻模膛磨损严重 8. 锻件从模膛中取出不慎碰塌

表 4－12(续)

缺陷名称	产生原因
厚度超差	1. 毛坯质量超差 2. 加热温度偏低 3. 锤击力不足 4. 制坯模膛设计不当或毛边槽阻力太大
尺寸不足	1. 终锻温度过高或设计终锻模膛时考虑收缩率不足 2. 终锻模膛变形 3. 切边模安装欠妥,锻件局部被切
锻件上、下部分发生错移	1. 锻锤导轨间隙太大 2. 上、下模调整不当或锻模检验角有误差 3. 锻模紧固部分(如燕尾)有磨损或锤击时错位 4. 模膛中心与打击中心相对位置不当 5. 导锁设计欠妥
锻件局部被压伤	1. 坯料未放下或锤击中跳出模膛连击压坏 2. 设备有毛病,单击时发生连击
翘曲	1. 锻件从模膛中撬起时变形 2. 锻件在切边时变形
夹层	1. 坯料在模膛中位置不对 2. 操作不当 3. 锻模设计有问题 4. 操作时变形程度大,产生毛刺,不慎将毛刺压入锻件中

3. 冲压件的缺陷分析

常见冲压件缺陷及产生原因如表 4－13 所示。

表 4－13　常见冲压件缺陷及产生原因

缺陷名称	产生原因
毛刺	冲裁间隙过大、过小或不均匀,刃口不锋利
翘曲	冲裁间隙过大,材质不纯,材料有残余内应力等
弯曲裂纹	材料塑性差,弯曲线与流线组织方向平行,弯曲半径过小等
皱纹	相对厚度小,拉深系数小,间隙过大压边力过小,压边圈或凹模表面磨损严重
裂纹和断裂	拉深系数过小,间隙过小,凹模或压料面局部磨损,润滑不够,圆角半径过小
表面划痕	凹模表面磨损严重,间隙过小,凹模或润滑油不干净
拉深件壁厚不均	润滑不够,间隙不均匀、过大或过小

4.4　锻压安全操作技术规程

1. 未经指导老师允许,不得擅自开动设备;开启前必须检查设备是否完好,安全防护装置是否齐全有效。

2. 坯料加热、锻造和冷却过程中应防止烫伤。

3. 钳口的形状和尺寸必须与坯料的截面相适应，以便夹牢工件；严禁将夹钳对准人体，严禁将手指放在两钳柄之间，以免夹伤。

4. 锻锤开启后，司锤者应集中精力按掌钳者的指挥操作，掌钳者发出的信号要清晰。

5. 锻造时，不要在易飞出冲头、料头、毛刺、火星等物的危险区停留。严禁将手和头伸入锻锤与砧座之间，砧座上的氧化皮应用夹钳、长柄扫帚等工具消除。

6. 冲压板料时，严禁将手或头伸入上模、下模之间；严禁用手直接取、放冲压件，应采用工具钩取。

7. 冲压操作结束后，应切断电源，使滑块处于最低位置（模具处于闭合状态），然后进行必要的清理。

8. 进入锻造车间必须穿隔热胶底鞋或皮底鞋和戴安全帽。

9. 严格按指导教师的安排，完成规定的实训操作，不得擅自改变实训内容和操作规程。

10. 锻压操作前应确保其它操作者处于安全区域，并在可能发生危险的区域设置警示标志。

11. 工具、模具的放置与收藏要整齐合理、取用方便，用后及时维护和收藏。工作完毕后按要求对设备和工具进行清理，工作场地应清扫干净，飞边和废料等要送往指定地点。

12. 锤头应做到“三不打”，即砧上无锻坯不打、工件未夹牢不打、过烧或过冷的坯料不打。

13. 严禁远距离扔料；近距离扔料要加防护挡板。

14. 实训操作时发扬团结协作精神，保持现场整洁，做到文明有礼。

复习思考题

1. 什么叫锻造，其应用特点是什么？
2. 说明“趁热打铁”的道理。“趁热打铁”打的是生铁吗？
3. 合理地控制锻造温度范围对锻造过程有何影响？
4. 对碳钢而言，愈难锻造的钢种，其始锻温度是否应愈高，为什么？
5. 锻件镦粗时，镦歪及夹层是怎么产生的，应如何防止与纠正？
6. 如何锻造长筒件与圆环件？
7. 为什么终锻模膛上有飞边槽及冲孔连皮而预锻模膛上没有？
8. 制坯模膛中的拔长模膛与滚压模膛各用于何种场合？
9. 说说胎模锻的应用场合及范围。
10. 弯曲件弯曲后会产生什么现象，如何避免？
11. 拉深件产生拉裂与皱折的原因是什么，如何防止？
12. 锻造生产时安全注意事项有哪些？

第5章 焊 接

【目的与要求】

1. 掌握焊接的定义和焊接方法的分类；

2. 熟悉焊条电弧焊、气焊与气割等焊接方法，并能独立进行操作；

3. 掌握其它焊接方法的特点和应用；

4. 了解焊接生产环境保护知识；

5. 掌握焊接安全操作技术规程。

5.1 焊接概述

5.1.1 焊接定义

焊接是通过加热或加压，或两者并用，用或不用填充材料，使焊件达到原子间结合并形成永久性接头的工艺过程。

作为现代工业的基础工艺，焊接方法的种类很多。按焊接过程的工艺特点和母材金属所处的状态，焊接方法可分熔焊、压焊、钎焊三类。

1. 熔焊

将焊件局部加热至融化，冷凝后形成焊缝而使构件连接在一起的加工方法。包括电弧焊、气焊、电渣焊、电子束焊、激光焊、铝热焊等。熔焊是广泛采用的焊接方法，大多数的低碳钢、合金钢都采用熔焊方法焊接。特种熔焊还可以焊接陶瓷、玻璃等非金属。

2. 压焊

焊接过程中，必须对焊件施加压力(加热或不加热)完成焊接的方法。加热的主要目的是使金属软化，靠施加压力使金属塑变，让原子接近到相互稳固吸引的距离，这一点与熔焊时加热有本质的不同。包括电阻焊、摩擦焊、超声波焊、冷压焊、爆炸焊、扩散焊、磁力脉冲焊等。

3. 钎焊

将熔点比母材低的钎料加热至熔化，但加热温度低于母材的熔点，用熔化的钎料填充焊缝、润湿母材并与母材相互扩散形成一体的焊接方法。钎焊分两大类：硬钎焊和软钎焊。硬钎焊的加热温度大于450 ℃，抗拉强度大于200 MPa，常用银基、铜基钎料，适于工作应力大，环境温度高的场合，如硬质合金车刀、地质钻头的焊接。软钎焊的加热温度小于450 ℃，抗拉强度小于70 MPa，适于应力小，工作温度低的环境，如仪表、导电元件等线路接头的焊接。

5.1.2 焊接方法特点及应用

1. 特点

(1) 优点

①节省金属材料,结构质量轻。

②以小拼大、化大为小,简化铸造、锻造及切削加工工艺,获得最佳技术经济效果。

③焊接接头具有良好的力学性能和密封性。

④能够制造双金属结构,使材料的性能得到充分利用。

(2) 缺点

焊接结构的不可拆卸性,给维修带来不便;焊接结构中会存在焊接应力和变形;焊接接头的组织性能往往不均匀,易产生焊接缺陷等。

2. 应用

焊接作为机械以及其它产品的现代先进制造技术之一,已广泛应用于电站、核能、石化、煤炭、冶金、矿山、建筑、桥梁、船舶、汽车、机车、海洋工程、仪表仪器、部件、轻工纺织以及日用家电等国民经济各个部门。现代焊接技术在推动我国工业的发展中已占有相当重要的地位。典型的焊接结构如:三峡水利工程、奥运会鸟巢、水立方、西气东输工程以及“神舟”号载人飞船。仅以西气东输工程为例,全长约 4 300 km 的输气管道,其焊接接头数量达 35 万个以上,整个管道上焊缝的长度至少 15 km。离开焊接,简直无法想象如何完成这样的工程。毋庸置疑的一点是:今天焊接已经深深地溶入了现代工业经济中,并在其中显现了十分重要、甚至是不可替代的作用。

5.1.3 焊接接头性能

焊接接头如图 5 - 1 所示。被焊的工作材料称为母材。焊接过程中局部受热熔化的金属形成熔池,熔池金属冷却凝固后形成焊缝。焊缝两侧的母材受焊接加热的影响而引起金属内部组织和力学性能变化的区域,称为焊接热影响区。焊缝和热影响区的过渡区称为熔合区。焊缝、熔合区和热影响区一起构成焊接接头。

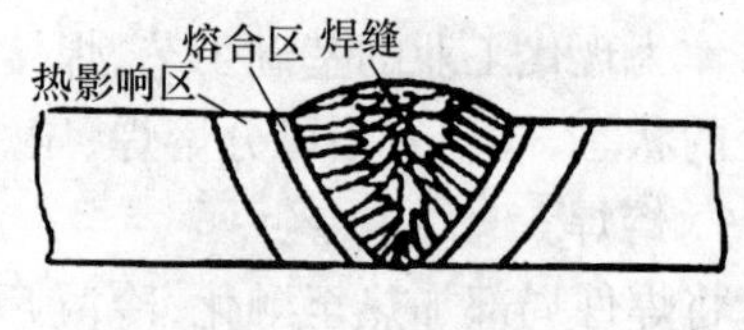

图 5 - 1 焊接接头

5.2 焊条电弧焊

5.2.1 基本知识

利用电弧作热源的焊接方法称为电弧焊。而用手工操纵焊条进行焊接的方法称为焊条电弧焊。焊条电弧焊是熔焊方法中应用最早、至今还广泛应用的焊接方法。焊条电弧焊具有典型的代表性,掌握了这种焊接方法,其它焊接就可以迎刃而解。

1. 焊条电弧焊的特点及应用

焊条电弧焊是各种电弧焊方法中发展最早、目前仍然应用最广的一种焊接方法。

(1) 焊条电弧焊的特点

优点:

①使用的设备比较简单,价格相对便宜且轻便;

②不需辅助气体防护,具有较强的抗风能力;

③操作灵活,适应性强,不规则的焊缝,凡焊条能够达到的地方都能进行焊接;

④应用范围广，用于大多数工业用的金属和合金的焊接。

缺点：

①操作技术要求高、培训费用大；

②劳动条件差，需加强劳动保护；

③生产效率低，主要靠手工操作，焊接工艺参数选择范围较小，与自动焊相比，焊接生产率低；

④不适于特殊金属及薄板的焊接。

(2) 应用

可以应用于维修及装配中的短缝焊接，特别是难以达到的部位的焊接。适用于碳钢、低合金钢、不锈钢、铜及铜合金等金属材料的正常焊接，以及铸铁焊补和其它金属材料的堆焊。但是对于钛、锆、钽、钼、锡、铅、锌等一般不用焊条电弧焊。

2. 焊接电弧

焊接电弧是由焊接电源供给的，具有一定电压的两电极间或电极与焊件间，在气体介质中产生的强烈而持久的放电现象。

(1) 产生

在焊条与工件相接触瞬间，造成短路，产生很大的短路电流，由于焊条和工件的接触表面不平整，使接触点的电流密度很大，在此处产生较大的电阻热将金属熔化，甚至蒸发、汽化为气体。迅速将焊条拉开至一定距离时，电流只能从熔化的液态金属细颈处通过。在电场力的作用下，正离子和负离子不断向两极移动，不断的复合、碰撞，放出大量的光和热，产生电弧。

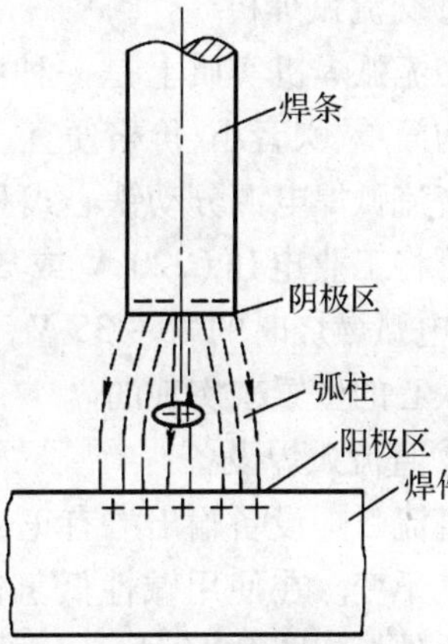

(2) 电弧构成和热量分布

如图 5－2 所示，电弧热量来源于电能。电弧由阴极区、弧柱、阳极区三部分组成。阴极区产生热量约占电弧总热量的36%，平均温度 2 400 K，弧柱产生的热量约占 21%，中心温度可达 6 000～8 000 K，阳极区约占 43%，温度 2 600 K。65%～85% 的电弧热量用于加热、熔化金属，其余散失在电弧周围飞溅的金属液中。

图 5－2　电弧构成

正是由于电弧在阴极和阳极上产生的热量不同，在直流焊接时可采用正接法和反接法。如图 5－3 所示。

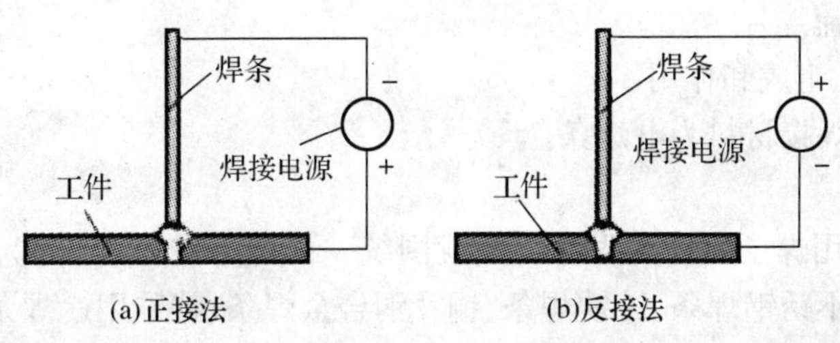

(a)正接法　(b)反接法

图 5－3　直流弧焊机的不同极性接法

焊接厚板时，一般采用直流正接法，这是因为电弧正极的温度和热量比负极高，采用正接法能获得较大的熔深。焊接薄板时，为了防止烧穿，常采用反接。而交流焊接时两极温度相同，一般约为 2 500 K，引弧电压：50 ~ 90 V，稳弧电压：16 ~ 35 V。

3. 焊条电弧焊设备

焊条电弧焊的设备分两类：包括交流电弧焊机、直流弧焊机。焊条电弧焊时，欲获得优良的焊接接头，首先必须使电弧稳定地燃烧。决定电弧稳定燃烧的因素很多，如电源设备、焊条成分、焊接规范及操作工艺等，其中主要的因素是电源设备。焊接电弧在引弧和燃烧时所需要的能量是靠电弧电压和焊接电流来保证的。为确保能顺利引弧和稳定地燃烧，对焊条电弧焊焊接设备的要求是：

(1) 焊接电源在引弧时，应具有较高的电压（考虑到操作的安全需要，电压不宜太高，规定空载电压 50 ~ 90 V）和较小的电流（几个安培）；引燃电弧并稳定燃烧后，能供给电弧较低的电压（16 ~ 40 V）和较大的电流（几十安培至几百安培），即电源有陡降外特性。

(2) 焊接电源还要满足可以灵活调节焊接电流，以满足焊接不同厚度的工件对焊接电流的要求。此外，还应具有良好的动特性。

(1) 焊条电弧焊设备

①交流弧焊机

交流弧焊机实质上是一种特殊的降压变压器，它具有结构简单、噪音小、价格便宜、使用可靠、维护方便等优点。交流弧焊电源分动铁心式和动线圈式两种。交流弧焊机可将工业电压（220 V 或 380 V）降低至空载 60 ~ 70 V、电弧燃烧时的 20 ~ 35 V。它的电流调节是靠改变活动铁心的位置来实现的。

②直流弧焊设备

直流弧焊设备输出端有正、负极之分，焊接时电弧两端极性不变。在使用碱性低氢钠型焊条时，均采用直流反接。外形如图 5 - 4 所示。

图 5 - 4　直流弧焊机

(2) 焊条电弧焊接设备的主要参数

①初级电压

②空载电压　一般交流弧焊机的空载电压 60 ~ 80 V，直流电焊机的空载电压 50 ~ 90 V。

③工作电压　一般焊机的工作电压为 20 ~ 40 V。

④电流调节范围

⑤负载持续率

⑥额定焊接电流

4. 电焊条分类、组成和作用

焊条电弧焊的焊接材料为电焊条。

(1) 分类

①焊条电弧焊用焊条的种类很多。按我国统一的焊条牌号，共分为十大类：如结构钢焊条、耐热钢焊条、不锈钢焊条、铸铁焊条、铜及铜合金焊条、特殊用途焊条等，其中应用最广的是结构钢焊条。

②按焊条熔渣的化学性质不同，焊条分为酸性焊条和碱性焊条两大类：

a. 酸性焊条　熔渣中的酸性氧化物比碱性氧化物多，适合各种电源，易操作、电弧稳定、成本低、焊缝塑性韧性差，不宜用于重要构件；

b. 碱性焊条　焊缝塑性和韧性好、抗冲击能力强，要求直流电源，操作性差、电弧不够稳定、价格高，适于重要构件。

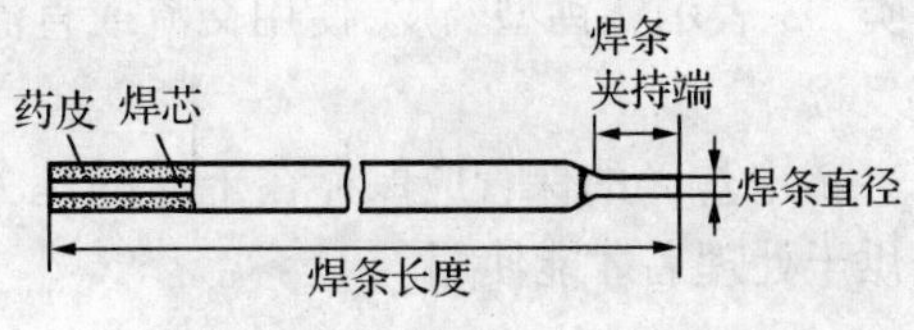

图 5－5　电焊条的结构

(2) 组成

焊条由焊芯和药皮组成，如图 5－5 所示。药皮成分见表 5－1。

表 5－1　焊条药皮成分

原料种类	原料名称	作　用
稳弧剂	碳酸钾、碳酸钠、长石、大理石、钛白粉、钠水玻璃、钾水玻璃	改善引弧性能、提高电弧燃烧的稳定性
造气剂	淀粉、木屑、纤维素、大理石	造成一定量的气体，隔绝空气，保护焊接熔滴与熔池
造渣剂	大理石、长石、萤石、菱苦石、锰矿、钛铁矿、黏土、钛白粉、金红石	造成具有一定物理化学性能的熔渣，保护焊缝，碱性渣中的 CaO 可脱硫、磷

焊芯材料都是特制的优质钢。焊接碳素结构钢的焊条芯一般是含碳量为 0.08% 的低碳钢，应用最普遍的有 H08 和 H08A。对含碳量及硫、磷有害杂质都有极严格的限制。常用的焊条直径（即焊条芯的直径）为 2.5～6.0 mm，长度在 350～450 mm。焊芯的长度和直径代表电焊条的长度和直径。

(3) 作用

①焊芯作用

焊条焊芯的作用之一是作为电极传导电流，产生电弧；二是熔化后作为填充金属，与熔化的母材一起组成焊缝金属。

②药皮作用

a. 改善焊条工艺性　使电弧易于引燃，燃烧稳定，有利于焊缝成形，减少飞溅等。

b. 机械保护作用　在电弧热量作用下，形成熔渣保护熔化金属。

c. 冶金处理作用　去除有害杂质，添加有益合金元素，改善焊缝质量。

(4) 焊条选用原则

根据焊件的化学成分、力学性能、抗裂性、耐腐蚀、耐高温性能、结构形状、受力情况、焊接设备条件等选用焊条。即等强原则和同成分原则。

①低碳钢和低合金钢构件　根据强度（两构件强度较低者为准）应用等强原则。

②特殊性能钢（不锈钢、耐热钢和非铁金属）　根据“等强原则”和“同成分原则”（特殊、专用焊条）。

③铸铁　碱性焊条和适当工艺（预热）。

④酸性、碱性　根据重要性选用，重要结构选用碱性焊条。

(5) 电焊条的型号与保管

①典型酸性焊条型号有 E4303 等，碱性焊条型号有 E5015 等。型号中的“E”表示结构

钢焊条,型号中三位数字的前两位"43"或"50"表示焊缝金属的抗拉强度等级,分别为420 MPa或500 MPa;第三位数字0或1代表全位置焊接;最后两位数表示药皮类型和焊接电源种类,03表示钛钙型药皮,使用交流或直流电源均可,15为低氢钠型焊条,只能用于直流电源反接。

②电焊条的保管应保存在干燥的地方,避免受潮。特别是碱性焊条,每次使用前都要经烘干处理后才能使用。

5.2.2 基本操作技术

如何获得一条好焊缝呢? 为了获得优质的焊缝,需要一流的焊接设备、熟练的焊接操作者、合适的焊接材料。在设备、操作者、材料已经确定的前提下,则需要选择合适的焊接工艺参数。

1. 备料

按图纸要求对原材料划线,并裁剪成一定形状和尺寸。注意选择合适的接头型式,当工件较厚时,接头处还要加工出一定形状的坡口。

2. 焊接规范的选择

焊条电弧焊的焊接规范,主要就是对焊接电流的大小、类型和焊条直径的选择。根据所焊工件的材质选择焊条牌号。而焊接过程中的速度和电弧长度,通常由焊工根据焊条牌号和焊缝所在空间的位置,在施焊的过程中适度调节。

(1) 焊条直径

为提高生产率,通常选用直径较粗的焊条,但一般不大于6 mm。工件厚度在4 mm以下的对接焊时,一般均用直径小于等于工件厚度的焊条。可参考表5-2。大厚度工件焊接时,一般接头处都要开坡口,在焊打底层焊时,可采用2.5~4 mm直径的焊条,后面的各层均可采用5~6 mm直径的焊条。立焊时,焊条直径一般不超过5 mm;仰焊时则不应超过4 mm。

表5-2 焊条直径与板厚的关系

焊件厚度/mm	<4	4~8	9~12	>12
焊条直径/mm	≤板厚	ϕ3.2~4	ϕ4~5	ϕ5~6

(2) 焊接电流

焊接电流的大小主要根据焊条直径来确定。焊接电流若太小,会降低焊接生产率,电弧不稳定,还可能焊不透工件。若太大,则会引起熔化金属的严重飞溅,甚至烧穿工件。对于焊接一般的结构件,焊条直径在3~6 mm时,焊接电流的参考值可由下列经验公式求得:

$$I=(30\sim55)d$$

式中 I——焊接电流(A);d——焊条直径(mm)。

此外,电流大小的选择还与接头型式和焊逢空间位置等因素有关。立焊、横焊所用的焊接电流应比平焊时减少10%~15%;仰焊时所用的焊接电流应比平焊减少15%~20%。

3. 焊缝层数

焊缝层数需视焊件的厚度而定。对于中、厚板一般多采用多层焊。焊缝层数多些,有利于提高焊缝金属的塑性、韧性。对质量要求较高的焊缝,每层厚度最好不大于4~5 mm。如图5-6所示的多层焊焊缝,其焊接顺序按照图中序号进行焊接。

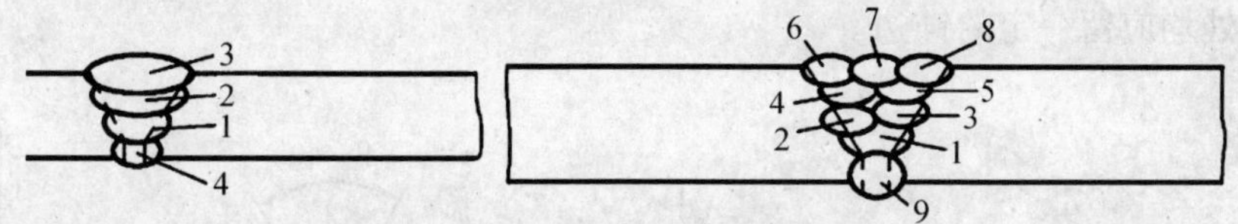

图 5-6　多层焊的焊缝和焊接顺序

4. 焊缝的空间位置

依据焊缝在空间所处的位置分平焊、立焊、横焊、仰焊四种，如图 5-7 所示。平焊的特点是易操作、劳动条件好、生产率高、焊缝质量易保证，因此焊缝布置应尽可能放在平焊位置。立焊、仰焊或横焊时，由于重力作用，被熔化的金属要向下滴落而造成施焊困难，因此，在设计中应尽量不予采用。

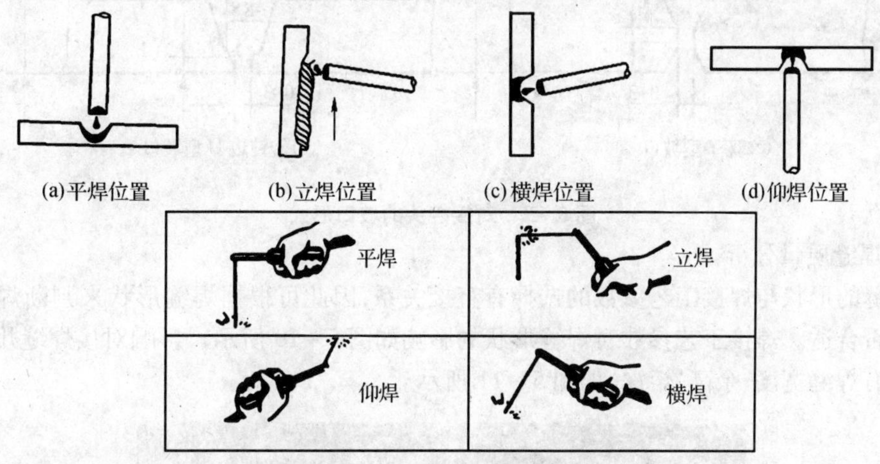

图 5-7　焊接位置及姿势示意图

5. 接头型式

在焊接前，应根据焊接部位的形状、尺寸、受力的不同，选择合适的接头类型。常见的接头形式有对接、搭接、T 型接和角接等，如图 5-8 所示。

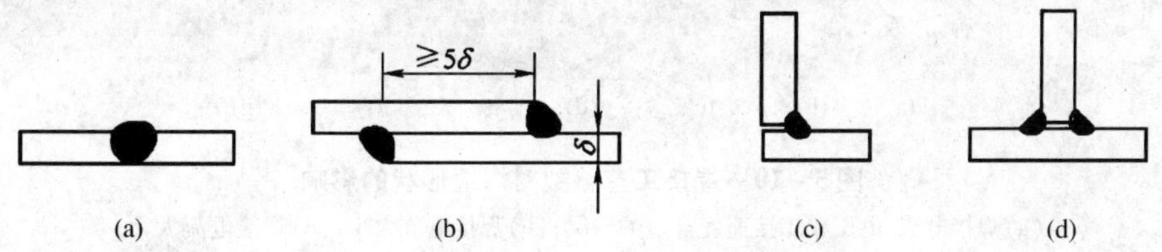

图 5-8　常见的接头形式

(a)对接接头；(b)搭接接头；(c)角接接头；(d)T 型接头

6. 坡口形式

焊接较厚工件时为确保焊件能焊透，必须开一定形状的坡口。焊件厚度小于 6 mm 时，只需在接头处留一定的间隙，就能保证焊透。但是在焊接较厚的工件时，就需要在焊接前，将焊件接头处加工成一定的形状，以确保焊透。通常采用最多的接头型式是对接接头，如图 5-9 所示。这种接头常见的坡口形式有“I”型坡口、“Y”型坡口、双“Y”型坡口，当板厚达到 20 ~ 60 mm 时，为减少焊接量并减小变形通常开“U”型坡口、双“U”型坡口，为防止焊接时烧穿，坡口处均应留一定的钝边。

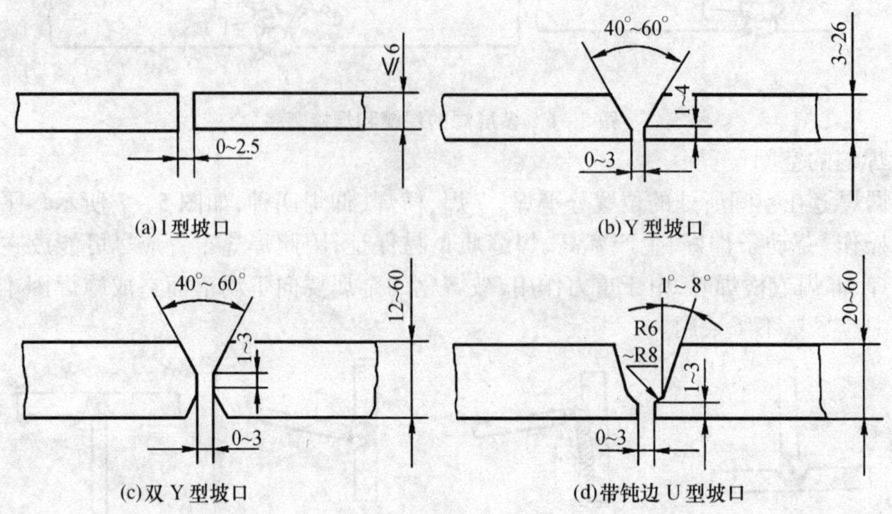

图 5－9　对接接头的坡口形式

7. 焊缝质量分析

焊缝的形状与焊接工艺参数的选择有直接关系，因此可根据焊缝形状来判断焊接工艺参数是否合适。焊接工艺参数对焊缝形状的影响如图 5－10 所示。影响对接焊缝几何形状的参数有焊缝宽度、余高、熔深，如图 5－11 所示。

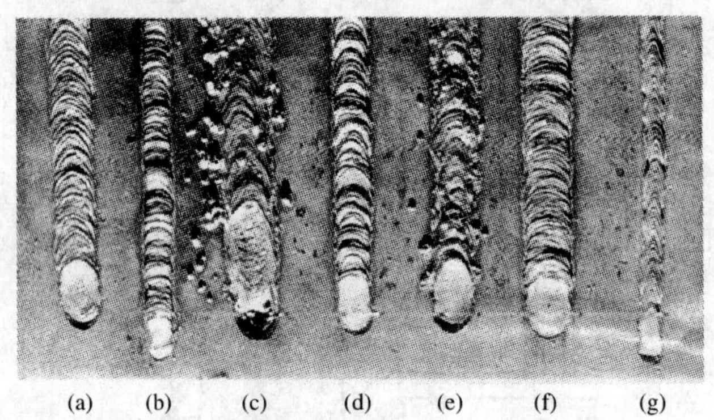

图 5－10　焊接工艺参数对焊缝形状的影响

(a)焊接电流、电压和焊接速度合适的情况；(b)焊接电流太小；(c)焊接电流太大；(d)电弧长度太短；(e)电弧长度太长；(f)焊接速度太小；(g)焊接速度太大

(1) 焊缝宽度

焊缝表面与母材的交界处称为焊趾。而单道焊缝横截面中，两焊趾间的距离称为焊缝宽度。

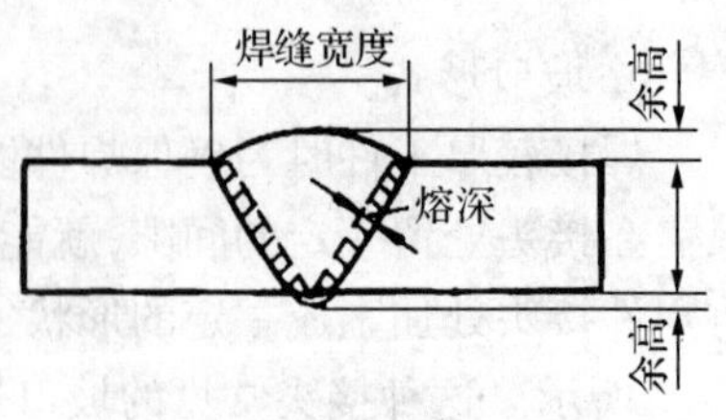

图 5－11　焊缝几何尺寸

(2) 余高

余高指超出焊缝表面焊趾连线上面的那部分焊缝金属的高度。焊缝的余高使焊缝的横截面增加，承载能力提高，但却使焊趾处产生应力集中。通常要求余高不能低于母材，其高度随母材厚度增加而加大，但最大不

得超过 3 mm。

(3) 熔深

在焊接接头横截面上,母材熔化的深度称为熔深。一定的熔深值保证了焊缝和母材的结合强度。当填充金属材料(焊条或焊丝)一定时,熔深的大小决定了焊缝的化学成分。不同的焊接方法要求不同的熔深值,例如堆焊时,为了保持堆焊层的硬度,减少母材对焊缝的稀释作用,在保证熔透的前提下,应要求较小的熔深。

8. 焊条电弧焊基本操作

焊条电弧焊的操作是在面罩下进行观察和操作的。由于视野不清,工作条件较差,因此为了保证焊接质量,要求操作者应具有较为熟练的操作技术,并在操作过程中保持注意力高度集中。初学者在练习时应注意电流要合适,焊条要对正,电弧要短,焊接速度不要快,力求均匀。焊接前,应把工件接头两侧 20 mm 范围内的表面清理干净(消除铁锈、油污、水分),并使焊芯的端部金属外露,以便进行短路引弧。

(1) 引弧

引弧的方法可分为敲击法和划擦法两种,如图 5-12 所示。其中划擦法比较容易掌握,适宜于初学者的引弧操作。

①划擦法　先将焊条对准焊件,再将焊条像划火柴似的在焊件表面轻轻划擦,引燃电弧,然后迅速将焊条提起 2 ~ 4 mm,并使之稳定燃烧。

②敲击法　将焊条末端对准焊件,然后手腕下弯,使焊条轻微碰一下焊件,再迅速将焊条提起 2 ~ 4 mm,引燃电弧后手腕放平,使电弧保持稳定燃烧。这种引弧方法不会使焊件表面划伤,又不受焊件表面大小、形状的限制,因而在生产中经常采用。但操作不易掌握,需提高熟练程度。

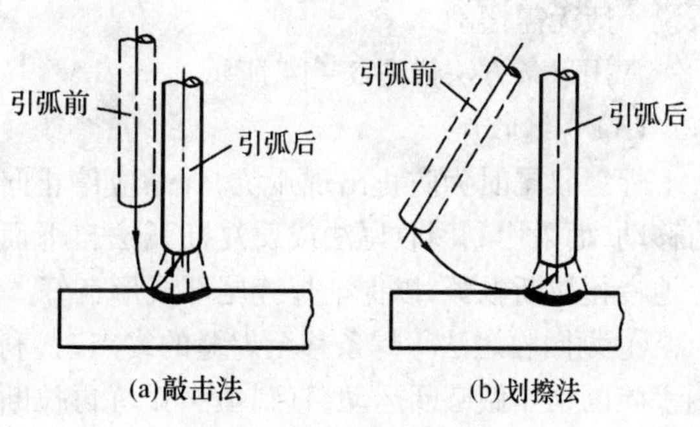

图 5-12　引弧方法

要注意引弧处应无油污、水锈,以免产生气孔和夹渣,而且焊条在与焊件接触后提升速度要适当,太快难以引弧,太慢则粘在一起造成短路。

(2) 运条

运条操作是焊接过程中的关键环节,该操作直接影响焊缝的外观成形和质量。

电弧引燃后,一般情况下焊条有三个基本运动:朝熔池方向逐渐送进、沿焊接方向逐渐移动、横向摆动。平焊焊条角度和运条基本动作如图 5-13 所示。

①焊条朝熔池方向逐渐送进　一方面可以向熔池添加金属,另一方面在焊条熔化后继续保持一定的电弧长度。为保证焊接质量,焊条送进的速度应与焊条熔化的速度相同。否则,会发生断弧或粘在焊件上。

②焊条沿焊接方向移动　随着焊条的不断熔化,熔池不断冷却,最终逐形成一条焊缝。若焊条移动速度太慢,则焊缝表面会过高、过宽、外形不整齐,焊接薄板时还会发生烧穿现象;若焊条的移动速度太快,则焊条与焊件熔化不均匀,焊缝变窄,更为严重的情况则会发生未焊透现象。

③焊条的横向摆动　为了对焊件输入足够的热量便于排气、排渣,并获得一定宽度的

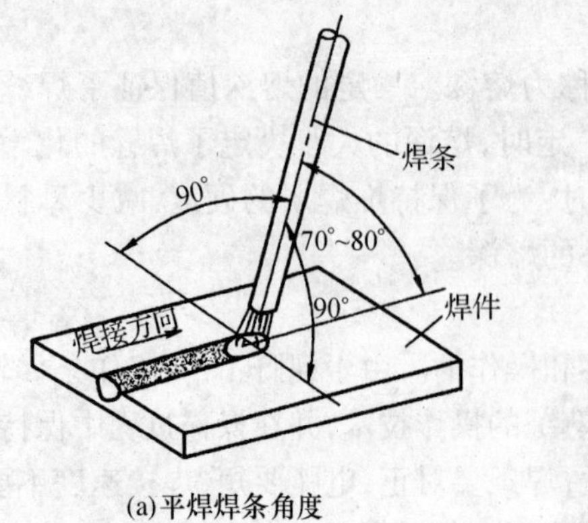

(a)平焊焊条角度

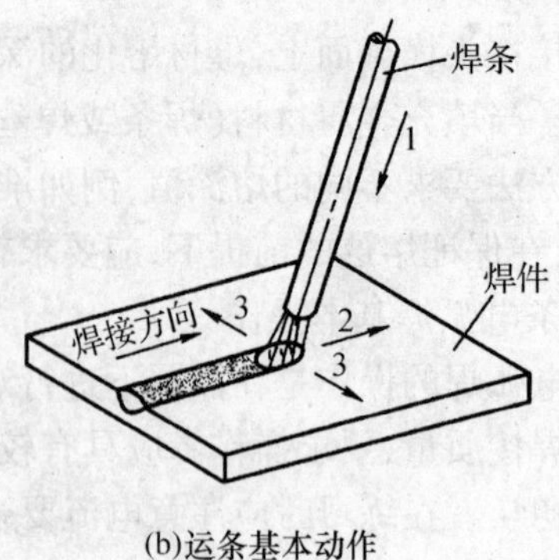

(b)运条基本动作

图 5－13　平焊焊条角度和运条基本动作

焊缝。焊条摆动的范围需要根据焊件的厚度、坡口形式、焊缝层次和焊条直径等来决定。对薄板来说一般无需摆动。

常用运条方法如图 5－14 所示。

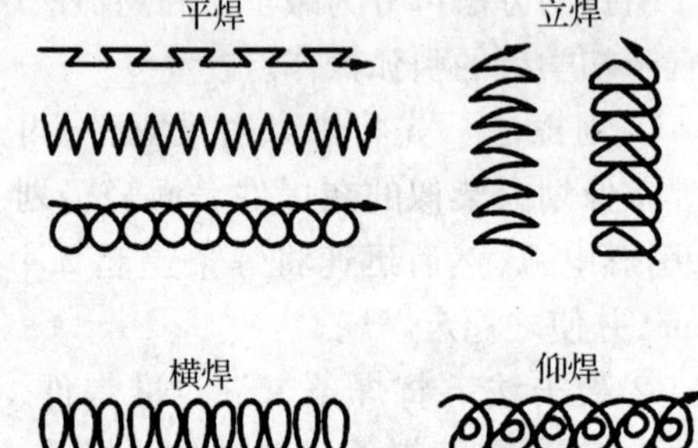

图 5－14　基本运条方法

(3) 焊缝收尾

焊缝收尾时为防止出现弧坑，焊条应停止向前移动，而采用划圈收尾法或反复断弧法自下而上地慢慢拉断电弧，以保证焊缝尾部成形良好。

①划圈收尾法　焊条移至焊缝的终点时，利用手腕的动作做圆圈运动，直到填满弧坑再拉断电弧。该方法适用于厚板焊接，用于薄板焊接会有烧穿危险。

②反复断弧法　焊条移至焊道终点时，在弧坑处反复熄弧、引弧数次，直到填满弧坑为止。该方法适用于薄板及大电流焊接，但不适用于碱性焊条，否则会产生气孔。

9. 平板对接焊操作过程

焊接厚度为 4 mm 的低碳钢 Q235 钢板，选用直径为 3.2 mm 的 E4303 焊条。

(1) 焊前清理　清除焊件坡口表面及坡口两侧 20～30 mm 内的铁锈、油污和水分。

(2) 对接　将待焊钢板对齐。

(3) 定位焊　在焊件两端焊上约 10 mm 的焊缝，以使两焊件的相对位置固定，若焊件较长则每 200～300 mm 焊上 10 mm。焊后将焊渣清理干净。

(4) 焊接　选择合适的工艺参数进行焊接。

(5) 焊后清理　清除焊件表面的渣壳及飞溅。

(6) 焊后检查　目视检查焊缝外形及尺寸是否符合要求，有无焊接缺陷。

5.2.3　焊接变形及缺陷

在焊接生产过程中，由于设计、工艺、操作中的各种因素的影响，往往会产生各种焊接缺陷。焊接缺陷不仅会影响焊缝的美观，还有可能减小焊缝的有效承载面积，引起应力集中、缩短使用寿命、甚至造成脆断危及安全，直接影响焊接结构使用的可靠性。

1. 焊接变形

焊接变形的基本形式:常见的焊接变形有收缩变形、角变形、弯曲变形、波浪变形和扭曲变形等五种形式如图 5-15 所示。

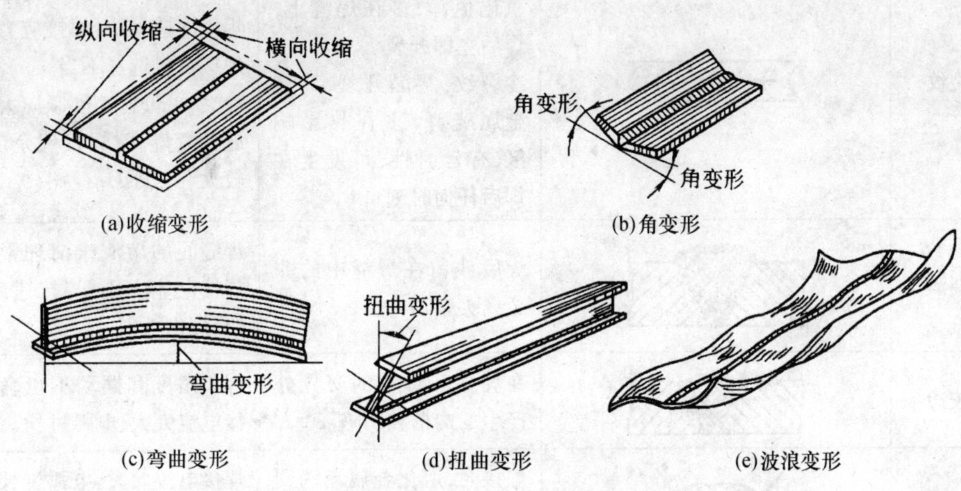

(a)收缩变形　(b)角变形　(c)弯曲变形　(d)扭曲变形　(e)波浪变形

图 5-15　焊接变形的基本形式

收缩变形是由于焊缝金属沿纵向和横向的焊后收缩而引起的;角变形是由于焊缝截面上下不对称,焊后沿横向上下收缩不均匀而引起的;弯曲变形是由于焊缝布置不对称,焊缝较集中的一侧纵向收缩较大而引起的;扭曲变形常常是由于焊接顺序不合理而引起的;波浪变形则是由于薄板焊接后焊缝收缩时,产生较大的收缩应力,使焊件丧失稳定性而引起的。

2. 减少焊接应力与变形的措施

除了设计时应考虑(尽可能减少结构上的焊缝数量和焊缝的填充金属、合理安排焊缝、合理划分焊接结构装配顺序、尽量避免焊缝过于集中、尽量避免构件几何不连续性、焊缝位置应远离加工位置和工作受力部位)之外,可采取一定的工艺措施,有预留变形量、反变形法、刚性固定法、锤击焊缝法、加热"减应区"法等。重要的是,选择合理的焊接顺序,尽量使焊缝自由收缩。焊前预热和焊后缓冷也很有效。

3. 焊接缺陷

金属熔化焊焊缝的缺陷共分为裂纹、孔穴、固体夹杂、未熔合、未焊透、形状缺陷和其它缺陷。常见焊接缺陷见表 5-3 所示。

表 5-3　常见焊接缺陷

缺陷名称	示意图	特　征	产生原因
气孔		焊接时,熔池中的过饱和 H、N 以及冶金反应产生的 CO,在熔池凝固时未能逸出,在焊缝中形成的空穴	焊接材料不清洁;弧长太长,保护效果差;焊接规范不恰当,冷速太快;焊前清理不当

表 5-3(续)

缺陷名称	示意图	特　征	产生原因
裂纹		热裂纹:沿晶开裂,具有氧化色泽,多在焊缝上,焊后立即开裂 冷裂纹:穿晶开裂,具有金属光泽,多在热影响区,有延时性,可发生在焊后任何时刻	热裂纹:母材硫、磷含量高;焊缝冷速太快,焊接应力大;焊接材料选择不当 冷裂纹:母材淬硬倾向大;焊缝含氢量高;焊接残余应力较大
夹渣		焊后残留在焊缝中的非金属夹杂物	焊缝间的熔渣未清理干净;焊接电流太小、焊接速度太快;操作不当
咬边		在焊缝和母材的交界处产生的沟槽和凹陷	焊条角度和摆动不正确;焊接电流太大、电弧过长
焊瘤		焊接时,熔化金属流淌到焊缝区之外的母材上所形成的金属瘤	焊接电流太大、电弧过长、焊接速度太慢;焊接位置和运条不当
未焊透		焊接接头的根部未完全熔透	焊接电流太小、焊接速度太快;坡口角度太小、间隙过窄、钝边太厚
烧穿		焊接时,熔化金属下坠形成塌陷,从坡口背面流出,形成穿孔	焊接电流过大,焊接速度太低,装配间隙过大或钝边太薄

5.2.4　焊接检验

对焊接接头进行必要的检验是保证焊接质量的重要措施。因此,工件焊完后应根据产品技术要求对焊缝进行相应的检验,凡不符合技术要求所允许的缺陷,需及时进行返修。焊接质量的检验可分为非破坏性检验和破坏性检验两大类。非破坏性检验包括焊接接头的外观检查、密封性试验和无损探伤。破坏性检验包括断面检查、力学性能试验、金相组织检验和化学成分分析及抗腐蚀试验等。

1. 外观检查

外观检查是通过对焊接接头直接观察或用低倍放大镜检查焊缝外形尺寸和表面缺陷的检验方法。在检查前应先清除表面熔渣和氧化皮,必要时可作酸洗。

通过外观检查,可发现焊缝外形是否平整及表面缺陷,如咬边、焊瘤、表面裂纹、气孔、夹渣及烧穿等。焊缝的外形尺寸还可采用焊口检测器或样板进行测量。可以判断焊接规范和工艺的合理性,并可估计焊缝内部可能产生的缺陷。

2. 无损探伤

针对隐藏在焊缝内部的夹渣、气孔、裂纹等缺陷的检验。除渗透探伤外还包括荧光探伤、磁粉探伤、射线探伤和超声波探伤等检验手段。目前使用最普遍的是采用 X 射线检验,还有超声波探伤和磁粉探伤。

X 射线检验是利用 X 射线对焊缝照相，由于焊缝内部缺陷对射线吸收能力不同，使射线通过时的强度不同，可根据底片影像来判断内部缺陷的位置、类型、大小形状和分布情况。再根据产品技术要求评定焊缝是否合格。对母材厚度在 200 mm 以下的工件检查裂纹、未焊透、气孔和夹渣等缺陷。

超声波探伤原理示意图如图 5－16 所示。超声波束由探头发出，传到金属中，当超声波束传到金属与空气界面时，它就折射而通过焊缝。如果焊缝中有缺陷，超声波束就反射到探头而被接收，这时荧光屏上就出现了反射波。根据这些反射波与正常波比较、鉴别，就可以确定缺陷的大小及位置。超声波探伤比 X 光照相简便得多，因而应用广泛。主要用于厚壁焊件的探伤，检查裂纹的灵敏度较高。但超声波探伤往往只能凭操作经验作出判断，直观性差而且对缺陷尺寸的判断不够准确，靠近表面层的缺陷不易被发现，因此不能留下检验根据。

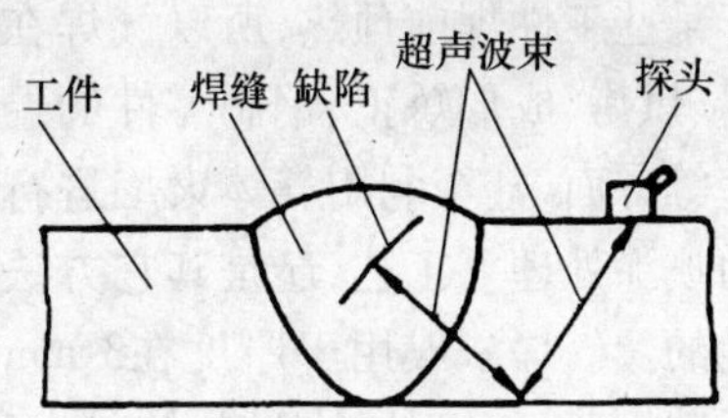

图 5－16 超声波探伤原理示意图

对于离焊缝表面不深的内部缺陷和表面极微小的裂纹，还可采用磁力探伤。

3. 密封性试验

对于要求密封性的受压容器，须进行水压试验和（或）进行气压试验，以检查焊缝的密封性和承压能力。其方法是向容器内注入 1.5～2 倍工作压力的清水或等于工作压力的气体（多数用空气），停留一定的时间，然后观察容器内的压力下降情况，并在外部观察有无渗漏现象，根据这些可评定焊缝是否合格。注意在升压前要排尽里面的空气，试验水温要高于周围空气的温度以防止外表凝结露水。

4. 焊接试板的机械性能试验

无损探伤可以发现焊缝内在的缺陷，但不能说明焊缝热影响区处金属的机械性能如何。为评定各种钢材和焊接材料的焊接接头和焊缝的力学性能需做作拉伸、冲击、弯曲等试验。这些试验由试验板完成。所用试验板最好与圆筒纵缝一起焊成，以保证施工条件一致。然后将试板进行机械性能试验。实际生产中，一般只对新钢种的焊接接头进行这方面的试验。

5.3 气焊与气割

5.3.1 基本知识

气焊是利用可燃气体和助燃气体燃烧所产生的高温火焰熔化母材及填充金属进行焊接的方法。通常气焊使用乙炔（C_2H_2）作为可燃气体，氧气作为助燃气体，火焰温度可以达到 3 100～3 300 ℃。

如图 5－17 所示。火焰一方面把工件接头的表层金属熔化，同时把金属焊丝熔化填入接头的空隙中，形成金属熔池。随焊炬的前移，熔池金属随即凝固成为焊缝，使焊件的两部分牢固地连接成为一体。

1. 气焊特点及应用

与焊条电弧焊相比较，气焊温度低，火焰热量比较分散，加热速度慢，生产率低，焊接变形较为严重。但是,气焊的火焰温度较低且容易控制,这对精细件例如薄板和管件的焊接是有利的。随着焊接技术的发展,气焊的应用范围在缩小。但是由于气焊设备不用电源,移动灵活,操作简单并便于某些工件焊前预热,所以气焊在钢材下料、烘烤、成形矫正、钢制零件的局部热处理等方面,甚至利用气体火焰进行金属表面喷涂处理等工艺,还是其它方法不能取代的。气焊一般用于厚度在3 mm以下的低碳钢薄板,管件的焊接,铸铁、不锈钢以及铜、铝合金等的焊接及野外作业、室外维修等场合。

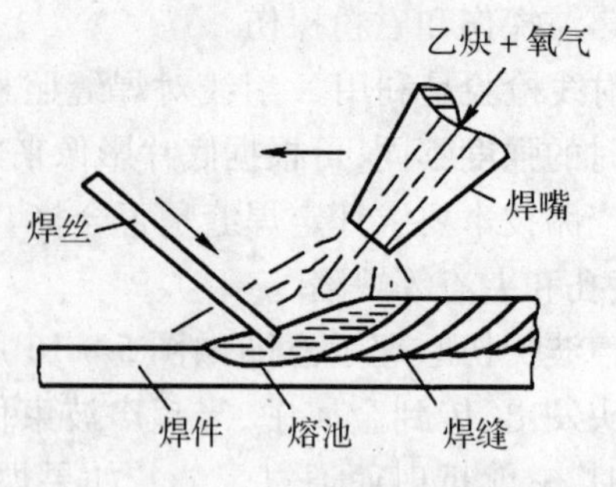

图 5-17　气焊示意图

2. 气焊设备

气焊设备包括乙炔发生器、回火防止器、氧气瓶、减压阀和焊炬,它们通过软管连接组成气焊系统。气焊系统如图 5-18 所示。

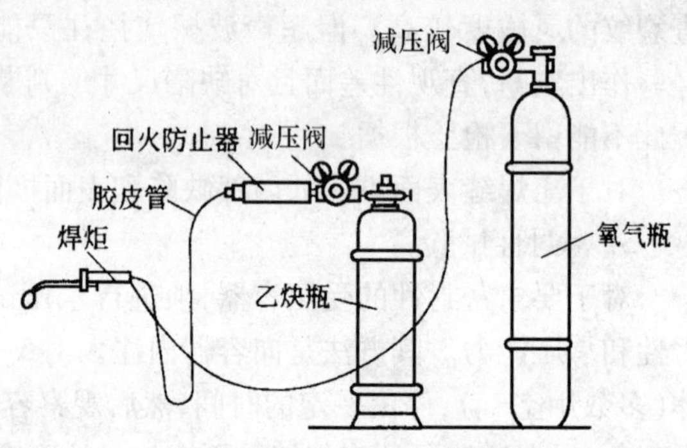

图 5-18　气焊系统示意图

(1) 氧气瓶

氧气瓶是运送和贮存高压氧气的容器,其容积为 40 L,工作压力为 15 MPa。按照规定,氧气瓶外表漆成天蓝色,并用黑漆标明"氧气"字样。保管和使用时应防止沾染油污;放置时必须平稳可靠,不应与其它气瓶混在一起;在放置过程中禁止曝晒、火烤及敲打,以防爆炸。使用氧气时,不得将瓶内氧气全部用完,最少应留 100 ~ 200 kPa,以便在再装氧气时吹除灰尘和避免混进其它气体。

(2) 乙炔瓶

乙炔瓶是贮存和运送乙炔的容器,国内常用的乙炔瓶公称容积为 40 L,工作压力 1.5 MPa。其外形与氧气瓶相似,外表漆成白色,并用红漆写上"乙炔"、"火不可近"等字样。在瓶体内装有浸满丙酮的多孔性填料,可使乙炔稳定而又安全地贮存在瓶内。使用乙炔瓶时,除应遵守氧气瓶使用要求外,还应该注意:瓶体的温度不能超过 30 ~ 40 ℃;搬运、装卸、存放和使用时都应竖立放稳,严禁在地面上卧放并直接使用,一旦要使用已经卧放的乙炔瓶,必须先直立后静止 20 min,再连接乙炔减压器后使用;不能遭受剧烈的震动等。

(3) 减压器

减压器是将高压气体降为低压气体的调节装置。对不同性质的气体,必须选用符合各自要求的专用减压器。如图 5-19 所示。

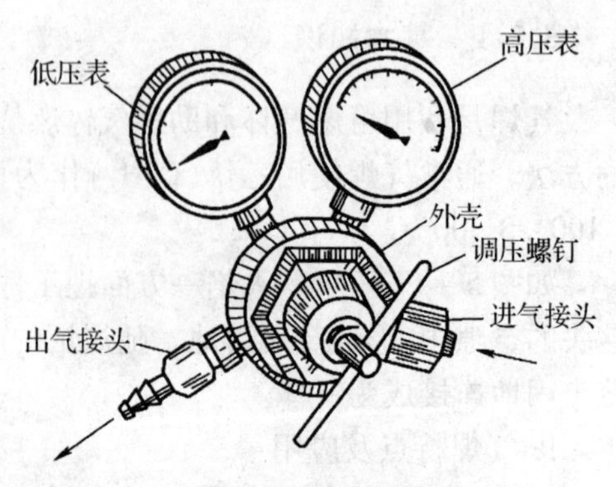

图 5-19　减压器

气焊时所需的工作压力比较低，如乙炔压力最高不超过 0.15 MPa，氧气压力一般为 0.2 ~ 0.4 MPa。因此，必须将气瓶内输出的气体压力降压后才能使用。减压器的作用是降低气体压力，并使输送给焊炬的气体压力稳定不变，以保证火焰能够稳定燃烧。减压器在专用气瓶上应安装牢固。各种气体专用的减压器禁止换用或替用。

(4) 回火保险器

正常气焊时，火焰在焊炬的焊嘴外面燃烧，但当气体供应不足、焊嘴阻塞、焊嘴太热或焊嘴离焊件太近时，火焰燃烧的速度大于气体喷射的速度，火焰就会沿乙炔管路往回燃烧。这种火焰进入喷嘴内逆向燃烧的现象称为回火。如果回火蔓延到乙炔瓶，就可能引起爆炸事故。回火保险器的作用就是截留回火气体，保证乙炔瓶的安全。

(5) 焊炬

焊炬的作用是将乙炔和氧气按一定比例均匀混合，由焊嘴喷出，点火燃烧，产生气体火焰。常用的氧乙炔射吸式焊炬如图 5－20 所示。每种型号的焊炬均配备 3 ~ 5 个大小不同的焊嘴，以便焊接不同厚度的焊件时使用。

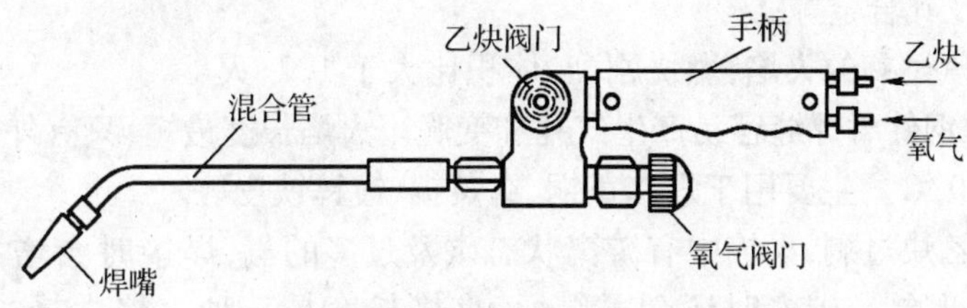

图 5－20　氧乙炔射吸式焊炬

3. 气焊材料

气焊所用的材料包括焊丝和焊剂两种。

(1) 焊丝

气焊所用的焊丝是没有药皮的金属丝，其成分与工件基本相同，原则上要求焊缝与工件达到相等的强度。焊接低碳钢时常用的焊丝牌号有 H08 和 H08A 等。焊丝的直径一般为2 ~ 4 mm。

(2) 气焊熔剂

又称气剂或焊粉，其作用是去除焊接过程中形成的氧化物，增加液态金属的润湿性，保护熔池金属。

气焊低碳钢时，由于气体火焰能充分保护焊接区，只要表面接头干净，一般不需要使用气体焊剂。但在气焊铸铁、不锈钢、耐热钢和有色金属时，熔池中容易产生高熔点的稳定氧化物，如 Cr_2O_3、SiO_2 和 Al_2O_3 等，使焊缝中夹渣。故在焊接时，使用适当的焊剂，可与这类氧化物结成低熔点的熔渣，以利浮出熔池。国内定型的气焊熔剂牌号有 CJ101、CJ201、CJ301 和 CJ401 等四种。其中 CJ101 为不锈钢和耐热钢气焊熔剂，CJ201 为铸铁气焊熔剂，CJ301 为铜及铜合金气焊熔剂，CJ401 为铝及铝合金气焊熔剂。

5.3.2　气焊的基本操作

为保证焊缝质量，焊前应清除焊丝及焊件接头处表面的铁锈、水分和油污。

开气、调气：氧气工作压力，0.2 ~ 0.3 MPa；乙炔工作压力，0.02 ~ 0.03 MPa。

基本操作步骤如下。

1. 点火、调节火焰

(1) 点火

点火时,先微开氧气阀门,再打开乙炔阀门,随后点燃火焰。

(2) 调节火焰

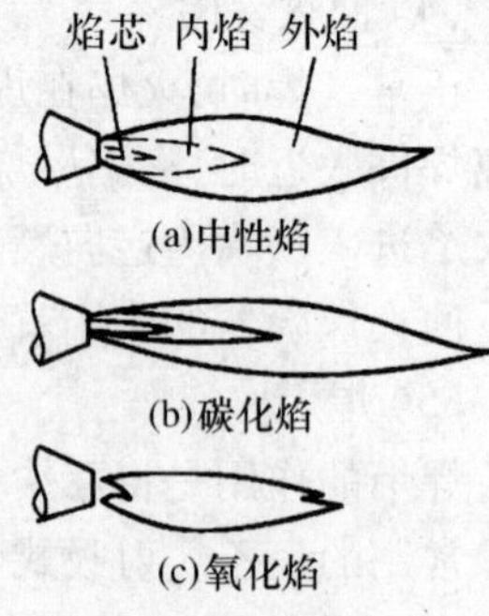

图 5-21　气焊火焰

点火时得到的火焰是碳化焰。调节氧气、乙炔气体的不同混合比例可得到中性焰、氧化焰和碳化焰三种性质不同的火焰。如图 5-21 所示。然后,逐渐开大氧气阀门,将碳化焰调整成中性焰。同时,按需要把火焰大小也调整合适。

①中性焰　氧与乙炔充分燃烧,没有氧与乙炔过剩,体积比为1.1~1.2,内焰具有一定还原性。最高温度 3 050~3 150 ℃。有外焰、内焰、焰芯。焊接时应使熔池及焊丝处于焰芯前 2~4 mm。主要用于焊接低碳钢、低合金钢、高铬钢、不锈钢、紫铜、锡青铜、铝及其合金等。

②氧化焰　氧过剩的火焰,燃烧剧烈,体积比大于 1.2,火焰具有氧化性,焊钢件时焊缝容易产生气孔和变脆。火焰长度最短,只有外焰和焰芯。最高温度 3 100~3 300 ℃。主要用于焊接黄铜、锰黄铜、镀锌铁皮等。

③碳化焰　乙炔过剩,火焰中有游离状态碳及过多的氢,焊接时会增加焊缝含氢量,焊低碳钢有渗碳现象。碳多时还会冒黑烟,火焰长度是三种火焰中最长的。最高温度 2 700~3 000 ℃。主要用于高碳钢、高速钢、硬质合金、铝、青铜及铸铁等的焊接或焊补。

2. 气焊焊接

气焊时,一般用左手拿焊丝,右手拿焊炬,两手的动作要协调,沿焊缝向左或向右焊接。焊薄板时采用左焊法,即焊接方向自右向左焊接,厚板焊接时采用右焊法。焊嘴轴线的投影应与焊缝重合,同时要注意掌握好焊嘴与焊件的夹角 α。焊件愈厚 α 愈大。在焊接开始时,为了较快地加热焊件和迅速形成熔池,α 应大些;正常焊接时,一般保持 α 在 30°~50°范围内。焊丝和焊件夹角 110°左右;当焊接结束时,α 应适当减小,以便更好地填满熔池和避免焊穿。焊炬向前移动的速度应能保证焊件熔化并保持熔池具有一定的体积。焊件熔化形成熔池后,再将焊丝适量地点入熔池内熔化。在操作过程中,还要注意避免产生回火现象。焊接时,焊炬和焊丝前移速度应协调均匀。焊接时焊炬应作适当的横向摆动,不仅可保持一定的焊缝宽度,同时对金属熔池有一种搅拌作用,有利于熔池中有害杂质的排出。

3. 灭火

应先关乙炔阀门,后关氧气阀门。

气焊工艺规范:气焊的接头型式和焊接空间位置等工艺问题的考虑,与焊条电弧焊基本相同。气焊的焊接规范则主要是确定焊丝的直径、焊嘴的大小以及焊嘴对工件的倾斜角度。

(1) 焊丝的直径

根据工件的厚度确定焊丝直径。焊接厚度在 3 mm 以下的工件时,所用的焊丝直径与工件的厚度基本相同。焊接较厚的工件时,焊丝直径应小于工件厚度。焊丝直径一般不超过 6 mm。

(2) 焊嘴的大小

焊炬端部的焊嘴是氧气、乙炔混合气体的喷口。每把焊炬备有一套口径不同的焊嘴,焊接厚的工件应选用较大口径的焊嘴。焊嘴的选择见表 5-4。

表 5-4　焊接钢材用的焊嘴

焊嘴号	1	2	3	4	5
工件厚度/mm	<1.5	1~3	2~4	4~7	7~11

5.3.3　气割

氧气切割简称气割,是一种切割金属的常用方法,如图 5-22 所示。气割时,先把工件切割处的金属预热到它的燃点,然后以高压纯氧气流猛吹。这时金属就发生剧烈氧化燃烧,所产生的热量把金属氧化物熔化成液体。同时,氧气气流又把氧化物的熔液吹走,工件就被切出整齐的缺口。只要把割炬向前移动,就能把工件连续切开。

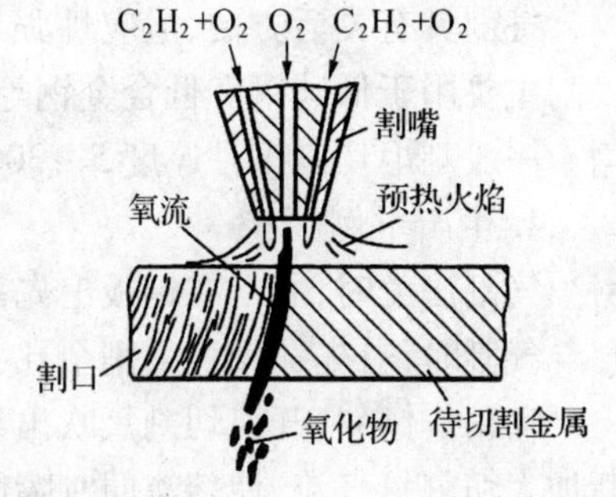

图 5-22　气割过程

1. 气割基本知识

金属的性质必须满足下列三个基本条件,才能进行气割。

(1) 金属的燃点应低于其自身的熔点,这是保证金属气割的基本条件。否则金属在切割前熔化,就不能形成窄而整齐的切口。

(2) 金属氧化物的熔点应低于金属自身的熔点,只有这样,燃烧形成的氧化物才能熔化并被吹走,使下层金属可以切割。

(3) 金属氧化物燃烧放出的热量应大于通过热传导散出的热量。金属导热性低可以减少热量向周围金属传导,以保证下层金属的预热。

纯铁、低碳钢、中碳钢和普通低合金钢都能满足上述条件,具有良好的气割性能。而高碳钢、铸铁、不锈钢,以及铜、铝等有色金属不能同时满足气割的三个条件,所以难以进行气割。

2. 气割操作

气割所用的割炬如图 5-23 所示。工作时,先点燃预热火焰,火焰大小可根据钢板的厚度调整适当,使工件的切割边缘加热到金属的燃烧点(呈亮红色),然后开启切割氧气阀门进行切割。气割必须从工件的边缘开始。听到“噗、噗”声时,说明已经割穿。如果要在工

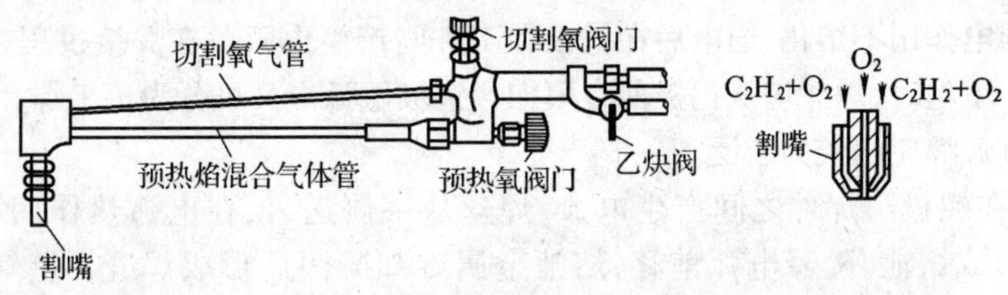

图 5-23　割炬

件的中部挖割内腔,则应在开始气割处先钻一个大于 $\phi 5$ mm 的孔,以便气割时排出氧化物,并使氧气流能吹到工件的整个厚度上。批量生产时,气割工作也可以在气割机上进行。割炬能沿着一定的导轨自动作直线、圆弧和各种曲线运动,准确地切割出所要求的工件形状。

手工气割的基本操作步骤如下:

(1) 气割前应根据被割工件的厚度选择合适的割炬、割嘴与氧气压力;

(2) 割件应水平放置,并垫高,离地面至少 100 mm;

(3) 切割时,割嘴轴线与工件保持垂直;割嘴端部与割件表面保持 6 ~ 10 mm,距离过小,氧化物飞溅易堵塞割嘴,引起回火;距离过大,会使预热焰火力和切割氧的吹力减弱;

(4) 切割时应保持合适的切割速度。

3. 气割特点及应用

气割具有灵活方便、适应性强、设备简单、操作方便、生产率高、切口质量较好等特点。气割主要用于低碳钢和低合金钢等材料,如钢板下料和焊接坡口和铸钢件的浇冒口等的切割。一般割炬切割工件厚度 5 ~ 300 mm。

4. 生产举例

气割法兰时,通常在钢板上先割内圆,再气割外圆。

气割时,首先在钢板上割个孔,再对钢板预热,此时割嘴垂直于钢板,达到气割温度时,将割嘴稍作倾斜,开启切割氧吹出氧化铁渣。继续气割,可逐渐将割嘴转向垂直位置,并不断加大切割氧气流,使熔渣向割嘴倾斜的方向溅出。当熔渣的火花不再上飞时,说明钢板已切透。此时割嘴可以与钢板垂直,沿内圆线进行气割。

为提高切割速度和改善切口质量,可采用简易划规割圆器。

5.4 其它焊接与切割方法

5.4.1 气体保护焊

在焊接时为保护焊缝不受空气影响,常采用气体和熔渣联合保护。单独使用外加气体来保护电弧及焊缝,并作为电弧介质的电弧焊称为气体保护焊。

1. 氩弧焊

氩弧焊是采用氩气作为保护气体的一种气体保护焊方法。在氩弧焊应用中,根据所采用的电极类型可分为非熔化极氩弧焊和熔化极氩弧焊两大类。非熔化极氩弧焊又称钨极氩弧焊,是一种常用的气体保护焊方法。钨极氩弧焊又称钨极惰性气体保护焊,它是使用纯钨或活化钨电极,以惰性气体——氩气作为保护气体的气体保护焊方法,如图 5 - 24 所示。钨棒电极只起导电作用不熔化,通电后在钨极和工件间产生电弧。在焊接过程中可以填丝也可以不填丝。填丝时,焊丝应从钨极前方填加。钨极氩弧焊又可分为手工焊和自动焊两种,以手工钨极氩弧焊应用较为广泛。

焊接时,在钨极与焊件之间产生电弧,焊丝从一侧送入,在电弧热作用下,焊丝端部与焊件熔化形成熔池,随着电弧前移,熔池金属冷却凝固后形成焊缝。氩气从焊枪的喷嘴中连续喷出,在电弧周围形成气体保护层隔绝空气,以防止空气对钨极、电弧、熔池及

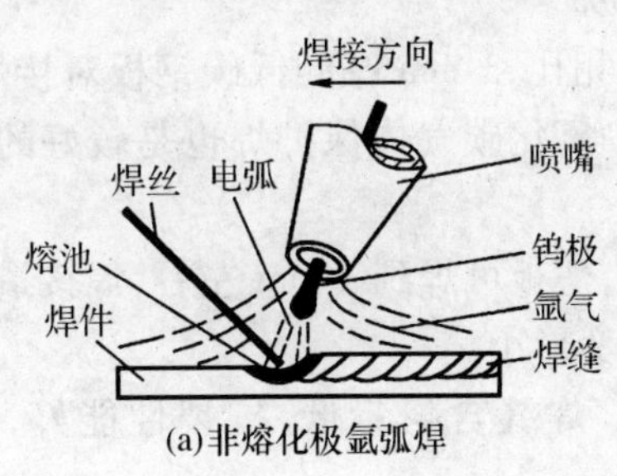

(a)非熔化极氩弧焊

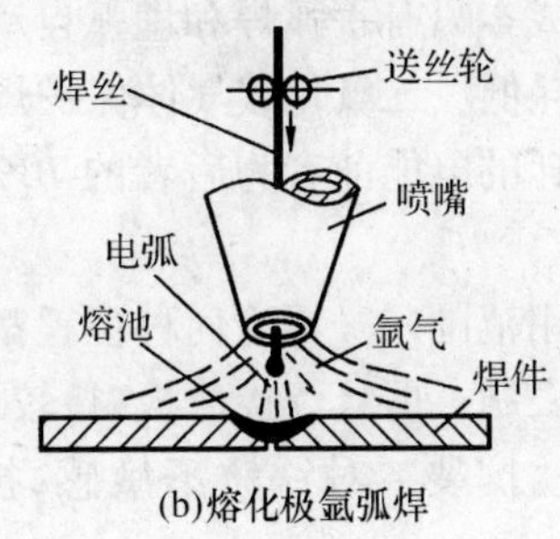

(b)熔化极氩弧焊

图 5－24　氩弧焊示意图

加热区的有害污染,从而获得优质焊缝。在整个焊接过程中,钨极不熔化,但有少量损耗。

(1) 钨极氩弧焊特点

①钨极氩弧焊的优点　由于焊缝被保护得好,故焊缝金属纯度高、性能好;焊接时加热集中,所以焊件变形小;电弧稳定性好,在小电流(<10 A)时电弧也能稳定燃烧。并且,焊接过程很容易实现机械化和自动化。

②钨极氩弧焊的缺点　氩气较贵,焊前对焊件的清理要求很严格。同时由于钨极的载流能力有限,焊缝熔深浅,只适合于焊接薄板(≤6 mm)和超薄板。为了防止钨极的非正常烧损,避免焊缝产生夹钨的缺陷,不能采用常用的短路引弧法,必须采用特殊的非接触引弧方式。

(2) 钨极氩弧焊应用

氩弧焊主要被用来焊接不锈钢与其它合金钢。同时还可以在无焊药的情况下焊接铝、铝合金、镁合金及薄壁制件。

2. 二氧化碳气体保护焊

CO_2 焊接工艺的最初构想源于 20 世纪 20 年代,然而由于焊缝气孔、氧化问题没有解决,而使得 CO_2 焊无法使用。直到 20 世纪 50 年代初,焊接冶金技术的发展解决了 CO_2 焊接的冶金问题,研制出 Si－Mn 系列焊丝,才使得 CO_2 焊接工艺获得了实用价值。在这之后,根据结构材料的性能,相继出现了不同组元成分的焊丝,满足了 CO_2 焊接多样化的需求。CO_2 焊接工艺的实用化为社会带来了巨大的财富,一方面是因为 CO_2 气体价格低廉,易于获得,另一方面是由于 CO_2 焊接的金属熔敷效率高,以半自动 CO_2 焊接为例,其效率为手工电弧焊的 3～5 倍。但是由于 CO_2 焊接熔滴过渡多为短路过渡,对 CO_2 焊接工艺稳定性提出了更高的要求,另外 CO_2 焊接的飞溅大,成为从 20 世纪 50 年代开始至今制约 CO_2 焊接工艺推广的主要技术问题之一。作为一种高效率,低成本的焊接方法,二氧化碳气体保护焊在工业界有着极为广泛的应用。

(1) 二氧化碳气体保护焊的特点

①优点

a. 生产率高　二氧化碳电弧的穿透力强、熔深大,而且焊丝的熔化率高,所以熔敷速度快。焊接速度快,单位时间内熔化焊丝比焊条电弧焊快 1 倍,引弧容易,电弧热量集中。不用清渣。

b. 焊接成本低　二氧化碳气体是化工厂的副产品,来源广,价格低,因而二氧化碳气体保护焊的成本只有手弧焊和埋弧自动焊的40% ~50%。

c. 能耗低　二氧化碳气体保护焊和焊条电弧焊相比，3 mm 厚的低碳钢板对接焊缝，每米焊缝消耗的电能前者为后者的70%左右。所以二氧化碳气体保护焊也是较好的节能焊接方法。

d. 适用范围广　不论何种位置都可以进行焊接，薄板可焊到1 mm左右，焊接最大厚度几乎不受限制。而且焊接薄板时，较之气焊速度快，变形小。

e. 抗锈抗裂　对铁锈不敏感，抗锈能力较强。焊缝含氢量低，抗裂性能好，受热变形小。

f. 易于实现机械化焊接　焊后不需清渣，又因是明弧，便于监视和控制，有利于实现焊接过程的机械化。

②缺点

二氧化碳气体保护焊飞溅较大，成形不够美观，弧光强烈，烟雾较大，抗风能力差，设备比较复杂，维修不方便。

(2) 二氧化碳气体保护焊的应用

由于二氧化碳在1 000 ℃以上的高温下会分解成一氧化碳和氧气，具有一定的氧化作用。因此不宜焊接不锈钢及有色金属。它主要用于焊接低碳钢和低合金钢，也用于耐磨零件的堆焊，铸钢件及其它焊接缺陷的补焊。焊件的厚度可达50 mm。

正是因为二氧化碳气体保护焊具有上述一系列特点，因此它已广泛用于造船、汽车制造、机车车辆制造、农机制造、工程机械、石油化工、冶金等工业部门，成为目前国际上应用最广的焊接方法。

(3) 二氧化碳气体保护焊设备及材料

①二氧化碳保护设备　二氧化碳保护焊的焊接设备主要有焊接电源、焊枪、送丝机构、供气系统和控制电路等，如图5-25所示。焊接电源一般为直流电源反极性接法，焊枪的作用是连续不断向焊接区输送保护气体和焊丝，连接到电源一极。焊机型号的意义如：NBC-300型CO_2半自动焊机，其中的"N"表示熔化极气体保护焊机，"B"表示半自动，"C"表示CO_2气体保护焊，"300"表示额定焊接电流300 A。

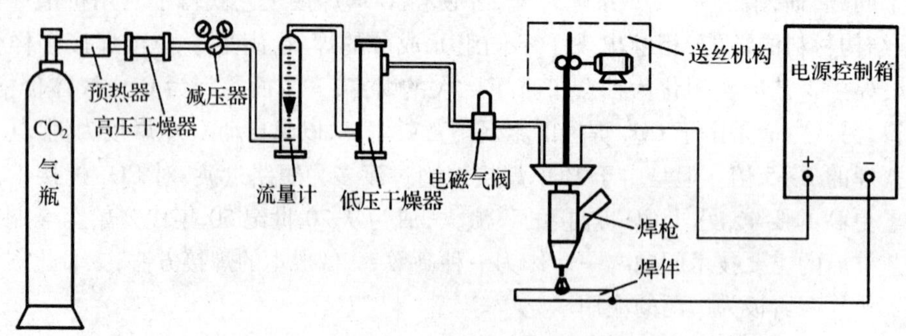

图5-25　二氧化碳气体保护焊设备示意图

②二氧化碳气体保护焊材料　即焊丝，常用牌号为H08Mn2SiA。

(4) 二氧化碳气体保护焊的焊接规范

包括焊丝直径、电弧电压、电源极性、焊接速度和气体流量等。

5.4.2 电阻焊

电阻焊(又称接触焊)是一种常用的焊接方法,它是利用电流直接流过工件本身及工件间的接触面所产生的电阻热,使工件局部加热到高塑性或熔化状态,同时加压而完成的焊接过程。

1. 电阻焊的分类

按接头形式的不同将电阻焊分为点焊、缝焊、对焊三种。

2. 电阻焊的特点

(1) 优点

①与其它焊接方法相比,电阻焊具有生产率高、焊接变形小、接头质量高。

②焊接时加热、加压同时进行,接头在压力下焊合,辅助工序少。

③焊接时不需要填充金属及焊药或填加焊接材料。

④操作简便、易实现自动化(汽车外壳焊接)。例如,在 1 min 内可完成快速点焊 600 个焊点,缝焊 26 m,焊管 200 m。采用连续闪光对焊法生产铝合金车圈与采用氩弧焊相比,每生产 10 万辆自行车,仅此一项可节约人民币 66 万元。

(2) 缺点

①设备复杂、耗电量大、维修困难。

②接头形式、工件厚度受到限制。

3. 点焊

点焊是将焊件装配成搭接接头,并压紧在两电极之间,利用电阻热熔化母材金属,形成焊点的电阻焊方法。点焊一般要求金属要有较好的塑性。

最简单的应用点焊的实例,如图 5-26 所示。

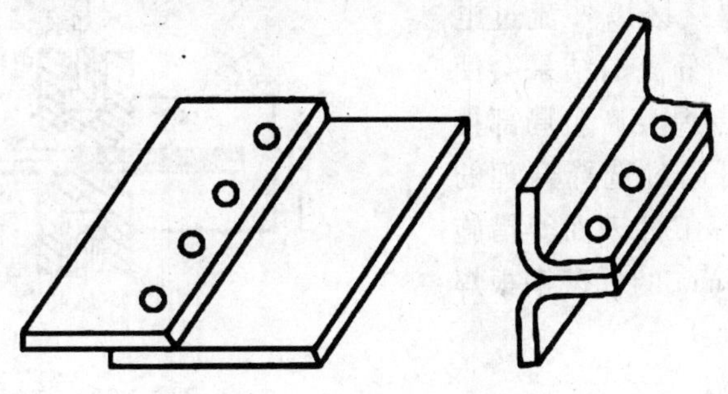

图 5-26 最简单点焊

(1) 点焊焊接过程

焊接时,先把焊件表面清理干净,再把被焊的板料搭接装配好,压在两柱状铜电极之间,施加力压紧,如图 5-27 所示。当通过足够大的电流时,在板的接触处产生大量的电阻热,将中心最热区域的金属很快加热至高塑性或熔化状态,形成一个透镜形的液态熔池。继续保持压力,断开电流,金属冷却后,形成了一个焊点。

(2) 点焊应用

点焊广泛应用在电子、仪表、家用电器的组合件装配和连接上,同时也大量用于建筑工程、交通运输及航空、航天工业中的冲压件、金属构件和钢筋网的焊接。由于焊点间有一定

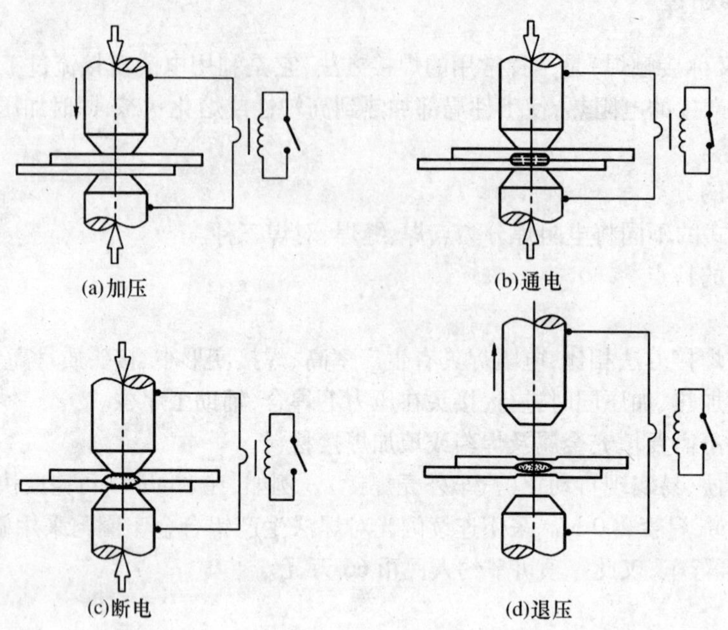

图 5－27　点焊过程

的间距，所以只用于没有密封性要求的薄板搭接结构和金属网、交叉钢筋结构件等的焊接。

(3) 点焊的分流现象

即电阻焊时从焊接区以外流过电流。如图5－28所示。分流的结果会使焊点强度降低，单面点焊会产生局部接触面过热和喷溅。可通过选择合理的焊点距，严格清理被焊工件表面等措施解决。如板厚为 1.0 mm 的低碳钢板焊点距 13 mm。

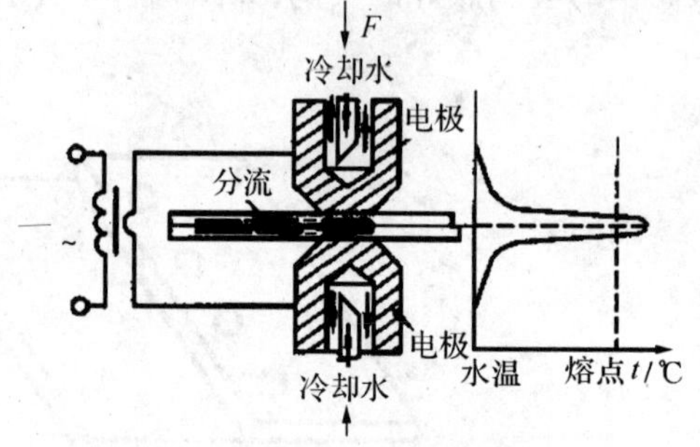

图 5－28　点焊分流

(4) 点焊工艺规范

包括焊接电流、焊接时间、电极压力、电极头端面尺寸。焊接电流一般在数万安培以内。电流增大焊点直径增大。焊接时间一般在数十周波(cyc)以内。例如锥台形电极头端面尺寸增大 $\Delta d < 15\% D$，水冷端的距离低碳钢件高度 $h \geqslant 3$ mm。

点焊时，各参数的影响是相互制约的。当电极材料、端面形状和尺寸选定以后，焊接规范的选择主要是考虑焊接电流、焊接时间及电极压力这三个参数，是形成点焊接头的三大要素。

①焊接软、硬规范的选择　大电流小焊接时间参数称为硬规范，小的焊接电流适当的长焊接时间参数称为软规范。一般情况下硬规范适用于铝合金、奥氏体不锈钢、低碳钢及不等厚度的板材的焊接。软规范适用于低合金钢、可淬硬钢、耐热合金和钛合金。

②电极压力

$$d=2\delta+3, D=(1.1\sim1.2)d$$

4. 对焊

对焊是在手动或自动的专用焊机上进行的。焊接时，焊件在它的整个接触面上被焊接起来。对焊可分为电阻对焊和闪光对焊两种主要方法。

把两块要连接的焊件对接到电路中去，并施加轴向初压力(F_1)，使工件互相压紧。在整个回路中，因两个工件的接触处具有最大的电阻。因此，当通过一定大的电流时，接触处就产生大量的电阻热，很快就把接触处的金属加热到稍低于它的熔化温度(高塑性状态)。这时在顶锻压力 F_2 的挤压下，焊件就被焊接在一起。操作时要严格控制加热温度和顶锻速度。当焊件接触面附近被加热至黄白色时，即刻断电，同时施加顶锻压力。若加热温度不足，顶锻不及时或顶锻力太小，焊接接头就不牢固；若加热温度太高，就会产生"过烧"现象，也会影响接头强度；若顶锻压力太大，则可能产生开裂的现象。电阻对焊操作简单，焊接接头表面光滑，但内部质量不高。焊前必须将焊件的焊接端面仔细地平整和清理，并去除锈污。否则就会造成加热不均匀或接头中残留杂质等缺陷，焊接的质量更差。电阻对焊如图5-29所示，闪光对焊如图5-30所示。

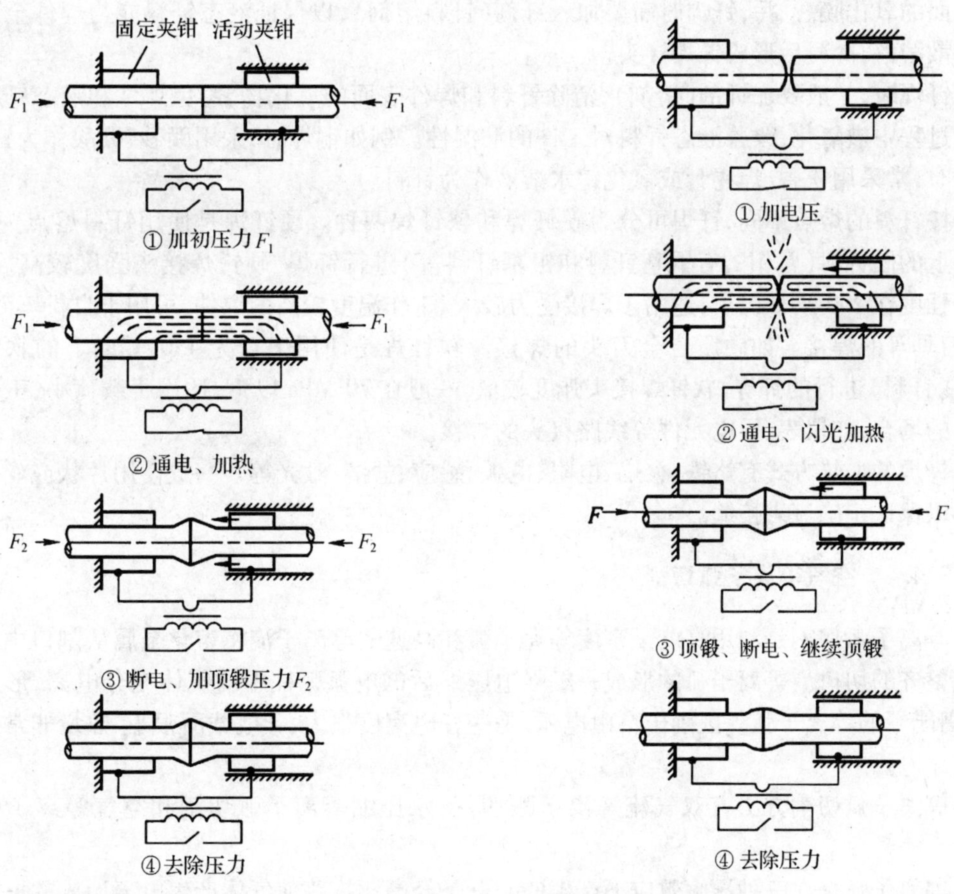

图5-29 电阻对焊过程

图5-30 闪光对焊过程

5. 缝焊

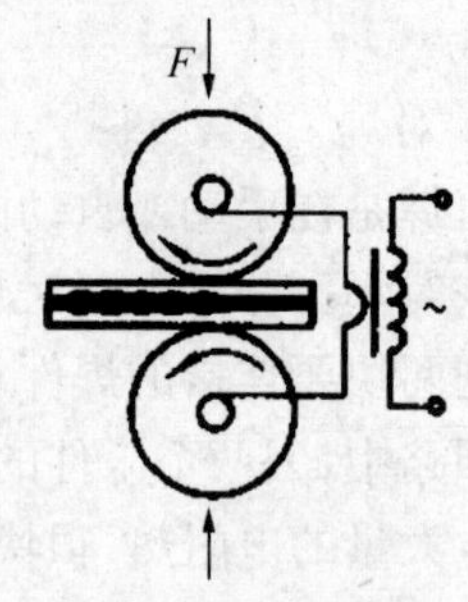

图 5-31 缝焊示意图

缝焊与点焊类似。如果把柱状电极换成圆盘状电极，电极紧压焊件并转动，焊件在圆盘状电极之间连续送进，再配合脉冲式通电，就能形成一个连续并重叠的焊点，形成焊缝，这就是缝焊。工作示意图如图 5-31 所示。它主要用于家用电器(电冰箱壳体等)、交通运输(汽车、拖拉机油箱等)及航空、航天(火箭的燃料贮箱等)工业中要求密封性的接头制造上，也用来连接普通钣金件，被焊材料通常为 0.1 ~2 mm。

5.4.3 钎焊

钎焊加热温度低，母材不熔化，焊接应力和变形小，焊接尺寸精确，可以焊接异种金属，但接头强度较低、耐热性差，多采用搭接接头，因此结构质量较大。多用于仪器、仪表、微电子器件、真空器件的焊接。

钎焊时将表面清理好的焊件以搭接形式装配在一起，把钎料放在接头的间隙附近或接头的间隙中，加热使钎料熔化并渗入到接头的间隙中。为改善钎料的润湿性，去除钎料及母材表面的氧化膜、油污，钎焊时需要加入钎剂(钎料熔剂)，以保证液态钎料能与焊件金属相互扩散溶解，冷凝后形成钎焊接头。

钎焊时，一般要加钎剂(熔剂)，清除钎料和焊件表面的氧化物，避免焊件和液态钎料在焊接过程中被氧化，改善液态钎料对工件的润湿性。例如铜焊时，采用硼砂、硼酸作为钎剂，锡焊时，常采用松香、焊锡膏或氯化锌水溶液作为钎料。

按钎料的熔点不同，钎焊可分为硬钎焊和软钎焊两种。硬钎焊是使用钎料熔点为 450 ℃以上的硬钎料(常用的有铜基钎料和银基钎料等)进行钎焊，硬钎焊接头强度较高，一般接头强度在 200 MPa 以上，适用于焊接受力较大、工作温度较高的焊件，可用于自行车架、工具、刀具等的焊接。如硬质合金刀头的焊接。软钎焊是使用熔点为 450 ℃以下的软钎料(如锡钎料)进行的钎焊，软钎焊接头强度较低，一般在 70 MPa 以下，适用于载荷小、工作温度低的场合，如仪表、导电元件等线路接头的焊接。

钎焊的加热方式有烙铁、火焰、电阻、电弧、感应、盐溶、激光等。一般使用片状或丝状的钎料以保证正确流入接缝。

5.4.4 空气等离子弧切割

等离子弧切割是利用高能量密度等离子弧和高速的等离子流将熔化金属从割口中吹走形成整齐的切口。等离子弧的形成是经强迫压缩后的电弧弧柱中的气体充分电离，形成高温、高能量的等离子弧。区别于自由电弧，是一种电离度很大、导电截面很小、热量非常集中的压缩电弧。

等离子弧切割方法有双气流等离子弧切割、水压缩等离子弧切割和空气等离子弧切割等。

等离子弧是在三种压缩效应下产生的。一是经高频振荡使气体产生电离形成的电弧通过喷嘴细孔道，弧柱被强迫压缩，称为机械压缩效应。二是水冷喷嘴以及通入一定压力的冷气(氩气、氖气)使电弧外层冷却，迫使带电粒子流(离子和电子)向弧柱中心收缩，称热压缩效应。三是无数根平行导线(带电粒子在弧柱中的运动)所产生的自身磁场,使这些导线相互吸引,电弧被进一步压缩,称磁压缩效应。等离子弧电弧焰流速可达数倍声速,且具有强大的冲击力。

等离子弧切割具有切割速度快、切口窄,切割边缘质量高,没有氧-乙炔切割时对工件产生的燃烧,因此工件获得的热量相对较小,工件变形也较小。效率比氧气切割高1~3倍,切割厚度可达150~200 mm。常用来切割不锈钢、铜和铝及其合金、高合金钢、铸铁、钛、钼、钨及其合金,以及难熔的金属和非金属材料等。

5.4.5 焊接新技术简介

1. 埋弧自动焊

埋弧自动焊的焊接过程与焊条电弧焊的过程基本一样,热源也是电弧,但把焊丝上的药皮改变成了颗粒状的焊剂。将连续送进的焊丝作为电极和填充金属,焊接前先在工件焊接区的上面覆盖一层大约40~60 mm厚的颗粒状焊剂,电弧在焊剂层下燃烧,将焊丝端部和工件局部母材熔化,形成焊逢。焊缝的形成过程如图5-32所示。在电弧热的作用下,一部分焊剂熔化成熔渣并与液态金属发生冶金反应。熔渣浮在金属熔池的表面,一方面可以保护焊缝金属,防止空气的污染,并与熔化金属产生物理化学反应,改善焊缝金属的化学成分及性能,另一方面还可以使焊缝金属缓慢冷却。

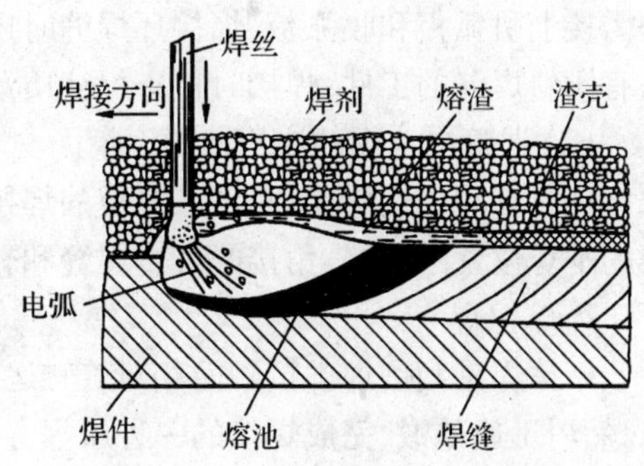

图5-32 埋弧焊时焊缝的形成

埋弧自动焊焊接过程是焊剂由漏斗经软管流出均匀地堆敷在装配好的焊件上,焊丝经送丝机构和导电嘴送入焊接电弧区,焊接电源输出端分别接在导电嘴和焊件上,送丝机构、焊剂漏斗及控制盘通常都装在一台小车上以实现焊接电弧的移动。接通焊接电源开始焊接时,送丝轮由电机传动,将焊丝从焊丝盘中拉出,并经导电器送向电弧燃烧区。焊剂也从焊剂斗送到电弧区的前面。在焊剂的两侧装有挡板以免焊剂向两面散开。焊接时,焊件开坡口(30 mm以下可不开坡口)后,先进行定位焊,并在焊件下面垫金属板,以防止液态金属的流出。当焊丝和焊件之间引燃电弧时,电弧热使焊件、焊丝和焊剂熔化以致部分蒸发,金属和焊剂的蒸发气体形成一个气泡,电弧就在这个气泡内燃烧,气泡的上部被颗粒状焊剂、熔化的焊剂把电弧和熔池金属严密的包围住,使之与外界空气隔绝。焊丝不断地被送进到电弧区,并沿着焊接方向移动。电弧也随之移动,继续熔化焊件与焊剂,形成大量液态金属与液态焊剂。待冷却后,便形成焊缝与焊渣。部分未熔化的焊剂,由焊剂回收器吸回到焊剂斗中,以备继续使用。去除渣壳后就能得到一个具有良好力学性能、外表光滑平整的纯净的焊缝。

(1)埋弧自动焊的特点

①优点

a. 生产率高　埋弧焊焊丝上无药皮,焊丝可以很长,无须频繁更换焊条,节省焊接辅助时间,且不存在焊条发热问题,因此可采用大的电流焊接,焊接电流高达1 000 A以上;熔敷率大、焊速高,不开坡口单面焊熔深可达20 mm。

b. 质量高且稳定　焊接规范稳定，保护效果好，连续焊接中间接头少，缺陷少，飞溅少，焊缝成形美观，力学性能好。另外焊接热量比较集中，焊接速度较快，所以焊接变形小，质量稳定。

c. 节约焊接材料和电能　焊接电流大、可不开坡口或少开坡口，而且由于电弧被焊剂保护着，使电弧热得到充分利用，从而节省了电能和焊接材料。

d. 劳动条件好且容易操作　除减少劳动量之外，由于自动焊时看不到弧光，焊接过程中发出的烟尘和有害气体量少，焊接过程自动化、工艺参数可自动调节并保持稳定，有效地改善了劳动条件，对操作水平要求不高。自动化程度高，工艺装备复杂，适合批量生产。

②缺点

埋弧自动焊的缺点是设备费用高、工艺装备复杂、焊接时还需加焊剂垫、在引弧和收弧处需接上引弧板和收弧板、焊接环焊缝时还需回转支架等工艺装备。不适宜焊接结构复杂的有倾斜焊缝的工件；焊接时检查焊缝质量不方便。

(2) 埋弧自动焊的应用

埋弧自动焊适用于焊接中、厚板的焊接。可焊接碳素钢、低合金钢、不锈钢、耐热钢、铜等的平焊位置的对接、角接的长直焊缝和较大直径的环形焊缝。

2. 摩擦焊

摩擦焊是利用焊件接触面相对旋转运动中相互摩擦所产生的热，使端部达到热塑性状态，然后迅速顶锻，完成焊接的一种压焊方法。

摩擦焊第一次应用是在车床上利用摩擦加热的方法，把两段圆钢牢固地焊接在一起。我国是世界上研究摩擦焊最早的国家之一，早在 1957 年就采用封闭加压原理，试验成功了铝－铜摩擦焊。

(1) 特点

①优点

a. 焊接接头质量好且稳定，其废品率是闪光焊的 1% 左右；

b. 适于焊接异种材料，如碳素结构钢－高速工具钢、铜－不锈钢、铝－铜、铝－钢等；

c. 焊接尺寸精度高，可实现直接装配焊接；

d. 焊接生产率高，是闪光焊的 4 ~ 5 倍，生产率可达 800 ~ 1 200 件/h；

e. 节约电能，与闪光焊相比节约电能 80% ~ 90%；

f. 焊接变形量小，焊前不需特殊清理，不需填充材料和保护气体，加工成本低；

g. 容易机械化、自动化、操作技术简单，容易掌握；

h. 焊接场地卫生，无火花、弧光及有害气体，有利于环保。

②缺点

对非圆断面工件的焊接是困难的，大型盘状工件和薄壁管件由于不易夹持，也很难焊接，对摩擦系数小和脆性材料难以焊接。

(2) 应用

大量应用于电力、电机变压器、电站锅炉、汽车拖拉机、金属切削刀具、纺织机械和石油钻探等工业部门。

3. 电渣焊

利用电流通过液态熔渣所产生的电阻热作为热源来熔化电极（焊丝或极板）和焊缝的一种焊接方法。一般多用在垂直立焊进行直缝或环缝的焊接。电渣焊可分为手工电渣焊、丝极电渣焊、极板电渣焊、接触电渣焊及熔嘴电渣焊等。

(1) 电渣焊的特点

①生产率高。任何厚度的工件,均可一次焊成,成本低。

②熔池保护严密、液态停留时间长、不易产生气孔、夹渣和裂纹等缺陷,无弧光、飞溅。

③熔池体积大、存在时间、晶粒粗大、焊后通常需要进行正火处理。

④电渣焊适合于结构厚度 40 mm 以上的工件。焊缝不宜太长,以直缝为宜。但也可以用于大型焊件的规则曲缝。

(2) 应用

可用于焊接碳素钢、低合金高强度钢、合金结构钢等。

5.5 常见金属材料焊接

5.5.1 金属材料焊接性

1. 金属材料焊接性

(1) 金属焊接性

金属材料的焊接性是指金属材料对焊接加工的适应性,即在一定的焊接工艺条件(焊接方法、焊接材料、焊接工艺参数和结构形式等)下,获得优质焊接接头的难易程度。包括使用性能和工艺性能两个方面。使用性能是在一定的焊接工艺条件下一定金属的焊接接头对使用要求的适应性;工艺性能是一定的焊接工艺条件下形成完整而无缺陷焊缝的难易程度。

(2) 材料焊接性影响因素

①材料因素　材料因素包括焊件本身和使用的焊接材料。

②工艺因素　对同一焊件,当采用不同的焊接工艺方法和工艺措施时,所表现的焊接性也不同。工艺措施对防止焊接接头缺陷,提高使用性能也有很重要的作用,合理安排焊接顺序能减少应力变形。

③结构因素　焊接接头的结构设计会影响应力状态,从而对焊接性也发生影响。

④使用条件　高温还是低温下工作,腐蚀介质及静载或动载下工作。

2. 金属材料焊接性的评定方法

(1) 直接实验法　是将被焊金属材料制成一定形状和尺寸的试样,在规定工艺条件下施焊,然后鉴定产生缺陷(如裂纹)倾向程度,或鉴定接头是否满足使用性能(如力学性能)的要求,从而为生产准备和制定焊接工艺提供依据。

(2) 间接判断法

①碳当量法　碳当量是把钢中的合金元素(包括碳)的含量,按其作用换算成碳的相对含量。国际焊接学会推荐的碳当量(CE)公式为

$$CE=\left[\omega(C)+\frac{\omega(Mn)}{6}+\frac{\omega(Cr)+\omega(Mo)+\omega(V)}{5}+\frac{\omega(Ni)+\omega(Cu)}{15}\right]\times 100\%$$

式中,$\omega(C)$、$\omega(Mn)$等——碳、锰等相应成分质量分数(%)的上限。

当 CE <0.4% 时,钢材的塑性良好,淬硬倾向不明显,焊接性良好。在一般的焊接技术

条件下，焊接接头不会产生裂纹，但对厚大件或在低温下焊接，应考虑预热；

当 $0.4\% < CE < 0.6\%$ 时，钢材的塑性下降，淬硬倾向逐渐增加，焊接性较差。焊前工件需适当预热，焊后注意缓冷，才能防止裂纹；

当 $CE > 0.6\%$ 时，钢材的塑性变差。淬硬倾向和冷裂倾向大，焊接性更差。工件必须预热到较高的温度，要采取减少焊接应力和防止开裂的技术措施，焊后还要进行适当的热处理。

②冷裂纹敏感系数法　冷裂纹敏感系数的计算式为

$$P_W = \left[\omega(C) + \frac{\omega(Si)}{30} + \frac{\omega(Cr) + \omega(Mn) + \omega(Cu)}{20} + \frac{\omega(Ni)}{60} + \frac{\omega(Mo)}{15} + \frac{\omega(V)}{10} + 5\omega(B) + \frac{[H]}{60} + \frac{h}{600}\right] \times 100\%$$

式中　P_W——冷裂纹敏感系数；

h——板厚；

[H]——焊缝金属扩散氢的含量。

冷裂纹敏感系数越大，则产生冷裂纹的可能性越大，焊接性越差。

5.5.2　钢及铸铁

1. 低碳钢的焊接

低碳钢 $CE < 0.4\%$，塑性好，一般没有淬硬倾向，对焊接热过程不敏感，焊接性良好。

2. 中、高碳钢的焊接

中碳钢 $0.4\% < CE < 0.6\%$，随着 CE 的增加，焊接性能逐渐变差。高碳钢一般 $CE > 0.6\%$，焊接性能更差，这类钢的焊接一般只用于修补工作。为了保证中、高碳钢焊件焊后不产生裂纹，并具有良好的力学性能，通常采取以下技术措施：

(1) 焊前预热、焊后缓冷。焊前预热和焊后缓冷的主要目的是减小焊接前后的温差，降低冷却速度，减少焊接应力，从而防止焊接裂纹的产生。预热温度取决于焊件的含碳量、焊件的厚度、焊条类型和焊接规范。

(2) 尽量选用抗裂性好的碱性低氢焊条，也可选用比母材强度等级低一些的焊条，以提高焊缝的塑性。当不能预热时，也可采用塑性好、抗裂性好的不锈钢焊条。

(3) 选择合适的焊接方法和规范，降低焊件冷却速度。

五种常用强度用钢焊接工艺特点见表 5－5 所示。

表 5－5　五种常用强度用钢焊接工艺特点

钢号	09Mn2	16Mn	15MnV	15MnVN	14MnMoV
碳当量值	0.36	0.39	0.40	0.43	0.50
屈服点 σ_s /MPa	294	343	392	441	491
抗拉强度 σ_b /MPa	≈420	≈490	≈540	≈590	≈690
预热温度/℃	不预热（板厚 $h \leqslant 16$ mm）	100～150（$h \geqslant 30$ mm）	100～150（$h \geqslant 28$ mm）	100～150（$h \geqslant 25$ mm）	≥200

表 5-5(续)

钢号	09Mn2	16Mn	15MnV		15MnVN	14MnMoV
焊条型号	E4303 E4315	E5003 E5015 E5016	E5003 E5015 E5016 E5515		E5515 E6015	E6015
埋弧焊焊丝	H08A H08MnA	H08A (不开坡口) H08MnA (不开坡口) H10Mn2 (开坡口)	H08MnA (不开坡口) H08Mn2SiA H10Mn2 (中板开坡口)	H08MnMoA (厚板开 深坡口)	H08MnMoA H04MnVTiA	H08Mn2MoA
埋弧焊焊剂	HJ431	HJ431	HJ431	HJ350 HJ250	HJ431 HJ350	HJ350
二氧化碳焊焊丝	H08Mn2Si、H08Mn2SiA					H06Mn2SiMoA
焊后热处理规范	电弧焊、电渣焊:不热处理	电弧焊:600 ~ 650 ℃回火; 电渣焊:900 ~930 ℃正火;600 ~650 ℃回火	电弧焊:550 ℃或600 ℃回火 电渣焊:950 ~980 ℃正火 550 ℃或600 ℃回火		电弧焊:550 ℃或600 ℃回火 电渣焊:950 ℃正火;650 ℃回火	电弧焊:550 ℃或600 ℃回火 电渣焊:950 ~980 ℃正火;550 ℃或600 ℃回火

3. 普通低合金钢的焊接

屈服强度294 ~392 MPa的普通低合金钢,其CE大多小于0.4%,焊接性能接近低碳钢。焊缝及热影响区的淬硬倾向比低碳钢稍大。常温下焊接,不用复杂的技术措施,便可获得优质的焊接接头。当施焊环境温度较低或焊件厚度、刚度较大时,则应采取预热措施,预热温度应根据工件厚度和环境湿度进行考虑。

强度等级较高的低合金钢,其0.4% <CE<0.6%,有一定的淬硬倾向,焊接性较差。应采取的技术措施是:尽可能选用低氢型焊条或使用碱度高的焊剂配合适当的焊丝;按规范对焊条进行烘干,仔细清理焊件坡口附近的油、锈、污物、防止氢进入焊接区;焊前预热,一般预热温度大于150 ℃;焊后应及时进行热处理以消除内应力。

4. 奥氏体不锈钢的焊接

奥氏体不锈钢是实际应用最广泛的不锈钢,其焊接性能良好,几乎所有的熔化焊方法都可采用。焊接时,一般不需要采取特殊措施,主要应防止晶界腐蚀和热裂纹。

奥氏体不锈钢由于本身导热系数小,线膨胀系数大,焊接条件下会形成较大拉应力,同时晶界处可能形成低熔点共晶,导致焊接时容易出现热裂纹。因此,为了防止焊接接头热裂纹,一般应采用小电流、快速焊,不横向摆动,以减少母材向熔池的过渡。

5. 铸铁的焊补

铸铁焊补的主要困难是:焊接接头易产生白口组织,硬度很高,焊后很难进行机械加工;焊接接头易产生裂纹,铸铁焊补时,其危害性比形成白口组织大;铸铁含碳量高,焊接过程中熔池中碳和氧发生反应,生成大量 CO 气体,若来不及从熔池中逸出而存留在焊缝中,焊缝中易出现气孔。

铸铁的焊补,一般采用气焊、焊条电弧焊,对焊接接头强度要求不高时,也可采用钎焊。铸铁的焊补过程根据焊前是否预热,可分为热焊和冷焊两类。

5.5.3 有色金属及合金

1. 铝及铝合金的焊接

铝及铝合金焊接的困难主要是铝容易氧化成 Al_2O_3。此外,铝及铝合金液态时能吸收大量的氢气,但在固态几乎不溶解氢,熔入液态铝中的氢大量析出,使焊缝易产生气孔;铝的热导率为钢的 4 倍,焊接时,热量散失快,需要能量大或密集的热源,同时铝的线膨胀系数为钢的 2 倍,凝固时收缩率达 6.5% ,易产生焊接应力与变形,并可能产生裂纹;铝及铝合金从固态转变为液态时,无塑性过程及颜色的变化,因此,焊接操作时,很容易造成温度过高、焊缝塌陷、烧穿等缺陷。

铝和铝合金的焊接常用氩弧焊、气焊、电阻焊和钎焊等方法。

铝及铝合金的焊接无论采用哪种焊接方法,焊前都必须进行氧化膜和油污的清理。

2. 铜及铜合金的焊接

铜及铜合金焊接性较差,焊接接头的各种性能一般均低于母材。

铜及铜合金焊接的主要困难是:铜及铜合金的导热性很强,焊接时热量很快从加热区传导出去,导致焊件温度难以升高,金属难以熔化,以致填充金属与母材不能很好的熔合;铜及铜合金的线膨胀系数及收缩率都较大,并且由于导热性好,而使焊接热影响区变宽,导致焊件易产生变形;另外,铜及铜合金在高温液态下极易氧化,生成的氧化铜与铜形成易熔共晶体沿晶界分布,使焊缝的塑性和韧度显著下降,易引起热裂纹;铜在液态时能溶解大量氢,而凝固时,溶解度急剧下降,焊接熔池中的氢气来不及析出,在焊缝中形成气孔。同时,以溶解状态残留在固态金属中的氢与氧化亚铜发生反应,析出水蒸气,而水蒸气不溶于铜,但以很高的压力状态分布在显微空隙中导致裂缝产生所谓氢脆现象。

目前焊接铜及其合金较理想的方法是氩弧焊。对质量要求不高时,也常采用气焊,焊条电弧焊和钎焊等。

5.6 焊接结构制造

5.6.1 材料选择

总原则:在确保焊接结构安全、可靠使用的前提下,尽可能方便操作和提高效率。

1. 同种钢材焊接时焊条选用要点

(1) 考虑焊缝金属力学性能和化学成分;

(2) 考虑焊接构件使用性能和工作条件;

(3) 考虑焊接结构特点及受力条件;

(4) 考虑施工条件和经济效益。

2. 异种钢焊接时焊条选用要点

(1) 强度级别不同的碳钢 + 低合金钢(或低合金钢 + 低合金高强钢),可按两者之中强度级别较低的钢材选用焊条;

(2) 低合金钢 + 奥氏体不锈钢,应按照对熔敷金属化学成分限定的数值来选用焊条;

(3) 不锈复合钢板对基层(碳钢或低合金钢)的焊接,选用相应强度等级的结构钢焊条,复层直接与腐蚀介质接触,应选用相应成分的奥氏体不锈钢焊条。

3. 低碳钢、低合金钢、不锈钢焊丝的选用

(1) 焊丝的选用原则

①根据被焊结构的钢种选择焊丝:对于碳钢及低合金高强钢,主要按"等强匹配"的原则;对于耐热钢和耐蚀钢主要按"等成分匹配"的原则。

②根据被焊件的质量要求(特别是冲击韧性),选择达到最大焊接效率及降低焊接成本的焊接材料。

③根据现场焊接位置,选择适合于焊接位置及使用电流的焊丝牌号。

(2) 低碳钢和低合金钢用焊丝

①低锰焊丝(如 H08A)　常配合高锰焊剂用于低碳钢及强度较低的低合金钢焊接。

②中锰焊丝(如 H08Mn2A、H10MnSi)　主要用于低合金钢焊接,也可配合低锰焊剂用于低碳钢焊接。

③高锰焊丝(如 H10Mn2、H08Mn2Si)　用于低合金钢焊接。低合金高强钢用焊丝含 Mn 1% 以上,含 Mo 0.3% ~0.8%,用于强度较高的低合金高强钢焊接。

(3) 不锈钢用焊丝成分要与被焊接的不锈钢成分基本一致

5.6.2 接头工艺设计

1. 焊条电弧焊工艺符号

(1) 基本符号

表示焊缝横截面形状的符号。几种常用的基本符号表示法,见表 5-6。

表 5-6　几种常用的焊缝基本符号

名称	示意图	符号	名称	示意图	符号
I 型焊缝	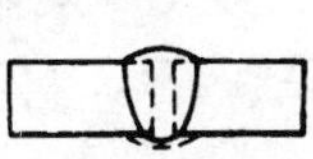	‖	Y 型焊缝	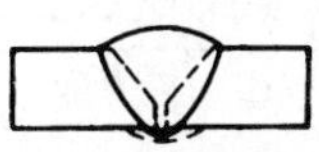	 Y
带钝边单边 V 型焊缝	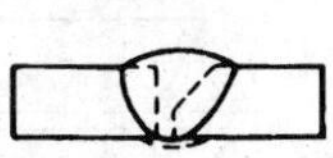		带钝边 U 型焊缝	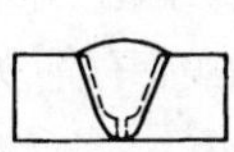	
封底焊缝	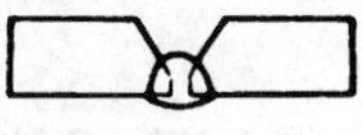		角焊缝	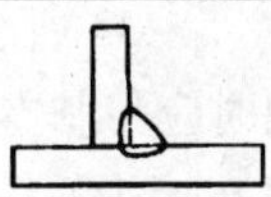	
塞焊缝	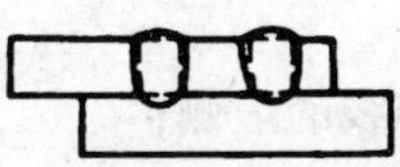				

(2) 焊缝辅助符号

辅助符号是表示焊缝表面形状特征的符号，见表 5－7。不需要确切地说明焊缝表面的形状时，可以不用辅助符号。

表 5－7　焊缝辅助符号

名称	示意图	符号	说明	名称	示意图	符号	说明
带垫板符号			焊缝底部有垫板	三面焊缝符号			三面焊缝
周围焊缝符号			环绕焊件周围焊缝	现场符号			现场或工地上焊接
尾部符号			按 GB5185—85 标注焊接工艺方法等内容				

(3) 焊缝符号中补充符号的表示方法

补充符号是为了补充说明焊缝的某些特征而采用的符号，见表 5－8。

表 5－8 焊缝补充符号

名称	示意图	符号	说明
平面符号			焊缝表面齐平(一般通过加工)
凹面符号			焊缝表面凹陷
凸面符号			焊缝表面凸起

(4) 焊缝符号中指引线的表示方法及应用

指引线一般由带有箭头的指引线(简称箭头线)和两条基准线(一条为实线，另一条为虚线)两部分组成，如图 5－33 所示。

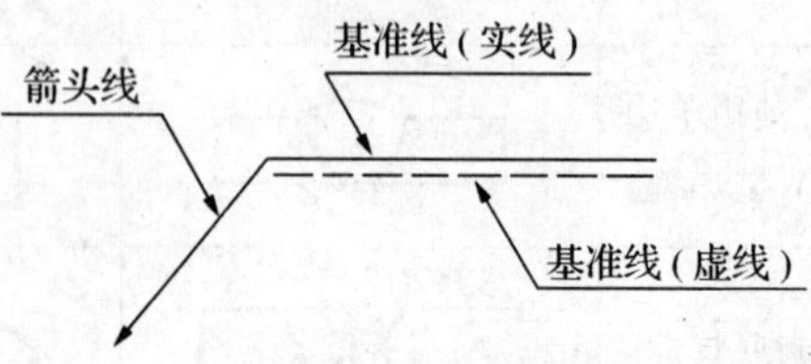

图 5－33　指引线

指引线使用时应与基本符号相配合：

①如果焊缝在接头的箭头侧，则将基本符号标在基准线的实线侧；

②如果焊缝在接头的非箭头侧，则将基本符号标在基准线的虚侧；

③标对称焊缝及双面焊缝时，可不加虚线。

(5) 焊缝尺寸符号及其标注位置

焊缝尺寸符号标注位置,如图 5-34 所示。

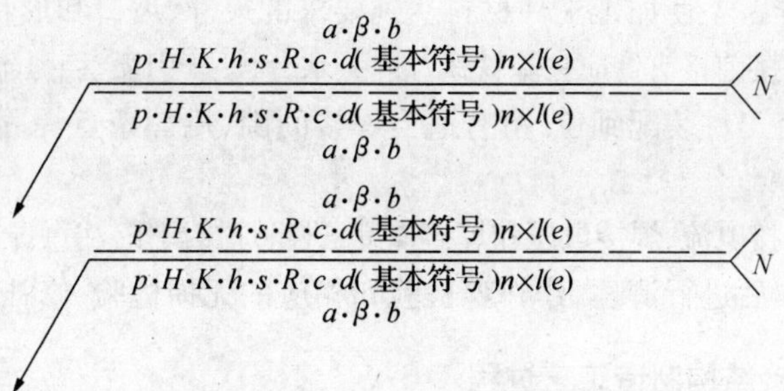

图 5-34 焊缝尺寸符号标注位置

焊缝尺寸标注的原则是:

①焊缝横截面上的尺寸标在基本符号的左侧;

②焊缝长度方向上的尺寸标在基本符号的右侧;

③坡口角度、坡口面角度、根部间隙等尺寸标在基本符号的上侧或下侧;

④相同焊缝数量符号、焊接方法代号等标在尾部。

焊缝尺寸符号的表示见表 5-9。

表 5-9 焊缝尺寸符号

名称	符号	名称	符号	名称	符号	名称	符号
焊件厚度	δ	焊缝宽度	c	焊缝间距	e	相同焊缝数量符号	N
坡口角度	α	根部半径	R	焊脚	K	坡口深度	h
根部间隙	b	焊缝长度	l	熔核直径	D	余高	H
钝边	P	焊缝段数	n	焊缝计算厚度	s	坡面角度	β

仅以图 5-35 为例说明焊缝符号的意义。图 5-35(a)表示为双面角焊缝,周围焊,焊脚尺寸 6 mm,手弧焊。图 5-35(b)表示为单面 Y 形坡口,坡口角度 60°装配间隙2 mm,钝边 2 mm,焊后焊缝表面须加工成与母材平齐,相同焊缝有 4 条。图 5-35(c)表示为带垫板的对接接头,单面焊,I 形坡口,装配间隙 2 mm。图 5-35(d)表示为交错断续角焊缝,焊脚尺寸 8 mm,焊缝长 100 mm,共 20 条,焊缝之间距离 50 mm,在工地焊接。

焊接件从设计、加工装配、焊接、清理检验到成品,需要多道工序:

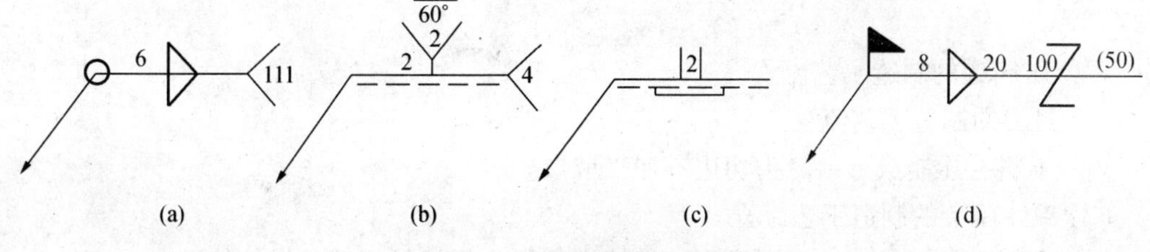

图 5-35 焊接符号意义举例

①焊接工艺设计　根据产品及技术要求,对焊接件进行工艺设计,选用合适的焊接设备和焊条;

②备料及坡口准备　使加工工件材料达到要求的尺寸、坡口和形状,并将焊条烘干;

③接头清理　焊接前接头处应去除铁锈、油污、水分,便于引弧、稳弧,保证焊缝质量;

④装配点焊　将工件装配到位,留有适当焊接间隙,用焊条点焊固定好相对位置,点焊后除渣;

⑤焊接　调整焊接电流、焊接电压和焊接速度,进行焊接操作,注意焊缝的焊接顺序;

⑥清理检验　焊后进行清理,作外观检验和相应的无损检验,修补已发现的焊接缺陷。

5.6.3　典型焊接结构制造工艺过程

焊接结构种类繁多,应用广泛,如各种容器、管道、梁、柱及机械零部件等。本节仅以简单压力容器为例,说明焊接结构的一般制造工艺过程。

压力容器按其工作压力 P 可分为低压、中压、高压和超高压四类。

低压容器 0.1 MPa $\leqslant P <$ 1.6 MPa;中压容器 1.6 MPa $\leqslant P <$ 10 MPa;高压容器 10 MPa $\leqslant P <$ 100 MPa;超高压容器 $P \geqslant$ 100 MPa。

按其设计温度可分为低温容器、常温容器和高温容器三类。设计温度小于等于 -20 ℃的压力容器定为低温容器;设计温度等于和高于 350 ℃的压力容器为高温容器。下面以低压储罐制造工艺过程为例进行说明。

低压储罐的简化结构和焊缝布置如图 5-36 和图 5-37 所示。材料为 20 钢,生产 2 台。焊接方法采用焊条电弧焊。罐体采用长 6 000 mm、宽 2 000 mm、厚 10 mm 的钢板制造;人孔管直径 450 mm,壁厚 8 mm,高度 250 mm;排污管直径 89 mm,壁厚 4 mm。储罐的设计工作压力为 0.9 MPa。

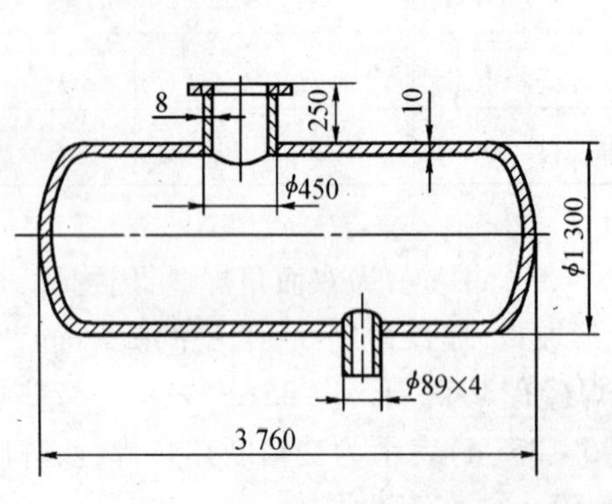

图 5-36　储罐的结构简图

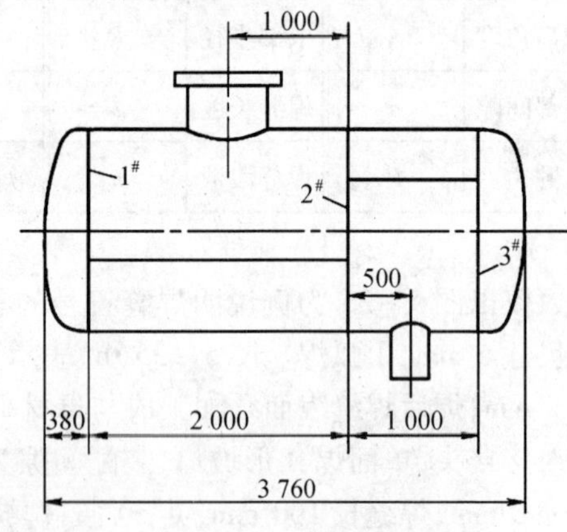

图 5-37　储罐的焊缝布置

1. 低压储罐的制造工艺流程

(1) 封头的制造工艺流程

划线下料→压制成形→封头切边→加工坡口。

(2) 罐体筒节的制造工艺流程

划线下料→加工坡口→卷圆成形→纵缝定位焊→焊接纵焊缝→筒节校圆。

(3) 储罐的装配焊接及质量检验

选配筒节、封头→1′和 2′环缝装配及定位焊→1′和 2′环焊缝内侧焊接→气割人孔和排污管孔→3′环缝内侧焊接→焊接环缝外侧→罐体焊缝无损检验→人孔管和排污管装配及焊接→水压试验→表面处理→成品验收入库。

2. 低压储罐的制造工艺要点

(1) 封头的制造

低压储罐通常采用平底形封头或椭圆形封头,如图 5 - 38 所示。本例封头厚度采用厚度为 10 mm 的 20 钢板热态压制成形,采用准椭圆形封头,长短轴比 2∶1。

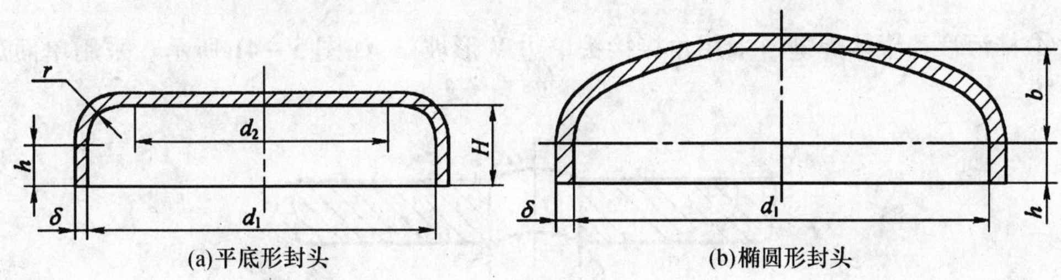

图 5 - 38　封头结构简图

(2) 筒身制造

筒身设计为 2 个筒节组成,筒节采用厚度 10 mm 的 20 钢板卷制。划线时严格控制筒节的展开尺寸。筒节装配成筒身时,两个筒节的纵焊缝应错开一定距离,一般要求大于钢板厚度的 3 倍,且小于 100 mm。

筒节与筒节、筒节与封头装配前应先测量其周长,标注所测得的尺寸,然后根据测量结果进行选配。

(3) 焊接质量检验

罐体采用 X 射线探伤检验。储罐水压试验压力 1.1 MPa。

(4) 各类焊缝的接头形式和坡口形式

①罐体纵焊缝　采用对接接头 Y 形坡口(钝边约 2 mm),如图 5 - 39(a)所示。采用双面焊,先焊内侧,清根后焊外侧。

图 5 - 39　罐体各焊缝的接头形式和坡口形式

②罐体环焊缝　环焊缝采用对接接口 Y 形坡口(钝边约为 2 mm),如图 5 - 39(b)所示。采用双面焊,先焊内侧,清根后焊外侧。

③人孔管和罐体焊缝　采用T形接头带钝边(钝边约为2 mm)单边V形坡口,如图5-40所示。采用双面焊完成焊接。

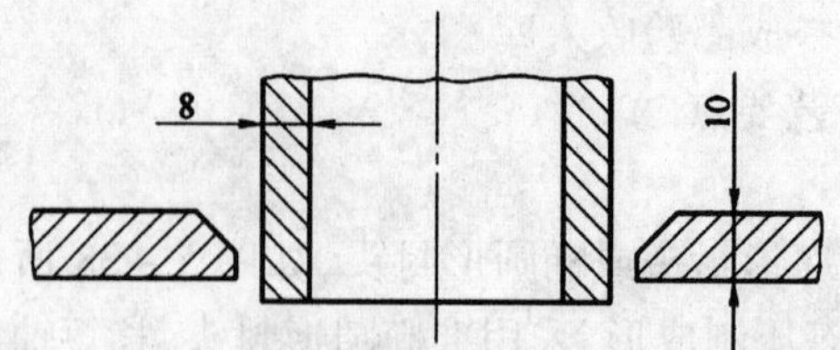

图5-40　人孔管和罐体焊缝的接头形式和坡口形式

④排污管和罐体焊缝　采用角接接头单边V形坡口,如图5-41所示。采用单面焊完成焊接。

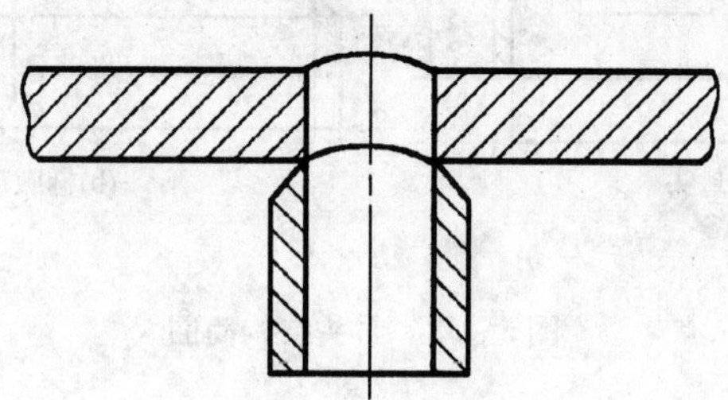

图5-41　排污管和罐体焊缝的接头形式和坡口形

5.7　焊接安全操作技术规程

5.7.1　焊条电弧焊安全操作技术规程

由于焊条电弧焊使用的能源是电,同时电弧在燃烧过程中产生高温和弧光,焊条在燃烧过程中会产生一些有害的尘埃,因此焊条电弧焊对人身的安全和健康是有危害的。包括电击伤害、焊接电弧光辐射、电弧灼伤、热体(金属熔液飞溅及焊条头或红热的焊件)烫伤,粉尘污染等。

焊条电弧焊安全操作技术规程如下:

1. 焊接操作人员,应熟知焊机特性,掌握一般电气知识,遵守焊接安全规程,还应熟悉灭火技术,触电急救及人工呼吸方法,并经专门培训后才能进行操作。

2. 工作前应检查焊机电源线,引出线及各接线点是否良好;焊机二次线路及外壳必须良好接地;焊条的夹钳绝缘必须良好。

3. 保证焊接场地通风优良和干燥。

4. 下雨天不准露天电焊,在潮湿地带工作时,应站在铺有绝缘物品的地方并穿好绝缘鞋。

5. 电焊机从电力网上接线或拆线,以及接地等工作均应由电工进行。

6. 推开关时,要一次推足,然后开启电焊机;停止时,先要关电焊机,才能断开开关。

7. 在金属容器内、金属结构上以及其它狭小工作场所焊接时,触电危险最大,必须采取专门的防护措施。

8. 移动电焊机位置，须先停机断电；焊接中突然停电，应立即关好电焊机。

9. 在人多的地方焊接时，应安设遮栏挡住弧光。无遮挡时应提醒周围人员不要直视弧光。

10. 换焊条时应戴好手套，身体不要靠在铁板或其它导电物件上。敲熔渣时应戴上防护眼镜。

11. 焊接有色金属件时，应加强通风排毒，必要时使用过滤式防毒面具。

12. 不可将焊钳和电缆绕过身体，将焊钳放在工作台上造成短路，烧损焊机。

13. 工作完毕关闭电焊机，再切断电源。发生任何异常情况应断开电源开关。离开工作场地前，必须检查并扑灭残留火星。

5.7.2 气焊与气割安全操作技术规程

1. 严格遵守焊接安全操作规程和有关橡胶软管、氧气瓶、乙炔瓶的安全使用规则和焊(割)具安全操作规程。

2. 工作前或停工时间较长再工作时，必须检查所有设备。乙炔瓶、氧气瓶及橡胶软管的接头，阀门紧固件应紧固牢靠，不准有松动、破损和漏气现象，氧气瓶及其附件、橡胶软管、工具不能沾染油脂。

3. 检查设备、附件及管路漏气，只准用肥皂试验。试验时，周围不准有明火，不准抽烟。严禁用火试验漏气。

4. 氧气瓶、乙炔瓶与明火间的距离应在 10 m 以上。如条件限制，也不准低于 5 m，并应采取隔离措施。

5. 禁止用易产生火花的工具去开启氧气或乙炔气阀门。

6. 设备管道冻结时，严禁用火烤或用工具敲击冻块。氧气阀或管道用 40℃ 的温水溶化；回火防止器及管道可用热沙、蒸气加热解冻。

7. 焊接场地应备有相应的消防器材，露天作业应防止阳光直射在氧气瓶或乙炔瓶上。

8. 工作完毕或离开工作现场，及时关闭气源，整理现场，把氧气瓶和乙炔瓶放在指定地点，及时卸压。

9. 压力容器及压力表、安全阀，应按规定定期送交校验和试验。检查、调整压力器件及安全附件，消除余气后才能进行。

10. 不得在氧气瓶和乙炔瓶附近使用明火。

11. 注意已焊工件，尚有较高温度，防止烫伤。

5.7.3 其它焊接与切割方法安全操作技术规程

1. 二氧化碳气体保护焊安全操作技术规程

(1) 熟知二氧化碳气体保护焊操作技术。工作前，穿戴好劳动防护用品。检查焊接电源、控制系统的接地线是否可靠。将设备进行空载试运转，确认其电路、气路等是否畅通，设备正常时，方可进行二氧化碳气体保护焊作业。

(2) 工作时，在电弧附近不准赤身和裸露身体某些部位。不要在电弧附近吸烟、进食，以免有害烟尘吸入体内。

(3) 二氧化碳气体保护焊工作场地应保持空气流通。在容器内部进行焊接时，应戴静电防尘口罩或专门的面罩，以减少吸入有害烟气。容器外设专人监护、配合。

(4) 特别注意二氧化碳气体预热器的安全使用:工作前,应提前 15 min 给二氧化碳气体预热器送电。工作结束时,一定要先将二氧化碳气体预热器的电源切断。

(5) 设备发生故障时,应停电检修。检修由维修工作人员进行,操作者配合,并向其提供故障情况。

(6) 开启二氧化碳气瓶阀门时,操作者应站在阀口的侧面。

(7) 工作时,注意防止焊丝头甩出伤人。大电流焊接时应在焊把前加设防护挡板,以免飞溅灼伤手脚。CO_2 气瓶不能接近电源,注意防止爆炸。

(8) 对电器设备必须采取防触电措施。

(9) 工作结束,要切断电源,关闭气瓶阀门,扑灭残余的火星后再离开作业现场。

2. 电阻焊焊安全操作技术规程

(1) 工作前应仔细、全面检查焊接,使冷却水系统、气路系统及电气系统处于正常的状态,并调整焊接参数使之符合工艺要求。

(2) 穿戴好个人防护用品,如工作帽、工作服、绝缘靴及手套等,并调整绝缘胶垫或木站台装置。

(3) 操作者应站在绝缘木台上操作,焊机开动,必须先开冷却水阀,以防焊机烧坏。

(4) 操作时应戴上防护眼镜,操作者的眼睛应避开火花飞溅的方向,以防灼伤眼睛。

(5) 在使用设备时,不要用手触摸电极球面,以免灼伤。

(6) 上、下工件要拿稳,双手应与电极保持一定的距离,手指不能置于两待焊件之间。工件堆放应稳妥、整齐,并流出通道。

(7) 工作完后,应关闭电源、水源、气源。

(8) 作业区附近不准有易燃、易爆物品,工作场所应通风良好,保持安全、清洁的环境。粉尘严重的封闭作业件,应有除尘装置。

复习思考题

1. 什么是焊接?
2. 焊接方法分哪几大类?
3. 焊接接头形式有哪些?
4. 焊芯有什么作用?
5. 气焊火焰有哪几种? 低碳钢、铸铁、黄铜各用哪种火焰进行焊接?
6. 试举出你在焊条电弧焊和气体保护焊的安全操作规程?
7. 常见的焊接缺陷如图 5-42 所示,说出名称。

图 5-42 常见焊接缺陷

8. 焊接质量检验方法分哪几类?
9. 焊缝的空间位置有哪几种?

第 6 章　切削加工基础

【目的与要求】

1. 掌握切削运动和切削用量三要素的概念、表示方法和单位；

2. 掌握机械零件加工质量的内涵和主要技术指标；

3. 掌握量具的检定与质量溯源的内涵；

4. 熟悉典型切削加工常用刀具、夹具、量具的种类和使用方法。

6.1　概　　述

切削加工是利用刀具和工件作相对运动从毛坯上切去多余的金属，以获得表面粗糙度、尺寸精度、形状精度、位置精度等符合图纸要求的机器零件。

切削加工分为钳工加工（简称钳工）和机械加工（简称机工）两部分。

1. 钳工

一般是指通过工人手持工具进行切削加工。钳工加工方式多种多样，使用的工具简单、方便灵活，是装配和修理工作中不可缺少的加工方法。随着生产的发展，钳工机械化的内容也在逐渐丰富。

2. 机工

主要是指通过工人操纵机床来完成切削加工。其主要加工方式有车削、钻削、铣削、刨削、磨削等（如图 6－1 所示），所使用的机床相应为车床、钻床、铣床、刨床、磨床等。

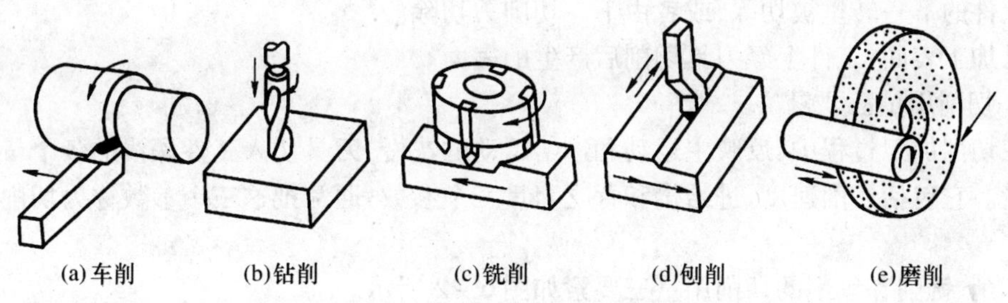

图 6－1　机械加工的主要方式

6.2　切削运动和切削要素

6.2.1　机械加工的切削运动

要进行切削加工，刀具与工件之间必须具有一定的相对运动，以获得所需要工件表面的形状，这种相对运动称为切削运动。机械加工的切削运动由机床提供，分为主运动和进给运动。

1. 主运动

在切削过程中,主运动是提供切削可能性的运动。也就是说,没有这个运动,就无法切削。它的特点是在切削过程中速度最高、消耗机床动力最多。

2. 进给运动

在切削过程中,进给运动是提供连续切削可能性的运动。也就是说,没有这个运动,就不能连续切削。

切削加工中主运动只有一个,进给运动则可能是一个或几个。

下面对主要机械加工方式的主运动和进给运动进行分析:

(1) 车削　车削在车床上进行,工件的旋转运动为主运动,车刀相对工件的移动为进给运动;

(2) 钻削　钻削在钻床上进行,钻头的旋转运动为主运动,钻头的轴向移动为进给运动;

(3) 铣削　铣削在铣床上进行,铣刀的旋转运动为主运动,工件的移动为进给运动;

(4) 刨削　刨削在刨床上进行,刨刀的直线往复运动为主运动,工件的间歇移动为进给运动;

(5) 磨削　磨削在磨床上进行,砂轮旋转运动为主运动,进给运动随采用不同磨床、不同加工方法而改变,如在万能外圆磨床上采用纵磨法磨削外圆,进给运动为工件的旋转运动(圆周进给运动)、工件随工作台的直线往复运动(纵向进给运动)和砂轮沿工件径向上的横向移动(横向进给运动),可见进给运动有三个。

6.2.2 机械加工的切削要素

切削要素包括切削用量三要素和切削层参数。

在切削加工过程中,工件上通常存在三个不断变化的表面:待加工表面、过渡表面(加工表面)、已加工表面。

待加工表面:工件上有待切除的表面。

过渡表面(也称加工表面):工件上由切削刃形成的那部分表面,它在下一切削行程,刀具或工件的下一转里被切除,或者由下一切削刃切除。

已加工表面:工件上经刀具切削后产生的表面。

1. 切削用量三要素

在切削加工过程中,反映主运动和进给运动的快慢,刀具切入工件深浅的各个量就叫切削用量。它包括切削速度、进给量和背吃刀量三个参数,通常把这三个参数称为切削用量三要素。

车削、铣削和刨削的切削用量三要素如图 6-2 所示。

(1) 切削速度(简称切速)　切削刃选定点相对于工件的主运动的瞬时速度。用符号 v_c 表示,单位为 m/min。

当主运动为旋转运动(如车削、钻削、铣削、磨削)时,切削速度为其最大线速度,计算公式为

$$v_c = \frac{\pi D n}{1\,000}$$

式中　D——工件待加工表面的直径或刀具(如钻头、铣刀、砂轮)的直径,单位为 mm;

n——工件或刀具(如钻头、铣刀、砂轮)的转速,单位为 r/min。

当主运动为往复直线运动(如刨削)时,切削速度为其平均速度,计算公式为

$$v_c = \frac{2 L n_r}{1\,000}$$

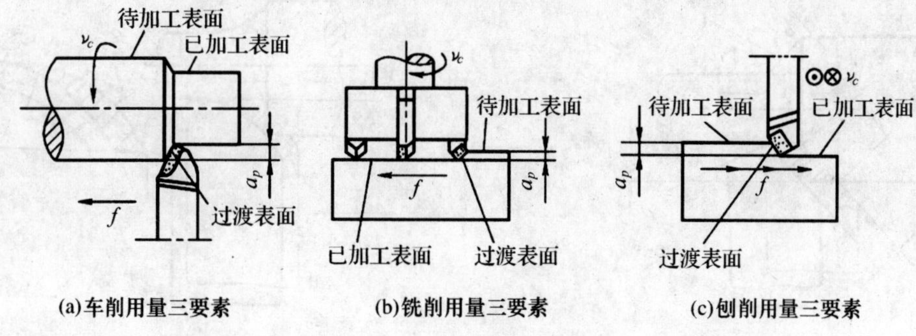

(a)车削用量三要素　(b)铣削用量三要素　(c)刨削用量三要素

图 6－2　切削用量三要素

式中　L——刀具或工件往复直线运动的行程长度，单位为 mm；

n_r——刀具或工件单位时间内的往复运动次数，单位为次/min。

(2)进给量　刀具在进给运动方向上相对工件的位移量，可用刀具或工件每转或每行程的位移量来表述和度量。用符号 f 表示，单位为 mm/r(行程)。

车削时，进给量为工件每转一转，车刀沿进给运动方向的位移量；

刨削时，进给量为刨刀每往复一次，工件或刨刀沿进给运动方向上的位移量；

铣削时，进给量有以下两种表示方法：

每齿进给量：铣刀每转中每齿相对于工件在进给运动方向上的位移量。用符号 f_z 表示，单位为 mm/z。

每转进给量：铣刀每转一转，工件与铣刀在进给运动方向上的相对位移量。

(3)背吃刀量(又称切削深度)　为待加工表面与已加工表面之间的垂直距离。用符号 a_p 表示，单位为 mm。

车削外圆时背吃刀量计算公式为

$$a_p = \frac{D-d}{2}$$

式中　D——工件待加工表面的直径，单位为 mm；

d——工件已加工表面的直径，单位为 mm。

2. 切削层参数

在切削过程中，刀具的刀刃在一次走刀中从工件待加工表面切下的金属层，称为切削层。切削层参数是指切削层的截面尺寸，包括切削厚度、切削宽度和切削面积，它决定了刀具切削部分所承受的负荷和切屑的尺寸大小。

现以外圆车刀为例来说明切削层参数的定义。如图 6－3 和图 6－4 所示。车外圆时，车刀主切削刃上任意一点相对于工件的运动轨迹是一条螺旋线，整个主切削刃切出一个螺旋面。工件每转一周，车刀沿工件轴线移动一个进给量 f 的距离，主切削刃及其对应的工件过渡表面也在连续移动中由位置Ⅰ移至相邻位置Ⅱ，因而Ⅰ、Ⅱ之间的一层金属被切下。

(1)切削厚度 a_c　在主切削刃选定点的基面内，垂直于过渡表面度量的切削层尺寸，称为切削厚度。

(2)切削宽度 a_w　在主切削刃选定点的基面内，沿过渡表面度量的切削层尺寸，称为切削宽度。

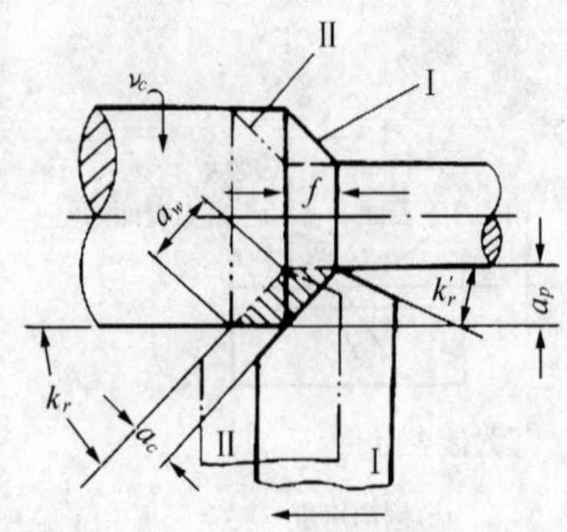

图 6-3　切削层参数

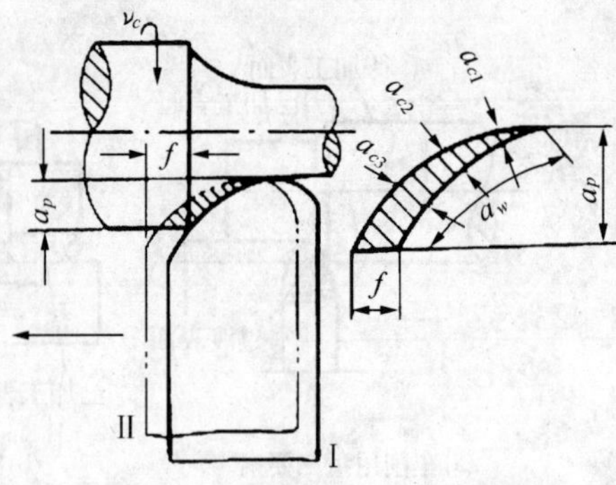

图 6-4　曲线刃工作时的 a_c 与 a_w

(3) 切削面积 A_c　在主切削刃选定点的基面内的切削层截面面积，称为切削面积。

6.3　机械零件的加工质量

机械零件的加工质量主要包括两个方面：表面质量和加工精度。零件的加工质量直接影响产品的使用性能、使用寿命、外观质量和经济性。

6.3.1　零件的表面质量

零件的表面质量是指零件的表面粗糙度、波度、表面层冷变形强化程度、表面残余应力的性质和大小以及表面层金相组织等，实际生产中最常用的是表面粗糙度。

1. 表面粗糙度

零件的表面总是存在一定程度的凹凸不平，即使是看起来光滑的表面，经放大后观察，也会发现凹凸不平的波峰波谷。零件表面的这种微观不平度称为表面粗糙度。

2. 轮廓算术平均偏差

国家标准规定了表面粗糙度的多种评定参数，生产中最常用的是轮廓算术平均偏差 Ra。

如图 6-5 所示，在取样长度 l 内，被测轮廓上各点至轮廓中线偏距绝对值的算术平均值，称轮廓算术平均偏差 Ra（单位为 μm）。即

$$Ra = \frac{1}{l}\int_0^l |y(x)| \,\mathrm{d}x \approx \frac{1}{n}\sum_{i=1}^{n} |y_i|$$

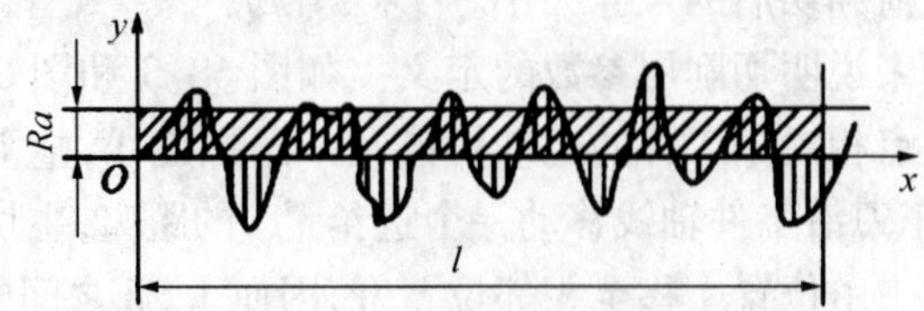

图 6-5　轮廓算术平均偏差

一般来说，零件的精度要求越高，表面粗糙度值要求越小，配合表面的粗糙度值比非配合表面的要求小，有相对运动的表面的粗糙度值比无相对运动的要求小，接触压力大的运动表面的粗糙度值比接触压力小的运动表面的要求小。而对于一些装饰性的表面则表面粗糙

度值要求很小，但精度要求却不高。与尺寸公差一样，表面粗糙度值越小，零件表面的加工就越困难，加工成本也越高。

表 6－1 为表面粗糙度值允许值及其对应的表面特征。

表 6－1　表面粗糙度值 *Ra* 允许值及其对应的表面特征

表面加工要求	表面特征	*Ra*/μm	旧国标光洁度级别代号
粗加工	明显可见刀纹	50	▽1
	可见刀纹	25	▽2
	微见刀纹	12.5	▽3
半精加工	可见加工痕迹	6.3	▽4
	微见加工痕迹	3.2	▽5
	不见加工痕迹	1.6	▽6
精加工	可辨加工痕迹方向	0.8	▽7
	微辨加工痕迹方向	0.4	▽8
	不辨加工痕迹方向	0.2	▽9
精密加工（或光整加工）	暗光泽面	0.1	▽10
	亮光泽面	0.05	▽11
	镜状光泽面	0.025	▽12
	雾状光泽面	0.012	▽13
	镜面	<0.012	▽14

3. 位置精度

位置精度是指零件上的被测要素（点、线、面）的实际位置相对于理论位置的准确程度。位置精度用位置公差来控制。位置公差包括平行度、垂直度、倾斜度、同轴度、对称度、位置度、圆跳动、全跳动。

表 6－2 为形位公差项目及符号。

表 6－2　形位公差项目及符号

<table>
<tr><th>分类</th><th>项目</th><th>符号</th><th colspan="2">分类</th><th>项目</th><th>符号</th></tr>
<tr><td rowspan="8">形状公差</td><td>直线度</td><td>—</td><td rowspan="8">位置公差</td><td rowspan="3">定向</td><td>平行度</td><td>//</td></tr>
<tr><td>平面度</td><td>▱</td><td>垂直度</td><td>⊥</td></tr>
<tr><td>圆度</td><td>○</td><td>倾斜度</td><td>∠</td></tr>
<tr><td>圆柱度</td><td>⌭</td><td rowspan="3">定位</td><td>同轴度</td><td>◎</td></tr>
<tr><td>线轮廓度</td><td>⌒</td><td>对称度</td><td>⌯</td></tr>
<tr><td>面轮廓度</td><td>⌓</td><td>位置度</td><td>⌖</td></tr>
<tr><td></td><td></td><td rowspan="2">跳动</td><td>圆跳动</td><td>↗</td></tr>
<tr><td></td><td></td><td>全跳动</td><td>⌰</td></tr>
</table>

6.4 机械加工工艺装备

零件的机械加工工艺过程是按照一定的顺序,根据零件表面性质及加工技术要求,分成若干工序在不同的机床上完成的。要完成任何一道工序,除了需要机床这一主要设备外,还必须有一些工具,如卡盘、车刀、卡尺和钻夹头等,这些工具统称工艺装备。工艺装备可分为四类:刀具、夹具、量具和辅具。其中辅具是用于装夹刀具的装置(如铣床刀杆、钻床钻夹头等)。工艺装备是机械加工中不可缺少的生产手段,是生产组织准备阶段的主要工作。

6.4.1 刀具

刀具是切削加工中影响生产率、加工质量和成本最活跃的因素。刀具的性能取决于刀具切削部分的材料和刀具的几何形状。

1. 刀具切削部分的材料

(1) 刀具的工况

金属材料的切削加工主要依靠刀具直接完成。刀具在切削加工中不但要承受很大的切削力,还要承受摩擦力、压力、冲击和振动;此外,在切屑和工件的强烈摩擦下,使切削区域温度很高。因此,刀具切削部分的材料必须具备良好的性能。

(2) 刀具切削部分材料必备的性能

①高硬度　刀具材料的硬度必须高于工件材料的硬度,常温下加工一般金属材料的刀具,其硬度应在 60HRC 以上。

②高耐磨性　刀具必须能够抵抗剧烈摩擦所引起的磨损,以维持刀刃的锋利和刀具的形状,保证一定的切削时间。通常刀具材料的硬度越高,耐磨性越高,但不仅取决于硬度,还与其化学成分、强度等有关。

③高耐热性　指刀具在高温下保持正常切削性能的能力,又称红硬性。刀具的耐热性越好,允许的切削速度越高。

④足够的强度和韧性　以承受切削力、振动及冲击,减少刀具变形、崩刃和脆性断裂。

⑤良好的工艺性　以便于刀具的制造和刃磨。必须具有可切削加工性能、锻造性能、焊接性能、热处理性能等。

(3) 常用刀具材料

刀具材料不但要具有良好的性能,还要来源丰富,价格合理。目前常用的金属刀具材料有碳素工具钢、合金工具钢、高速钢、硬质合金等;常用的非金属刀具材料有陶瓷、金刚石、立方氮化硼等。常用刀具材料的性能和用途如表 6-3 所示。

此外,还有涂层刀具,是在韧性较好的硬质合金或高速钢基体上,采用气相沉积的方法涂上耐磨的 TiC、TiN 等金属薄层。它较好地解决了强度、韧性与硬度、耐磨性之间的矛盾,具有良好的综合性能。

2. 刀具的几何形状

切削刀具虽然种类很多,但它们切削部分的结构要素和几何角度都有着共同的特征。各种多齿刀具或复杂刀具,就单个刀齿而言相当于车刀的刀头。因此,掌握了车刀,其它刀具就不难掌握和理解。车刀的组成、切削角度及其作用详见下章。

表6－3　常用刀具材料的性能及应用

种类	常用牌号	硬度HRC（HRA）	抗弯强度σ_b/（$\times 10^3$MPa）	热硬性/℃	工艺性能	用途
优质碳素工具钢	T8A～T10A T12A、T13A	60～64 （81～83）	2.5～2.8	200	可冷热加工成形、易刃磨	用于制造手动工具，如锉刀、锯条等
合金工具钢	9CrSi CrWMn	60～65 （81～84）	2.5～2.8	250～300	可冷热加工成形、易刃磨，热变形小	用于低速成形刀具，如丝锥、板牙、铰刀等
高速钢	W18Cr4V、 W6MoSCr4V2	62～67 （82～87）	2.5～4.5	550～600	可冷热加工，易成形、易刃磨，热变形小	用于中速及形状复杂的刀具，如钻头、铣刀、齿轮刀具、拉刀、铰刀等
硬质合金	YG8、YG6、 YG3、YT5、 YTl5、YT30	74～82 （89～94）	0.9～2.5	800～1 000	粉末冶金成形，可多片使用，性脆、易崩刃	用于高速及较硬材料切削的刀具，如车刀、刨刀、铣刀等
陶瓷	SG4、AT6	1 200℃时还能保持HRA80		1 200	硬度高于硬质合金，脆性略大于它	精加工优于硬质合金，用于加工硬材料，如淬火钢等
立方氮化硼（CBN）	FD、LBN－Y	7 300～ 9 000HV		1 300～ 1 500	硬度和切削性能高于陶瓷，性脆	用于加工很硬材料，如淬火钢等
金刚石（人造金刚石、天然金刚石）		高达 10 000HV		600	硬度高于立方氮化硼，性脆	用于非铁金属的精密加工，不宜加工铁类金属

6.4.2　机床夹具

机床夹具是在切削加工中，用以准确地确定工件位置，并将其迅速、牢固地夹紧的工艺装备。

1. 夹具的分类

夹具的种类很多，分类方法也不相同。

（1）按机床夹具通用化程度分类

①通用夹具　指已经标准化的，可用于加工同一类型、不同尺寸工件的夹具。如三爪

卡盘、四爪卡盘、平口钳、回转工作台、电磁吸盘。这类夹具通常作为机床附件，由专门工厂制造供应，广泛用于单件、小批量生产。

②专用夹具　指专为某一工件的某道工序而设计制造的夹具。它不仅不适用于其它工件，即使同一工件的其它工序也不能通用。专用夹具适用于产品固定、工艺相对稳定、批量大的工件的加工。

③可调夹具　指当加工完一种工件后，经过调整或更换个别元件，便可装夹另外一种工件的夹具。如滑柱式钻模、带各种钳口的虎钳。主要用于装夹形状相似、尺寸相近的工件的中、小批量生产。

④组合夹具　根据积木化原理，由一套预先制造好的标准化、通用化并可互换的标准元件组装成的专用夹具。

⑤随行夹具　机械加工自动线上用来装夹工件的一种装置，它除了具有一般夹具担负的装夹工件的功能外，还担负着沿自动线输送带输送工件的任务。

(2) 按工序所在机床分类

分为车床夹具、铣床夹具、钻床夹具和磨床夹具等。

(3) 按夹具夹紧动力源分类

分为手动夹具、气动夹具、液动夹具、电动夹具、磁力夹具、真空夹具及自夹紧夹具等。

2. 夹具的组成

夹具的种类虽然很多，但从夹具的结构和作用分析，夹具都由几种基本元件组合而成。

(1) 定位元件及定位装置

它与工件的定位基准相接触，以确定工件在夹具中的正确位置。如平口钳的固定钳口。

(2) 夹紧装置

用于保持工件在夹具中的既定位置，使它在重力、惯性力及切削力等作用下不产生移位。它通常是一种机构，包括夹紧元件(如夹爪、压板)、增力及传动装置(如杠杆、螺纹传动副、斜楔、凸轮)以及动力装置(如气缸、油缸)等。

(3) 引导元件

确定夹具与机床或刀具的相对位置的元件。如对刀块、钻头导向套。

(4) 夹具体

用于连接夹具各元件及装置，使之成为一个整体的基础件。

(5) 其它元件

如定位键、操作件以及根据夹具特殊功用所需的一些装置，如分度装置、顶出装置。

6.4.3　量具

量具是用来测量零件线性尺寸、角度以及检测零件形位误差的工具。为保证被加工零件的各项技术参数符合设计要求，在加工前后和加工过程中，都必须用量具进行检测。选择使用量具时，应当适合于被测零件的形状、测量范围，适合于被检测量的性质。通常选择的量具的读数精度应小于被检测公差的0.15倍。

1. 测量工具的分类

(1) 变值量具

可用来测量在一定范围内的任意数值的量具。这种量具一般是通用量具或量仪,有刻度。按其构造可分为:游标量具(如游标卡尺)、百分量具(如外径百分尺)、机械杠杆量具(如千分表)、光学杠杆量仪(如光学计)、光学量仪(如干涉仪)、气动量仪、电动量仪等。

(2) 定值量具

具体代表测量单位的倍数值或分数值的量具。如没有刻度的基准米尺、块规及90°角尺。

(3) 量规

没有刻度,不确定被量零件的具体测量数值,只用来限制零件的尺寸、形状和位置的量具。

(4) 检验夹具和自动检验机

为量具和其它定位等元件的组合体,主要用来使检验工作方便和提高生产率,在大量生产中用得很多。

2. 测量方法的分类

按照测量工具的调整与读数,可分为绝对量法(如用游标卡尺测量长度)与相对量法(如用光学计将被测长度与块规进行比较);按照获得结果过程的不同,可分为直接量法(如用万能角度尺测量角度)和间接量法(如用正弦规测量角度);按照零件被测参数的多少,可分为单项量法(如用三针法测量螺纹中径)与综合量法(如用螺纹极限量规检验螺纹);按照测量装置与被测表面的接触与否,可分为接触量法(如用游标卡尺测量长度)与不接触量法(如用投影仪检验零件形状)。

3. 常用的通用量具

量具的种类很多,这里仅介绍最常用的几种量具及其测量方法。

(1) 游标卡尺

游标卡尺是带有测量卡爪并用游标读数的量尺。其特点为结构简单,使用方便,测量精度较高,应用范围广。可以直接测出零件的内径、外径、宽度、长度和深度的尺寸值。

游标卡尺按测量精度可分为0.10 mm、0.05 mm、0.02 mm三个量级,按尺寸测量范围有0~125 mm、0~150 mm、0~200 mm、0~300 mm等多种规格,使用时根据零件精度要求及零件尺寸大小进行选择。图6-6所示的游标卡尺的读数精度为0.02 mm,测量尺寸范围为0~150 mm。它由主尺和副尺(游标)两部分组成。主尺上每小格为1 mm,当两卡爪贴和(主尺与游标的零线重合)时,游标上的50格正好等于主尺上的49 mm。游标上每格长度为49/50=0.98 mm。主尺与游标每格相差0.02 mm。

测量读数时,先由游标以左的主尺上读出最大的整毫米数,然后在游标上读出零线到与主尺刻度线对齐的刻度线之间的格数,将格数与0.02相乘得到小数,将主尺上读出的整数与游标上得到的小数相加就得到测量的尺寸。

游标卡尺使用注意事项:

①检查零线　使用前应先擦净卡尺,合拢卡爪,检查主尺与游标的零线是否对齐,如不对齐,应送计量部门检修;

②放正卡尺　测量内外圆时,卡尺应垂直于工件轴线,两卡爪应处于直径处;

③用力适当　当卡爪与工件被测量面接触时,用力不能过大,否则会使卡爪变形,加速卡爪的磨损,使测量精度下降;

④读数时视线要对准所读刻线并垂直尺面,否则读数不准;

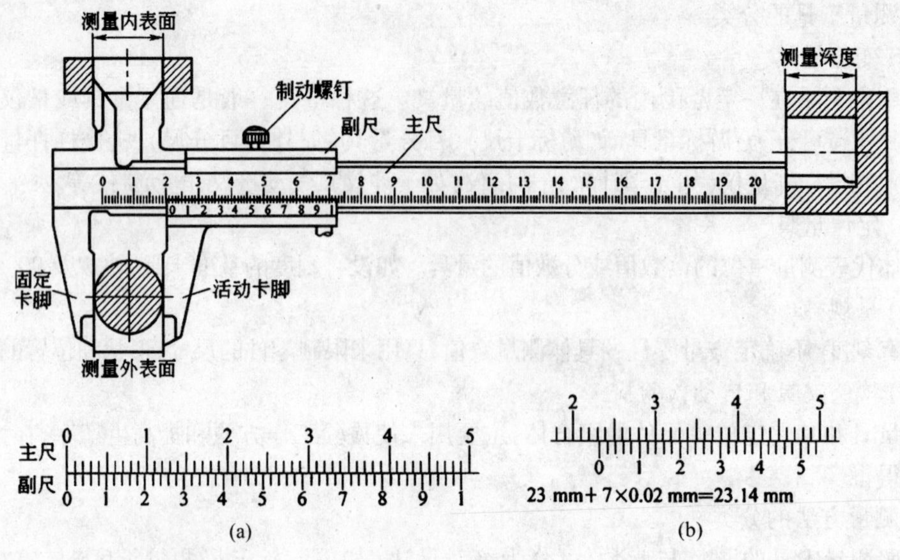

图 6-6　游标卡尺及读数方法

⑤防止松动　未读出读数之前游标卡尺离开工件表面，必须先将止动螺钉拧紧；

⑥不得用游标卡尺测量毛坯表面和正在运动的工件。

图 6-7 是专门用于测量深度和高度的游标尺。高度游标尺除用来测量高度外，也可用于精密划线。

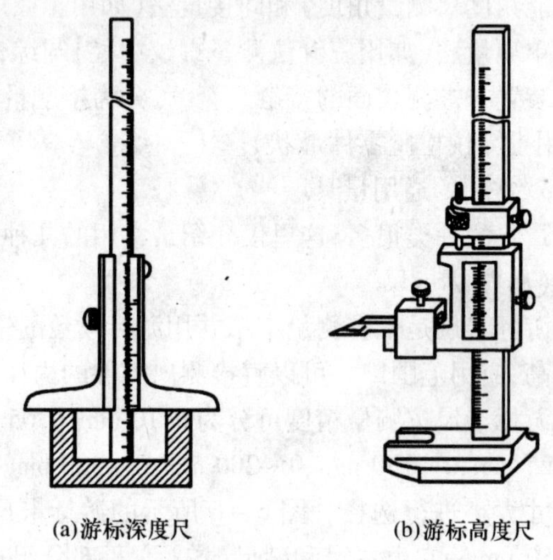

图 6-7　游标深度尺和游标高度尺

(2) 百分尺

百分尺是一种精密量具。生产中常用的百分尺的测量精度为 0.01 mm。它的精度比游标卡尺高，并且比较灵敏，习惯上称为千分尺。百分尺的种类很多，按照用途可分为外径百分尺、内径百分尺和深度百分尺几种，以外径百分尺应用最广。

外径百分尺按其测量范围有0～25 mm、25～50 mm、50～75 mm 等各种规格。图6-8是测量范围为 0～25 mm 的外径百分尺。弓形架的左端有固定砧座，右端的固定套筒在轴线方向刻有一条中线(基准线)，上下两排刻线互相错开 0.5 mm，形成主尺。微分套筒左端圆周上均布 50 条刻线，形成副尺。微分套筒和螺杆连在一起，当微分套筒转过一周，带动测量螺杆沿轴向移

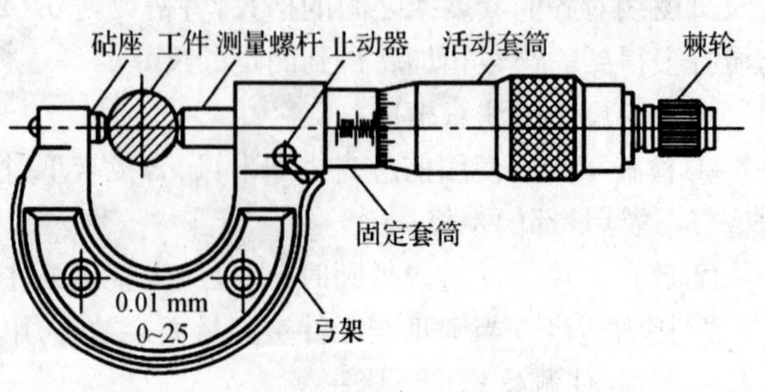

图 6-8　外径百分尺

动0.5 mm。因此,微分套筒转过一格,测量螺杆轴线移动的距离为0.5/50=0.01 mm。当百分尺的测量螺杆与固定砧座接触时,微分套筒的边缘与轴向刻度的零线重合,同时圆周上的零线应与中线对准。

百分尺的读数方法:

①读出距离微分套筒边缘最近的轴向刻线数(应为0.5 mm的整数倍);

②读出与轴向刻度中线重合的微分套筒周向刻度数值(刻度倍数×0.01 mm);

③将两部分读数相加即为测量尺寸(如图6-9所示)。

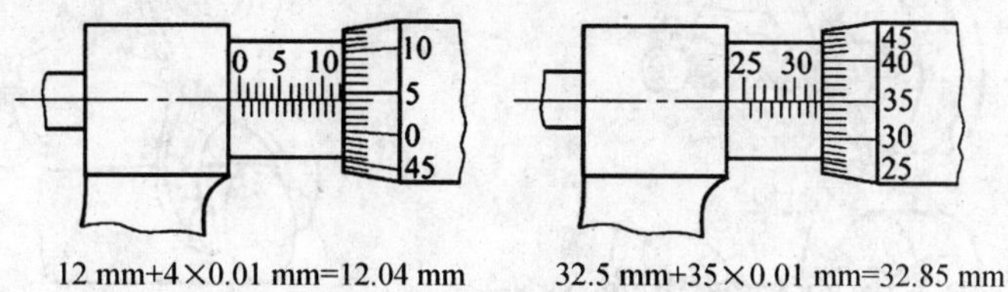

图6-9 百分尺的读数方法

使用百分尺时的注意事项:

①应先校对零点。即将砧座与螺杆擦拭干净,使他们相接触,看微分套筒圆周刻度零线与中线是否对正,若没有,将百分尺送计量部门检修。

②测量时,左手握住弓架,用右手旋转微分套筒,但测量螺杆快接近工件时,必须使用右端棘轮(此时严禁使用微分套筒,以防用力过度测量不准或破坏百分尺)以较慢的速度与工件接触。当棘轮发出"嘎嘎"的打滑声时,表示压力合适,应停止旋转。

③从百分尺上读取尺寸,可在工件未取下前进行,读完后松开百分尺,亦可先将百分尺锁紧,取下工件后再读数。

④被测尺寸的方向必须与螺杆方向一致。

⑤不得用百分尺测量毛坯表面和运动中的工件。

(3)直角尺

直角尺的两边成准确直角,是用来检查工件垂直度的非刻线量尺。使用时将其一边与工件的基准面贴合,然后使其另一边与工件的另一表面接触。根据光隙可以判断误差状况,也可用塞尺测量其缝隙大小(如图6-10所示)。直角尺也可以用来保证划线垂直度。

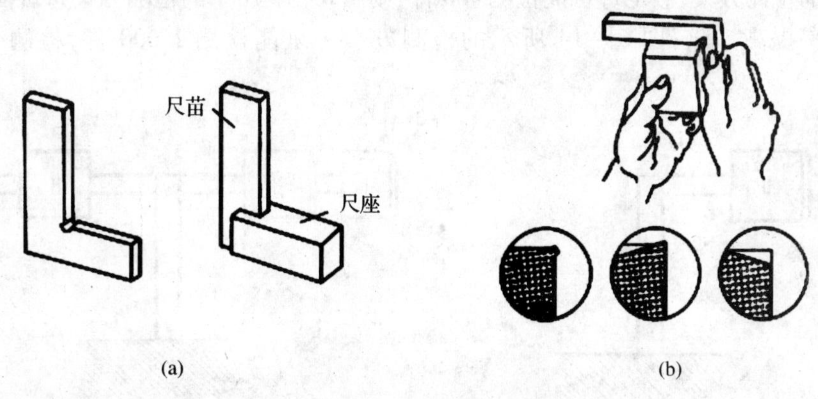

图6-10 直角尺及其使用

(a)90°角尺;(b)90°角尺的使用

(4) 量规

塞规与卡规是用于成批大量生产的一种定尺寸专用量具，统称量规(如图 6－11 所示)。

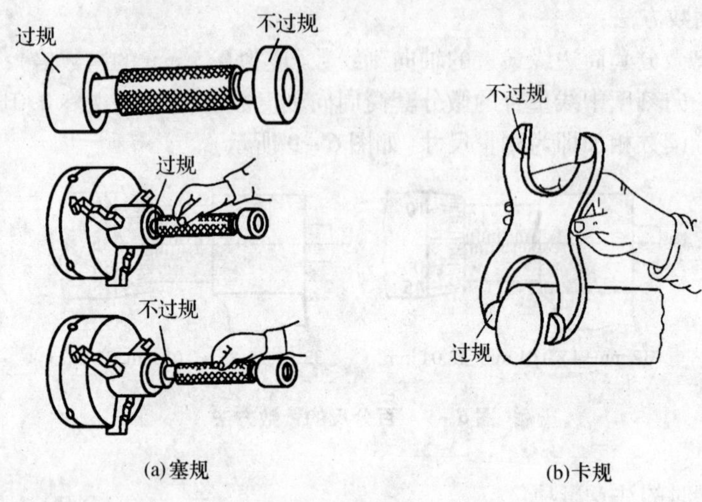

图 6－11　量规

塞规是用来测量孔径或槽宽的。它的两段分别被称为“过规”与“不过规”。过规的长度较长，直径等于工件的下限尺寸(最小孔径或最小槽宽)。不过规的长度较短，直径等于工件的上限尺寸(最大孔径或最大槽宽)。用塞规检验工件时，当过规能进入孔(或槽)时，说明孔径(或槽宽)大于最小极限尺寸；当不过规不能进入孔(或槽)时，说明孔径(或槽宽)小于最大极限尺寸。只有当过规进得去，而不过规进不去时，才说明工件的实际尺寸在公差范围之内，是合格的；否则，工件尺寸不合格。

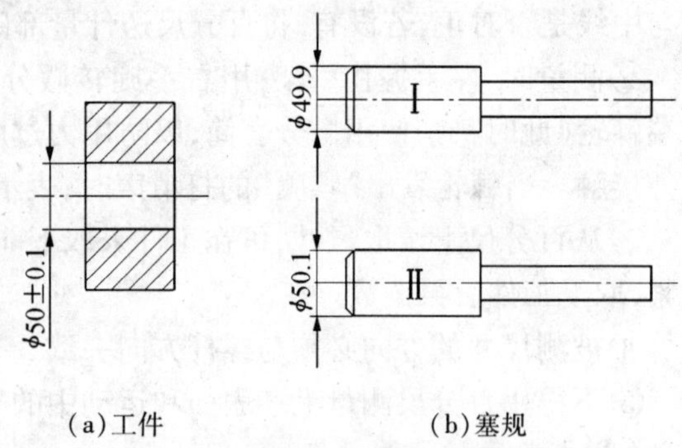

图 6－12　用塞规检验工件内孔尺寸

举例：如何通过合理安排塞规及检测方案提高检测工件内孔尺寸的检测效率。如图 6－12所示的检测方案，假定每班能检测 400 件，则图 6－13 所示的检测方案每班能检测 800 件，检测效率提高 1 倍；图 6－14 所示的检测方案每班能检测 1 600 件，检测效率提高 4 倍。

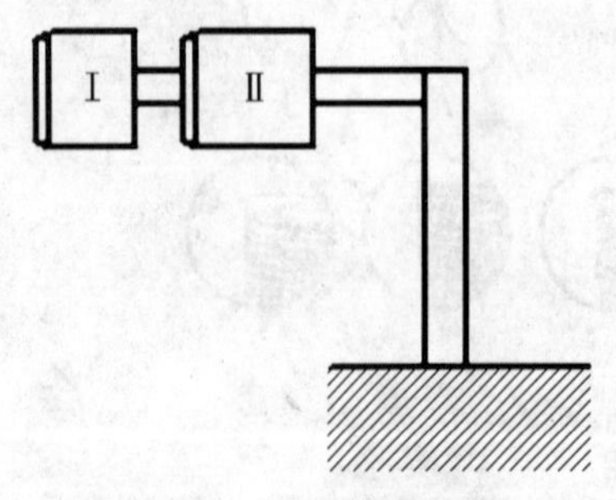

图 6－13　改进检测方案一

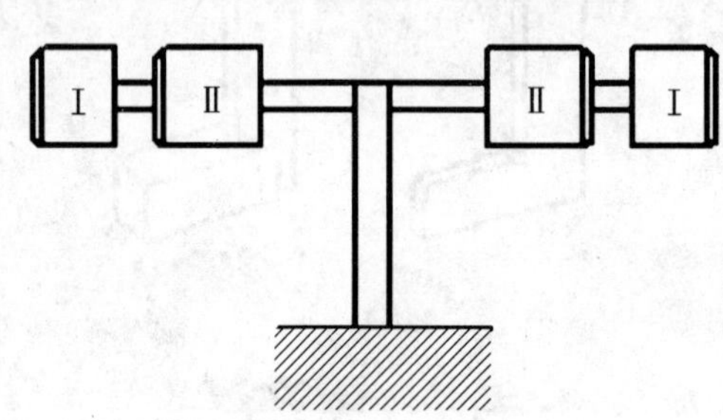

图 6－14　改进检测方案二

卡规是用来检验轴外径或厚度的。与塞规相似，卡规也有过规和不过规两端，使用的方法也和塞规相同。与塞规不同的是：卡规的过规尺寸等于工件的最大极限尺寸，而不过规的尺寸则等于最小极限尺寸。

需要指出的是，量规检验工件时，只能检验工件是否合格，但不能测出工件的具体尺寸。但量规在使用时省去了读数的麻烦，操作极为方便、效率高。

(5) 百分表

百分表的刻度值为 0.01 mm，是一种精度较高的比较测量工具。它只能读出相对的数值，不能读出绝对数值。主要用来检验零件的形状误差和位置误差，也用于工件装夹时精密找正。

百分表的结构如图 6-15 所示，当测量头向上或向下移动 1 mm 时，通过测量杆上的齿条和几个齿轮带动大指针转一周，小指针转一格。刻度盘在圆周上有 100 等分的刻度线，其每格的读数值为 0.01 mm；小指针每格读数值为 1 mm。测量时小指针所示读数变化值之和即为尺寸变化量。小指针处的刻度范围就是百分表的测量范围。刻度盘可以转动，供测量时调整大指针对零位刻线之用。

百分表使用时应装在专用的百分表架上，如图 6-16 所示。百分表使用注意事项如下：

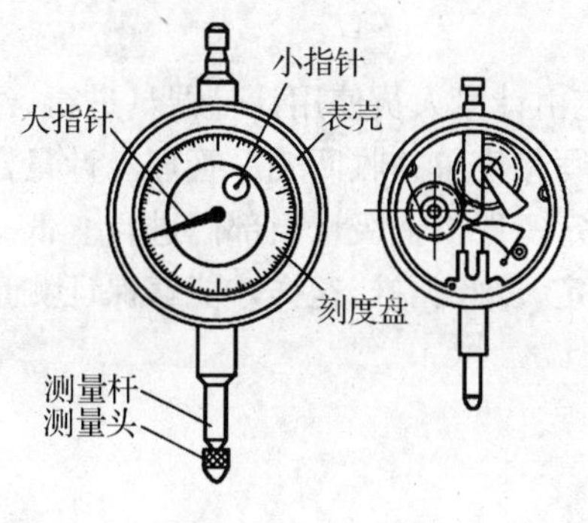

图 6-15　百分表

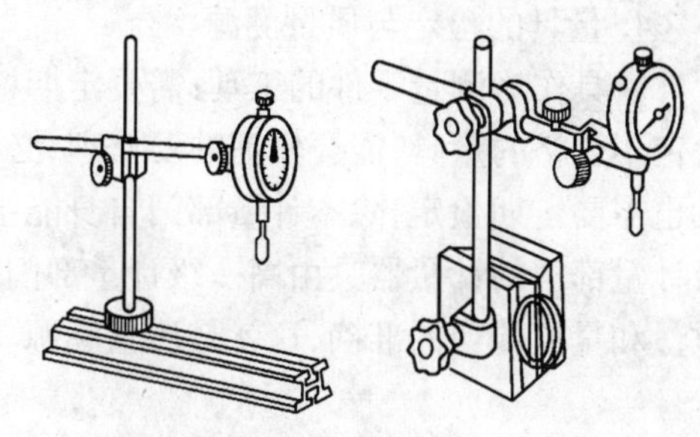

图 6-16　百分表架

①使用前，应检查测量杆的灵活性。具体做法是轻轻推动测量杆，看其能否在套筒内灵活移动。每次松开手后，指针应回到原来的刻度位置。

②测量时，百分表的测量杆要与被测表面垂直，否则将使测量杆移动不灵活，测量结果不准确。

③百分表用完后，应擦拭干净，放入盒内，并使测量杆处于自由状态，防止表内弹簧过早失效。

(6) 万能角度尺

万能角度尺是用来测量零件内、外角度的量具，它的结构如图 6-17 所示。

万能角度尺的读数机构是根据游标原理制成的。主尺刻度线每格为 1°。游标的刻线是取主尺的 29°等分为 30 格。因此，

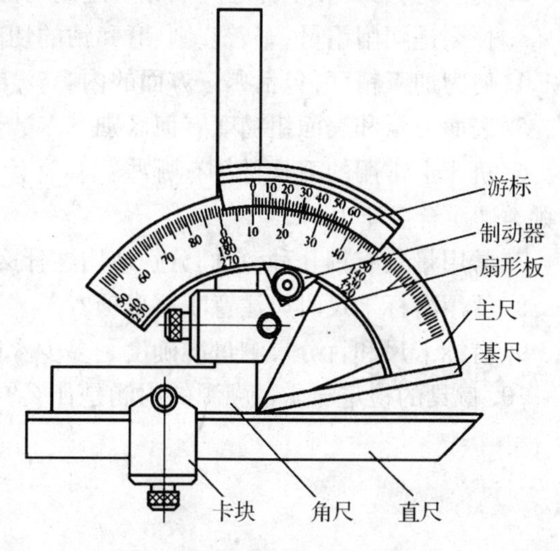

图 6-17　万能角度尺

游标刻线每格为$\frac{29°}{30}$,即主尺 1 格与游标 1 格的差值为 $1° - \frac{29°}{30} = \frac{1°}{30} = 2'$,也就是万能角度尺读数准确度为 2′。它的读数方法与游标卡尺完全相同。

测量时应先校对零位,万能角度尺的零位是当角尺与直尺均装上且角尺的底边及基尺均与直尺无间隙接触,此时主尺与游标的"0"线对准。调整好零位后,通过改变基尺、角尺、直尺的相互位置可测量 0°~320°范围内的任意角度。

用万能角度尺测量工件时,应根据所测角度范围组合量尺,如图 6-18 所示。

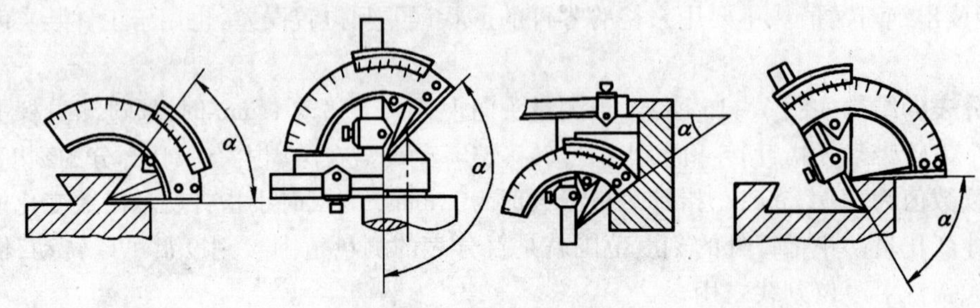

图 6-18 万能角度尺应用实例

4. 量具的检定与质量溯源

量具作为测量零件的工具,需要定期检定。定期检定由计量人员使用计量器具进行,经检定不合格的量具,需要修理的要修理,必须报废的要填写报废单并收回统一管理。计量器具也需要定期检定,除本计量部门自身能检定的外,其检定一般由上级计量部门进行。低一级计量部门的计量器具由高一级计量部门的计量器具检定,以此类推,这样才能够保证测量质量和量值传递的准确,这就是质量溯源。

复习思考题

1. 加工时的切削运动有哪两种?举例说明它们由什么来实现?
2. 切削时,刀具和工件之间的相对运动与形成零件的表面几何形状有何关系?
3. 什么是切削用量,车、铣、刨、磨和钻的切削用量如何表示?
4. 何为加工精度,包括哪三方面的内容?
5. 表面质量和表面粗糙度有何区别?多数情况下图纸上标注哪一项?
6. 机床上常用的刀具材料有哪些?各有什么特点?加工 45 钢和 HT200 铸铁时,应选用哪类硬质合金车刀?
7. 常用量具有哪几种,它们分别使用在什么场合?
8. 使用游标卡尺时应注意哪些事项?
9. 游标卡尺和百分尺测量准确度是多少?能否测量铸件毛坯?
10. 量具的检定与质量溯源的内涵是什么?

第7章　车　削

【目的与要求】

1. 了解典型卧式车床型号的含义及常用车刀的种类和材料；

2. 熟悉卧式车床的组成、运动、传动系统和用途；

3. 熟悉常用车刀的组成和结构、车刀的主要角度及其作用；

4. 掌握车外圆、车端面、钻孔和车孔的方法，了解车槽、车断和锥面、成形面、螺纹的车削方法；

5. 掌握车削安全操作技术规程；

6. 掌握卧式车床的操作技能，能按零件的加工要求正确使用刀、夹、量具，独立完成简单零件的车削加工。

7.1　概　述

车削是指在车床上利用工件的旋转运动和刀具的移动来改变毛坯形状和尺寸，将其加工成所需零件的一种加工方法。其中工件的旋转运动为主运动，车刀相对工件的移动为进给运动。

车削主要用于加工零件上的回转表面，如内外圆柱面、内外圆锥面、内外螺纹、回转型成形面、回转型沟槽、滚花以及端面等（如图7－1所示）。车削可以完成上述表面的粗加工、

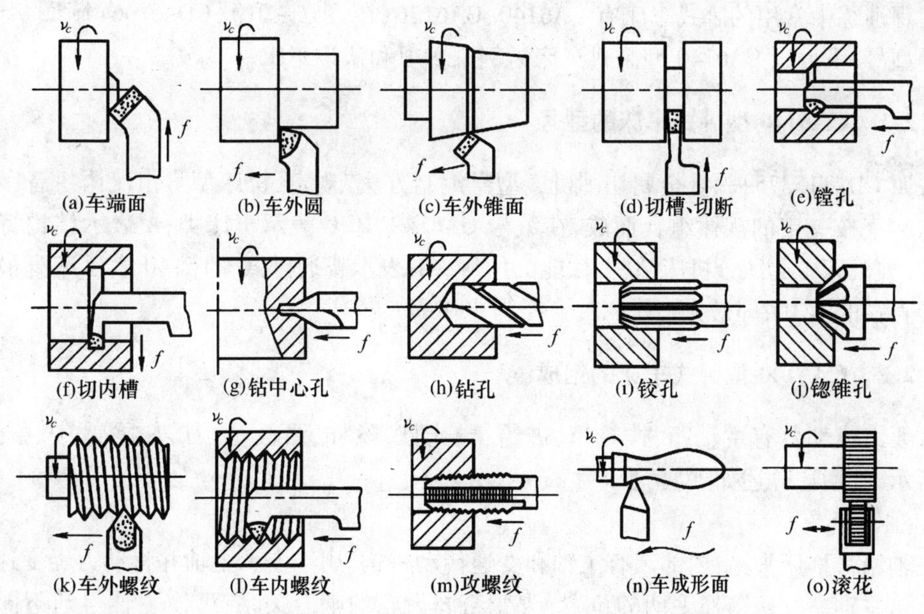

图7－1　车床的加工范围

半精加工和精加工，所用刀具主要是车刀，还可以用钻头、绞刀、丝锥、滚花刀等。车削加工的尺寸公差等级可达 IT8 ~ IT7，表面粗糙度 *Ra* 值可达 1.6 μm。车削不仅可以加工金属材料，还可以加工木材、塑料、橡胶、尼龙等非金属材料。

车床的种类很多，主要有卧式车床、立式车床、转塔车床、自动及半自动车床、仪表车床、仿形车床、数控车床等。车床适合加工轴类、套类、盘类等回转类零件（如图7 -2所示）。在机械制造工业中，车床是应用很广泛的金属切削机床之一，其中大部分为卧式车床。

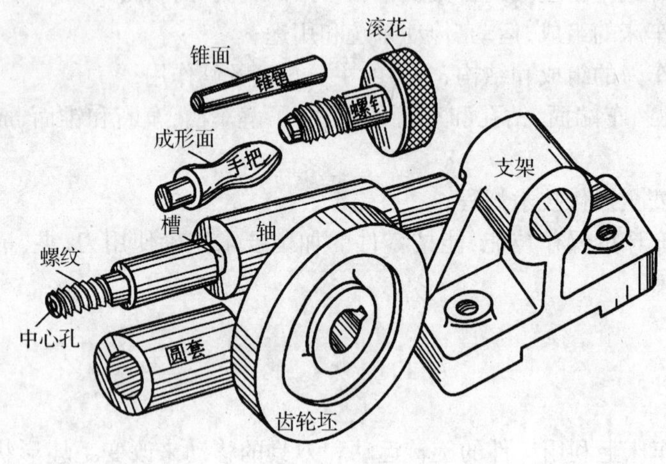

图 7 -2　车床加工的零件举例

7.2　卧式车床及其基本操作

工程训练中常用的卧式车床有 CA6140、CA6136（附图 7 - 01）、CDL6136（附图 7 - 02）等几种型号，下面以 CA6140 型卧式车床为例来学习和认识车床。

7.2.1　CA6140 型卧式车床的型号

按照 GB/T15375—94《金属切削机床型号编制方法》规定，机床型号由汉语拼音字母和阿拉伯数字按一定的规律组合而成，在编号 CA6140 中，C 表示车床类；A 表示结构特性代号，在同类机床中起区分机床结构、性能的作用；61 表示普通卧式车床；40 表示床身最大工件回转直径的 1/10，即最大工作回转直径为 400 mm。

7.2.2　CA6140 型卧式车床的组成

主要组成部分有主轴箱、挂轮箱、进给箱、光杠、丝杠、溜板箱、刀架、尾座、床身，如图 7 -3所示，其用途分述如下。

1. 主轴箱

主轴箱又称床头箱，内部装有主轴和变速传动机构，用于支承主轴并将动力经变速传动机构传给主轴。变换箱外手柄的位置，改变箱内齿轮的啮合关系，可使主轴得到不同的转速，主轴通过卡盘带动工件旋转，以实现主运动。

主轴是空心轴，以便装夹细长棒料和用顶杠卸下顶尖。主轴右端的外锥面用以安装卡

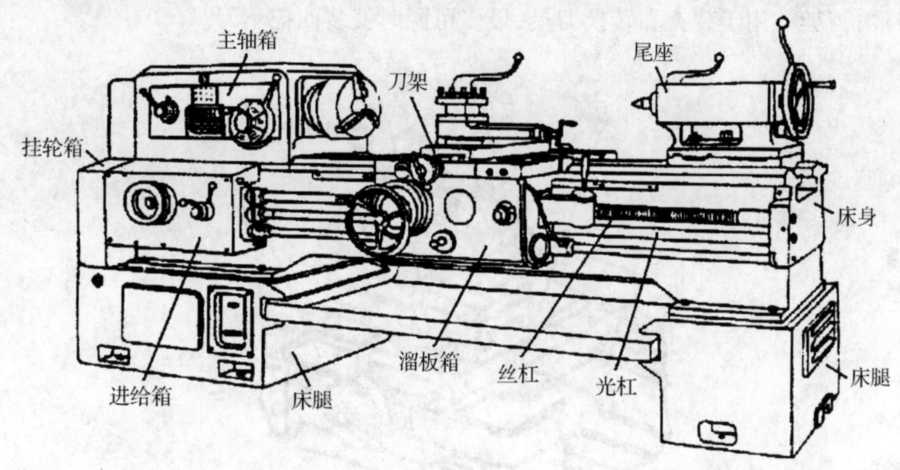

图 7-3　CA6140 型卧式车床

盘、花盘等夹具，内锥孔用以安装顶尖。

2. 挂轮箱

用于将主轴的旋转运动传给进给箱。调换箱内的齿轮，并与进给箱配合，可以车削各种不同螺距的螺纹。

3. 进给箱

进给箱又称走刀箱，内部装有进给运动的齿轮变速机构，用于将主轴经挂轮机构传来的旋转运动传给光杠或丝杠。变换箱外手柄的位置，改变箱内齿轮的啮合关系，可使光杠或丝杠得到各种不同的转速，从而使刀具获得不同的进给量或螺距。

4. 光杠

用于将进给箱的运动传给溜板箱，通过溜板箱带动刀架上的刀具作直线进给运动。

5. 丝杠

丝杠通过对开螺母（又称开合螺母）带动溜板箱，使主轴的旋转运动与刀架上的刀具的移动有严格的比例关系，用于车削各种螺纹。

6. 溜板箱

溜板箱是车床进给运动的操纵箱，上面与刀架相连。它可以将光杠传来的旋转运动，转变为刀架的纵向或横向直线运动，也可以将丝杠传来的旋转运动通过“开合螺母”转变为车螺纹时刀架的纵向直线运动，还可以实现刀架的快速移动。

7. 刀架

刀架用以装夹刀具，可带动刀具做纵向、横向或斜向直线进给运动，如图 7-4 所示。刀架由床鞍、横刀架、转盘、小刀架和方刀架组成。

（1）床鞍　床鞍又称大拖板，它与溜板箱连接，可带动刀架沿床身导轨做纵向移动。

（2）横刀架　横刀架又称中拖板，它可带动小刀架沿床鞍上面的导轨作横向移动。

（3）转盘　转盘与横刀架用螺栓紧固，松开螺母，便可在水平面内扳转任意角度。

（4）小刀架　小刀架又称小拖板，可沿转盘上面的导轨作短距离移动。将转盘扳转一定角度后，小刀架带动车刀可作相应的斜向移动，以便加工锥面。

(5) 方刀架　用于装夹和转换刀具，最多可同时安装四把车刀。

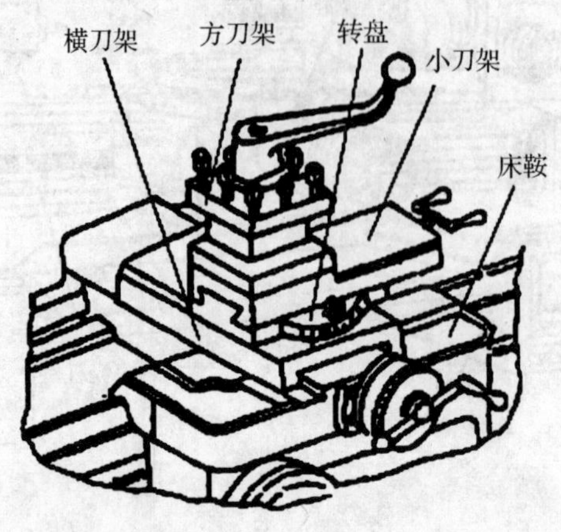

图7-4　刀架的组成

8. 尾座

尾座又称尾架，安装在床身导轨上并可调节纵向位置，在尾座套筒内安装顶尖可支承工件，也可以安装钻头、绞刀等刀具进行孔的加工。如图7-5所示。

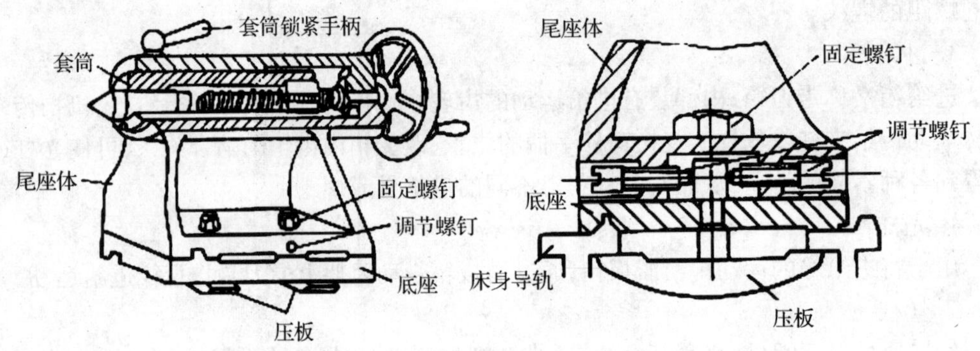

图7-5　尾座

9. 床身

床身是车床的基础零件，用以支承和连接各主要部件并保证各部件之间有正确的相对位置。床身上面有内、外两组平行的导轨(三角导轨和平面导轨)，外侧的导轨用以床鞍的运动导向和定位，内侧的导轨用以尾座的运动导向和定位。床身背部装有电器箱。床身的左右两端分别支承在左右床腿上，左床腿内安放电动机和装润滑油，右床腿内装冷却液。如图7-6所示。

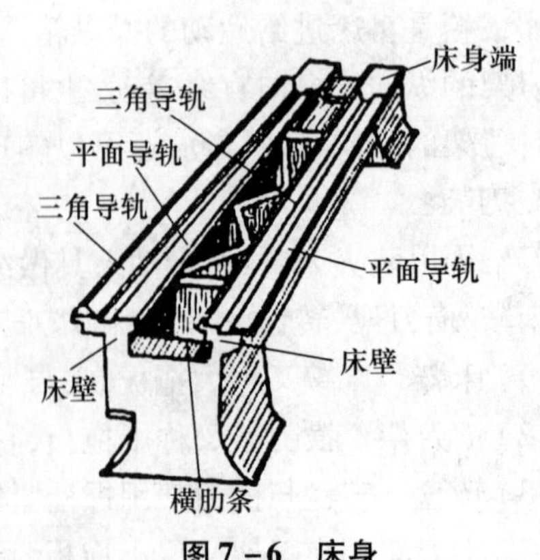

图7-6　床身

7.2.3 CA6140 型卧式车床的操作系统

在使用车床前，必须了解各个操纵手柄（如图 7－7 所示）及其用途（如表 7－1），以免损坏机床。

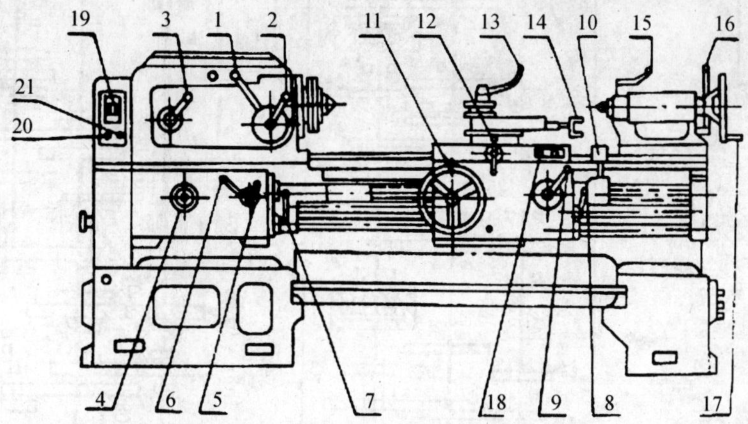

图 7－7　CA6140 型卧式车床的操作手柄

表 7－1　CA6140 型卧式车床的操作手柄的名称及用途

图上编号	名称及用途	图上编号	名称及用途
1,2	主轴变速手柄	14	上刀架移动手柄
3	加大螺距及左、右螺纹变换手柄	15	床尾顶尖套筒固定手柄
4,5,6	螺距及进给量调整手柄、丝杠光杠变换手柄	16	床尾快速紧固手柄
7,8	主轴正反转操纵手柄	17	床尾顶尖套筒移动手轮
9	开合螺母操纵手柄	18	主电动机控制按钮
10	刀架纵、横向自动进给手柄及快速移动按钮	19	电源总开关
11	床鞍纵向移动手轮	20	冷却泵开关
12	下刀架横向移动手柄	21	电源开关锁
13	方刀架转位、固定手柄		

操纵机床时应当注意下列事项：

（1）床头箱手柄只许在停车时搬动；

（2）进给箱手柄只许在低速或停车时搬动；

（3）起动前检查各手柄位置是否正确；

（4）装卸工件或离开机床时必须停止电机转动。

7.2.4 CA6140 型卧式车床的传动系统

CA6140 型卧式车床的传动系统由主运动传动链、进给运动传动链和快速空行程传动链组成。如图 7－8 所示。

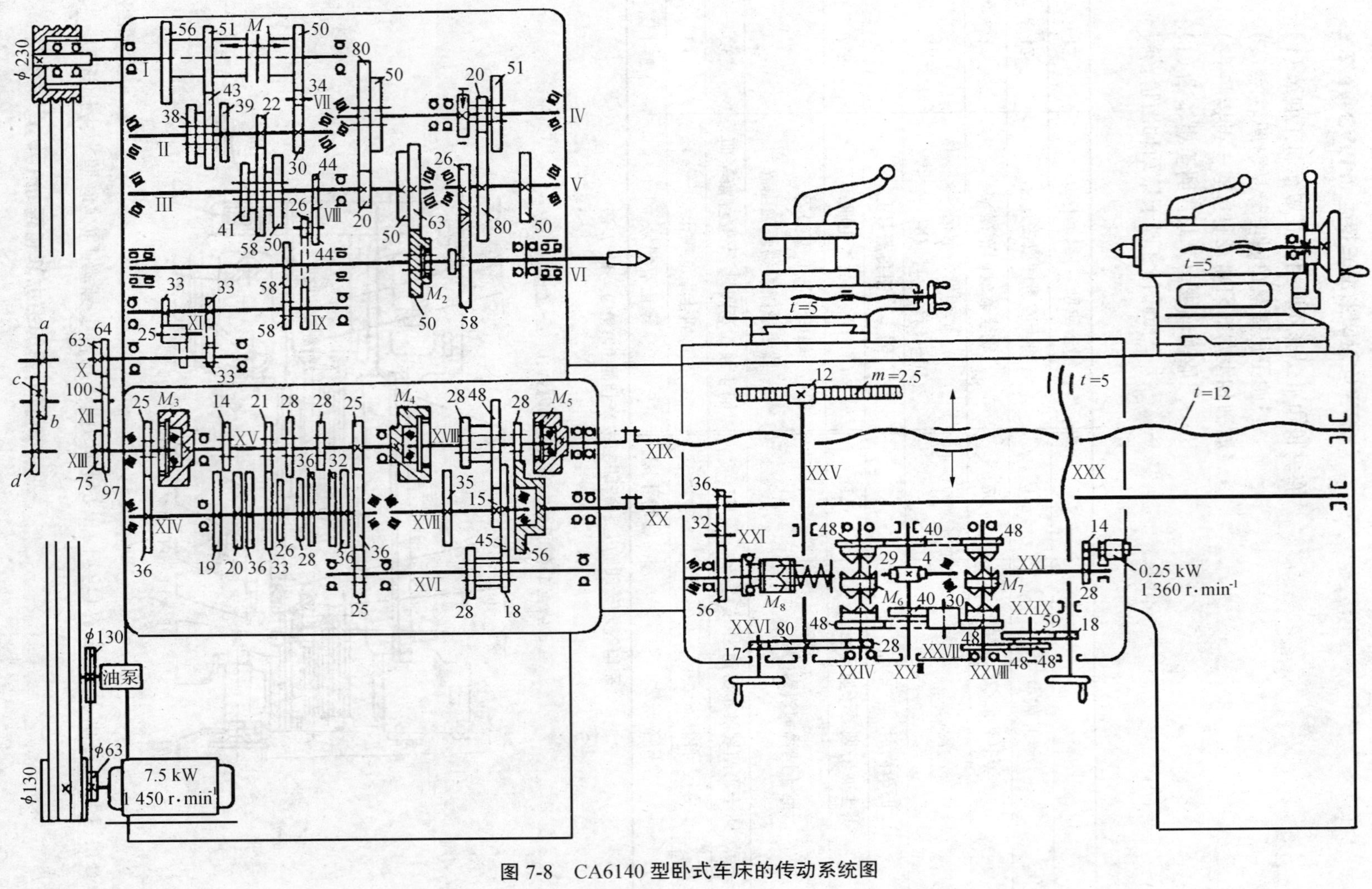

图 7-8　CA6140 型卧式车床的传动系统图

1. 主运动传动链

主运动传动链的两末端件是主电机和主轴，主要功用是把动力源的运动及动力传给机床的主轴，使主轴带动工件旋转，实现主运动，并使主轴变速和换向。运动由电机(7.5 kW，1 450 r/min)经 V 带轮传动副(ϕ30 mm/ϕ230 mm)传至主轴箱中的轴Ⅰ。在轴Ⅰ上装有双向多片式摩擦离合器 M_1，其作用是使主轴Ⅵ实现正转、反转或停止。当压紧离合器 M_1 左部的摩擦片，轴Ⅰ的运动经离合器 M_1 及齿轮副 56/38 或 51/43 传给轴Ⅱ，此时主轴Ⅵ正转。当 M_1 向右端压紧时，轴Ⅰ的运动经离合器 M_1 及齿轮副 50/34 和 34/30 传至轴Ⅱ。由于此时Ⅰ、Ⅱ轴之间多一个介轮 Z_{34}，所以轴Ⅱ的转向与经 M_1 左部传动时相反，即主轴Ⅵ反转。当离合器 M_1 处于中间位置时，左、右摩擦片都没有被压紧，空套在Ⅰ轴上的齿轮 Z_{56}、Z_{51} 和 Z_{50} 均不转动，此时主轴Ⅵ停止。

轴Ⅱ的运动可分别通过轴Ⅱ和轴Ⅲ间三对齿轮副 39/41 或 30/50 或 22/58 传至轴Ⅲ，故轴Ⅲ正转共有 $2 \times 3 = 6$ 种转速。

运动由轴Ⅲ传给主轴Ⅵ有两种传动路线：

(1) 高速传动路线

将主轴Ⅵ上的滑移齿轮 Z_{50} 移至左端位置，与轴Ⅲ上的齿轮 Z_{63} 啮合，运动由这一齿轮副 63/50 直接传至主轴Ⅵ，使主轴获得 6 级高级转速(450 ~ 1 400 r/min)。

(2) 低速传动路线

主轴Ⅵ上的齿轮 Z_{50} 移到右边位置，使齿式离合器 M_2 啮合，于是轴Ⅲ的运动经齿轮副 50/50或 20/80 传至轴Ⅳ，又经齿轮副 20/80 或 51/50 传给轴Ⅴ，再经齿轮副 26/58 和齿式离合器 M_2 传至主轴Ⅵ，可得到 $2 \times 3 \times 2 \times 2 = 24$ 级理论上的低转速(10 ~ 500 r/min)。

2. 进给运动传动链

进给运动传动链是使刀架实现纵向或横向运动的传动链。进给运动的动力源也是主电动机。在进给运动传动链中，有两条不同性质的传动路线：一条路线经丝杠 XIX 带动溜板箱，使刀架纵向移动，这是车削螺纹传动链，是内联系传动链；另一条路线经光杠 XX 和溜板箱，使刀架作纵向或横向机动进给，这是外联系传动链。由于刀架的进给量及螺纹的导程均是以主轴每转一转时刀架的移动量来表示的，所以分析进给传动链时，把主轴和刀架作为该链两末端件。

运动从主轴Ⅵ开始，经轴Ⅸ与轴Ⅹ间的换向机构、轴Ⅹ与轴 XIII 的挂轮，传入进给箱。从进给箱传出的运动，或者经过丝杠 XIX 带动溜板箱纵向移动，进行螺纹加工；或者经光杠 XX 和溜板箱内的一系列传动机构，带动刀架作纵向或横向的机动进给运动。

CA6140 型卧式车床可车削常用的米制、英制、模数制及径节制四种标准螺纹，还可以车削加大螺距、非标准螺距和较精密的螺纹，既可车削右螺纹，又可车削左螺纹。

3. 快速空行程传动链

为了减轻工人劳动强度和缩短辅助时间，刀架可以实现纵向和横向机动快速移动。按下快速移动按钮，装在溜板箱内的快速电动机(0.25 kW，1 360 r/min)经齿轮副 14/28 使轴 XXⅡ高速转动，再经蜗杆副 4/29，传动溜板箱内的传动机构，使刀架实现纵向或横向的快速移动。快移方向仍由溜板箱中双向离合器 M_6 和 M_7 控制。刀架快移时，不必脱开进给传动链。为了避免光杠和快速电动机同时传动轴 XXⅡ，在齿轮 Z56 与轴 XXⅡ之间装有超越离合器。

7.2.5 CA6140 型卧式车床的主要技术性能

床身上最大工件回转直径:400 mm

刀架上最大工件回转直径:210 mm

最大工件长度:750、1 000、1 500、2 000 mm

主轴转速:正转 24 级　10 ~ 1 400 r/min

　　　　　反转 12 级　14 ~ 1 580r/min

进给量:纵向 64 种　0.028 ~ 6.33 mm/r

　　　　横向 64 种　0.014 ~ 3.16 mm/r

车削螺纹范围:公制 44 种

　　　　　　　英制 20 种

　　　　　　　模数制 39 种

　　　　　　　径节制 37 种

主电动机:7.5 kW,1 450 r/min

7.3 车刀及其安装

在金属切削加工中,车刀是最常用的刀具之一,同时也是研究刨刀、铣刀、钻头等切削刀具的基础。车刀用在各种车床上,可加工外圆、内孔、端面、螺纹,也用于切槽或切断等。现在以常用的外圆车刀为例来学习车刀的组成和切削角度。

7.3.1 车刀的组成

车刀由刀头(或刀片)和刀体两部分组成,刀头为切削部分,刀体为固定夹持部分,如图 7 - 9 所示。刀头一般由三面两刃一尖组成,分别是:

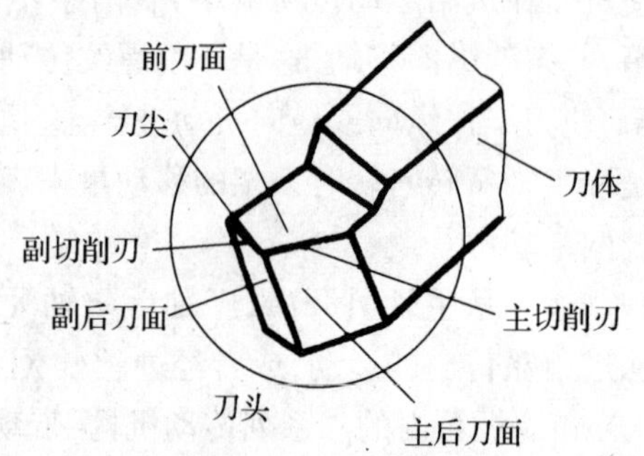

图 7 - 9　外圆车刀的组成

1. 三面

(1) 前刀面　刀具上切屑流过的表面。

(2) 主后刀面　切削时与工件过渡表面相对的表面。

(3) 副后刀面　切削时与工件已加工表面相对的表面。

2. 两刃

(1) 主切削刃　前刀面与主后刀面相交形成的切削刃,担负主要切削任务。

(2) 副切削刃　前刀面与副后刀面相交形成的切削刃,担负少量切削任务,起一定修光作用。

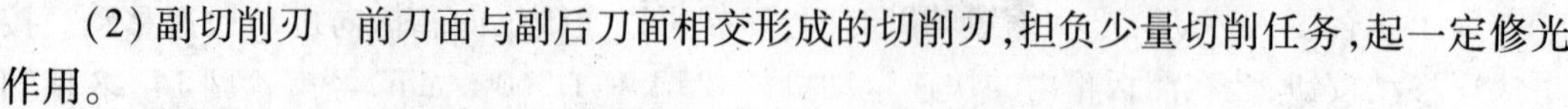

3. 一尖

刀尖:主切削刃和副切削刃连接处的一段刀刃,可以是小的直线段或圆弧。刀尖又称过渡刃。

7.3.2 车刀的切削角度及其作用

1. 正交平面参考系

刀具要从工件上切下金属，就必须使它具备一定的切削角度，也正是由于这些角度才决定了刀具切削部分各表面的空间位置。确定刀具角度的参考系有两大类：一类称为静止参考系（也称标注角度参考系），用于确定刀具设计、制造、刃磨和测量时的切削角度，用它定义的角度称为标注角度。一类称为工作参考系，用于确定刀具切削加工时的切削角度，用它定义的角度称为工作角度。

刀具静止参考系有三种：正交平面参考系，法平面参考系，背平面和假定工作平面参考系。我国过去多采用正交平面参考系，近年来参照国际标准 ISO 的规定，逐渐兼用正交平面参考系和法平面参考系。背平面和假定工作平面参考系则常见于美国和日本的文献中。

正交平面参考系由基面 P_r、主切削平面 P_S 和正交平面 P_O 三个参考平面组成。如图7－10所示。

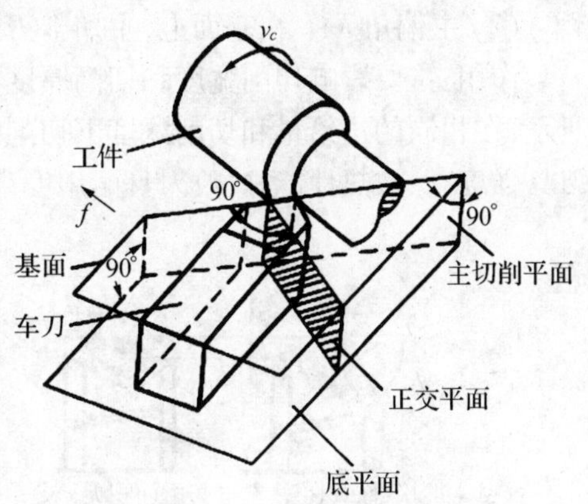

图 7－10 车刀的正交平面参考系

基面 P_r：通过主切削刃选定点的平面，它平行或垂直于刀具，在制造、刃磨及测量时适合于装夹或定位的一个平面或轴线，一般来说其方位垂直于假定的主运动方向。对于普通车刀其基面平行于刀具底面（定位基准平面）。

主切削平面 P_S：通过主切削刃选定点与主切削刃相切并垂直于基面的平面。

正交平面 P_O：通过主切削刃选定点并同时垂直于基面和主切削平面的平面。

2. 车刀的主要标注角度及其作用

车刀切削部分的主要标注角度有前角 γ_0、主后角 α_0、主偏角 K_r、副偏角 K_r'和刃倾角 λ_s，如图 7－11 所示。

(1) 前角 γ_0　在正交平面中，前刀面与基面之间的夹角。前角可分为正前角、零度前角和负前角。如图 7－12 所示。

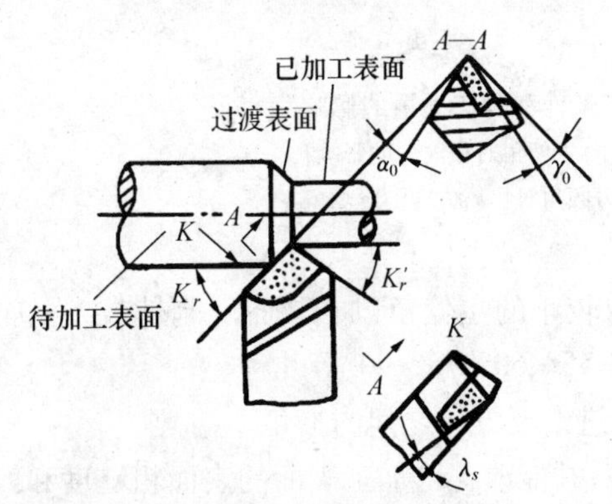

图 7－11 车刀的主要标注角度

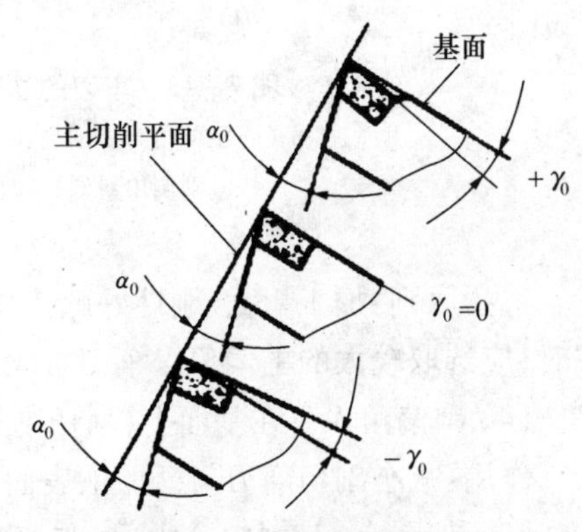

图 7－12 前角的正与负

作用:影响切削刃的锋利程度和强度。增大前角可使刃口锋利,切削力减小,切削温度降低,但过大的前角会使刃口强度降低,容易造成刃口损坏。

选择原则:前角的大小与刀具材料、被加工材料、工作条件有关。刀具材料脆性大、强度低时前角应选取较小值;工件材料强度和硬度低时前角可选取较大值;在重切削和有冲击的工作条件时前角只能选取较小值,有时甚至取负值。一般在保证刀具刃口强度的条件下前角尽量选取较大值。用硬质合金刀具加工碳钢时前角一般为10°~15°;用硬质合金刀具加工铸铁时前角一般为5°~8°。

(2)主后角 α_0　在正交平面中,主后刀面与主切削平面之间的夹角。

作用:减少切削时主后刀面与工件之间的摩擦,它和前角一样也影响切削刃的锋利程度和强度。

选择原则:与前角相似,主后角一般为3°~8°。

(3)主偏角 K_r　在基面上,主切削刃的投影与进给方向之间的夹角。

作用:主要影响切削宽度和切削厚度的比例,并影响刀具强度。如图7-13中(a)、(b)所示,在相同的进给量和切削深度下切削时,减小主偏角可以使切削宽度增大、刀尖角增大、刀具强度高、散热性能好,故刀具耐用度高,但会增大径向力,引起振动和加工变形。

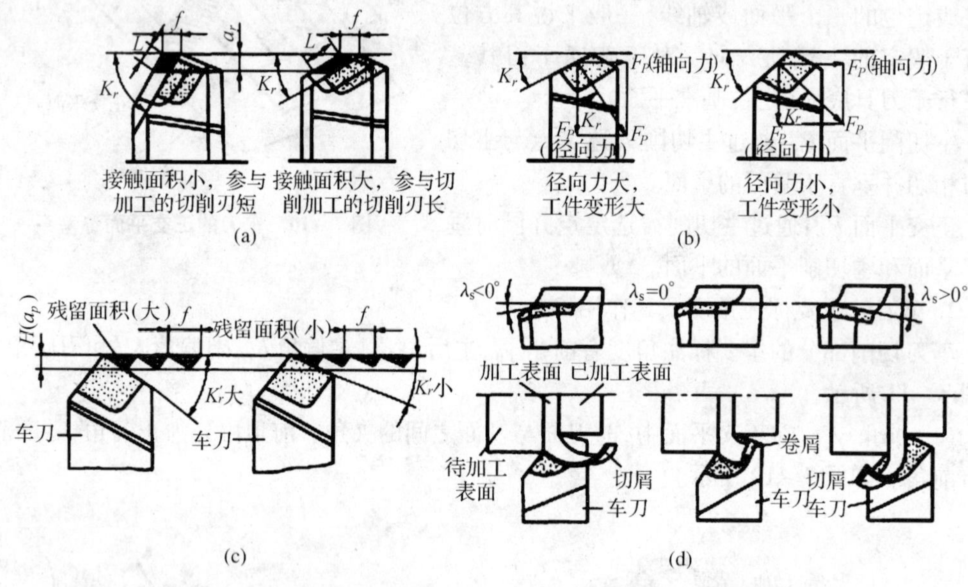

图7-13　车刀的切削角度对加工条件和加工质量的影响

(a)主偏角对切削高度,厚度的影响;(b)主偏角对径向力的影响;(c)副偏角对残留面积的影响;(d)刃倾角对排屑方向的影响

选择原则:加工粗大、刚性好的工件时,应选取较小的主偏角;加工细长、刚性较差的工件时,应选取较大的主偏角。车刀常用的主偏角有45°、60°、75°、90°等几种。

(4)副偏角 K_r':在基面上,副切削刃的投影与进给反方向之间的夹角。

作用:减小副切削刃与已加工表面之间的摩擦,并能改善已加工表面的表面粗糙度和刀具强度。如图7-13中(c)所示,在切削深度、进给量和主偏角相同的情况下,减少副偏角可以使残留面积减小,表面粗糙度值降低,并使刀尖角增大、刀具强度提高。

选择原则：通常在不产生摩擦和振动的条件下，应选取较小的数值。副偏角一般为5°～15°，粗加工取大值，精加工取小值。

(5) 刃倾角 λ_s：在主切削平面中，主切削刃与基面之间的夹角。与前角相似，刃倾角也有正、负和零值之分。

作用：主要影响切屑的流动方向，对刀头强度也有一定影响。在图 7－13 中(d)所示，当刃倾角为负，即刀尖处在主切削刃的最低点，切屑流向已加工表面；当刃倾角为零，即主削刃成水平，切屑流向与主削刃垂直；当刃倾角为正，即刀尖处在主切削刃的最高点，切屑流向待加工表面。

选择原则：刃倾角一般选取 $\lambda_s = -4° \sim 4°$。粗加工常取负值，以增加刀头强度；精加工常取正值，以防止切屑流向已加工表面而划伤工件。

7.3.3 车刀的刀具材料

刀具材料通常是指刀具切削部分的材料，目前最常用的车刀刀具材料是硬质合金和高速钢。

1. 硬质合金

硬质合金是用高硬度、高熔点的金属碳化物(如 WC、TiC、TaC、NbC 等)微米数量级的粉末和金属黏合剂(如 Co、Ni 等)在高压下成形后，经高温烧结而成的粉末冶金材料。

硬质合金具有很高的硬度(HRC74～82)、耐磨性和耐热性(850～1 000 ℃)，切削速度远远超过高速钢，但抗弯强度远比高速钢低，脆性大，抗振动和抗冲击性能差。

切削用硬质合金分为三类：YG 类、YT 类、YW 类。

(1) YG 类硬质合金

YG 类硬质合金是由碳化钨和钴组成的钨钴类硬质合金，它比 YT 类，韧性较好，适合加工脆性材料(或冲击较大的工件)、有色金属和非金属材料，如铸铁、青铜、尼龙等。

(2) YT 类硬质合金

YT 类硬质合金是由碳化钨、碳化钛和钴组成的钨钛钴类硬质合金，适合加工塑性大的材料，如钢件等。

(3) YW 类硬质合金

YW 类硬质合金是由钨钛钴类硬质合金中加入适量的碳化钽 TaC(碳化铌 NbC)而派生出来的硬质合金，它既可以加工铸铁、有色金属，又可以加工钢件。

目前国内常用的硬质合金刀具材料是：YG 类、YT 类。

YG 类硬质合金常用的牌号有 YG3、YG6、YG8 等多种牌号，牌号中的数字是含钴的百分数。含钴量越高，其承受冲击的性能就越好。因此 YG8 常用于粗加工，YG6 常用于半精加工，YG3 常用于精加工。

YT 类硬质合金常用的牌号有 YT5、YT15、YT30 等多种牌号，牌号中的数字是碳化钛含量的百分数。碳化钛的含量越高，红硬性越好，但钴的含量相应降低，坚韧性也越差，越不耐冲击。所以 YT5 常用于粗加工，YT15 常用于半精加工，YT30 常用于精加工。

2. 高速钢

高速钢(又称锋钢、白钢)是以钨、钼、铬、钒为主要合金元素的高合金工具钢。

高速钢具有较高的硬度(HRC62～67)、耐磨性和耐热性(550～600 ℃)。虽然高速钢的硬度、耐热性及允许的切削速度远不及硬质合金，但它的抗弯强度、冲击韧性比硬质合金高，抗弯强度为一般硬质合金的 2～3 倍。高速钢可以加工从有色金属到高温合金的范围广泛的材料。

同时高速钢具有制造工艺简单、容易磨成锋利的切削刃、能锻造和热处理等优点,所以常用来制造形状复杂的刀具,如钻头、拉刀、铣刀、齿轮刀具及成型刀具等。

常用的高速钢牌号有 W18Cr4V 和 W6Mo5V2 等。

7.3.4 车刀的分类

1. 车刀按其结构型式的不同通常可分为整体式车刀、焊接式车刀、机械夹固式车刀,如图 7-14 所示。

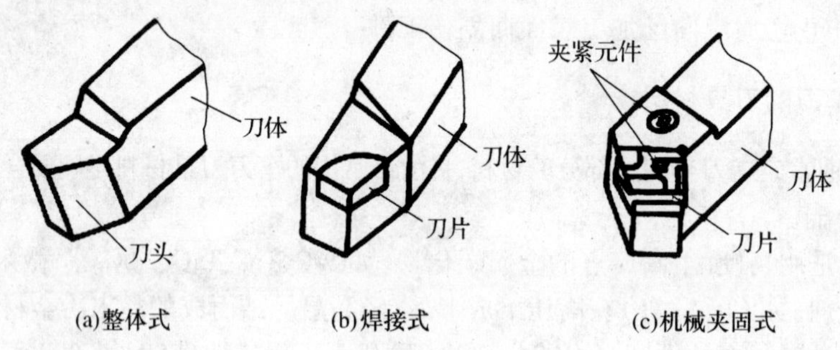

(a)整体式　(b)焊接式　(c)机械夹固式

图 7-14　常用车刀的结构型式

(1) 整体式车刀　车刀的切削部分与夹持部分是用同一种材料制成的,根据不同用途刃磨成所需要的形状和几何角度,可多次刃磨。

常用的有整体式高速钢车刀。

(2) 焊接式车刀　车刀的切削部分与夹持部分材料完全不同,切削部分多以刀片形式焊接在刀体上。这类车刀可节省贵重的刀具材料,结构简单、紧凑,抗振性能好,制造方便,刀体可反复使用。

常用的有焊接式硬质合金车刀,这种车刀是用黄铜、紫铜或其它焊料将一定形状的硬质合金刀片钎焊到普通结构钢刀体上而制成的。

(3) 机械夹固式车刀　它是将刀片用机械夹固的方式装夹在刀体上的一种车刀,刀体和刀片均为标准件,刀体可重复使用。

机械夹固式车刀又分为机夹车刀和可转位车刀。机夹车刀的刀片只有一个切削刃,用钝后必须刃磨,而且可多次刃磨。可转位车刀与普通机夹车刀的不同点在于刀片为多边形,每一边都可作切削刃,用钝后只需将刀片转位,即可使新的切削刃投入工作。

常用的有机械夹固式硬质合金车刀。

2. 车刀按其用途的不同通常可分为切断刀、90°左偏刀、90°右偏刀、弯头车刀、直头车刀、成形车刀、宽刃精车刀、外螺纹车刀、端面车刀、内螺纹车刀、内切槽车刀、内孔镗刀,如图 7-15 所示。

(1) 切断刀　它专门用于在回转形工件外表面上切槽或切断工件。

(2) 90°左偏刀　用于从左向右车削刚性不足的轴类工件的外圆、台阶和端面。

(3) 90°右偏刀　用于从右向左车削刚性不足的轴类工件的外圆、台阶和端面。

(4) 弯头车刀　用于纵向车削外圆,横向车削端面以及内外倒角。

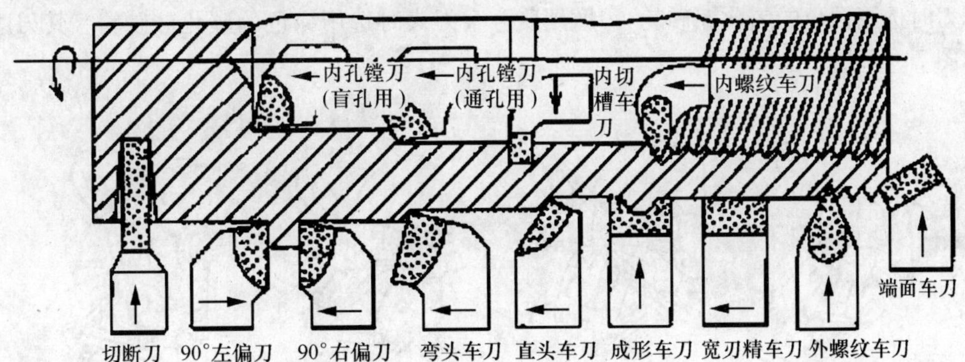

图 7－15　常用车刀的名称及用途

(5) 直头车刀　它主要用来车削圆柱形或圆锥形工件的外表面以及外圆倒角。

(6) 成形车刀　成形车刀又称为样板刀,它是加工内、外回转体成形表面的专用刀具,它的切削刃形状是根据工件的廓形设计的。成形车刀一般在成批、大量生产中使用。

(7) 宽刃精车刀　主要用于圆柱形工件外表面的精加工。

(8) 外螺纹车刀　主要用于车削外螺纹。

(9) 端面车刀　主要用于横向车削端面以及内外倒角,也可用于纵向车削外圆。

(10) 内螺纹车刀　主要用于车削内螺纹。

(11) 内切槽车刀　它专门用于在回转形工件内表面上切槽。

(12) 内孔镗刀(通孔用)　用于镗削工件的通孔。

(13) 内孔镗刀(盲孔用)　用于镗削工件的不通孔(盲孔)和台阶孔。

7.3.5　车刀的安装

车刀使用时必须正确安装,卧式车床上车刀的安装如图 7－16 所示,其基本要求如下:

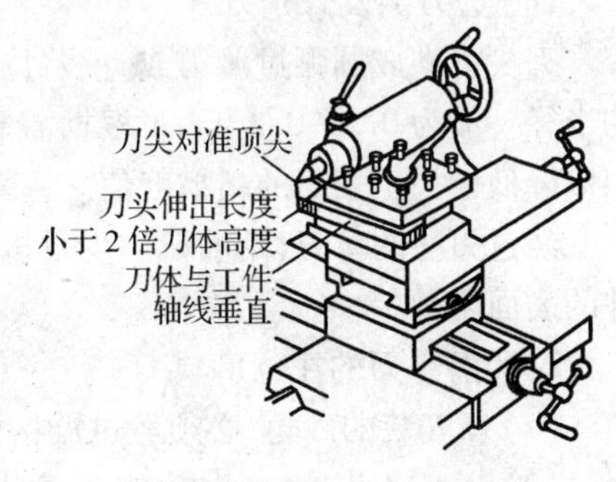

图 7－16　车刀的安装

(1) 车刀刀尖应与车床的主轴轴线等高。一般采用安装在车床尾座上的后顶尖高度作为校正刀尖高度的基准,通过调整刀体下面的垫片数量来校准高度。还可采用试车工件端面,若端面中心无残留台,则安装合适,反之应调整刀尖高度。垫片安放要平整,数量不宜过多,一般不超过 3 片。

(2) 车刀刀体应与车床主轴的轴线垂直。

(3) 车刀刀头应尽可能伸出短些,一般伸出长度不超过刀体厚度的 2 倍。若伸出过长、刀体刚性减弱,切削时易产生振动。

(4) 车刀位置校正后,应拧紧刀架紧固螺钉,一般用两个螺钉并交替逐个拧紧。

(5) 装好工件和车刀后,进行加工极限位置检查,以免产生干涉或碰撞,然后锁紧刀架。

7.3.6　车刀的刃磨

1. 车刀的刃磨操作

新刀或用钝后的车刀(整体式或焊接式)需进行刃磨,以得到所需要的形状、几何角度和锋利刃。车刀的刃磨通常采用手工在砂轮机上进行,也可在工具磨床上进行。刃磨高速钢车刀时选用白色的氧化铝砂轮，刃磨硬质合金刀头时选用绿色的碳化硅砂轮。其刃磨步骤如图 7－17 所示。

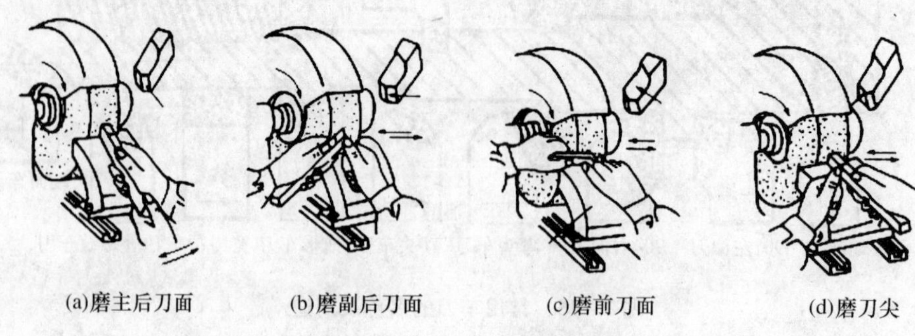

(a)磨主后刀面　(b)磨副后刀面　(c)磨前刀面　(d)磨刀尖

图 7－17　车刀的刃磨

(1) 磨主后刀面

磨出车刀的主偏角 K_r 和主后角 α_0。磨削时按主偏角的大小把刀体向左偏斜；按主后角的大小使刀头上翘，并使主后刀面自下而上慢慢接触砂轮。

(2) 磨副后刀面

磨出车刀的副偏角 K_r 和副后角 α_0'。磨削时按副偏角的大小把刀体向右偏斜；按副后角的大小使刀头上翘，并使副后刀面自下而上慢慢接触砂轮。

(3) 磨前刀面

磨出车刀的前角 γ_0 和刃倾角 λ_s。按前角大小倾斜前刀面并注意刃倾角的大小。

(4) 磨刀尖及修光刃

刀尖可磨成圆弧过渡刃或直线过渡刃，磨削时刀尖上翘，使过渡刃有后角。圆弧过渡刃的半径一般为 0.2～0.3 mm。根据需要副切削刃前端可磨成一个小的平直刃称为修光刃，用以降低已加工表面的粗糙度值。

经过刃磨的车刀，用油石加少量机油对切削刃进行研磨，以提高刀具的耐用度和加工工件的表面质量。

2. 刃磨车刀的注意事项

(1) 新安装的砂轮，必须经过严格检查并试运转后方可使用。

(2) 磨刀时，应站在砂轮侧面，防止砂粒或砂轮碎裂伤人。

(3) 在盘形砂轮上磨刀时，应使用砂轮圆周面磨刀并左右移动刀具，禁止在砂轮侧面用力粗磨车刀。

(4) 磨高速钢刀具用水冷却防止退火。硬质合金刀具不得沾水冷却，以免刀片开裂。

(5) 磨刀时不能用力过猛，以免由于打滑而磨伤手。

7.3.7　车刀和工件的冷却及润滑

切削时所消耗的能量绝大部分转变为热能，使得刀头、工件以及切屑具有很高的温度。为了改善散热条件，延长刀具的使用寿命，防止工件因热变形而影响加工精度，避免灼热的切屑飞出伤人，通常使用切削液。切削液的主要作用是冷却和润滑，此外还具有清洗和防锈的作用。

常用的切削液主要有乳化液和切削油，乳化液主要起冷却作用，切削油主要起润滑作用。

硬质合金刀具耐热性较好,一般不用切削液。

高速钢刀具耐热性较差,一般选用冷却性能为主的切削液。

7.4 车床的夹具

车床适合加工工件上的回转表面,由于工件的形状、大小和数量不同,必须采用不同的装夹方法。安装工件必须保证工件待加工表面的回转中心线与车床主轴的中心线重合。车床常用的夹具有三爪卡盘、四爪卡盘、花盘、心轴、顶尖、中心架、跟刀架等。

7.4.1 三爪卡盘

三爪卡盘是车床上最常用的通用夹具,其结构如图 7-18 所示。

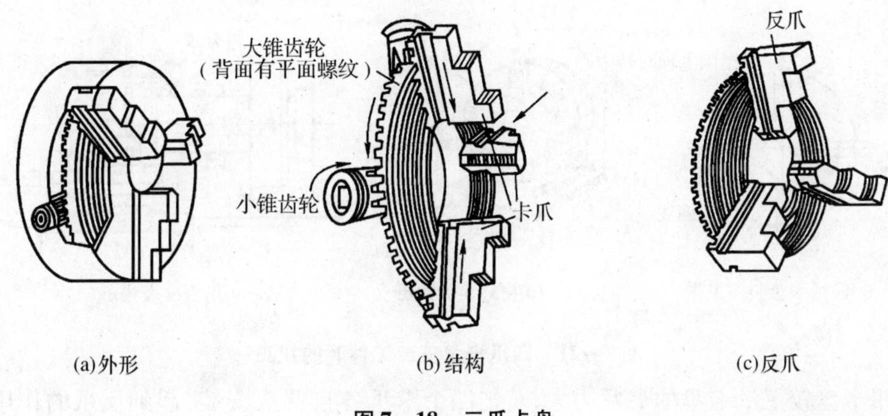

图 7-18 三爪卡盘

它的三个小锥齿轮与大锥齿轮相啮合,大锥齿轮背面的平面螺纹又与三个卡爪背面的平面螺纹相啮合。当用卡盘扳手转动任何一个小锥齿轮时,大锥齿轮都将随之转动,从而带动三个卡爪在卡盘体的径向槽内同时作向心或离心运动,以夹紧或松开工件。由于三个卡爪同时移动,所以夹持工件时可自动定心,方便迅速,但定心的精度不高,约为 0.05 ~0.15 mm。

三爪卡盘主要用来装夹截面为圆形、正六边形的中小型轴类、盘套类零件。若零件直径较大,用正爪不便装夹时,还可换上反爪进行装夹。如图 7-19 所示。

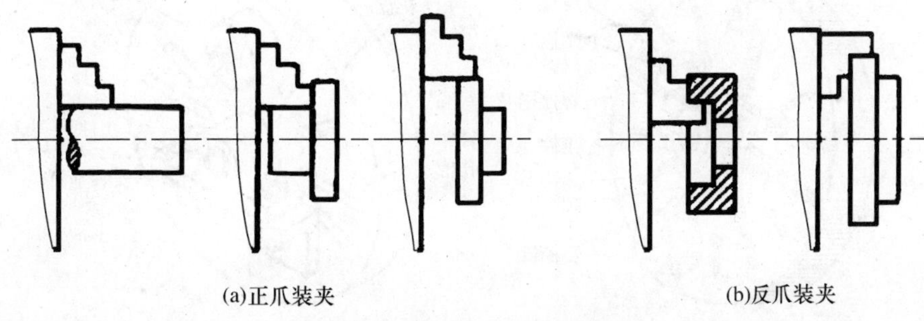

图 7-19 三爪卡盘应用实例

7.4.2 四爪卡盘

四爪卡盘如图 7－20 所示。由于四爪卡盘的四个卡爪是通过各自的调整螺杆带动独立作向心或离心运动,所以四爪卡盘不能自动定心,在安装工件时必须进行仔细地找正。如图 7－21 所示。一般用划针盘找正,如找正精度要求很高时,须用百分表找正,精度可达0.01 mm。

四爪卡盘不仅可以装夹截面为圆形的工件,还可以装夹截面为方形、长方形、椭圆形或其它不规则形状的工件。在圆盘上车偏心孔也常用四爪卡盘。

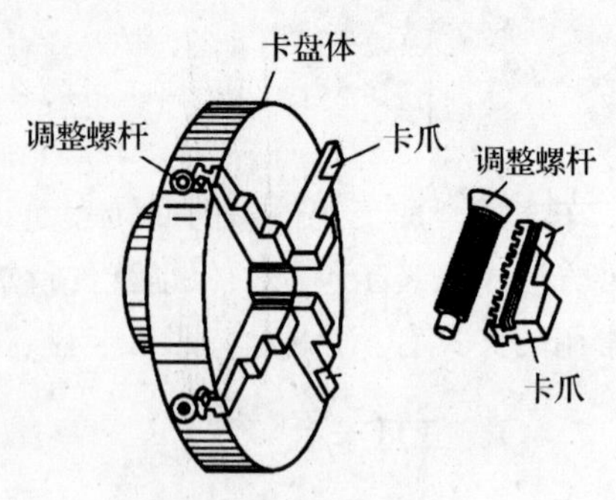

图 7－20 四爪卡盘

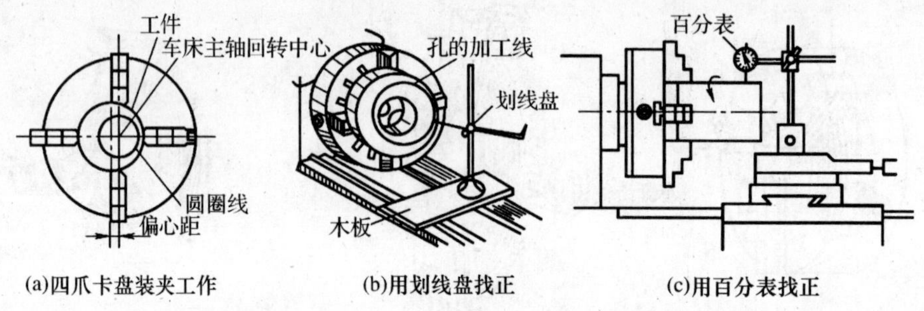

(a)四爪卡盘装夹工件 (b)用划线盘找正 (c)用百分表找正

图 7－21 四爪卡盘安装工件时的找正

四爪卡盘较三爪卡盘的夹紧力大,若把四个卡爪各自调头安装,起到反爪的作用,即可安装较大的工件。

7.4.3 花盘

花盘是一个直径较大的铸铁圆盘,安装在车床主轴上,其端面有许多 T 型长槽,用来穿放压紧螺栓。花盘端面应平整,装在主轴上时应保证端面与主轴轴线垂直。花盘本身不能单独使用,要根据工件形状和加工要求与压板或弯板配合使用,如图 7－22 所示。用花盘装夹工件必须仔细找正,为减小质量偏心引起的振动,应加平衡块进行平衡。

花盘主要用来安装大而扁或形状不规则的工件。

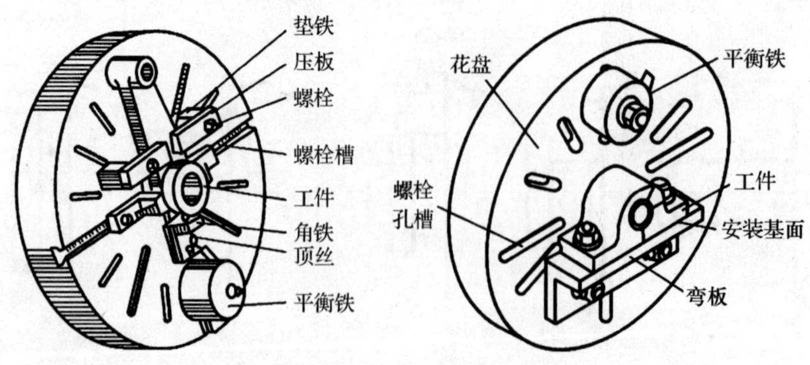

图 7－22 花盘

7.4.4 心轴

心轴是企业为了生产某一个零件,自行设计和制作的夹具。最常用的心轴有圆柱心轴和锥度心轴。

盘、套类零件的外圆及端面对内孔常有同轴度、垂直度等位置精度要求,当相关的表面和孔不能在一次装夹中完成加工时,通常先将孔进行精加工(IT9~IT7),再以孔定位将工件装到心轴上加工其它表面,从而满足上述要求。

当工件的长度比孔径小时,常用圆柱心轴(如图7-23所示)进行装夹,工件左端紧靠心轴轴肩,右端由螺母和垫圈压紧,夹紧力较大,可承受较大的切削力。由于孔与心轴之间有一定的配合间隙,对中性较差。因此,应尽可能减小孔与心轴的配合间隙,提高加工精度。

当工件长度大于孔径时,常用锥度心轴(如图7-24所示)安装,靠心轴圆锥表面与工件内孔间的摩擦力将工件夹紧。锥度心轴的锥度为1:(1 000~5 000),因锥度很小,故对中准确,拆卸方便。由于切削力是靠其配合面的摩擦力传递的,故背吃刀量不能太大。这种方法主要用于精车外圆及端面。

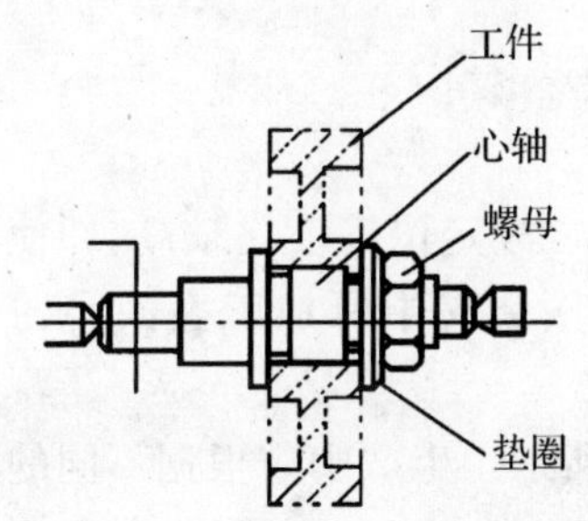

图7-23 用圆柱心轴装夹工件

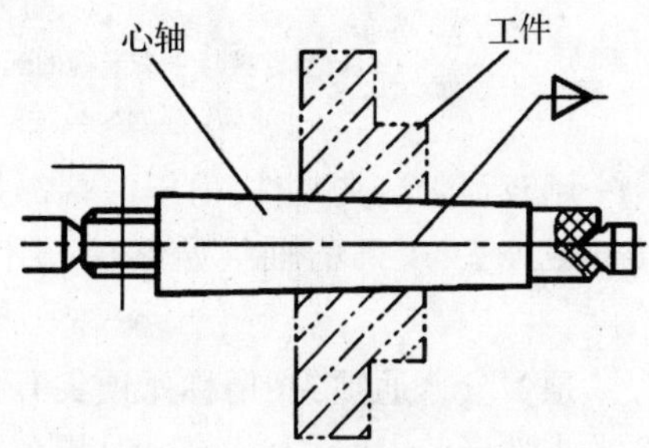

图7-24 用锥度心轴装夹工件

7.4.5 顶尖

如果工件比较长,用三爪卡盘等一端装夹方式工件的刚性不足时,可采用顶尖装夹。方法有"一夹一顶"(如图7-25所示)装夹法和双顶尖装夹法(如图7-26所示)。

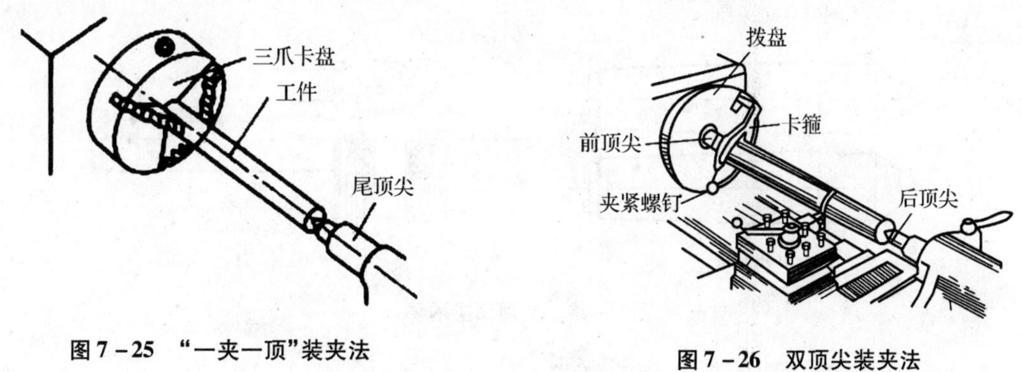

图7-25 "一夹一顶"装夹法

图7-26 双顶尖装夹法

用顶尖安装工件,必须先车平端面,并用中心钻在端面上钻出中心孔,中心孔是工件在顶尖上装夹时的定位基准。

“一夹一顶”装夹法是指工件的前端采用卡盘装夹，后端采用顶尖支顶的装夹方法，多用于粗加工、半加工或加工较重的工件。

双顶尖装夹法是指工件的前后端均采用顶尖支顶的装夹方法，多用于精加工。采用这种方法时，主轴的运动是通过卡箍（又称鸡心夹）和拨盘来传递的，此时顶尖起定位作用，拨盘与主轴相连带动紧固在工件轴端的卡箍使工件转动。常用的卡箍和拨盘以及它们的使用方法如图 7－27 所示。

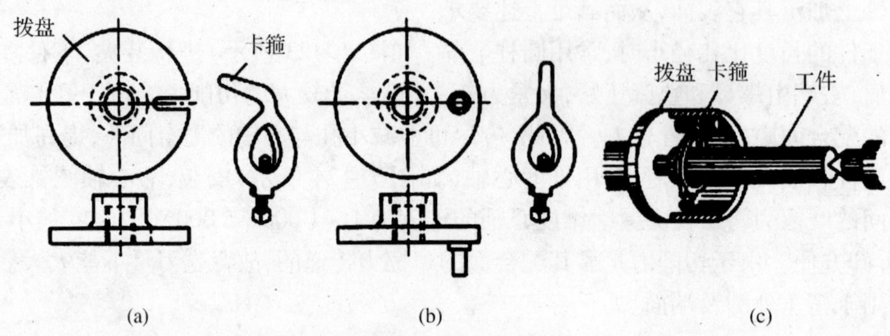

图 7－27　常用拨盘与卡箍

(a) U 型拨盘与弯头卡箍的配用；(b) 带拨杆拨盘与直头卡箍的配用；(c) 安全卡箍

用双顶尖装夹工件，由于两端都是以中心孔的锥面定位，故定位精度比较高，即使多次装卸或掉头，工件的轴线始终保持不变，保证了工件在多次装夹中所加工表面间的位置精度。

顶尖分普通顶尖（俗称死顶尖）和活顶尖，如图 7－28 所示。生产中应根据不同的加工要求来选择前、后顶尖。前顶尖装在主轴锥孔中并随主轴与工件一起转动，与工件间无相对运动，不产生摩擦发热，通常采用死顶尖。后顶尖装在尾座的套筒中，如采用死顶尖，虽定位精度高，但由于工件相对固定不动的死顶尖转动，会使顶尖因与工件间的摩擦发热而磨损，高速切削时甚至会烧坏顶尖，所以当工件的加工精度和表面质量要求较高需要采用死顶尖时，要注意合理选用主轴转速，并在配合的中心孔内涂黄油；如采用活顶尖，此时顶尖外壳不动而顶尖体随工件转动，虽可避免上述不足，但顶尖结构复杂，定位精度较低，所以活顶尖多用于粗车、半精车或高速车削。

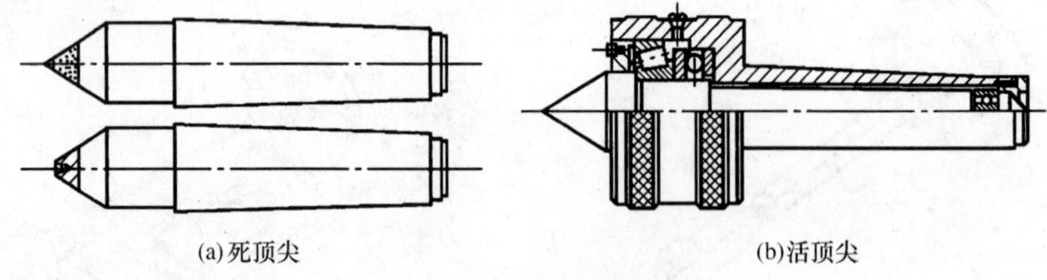

图 7－28　常用顶尖的种类

7.4.6　中心架与跟刀架

如果工件特别长或又细又长，用两端装夹方式工件的刚性仍然不足时，须采用中心架或跟刀架作为辅助支承，以减少工件的变形。

中心架固定在床身导轨上,其三个支承爪支承在预先加工好的一小段工件外圆上。由于中心架在加工的过程中是固定不动的,必须分段车削,一般多用于加工阶梯轴、车长轴端面、打中心孔及加工内孔等,如图 7-29 所示。

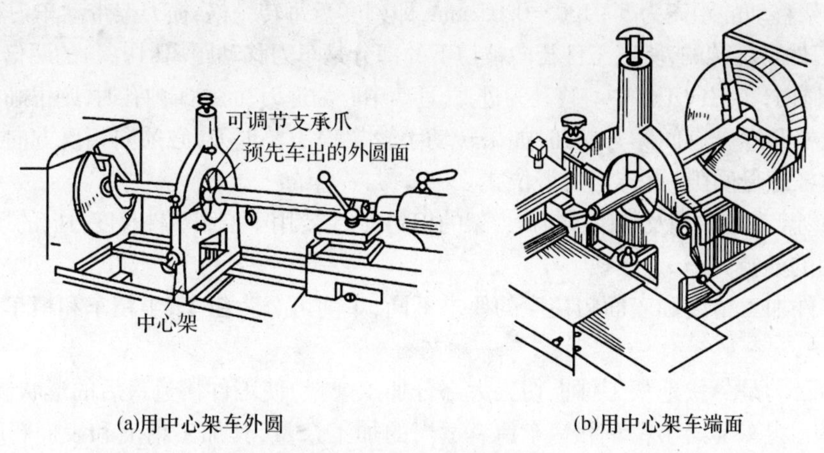

(a)用中心架车外圆　　(b)用中心架车端面

图 7-29　中心架的应用

跟刀架固定在床鞍上,并随床鞍一起做纵向移动,多用于加工细长的光轴和长丝杠等工件。使用跟刀架前要在工件的右端车出一小段圆柱面,然后装上跟刀架车出余长,如图 7-30 所示。

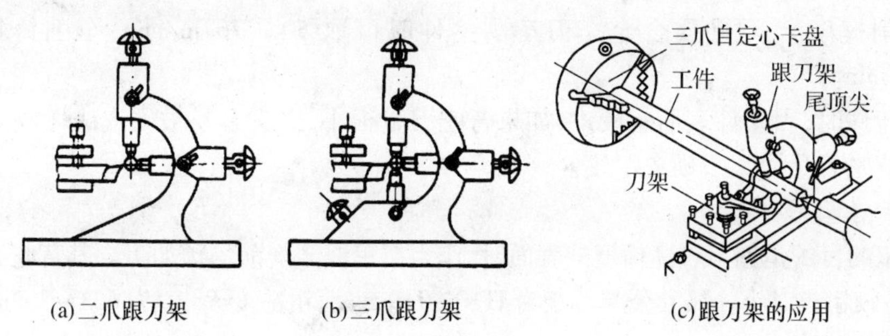

(a)二爪跟刀架　　(b)三爪跟刀架　　(c)跟刀架的应用

图 7-30　跟刀架及其应用

7.5　车削的基本工作

7.5.1　车削操作要点

1. 刻度盘的使用

在车削工件时要准确、迅速地掌握切深及工件尺寸,必须熟练地使用横刀架和小刀架的刻度盘。

横刀架的刻度盘紧固在丝杠轴头上,横刀架和丝杠的螺母紧固在一起。当横刀架的手柄带动刻度盘转一周时,丝杠也转一周,这时螺母带动横刀架移动一个丝杠螺距,所以横刀架移动的距离可根据刻度盘上的格数来计算：

$$刻度盘每转一格横刀架移动的距离 = \frac{丝杠螺距}{刻度盘格数}(mm)$$

CA6140 型卧式车床横刀架丝杠螺距为 5 mm，横刀架刻度盘等分为 100 格，所以刻度盘每转一格横刀架移动的距离为 5 ÷ 100 = 0.05 mm，即刻度盘每转一格，横刀架带动车刀移动 0.05 mm。由于工件是旋转的，所以工件径向被切下的部分是车刀移动距离（切深）的两倍。

加工外圆时，车刀向工件中心移动为进刀，远离中心为退刀；而加工内孔时，则正好相反。

由于丝杠和螺母有间隙，进刀时如果转动手轮超程需要退刀，必须向相反方向退回半周左右消除丝杠螺母间隙，再转至所需位置。

小刀架刻度盘的原理及其使用与横刀架的相同，它主要用于控制工件长度方向的尺寸。

2. 车削的分类

根据零件加工精度和表面粗糙度的要求不同，车削可分为粗车、半精车和精车。

(1) 粗车

粗车的目的是尽快地从工件上切去大部分加工余量，使工件接近最后的形状和尺寸，以提高生产率。粗车要给半精车和精车留有适当的加工余量，其加工精度和表面粗糙度要求较低，粗车后尺寸公差等级一般为 IT14 ~ IT11，表面粗糙度 Ra 值一般为 12.5 ~ 6.3 μm。粗车应优先选用较大的背吃刀量 a_p，其次应尽可能选用较大的进给量 f，切削速度多采用中等或中等偏低的速度。

粗车的切削用量推荐值如下：

①背吃刀量 a_p 取 2 ~ 4 mm；

②进给量 f 取 0.15 ~ 0.4 mm/r；

③切削速度 v_c 用硬质合金车刀车削钢件时可取 50 ~ 70 m/min，车削铸铁时可取 40 ~ 60 m/min。

粗车铸件时，因工件表面有硬皮，如果背吃刀量很小，刀尖容易被硬皮碰坏或磨损，因此第一刀的背吃刀量应大于硬皮厚度。

(2) 半精车

半精车的目的是加工较高精度的表面时，作为精车或磨削前的预加工。其背吃刀量 a_p 和进给量 f 均较粗车时小。尺寸公差等级为 IT10 ~ IT9，表面粗糙度 Ra 值为 6.3 ~ 3.2 μm。

(3) 精车

精车的目的是保证零件获得所要求的加工精度和表面粗糙度值。尺寸公差等级可达 IT8 ~ IT7，表面粗糙度 Ra 值可达 1.6 μm。精车应选用较小的背吃刀量 a_p 和进给量 f，切削速度应根据情况选用高速（$v_c \geq 100$ m/min）或低速（$v_c < 5$ m/min）。

精车的切削用量推荐值如下：

背吃刀量 a_p：取 0.1 ~ 0.5 mm（高速精车）或 0.05 ~ 0.10 mm（低速精车）；

进给量 f：取 0.05 ~ 0.2 mm/r；

切削速度 v_c：用硬质合金车刀车削钢件时可取 100 ~ 120 m/min（高速精车）或 3 ~ 5 m/min（低速精车），车削铸铁时可取 60 ~ 70 m/min。

3. 试切的方法与步骤

因为刻度盘和丝杠的导程都存在误差，在半精车或精车时，单靠用刻度盘来调整背吃刀量往往不能保证所要求的尺寸公差，需要用试切的方法来准确控制尺寸公差，达到尺寸精度的要求。如图 7－31 所示。下面以车外圆为例说明试切的方法与步骤：

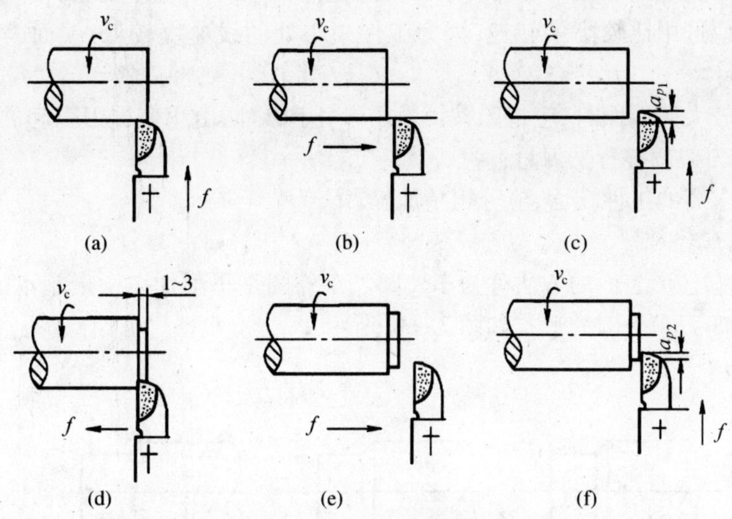

图 7－31　车外圆的试切方法与步骤

(a)开车对刀,使车刀与工作表面轻微接触;(b)向右退出车刀;
(c)横向进刀 a_{p1};(d)切削 1～3 mm;(e)退出车刀,进行度量;(f)如果尺寸不到,再进刀 a_{p2}

(1) 开车对零点,即确定刀具与工件的接触点,作为背吃刀量(切削深度)的起点。对零点时必须开车,这样不仅可以找到刀具与工件的最高处接触点,而且也不易损坏车刀;

(2) 沿进给反方向移出车刀;

(3) 进刀;

(4) 走刀切削;

(5) 如需再切削,可使车刀沿进给反方向移出,再加背吃刀量进行切削。如不再切削,则应先将车刀沿进刀反方向退出,脱离工件,再沿进给反方向退出车刀。

7.5.2　各种表面的车削加工

1. 车端面

轴、套、盘类工件的端面经常用来作轴向定位、测量的基准,车削加工时,一般都先将端面车出。端面的车削方法及所用车刀如图 7－32 所示。

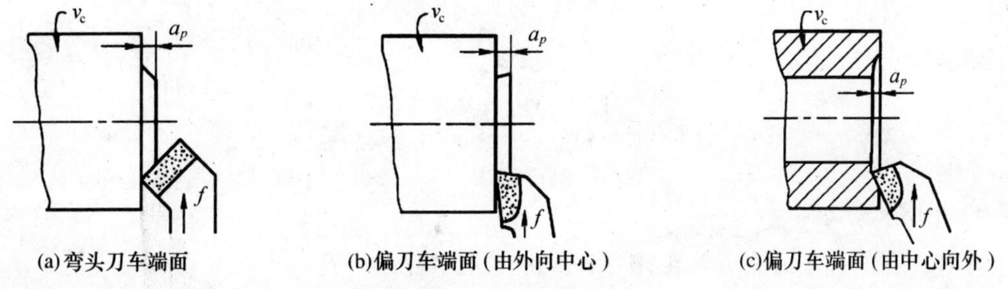

(a)弯头刀车端面　(b)偏刀车端面(由外向中心)　(c)偏刀车端面(由中心向外)

图 7－32　车端面

车端面时应注意以下几点：

(1) 车刀的刀尖应对准工件的回转中心，否则会在端面中心留下凸台；

(2) 车端面应选用比较高的转速，因为工件中心处的线速度较低，端面表面质量不易保证；

(3) 车直径较大的端面时，应将床鞍锁紧在床身上，以防由床鞍让刀引起的端面外凸或内凹。此时用小刀架调整背吃刀量；

(4) 精度要求高的工件端面，应分粗精加工。

2. 车外圆和车台阶

将工件车成圆柱形表面的方法称为车外圆。车外圆是车削加工中最基本的操作方法，常见的几种外圆车刀车外圆的形式如图 7－33 所示。

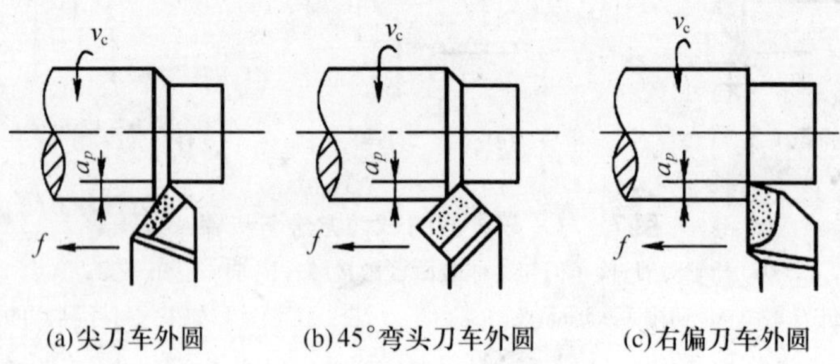

图 7－33　车外圆

车台阶实际上是车外圆和车端面的组合，其加工方法和车外圆没有什么显著区别，只需兼顾外圆的尺寸和台阶的位置。

高度小于 5 mm 的低台阶，可根据台阶的形式选用合适的车刀一次车出。高度大于 5 mm的高台阶，应分层进行切削，最后一刀应横向退出，以平整台阶端面，如图 7－34 所示。

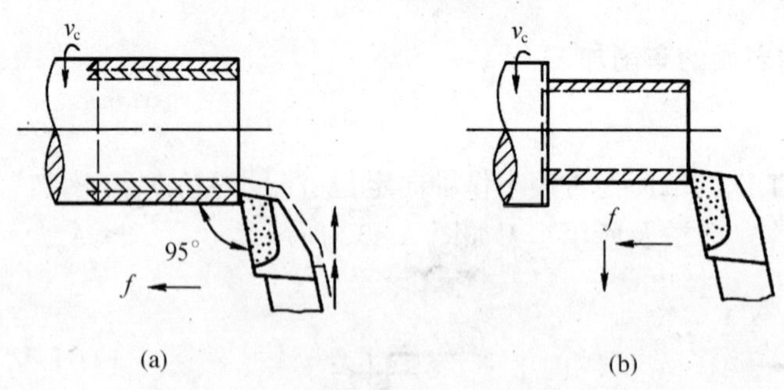

图 7－34　车高台阶

(a)偏刀主切削刃和工件轴线约成 95°，分多次纵向进给车削；

(b)在末次纵向进给后，车刀横向退出，车出 90°台阶

3. 孔加工

车床上孔的加工方法有钻孔、扩孔、铰孔、镗孔和钻中心孔。

(1) 钻中心孔

中心孔是工件在顶尖上装夹时的定位基准，常用的中心孔有 A、B 两种类型。如图

7－35所示。

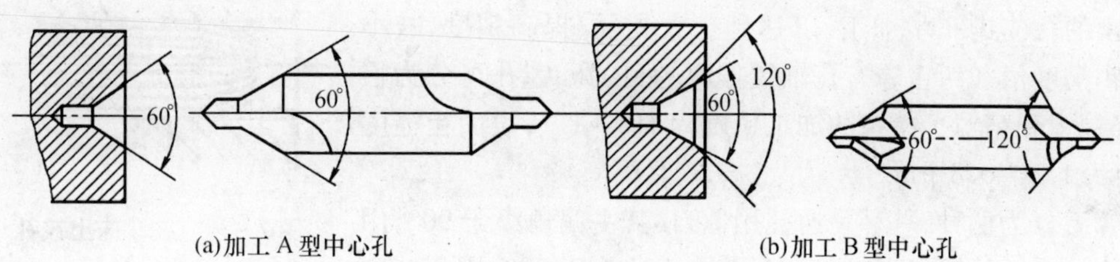

图 7－35　中心孔与中心钻

A 型中心孔由 60°锥孔和里端的小圆柱孔构成。60°锥孔与顶尖的 60°锥面相配合，小圆柱孔用以保证锥孔与顶尖锥面配合贴切，并可贮存少量润滑油。

B 型中心孔的外端比 A 型多一个 120°的锥面，以保证 60°锥孔的外圆不被碰坏，也便于在顶尖上精车轴的端面。

因中心孔直径小，钻孔时应选择较高的转速，并缓慢进给，待钻到尺寸后让中心钻稍做停留，以降低中心孔的表面粗糙度值。如图 7－36 所示。

(2) 钻孔

用钻头在实心材料上加工孔称为钻孔，其加工精度为 IT12～IT11，表面粗糙度 Ra 值为 25～12.5 μm，属于内孔粗加工。在车床上钻孔如图 7－37 所示，钻头装在尾架套筒内，工件旋转为主运动，摇动尾架手柄使钻头纵向移动为进给运动。为便于钻头定心，防止钻偏，钻孔前应先将工件端面车平，最好用中心钻钻出中心孔或车出小坑作为钻头的定位孔。钻比较深的孔时须经常退出钻头以便排出切屑。在钢件上钻孔时应加注切削液，以降低切削温度，提高钻头的使用寿命。

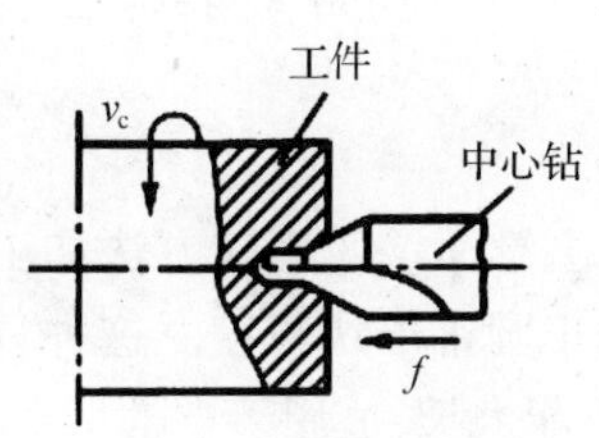

图 7－36　钻中心孔

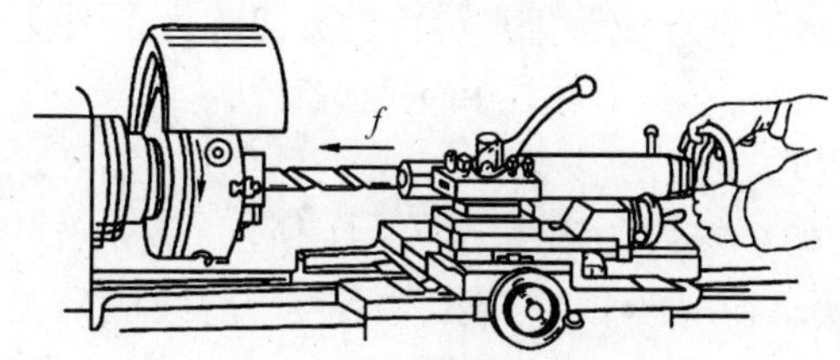

图 7－37　在车床上钻孔

(3) 扩孔

用扩孔钻对已有孔（铸出、锻出或钻出的孔）进行扩大加工称为扩孔，如图 7－38 所示。扩孔的加工精度为 IT10～IT9，表面粗糙度 Ra 值为 6.3～3.2 μm。

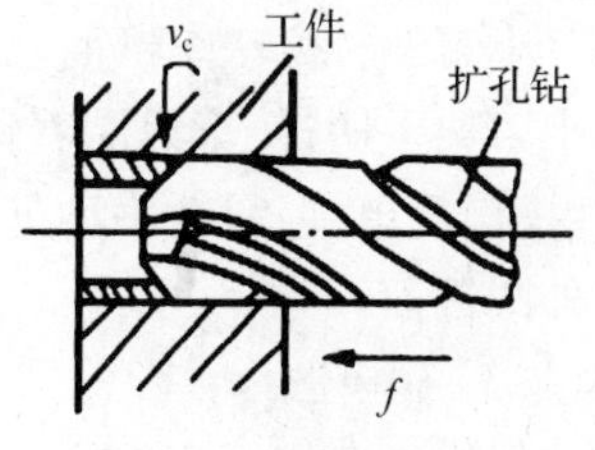

图 7－38　在车床上扩孔

扩孔可作为铰孔或磨孔前的预加工，它是孔的半精加工。当孔的精度要求不太高时，扩孔也可作为孔加工的最后加工。

(4) 铰孔

用铰刀对钻孔、扩孔进行精加工称为铰孔，如图 7－39 所示。铰孔的加工精度为 IT8～IT7，表面粗糙度 Ra 值为 1.6～0.8 μm。

(5) 镗孔

用镗刀车内孔称为镗孔。镗孔是用镗刀对已铸出、锻出或钻出的孔作进一步加工，以达到扩大孔径、提高精度、减小表面粗糙度值和纠正原有孔轴线偏斜的目的。镗孔可分为粗镗、半精镗和精镗。精镗的加工精度为 IT8 ~ IT7，表面粗糙度 *Ra* 值为 1.6 ~ 0.8 μm。

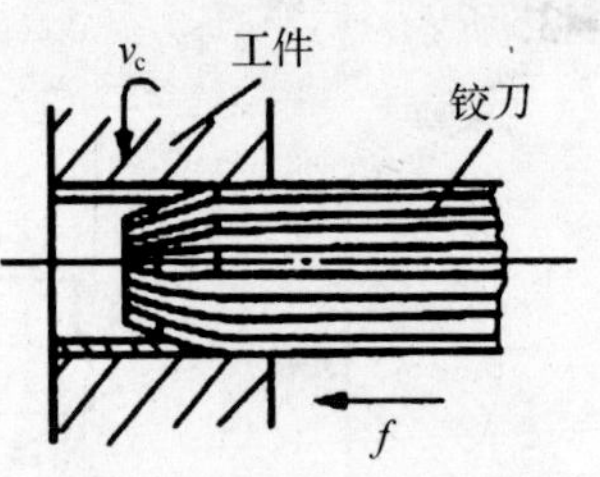

图 7 – 39　在车床上铰孔

镗刀分为两种，一种是通孔用镗刀，其主偏角小于 90°，用于镗削通孔；一种是盲孔用镗刀，其主偏角大于 90°，用于镗削不通孔（盲孔）和台阶孔。镗孔及所用的镗刀如图 7 – 40 所示。

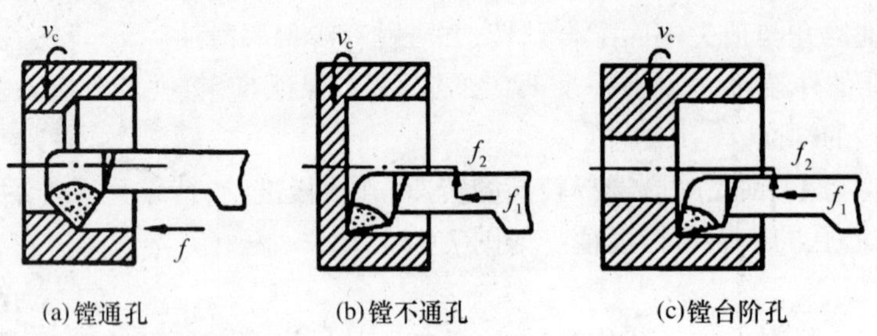

图 7 – 40　在车床上镗孔

镗刀杆应尽可能粗些。安装镗刀时，刀杆中心线应大致平行于工件轴线，伸出刀架的长度应尽可能短，刀尖要略高于孔中心线，以减小颤动、避免扎刀和镗刀下部碰伤孔壁。

4. 车圆锥面

将工件车成圆锥形表面的方法称为车圆锥面。车圆锥面的方法常用的有四种：宽刀法、小刀架转位法、靠模法和尾架偏移法。

(1) 宽刀法

宽刀法车锥面（如图 7 – 41 所示）就是利用切削刃直接车出锥面。使用该方法加工锥面，要求切削刃平直、与工件回转中心线成半锥角 α，长度略长于圆锥母线长度。这种方法方便、迅速，能加工任意角度的内、外圆锥面，但加工的圆锥面不能太长，适用于小批量生产。车床上倒角实际就是宽刀法车圆锥面。

(2) 小刀架转位法

小刀架转位法车锥面（如图 7 – 42 所示）是指将小刀架绕转盘旋转半锥角 α ，加工时转动小刀架手柄，使车刀沿着锥面的母线移动，从而加工出所需要的锥面。这种方法调整方便、操作简单，但只能手动进给。主要用于单件、小批量生产中加工精度较低和长度较短的内外圆锥面。

(3) 靠模法

靠模法车锥面（如图 7 – 43 所示）是指利用靠模装置控制车刀进给方向，车出所需要的锥面。一般靠模装置的底座固定在床身的后面，底座上装有锥度靠模板，靠模板可以绕定位销钉旋转至与工件轴线成半锥角 α 的角度。滑块可沿着靠模板自由地滑动，由于滑块通过连接板与横刀架连接在一起，横刀架上的丝杠与螺母脱开，从而滑块可带动横刀架自由地滑

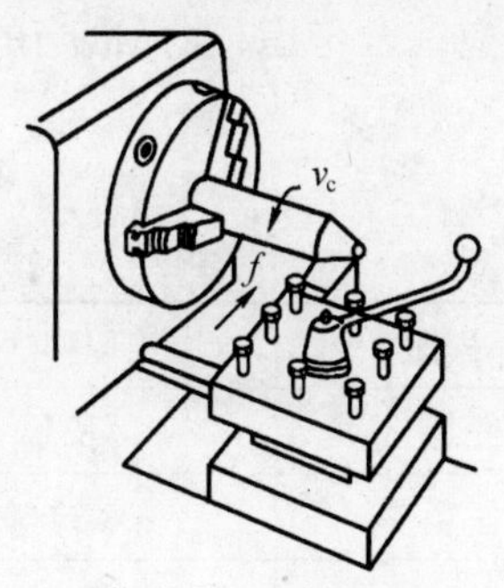

图 7－41　宽刀法车锥面

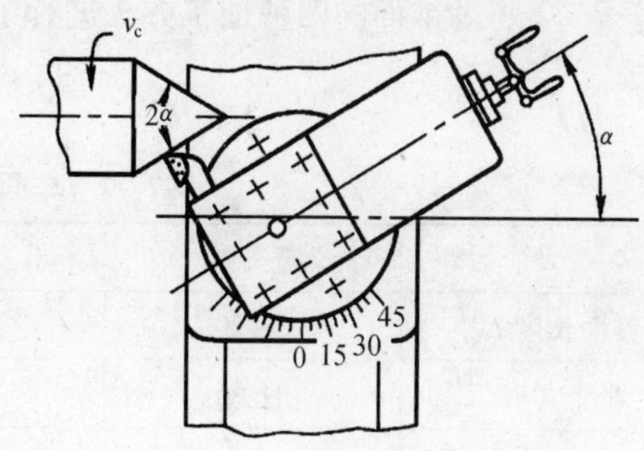

图 7－42　小刀架转位法车锥面

动。这样，当床鞍做纵向自动进给时，滑块就沿着靠模板滑动，从而使车刀的运动平行于靠模板，车出所需的圆锥面。为便于调整背吃刀量，将小刀架转过 90°，用小刀架上的丝杠调节车刀横向位置来调整所需的背吃刀量。

靠模法加工进给平稳，工件的表面质量好，生产效率高。主要用于成批和大量生产中加工较长的内外圆锥面。

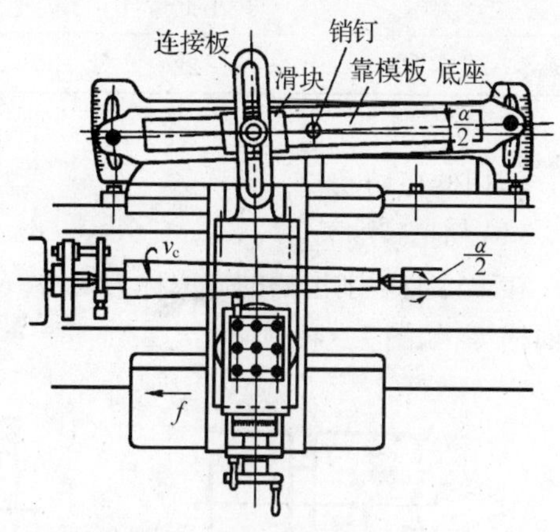

图 7－43　靠模法车锥面

(4) 尾架偏移法

尾架偏移法车锥面（如图 7－44 所示）是指将工件安装在前后顶尖之间，将装有后顶尖的尾架体相对尾架底座在水平面内横向移动一个距离 S，使工件轴线与主轴轴线的夹角等于半锥角 α，车刀沿导轨作纵向进给，即可车出所需要的锥面。与前面三种通过改变刀具以获取锥面的加工方法不同，尾架偏移法是通过改变工件的角度来获取锥面的。

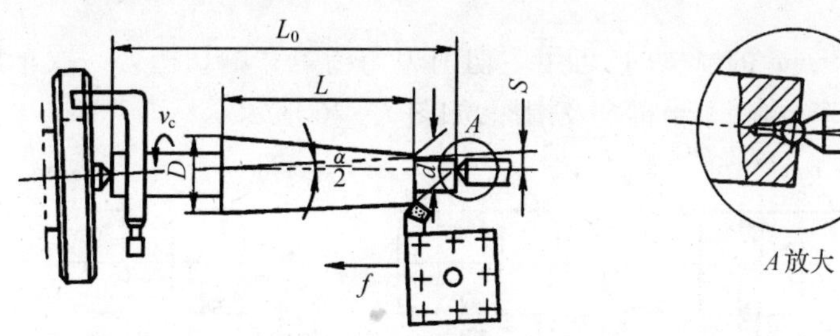

图 7－44　尾架偏移法车锥面

尾架的偏移量：$S = L \cdot \sin\alpha$

当 α 很小时，则有：$S = L \cdot \tan\alpha = L(D-d)/2l$

为使顶尖在中心孔中接触良好并受力均匀，应采用球形顶尖，如图 7－44 中放大部分所示。

尾架偏移法用于单件或成批生产中加工轴类零件上较长的外圆锥面，采用该方法车刀可自动进给。

表7－2将圆锥面的四种加工方法进行了对比，实际生产中应综合考虑，选择恰当的加工方法。

表7－2　车圆锥面的方法比较

	宽刀法	小刀架转位法	靠模法	尾架偏移法
锥面长度 L	$L \leqslant 20$	$L \leqslant 100$	任意	可长
半锥角 α	任意	任意	任意	$\alpha \leqslant 8°$
能否加工内锥面	能	能	能	不能
表面质量	一般	差	好	一般
生产类型	小批量	单件	大批量	成批
成本	低	低	高	低

5. 切槽与切断

(1) 切槽

在工件上车削沟槽的方法称为切槽（又称车槽）。在车床上能加工的槽有外槽、内槽和端面槽等，如图7－45所示。

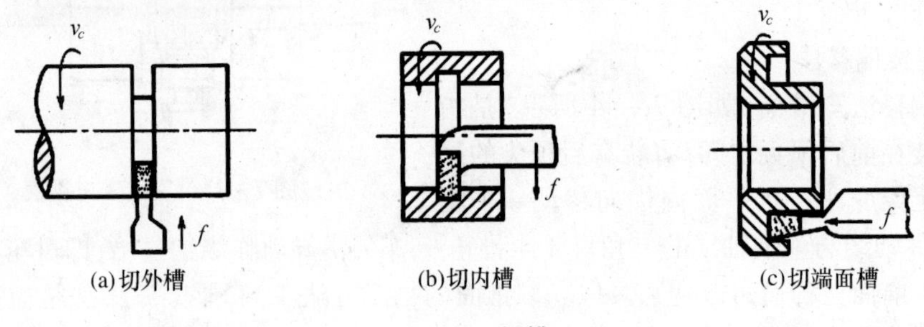

(a)切外槽　(b)切内槽　(c)切端面槽

图7－45　切槽

车削宽度小于5 mm的窄槽时，可用主切削刃与槽等宽的切槽刀一次车出；车削宽槽时，先沿纵向分段粗车，再精车出槽宽及槽深，如图7－46所示。

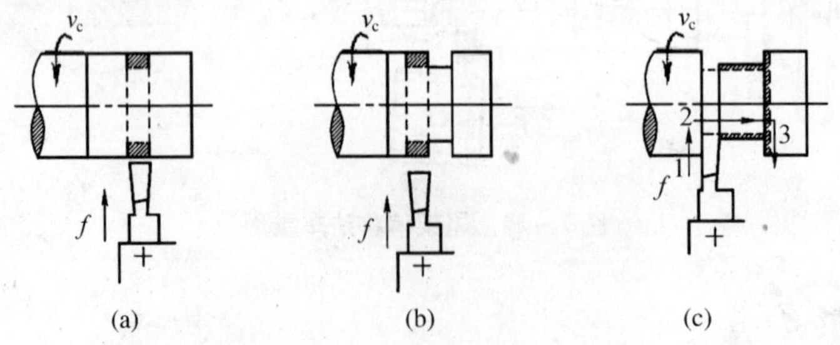

(a)　(b)　(c)

图7－46　切宽槽

(a)第一次横向进给；(b)第二次横向进给；(c)末一次横向进给后再以纵向进给精车槽底

(2) 切断

把坯料或工件从夹持端上分离下来的切削方法称为切断。在车床上主要用于圆棒料、管料的下料或把加工完的工件从坯料上分离下来。

切断的过程与切槽相似，只是刀具要切到工件的回转中心，并且切断刀的刀头较切槽刀的刀头更窄长一些。如图 7 – 47 所示。切断短工件时一般采用卡盘安装，而对悬伸较长的工件要用顶尖顶住或用中心架支承，以增加工件的刚度。

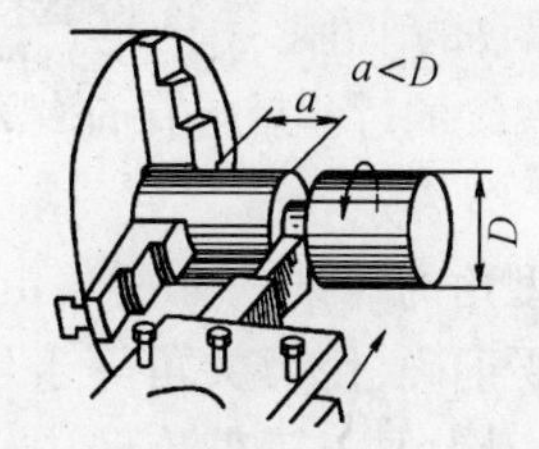

图 7 – 47　在三爪卡盘上切断

切断时应注意以下几点：

①切断时刀尖必须与工件等高，否则切断处会留有凸台，也容易损坏刀具，如图 7 – 48 所示；

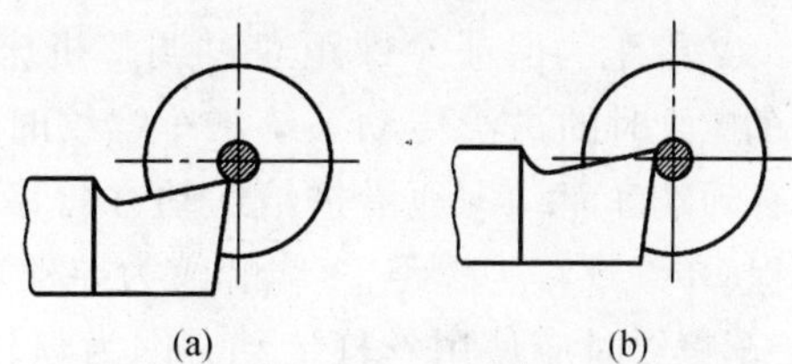

图 7 – 48　切断刀刀尖应与工件中心等高

(a)切断刀安装过低，刀头易被压断；

(b)切断刀安装过高，不易切削

②切断处应靠近卡盘，以增加工件刚度，减小切削时的振动；

③切断刀伸出不宜过长，以增强刀具刚度；

④减小刀架各滑动部分的间隙，提高刀架刚度，减少切削过程中的变形与振动；

⑤切断时切削速度要低，采用缓慢均匀的手动进给，以防进给量太大造成刀头折断。

6. 车螺纹

将工件表面车削成螺纹的方法称为车螺纹。螺纹的种类很多，分类如表 7 – 3 所示。

表 7 – 3　螺纹的分类

分类特征	牙型	线数	用途	制式	旋向
类别	三角形螺纹 梯形螺纹 矩形螺纹	单线螺纹 多线螺纹	连接螺纹 传动螺纹	米制螺纹 英制螺纹	左旋螺纹 右旋螺纹

在众多的螺纹中（如图 7 – 49 所示），应用最广的是米制三角形螺纹，称为普通螺纹。

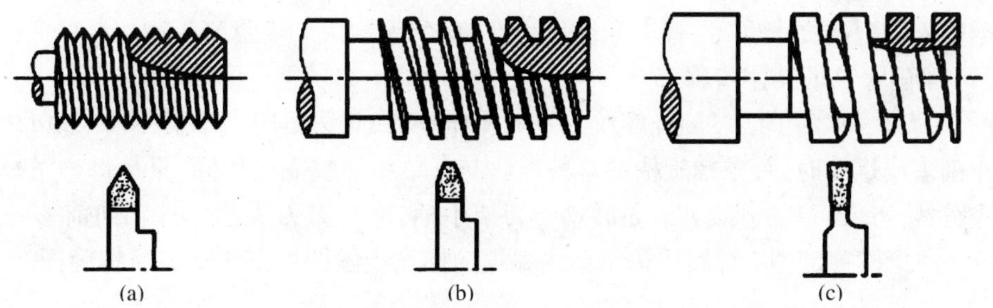

图 7 – 49　常见的螺纹

(a)三角形螺纹及其车削车刀；(b)梯形螺纹及其车削车刀；(c)矩形螺纹及其车削车刀

(1) 螺纹的车削

加工螺纹的过程就是保证螺纹三要素的过程，螺纹三要素是指牙型角 α、螺距 p 和中径 d_2。

①牙型角的保证　牙型角由车刀来保证。首先螺纹车刀的刃磨要正确，使刀尖角等于牙型角；其次螺纹车刀的装夹要正确，刀尖要与工件旋转中心等高，刀尖角的等分线与工件轴线垂直。为保证螺纹车刀的刃磨和装夹的正确性，要使用对刀样板（如图 7－50 所示）。

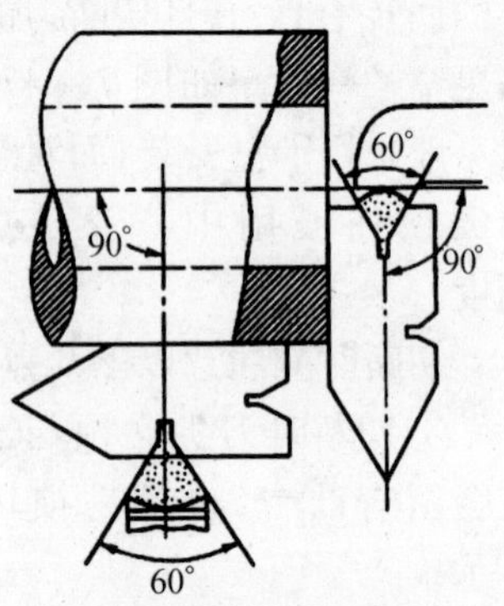

图 7－50　用样板对刀

②螺距的保证　螺距通过调整机床来保证。图 7－51 为车螺纹时的进给传动系统。车螺纹时，工件每转一转，车刀必须准确而均匀地沿进给运动方向移动一个螺距或一个导程（单线螺纹为螺距，多线螺纹为导程）。为了获得上述关系，车螺纹时应使用丝杠传动。因为丝杠的传动精度较高，且传动链比较简单，减少了进给传动误差和传动累积误差。

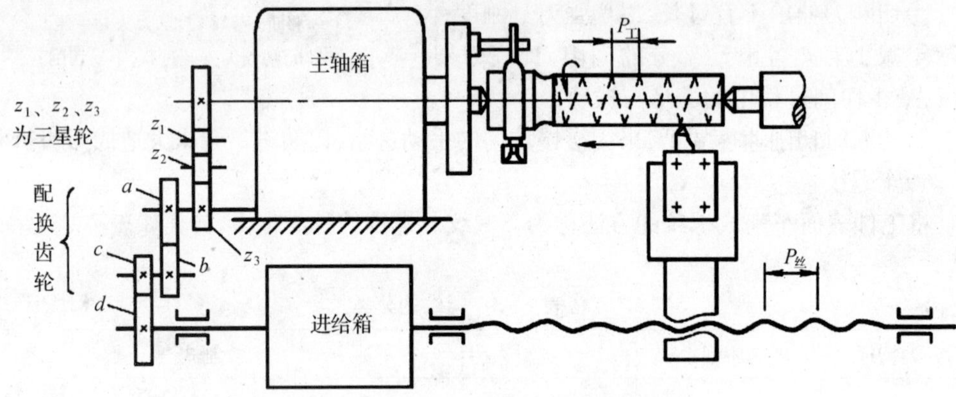

图 7－51　车螺纹的传动示意图

标准螺距可根据车床进给箱上的标牌指示直接调整进给箱手柄获得，非标准螺距可通过更换配换齿轮并调整进给箱手柄才能获得。与车外圆相比，车螺纹的进给量大，为保证退刀时间，防止刀架或溜板箱与主轴箱相撞，应选择较低的主轴转速。

③中径的保证　螺纹的中径通过控制多次进刀的总背吃刀量来保证。总背吃刀量一般根据螺纹牙型高度来确定（普通螺纹牙高 $h=0.54\ p$），由刻度盘来控制。

(2) 车削螺纹的操作步骤

图 7－52 为车削单线右旋外螺纹的一般操作步骤，此法适用于车削各种螺距的螺纹。

车削多线螺纹时，每条螺旋槽的车削方法与车单线螺纹完全相同，只是每车完一条螺旋槽后需分线。最简单的分线方法是转动小刀架手柄，使车刀刀尖沿工件轴向前移一个工件螺距值 p，如图 7－53 所示，然后按车单线螺纹的操作步骤即可车出第二条螺旋槽。

(3) 普通螺纹的测量

普通螺纹用螺纹量规测量。螺纹量规分环规（测外螺纹）和塞规（测内螺纹）两种，如图 7－54 所示。过规或过端能旋进，而止规或止端不能旋进的螺纹为合格螺纹。

车螺纹时，每次背吃刀量要小，总背吃刀量由刻度盘来控制，并用螺纹量规进行综合检

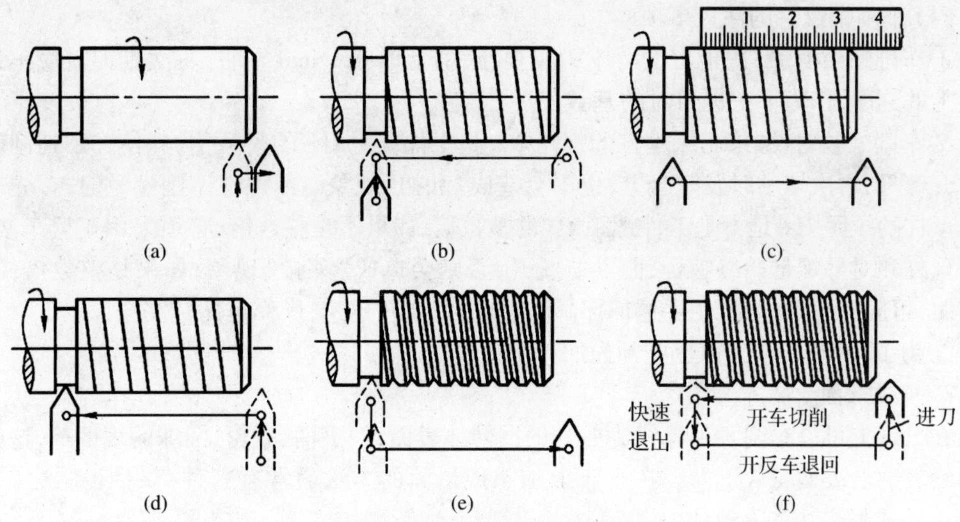

图 7－52　车削单线右旋螺纹的操作步骤

(a)开车,使车刀与工件轻微接触,记下刻度盘读数,向右退出车刀;
(b)合上对开螺母,在工件表面上车出一条螺旋线,横向退出车刀,停车;
(c)开反车使车刀退到工件右端,停车用钢尺检查螺距是否正确;
(d)利用刻度盘调整切深,开车切削;
(e)车刀将至行程终了时,应做好退刀停车准备,先快速退出车刀,然后停车,开反车退回刀架;
(f)再次横向进切深,继续切削,切削过程的路线

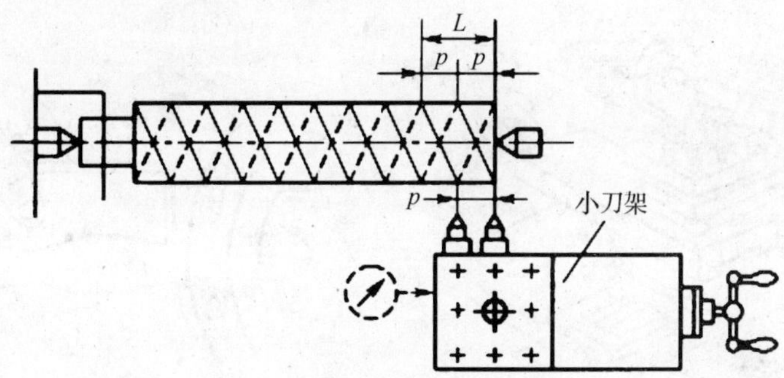

图 7－53　用移动小刀架法分线

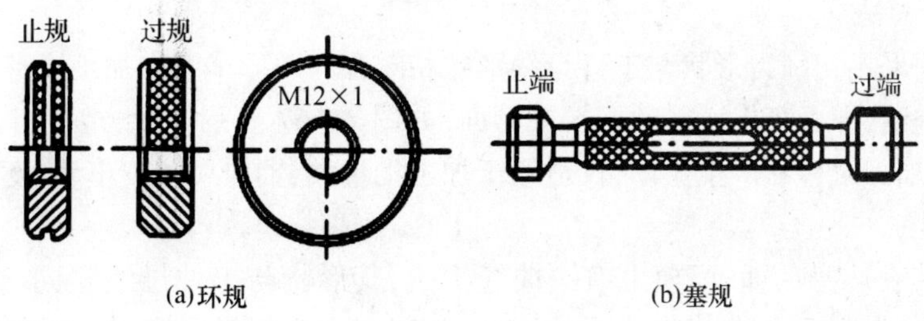

图 7－54　螺纹量规

验。如螺纹精度要求不高或单件加工且没有合适量规时,也可用与其配合的零件进行检验。

(4) 车削螺纹时的注意事项

①车削螺纹时，每次走刀的背吃刀量要小，通常取 0.1 mm 左右，每次走刀后应牢记刻度盘上的刻度，作为下次进刀时的基数。

②车削螺纹时，如果车床丝杠的螺距 $P_{丝}$ 是工件螺距 $P_{工}$ 的整数倍，即使在不切削时脱开对开螺母，再次切削时及时合上，也不会造成“乱扣”现象。所以在车削螺纹时，首先确定车床丝杠的螺距 $P_{丝}$ 是不是工件螺距 $P_{工}$ 的整数倍，如果不是整数倍，必须采用正反车法，使车床丝杠和对开螺母始终啮合，而不能脱开，否则会造成“乱扣”现象；如果是整数倍，纵向退刀时，可脱开对开螺母，用手摇回床鞍，这样退刀比较迅速，操作也比较安全。

③为了便于退刀，工件上应预先加工出退刀槽。

7. 车成形面

在车床上可以车削各种母线为曲线的回转体表面，如手柄、手轮、圆球的表面等，这些带有曲线轮廓的表面叫成形面。在车床上加工成形面的方法通常有三种：双手控制法（纵横进给法）、成形刀法和靠模法。

(1) 双手控制法

车削时双手同时摇动横刀架和小刀架的手柄，把纵向和横向的进给运动合成为一个运动，使刀尖的运动轨迹与所需成形面的曲线相符，如图 7－55 所示。车削过程中需要多次用样板检验并进行修正，如图 7－56 所示。一般在车削后要用锉刀仔细修整，最后再用砂布抛光。此方法无需专用设备和工具，对操作者技术要求较高，由于其加工精度和生产率低，多用于单件、小批量生产。

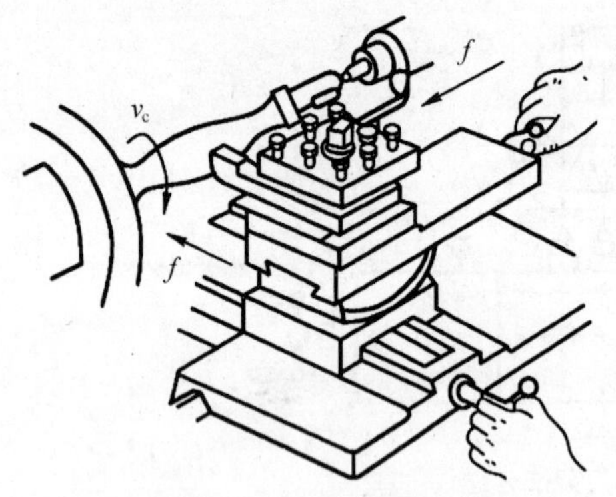

图 7－55　双手控制法车成形面

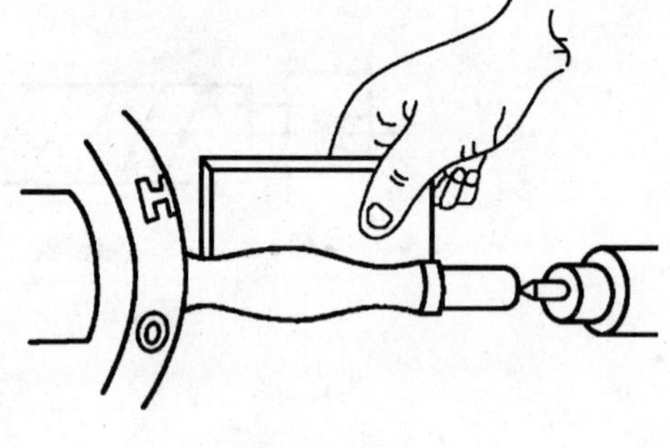

图 7－56　用样板检测成形面

(2) 成形刀法

成形刀法采用切削刃形状与工件母线形状相吻合的成形车刀来加工成形面。车削时车刀只作横向进给，即可车出所需的回转成形面，如图 7－57 所示。此方法生产率较高，但车刀刃磨困难，加工时容易产生振动，仅适用于加工批量大、轴向尺寸较小、刚度好的成形面。

(3) 靠模法

靠模安装在床身后面，靠模上有一曲线沟槽，其形状与工件母线相同，连接板一端固定在横刀架上，另一端与曲线沟槽中的滚柱连接，当大拖板纵向移动时，滚柱即沿靠模的曲线沟槽移动，从而带动横刀架和车刀作曲线走刀而车出成形面，如图 7－58 所示。

车削前应将车床横刀架上的丝杠与螺母脱开，从而滚柱可带动横刀架自由地滑动。为便于调整背吃刀量，将小刀架转过 90°，用小刀架上的丝杠调节车刀横向位置来调整所需的

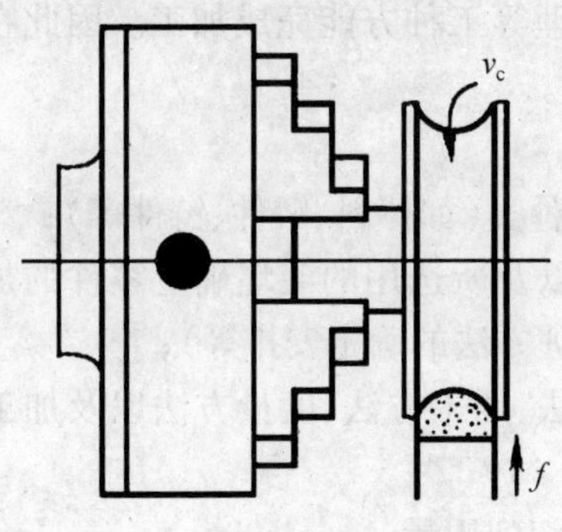

图 7－57　成形刀法车成形面

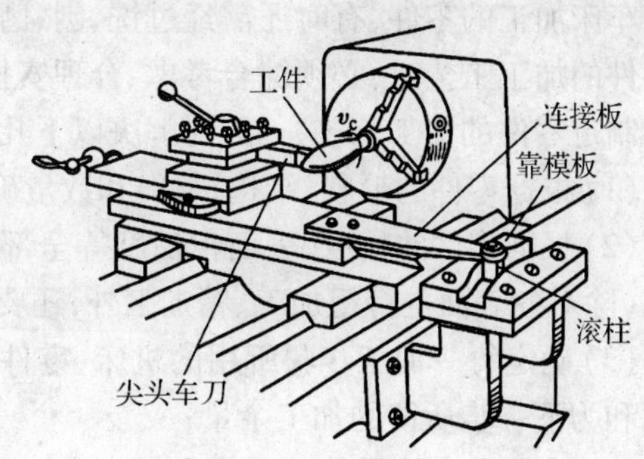

图 7－58　靠模法车成形面

背吃刀量。

此方法生产率高，零件加工质量稳定，互换性好，但制造靠模增加了成本，故适用于成批及大量生产。用靠模法车锥面时只需将靠模做成直槽并扳转所需角度即可。

8. 滚花

用滚花刀滚压工件表面，使之产生塑性变形而形成花纹的过程称为滚花，如图 7－59 所示。滚花刀网齿的表面硬度很高（一般为 HRC60～65），呈直纹或网纹，有单轮、双轮及多轮等几种滚花刀（如图 7－60 所示）。带有花纹的零件表面便于用手握持，而且外形美观，如外径千分尺的活动套筒、塞规杆、活顶尖的外壳等。

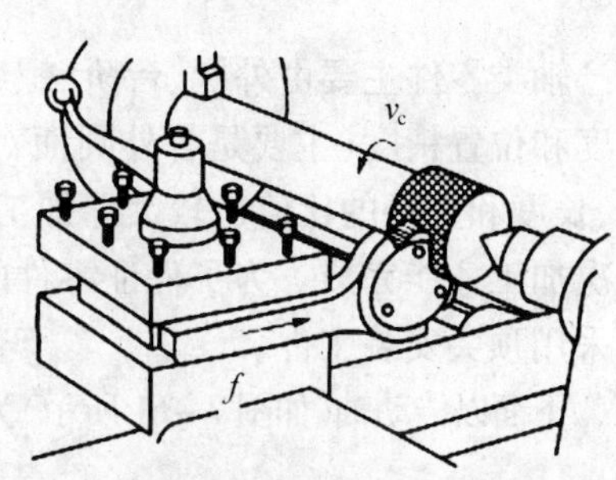

图 7－59　滚花操作示意图

花纹有直纹和网纹两种。滚花时滚花刀的表面与工件要平行接触，开始吃刀时必须用较大的压力，待吃刀到一定深度后，再进行纵向自动进给。滚花时工件的转速要低，并充分加注切削液。

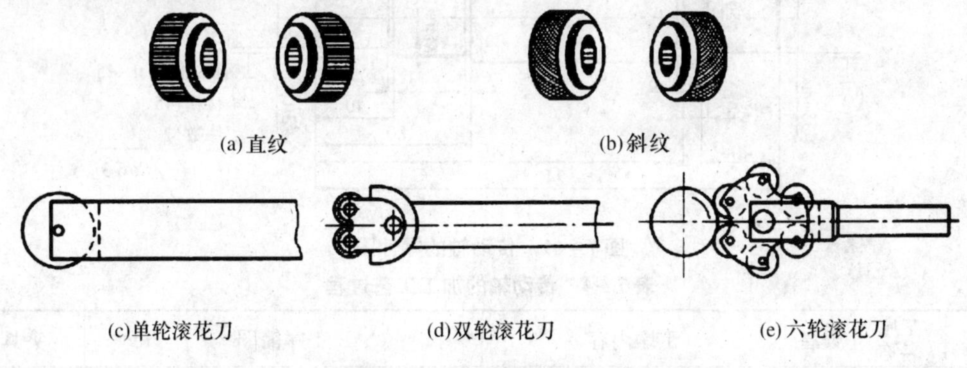

图 7－60　常用滚花刀的种类

7.6　典型零件车削加工工艺

由于零件是由多个表面组成的，生产中往往需要经过若干个加工步骤才能从毛坯加工出成品。零件形状越复杂，精度、表面粗糙度要求越高，需要的加工步骤也就越多。一般适合于车床加工的零件，有时还需经过铣、刨、磨、钳、热处理等工种方能完成加工。因此在制定零件的加工工艺时，必须综合考虑、合理安排加工步骤。

制定零件的加工工艺，一般要解决以下几方面问题：

(1) 根据零件的形状、结构、材料和数量确定毛坯的种类(如棒料、锻件、铸件等)；

(2) 根据零件的精度、表面粗糙度等全部技术要求以及所选用的毛坯确定零件的加工顺序(除对各表面进行粗加工、精加工外，还要包括热处理方法的确定安排等)；

(3) 确定每一加工步骤所用的机床、零件的安装方法、加工方法、度量方法以及加工的尺寸和为下一步所留的加工余量；

(4) 成批生产的零件还要确定每一步加工时所用的切削用量。

为此必须强调，在制定零件加工工艺之前，一定要首先看清图样，做到既了解全部技术要求，又要抓住技术关键。具体制定工艺时还要紧密结合本厂本车间的实际生产条件。

加工轴类、盘套类零件时，其车削工艺是整个工艺过程的重要组成部分，有的零件通过车削即可完成全部加工内容。下面介绍几种典型零件的车削工艺。

7.6.1 轴类零件

轴类零件主要由外圆、台阶、螺纹等组成。一般传动用的轴，各表面的尺寸精度、表面粗糙度和位置精度(主要是各外圆面对轴线的同轴度和台肩面对轴线的端面圆跳动)要求较高，长度和直径的比值也较大。加工时不可能一次加工完全部表面，往往要多次调头安装，多次加工才能完成。为了保证零件的安装精度，并且安装要方便可靠，轴类零件的加工一般都采用顶尖安装工件。

下面以传动轴(如图 7-61 所示)为例介绍轴类零件的加工工艺。其加工工艺过程见表 7-4。

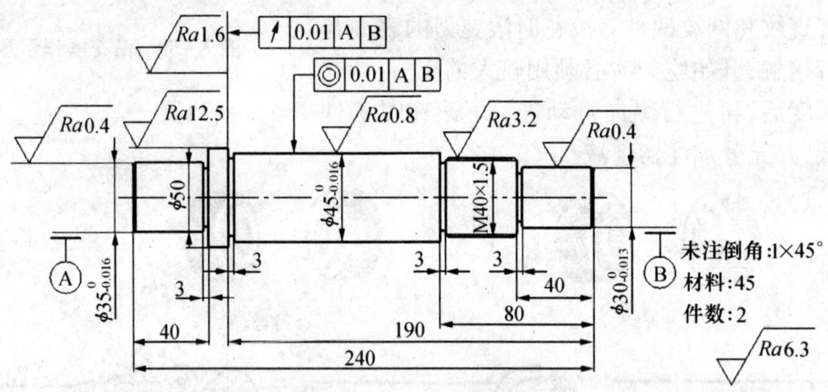

图 7-61 传动轴的零件图

表 7-4 传动轴的加工工艺过程

序号	工序名称	设备	工序内容	工序简图	夹具
0	下料	锯床	圆钢下料 φ55 × φ245		平口钳
5	车	车床	夹持 φ55 外圆，车端面见平 钻 φ2.5 中心孔 用尾架顶尖顶中心孔粗车外圆 φ52 × φ202 粗车 φ45、φ40、φ30 各外圆，直径留余量 2，长度留余量 1	φ52 φ47 φ42 φ32 39 79 189 202	三爪卡盘 顶尖

表 7-4(续)

序号	工序名称	设备	工序内容	工序简图	夹具
10	车	车床	夹持 ϕ47 外圆,车另一端面,保证总长 240,钻 ϕ2.5 中心孔 粗车 ϕ35 外圆,直径留余量 2,长度留余量 1		三爪卡盘
15	车	车床	研磨中心孔		三爪卡盘
20	车	车床	用卡箍卡 *B* 端 精车 ϕ50 外圆至尺寸 半精车 ϕ35 外圆至尺寸 ϕ35.5 切槽,保长度 40 倒角		双顶尖
25	车	车床	用卡箍卡 *A* 端 半精车 ϕ45 外圆至 ϕ45.5 精车 M40 大径为 ϕ40 半精车 ϕ30 外圆至 ϕ30.5 切槽三个,分别保证长度 190、80 和 40 倒角车螺纹 M40×1.5		双顶尖
30	磨	外圆磨床	磨 ϕ30、ϕ45 外圆至尺寸 靠磨 ϕ50 的台阶面 调头(垫铜皮) 磨 ϕ35 外圆至尺寸		双顶尖
35	检测		总体检验零件加工质量		

7.6.2 盘套类零件

盘套类零件主要由孔、外圆与端面所组成。加工时不仅要保证尺寸精度和表面粗糙度要求,通常还需要保证外圆、端面与孔之间的位置精度要求。精车时,尽可能把有位置精度要求的外圆、孔、端面在一次安装中全部加工完(在生产上,习惯称之为“一刀活”)。如不能做到这一点,通常先精加工孔,然后以孔定位,把工件安装在心轴上加工外圆和端面。

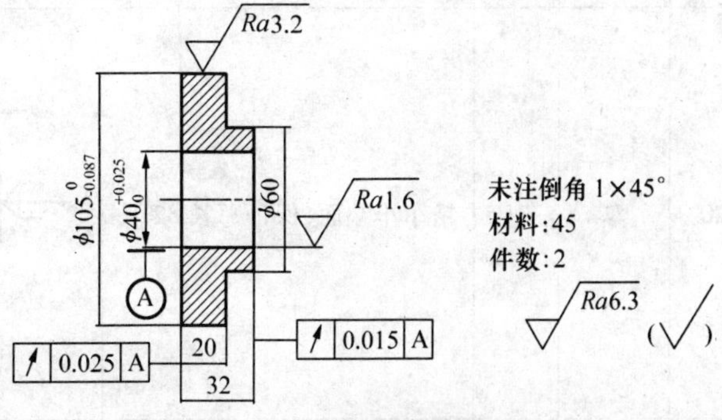

图 7-62 齿轮坯的零件图

下面以齿轮坯(如图 7-62 所示)为例介绍盘套类零件的加工工

艺。其加工工艺过程见表7－5。

表7－5　齿轮坯的加工工艺过程

序号	工序名称	设备	工序内容	工序简图	夹具
0	下料	锯床	圆钢下料 $\phi110\times\phi36$		平口钳
5	车	车床	夹持 $\phi110$ 外圆长 20 车端面见平 粗车外圆 $\phi63\times\phi10$	12 $\phi63$	三爪卡盘 （反爪）
10	车	车床	夹持 $\phi63$ 外圆 粗车端面见平，粗车外圆至 $\phi107$ 钻孔 $\phi36$ 粗精镗孔 $\phi40_{0}^{+0.025}$ 至尺寸 精车端面、保证总长 33 精车外圆 $\phi105_{-0.087}^{0}$ 至尺寸 内外倒角 $1\times45°$	21	三爪卡盘
15	车	车床	夹持 $\phi105$ 外圆、垫铜皮，找正 精车台肩面保证长度 20 车小端面，总长 32.3 精车外圆 $\phi60$ 至尺寸， $\phi105$ 外圆倒角 $1\times45°$ $\phi60$ 外圆和孔倒角 $1.3\times45°$	12.3 $\phi60$	三爪卡盘 （反爪）
20	车	车床	精车小端面，保证总长 32		双顶尖心轴
25	检测		总体检验零件加工质量		

7.7 车削安全操作技术规程

1. 保持车床和周围地区的清洁、整齐。

2. 在开车前,应检查润滑油面标高,卡盘旋转方向。更换磨损和损坏的螺母、螺钉、装好所有防护罩。给所有润滑点注油。使送进机构确实地处在中间空挡位置。

3. 检查所有刀具和工具。不得使用有裂纹或损坏的刀具、工具和没有木柄的锉刀或刮刀。应使用尺寸适宜的扳手、量具。夹紧工件后,必须及时拿下卡盘扳手。

4. 在使用机床前,必须了解操纵手柄的用途,机床的性能,否则不得开动机床。

5. 先学会停车、再开动机床。先开车、后走刀,先停走刀、后停车。床头箱和变速箱手柄只许在停车时扳动,进给箱手柄只许在停车或低速时扳动。

6. 时刻注意刀架部分的行程极限,纵向移动防止碰撞卡盘和尾座;横向移动方刀架时,向前不超过主轴中心线,向后横溜板不超过导轨面。

7. 主轴的制动是由正反车手柄操纵制动机构来实现,当手柄扳到停止位置时,机构就使主轴受到制动。而不能用手柄瞬时改变方向的操作来代替制动。

8. 工作完毕,机床停稳前,不得打开防护罩,不得关掉机床总电源。三靠后:横刀架逆时针旋转靠后,大拖板、尾座靠到床尾。

9. 装卸工件或附件时,应采用有安全工作载荷的吊重装置,并在使用前检查吊重装置,确保没有过度磨损或损坏,应注意工件上的毛刺和锐利刃口。不得用手提举过重工件和机床附件,不得在冷却液中洗手。

10. 事故无论大小,一律立即报告。

复习思考题

1. 卧式车床有哪几部分组成?各有何功用?

2. 主轴的转速是否就是切削速度?主轴转速提高,刀架移动就加快,这是否就指进给量加大?

3. 车削时工件和刀具须作哪些运动?切削用量包括哪些内容?用什么单位表示?

4. 光杠、丝杠的作用是什么?车外圆用丝杠带动刀架、车螺纹用光杠带动刀架一般不行,为什么?

5. 常用的车刀材料有几种?试比较它们的切削性能。

6. 粗加工和精加工在选择切削用量和刀具角度时有哪些不同?

7. 试切的目的是什么?试切的步骤有哪些?

8. 用横刀架手柄进刀时,如果刻度盘的刻度多转了 3 格,能否直接退回 3 格,为什么?应如何处理?

9. 车床上安装工件的方法有哪些?各适用于加工哪些种类和技术要求的零件?

10. 车螺纹时如何保证工件螺距?主轴转速和刀移动速度有何关系?

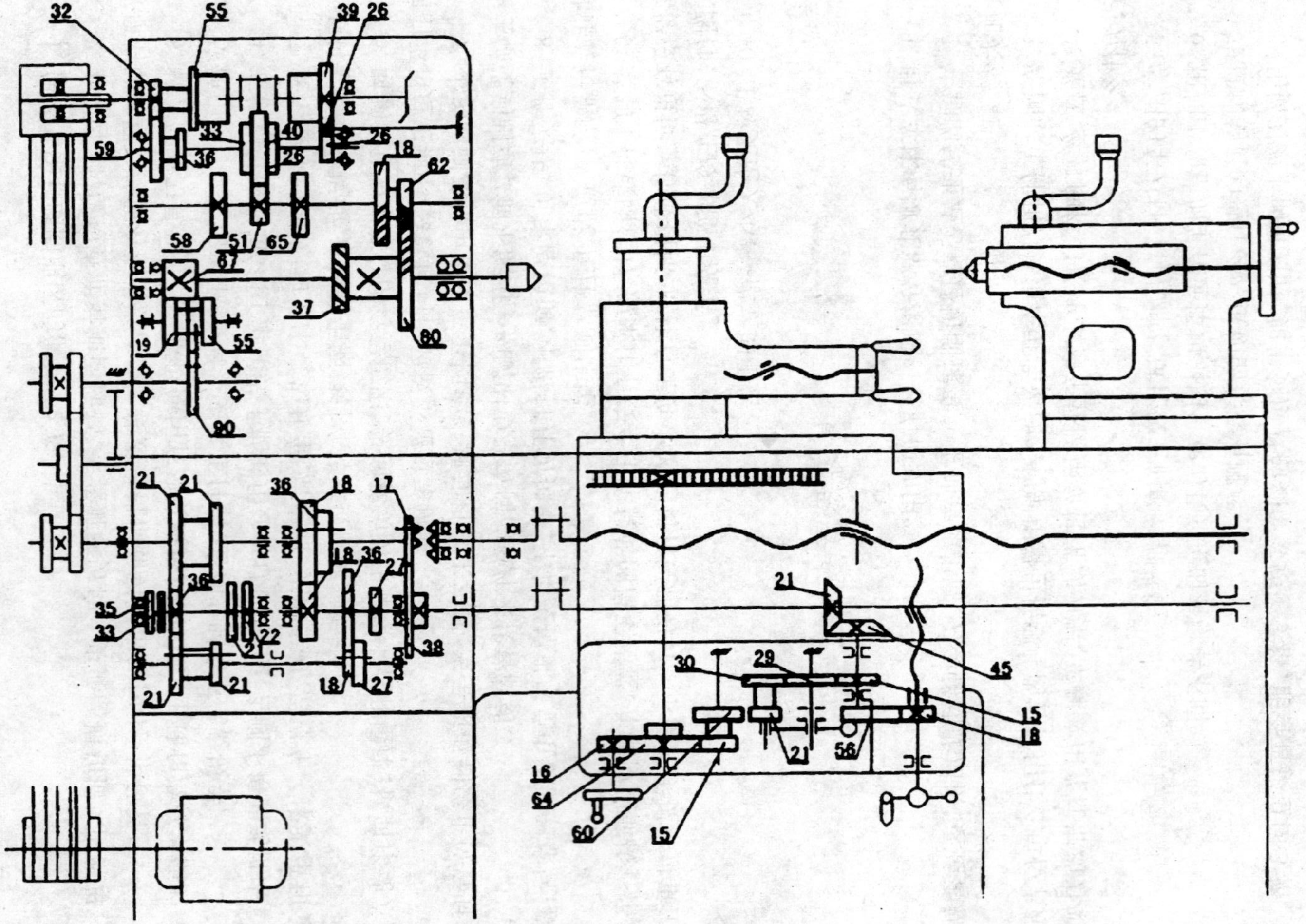

附图 7-01　CA6136型卧式车床传动系统图

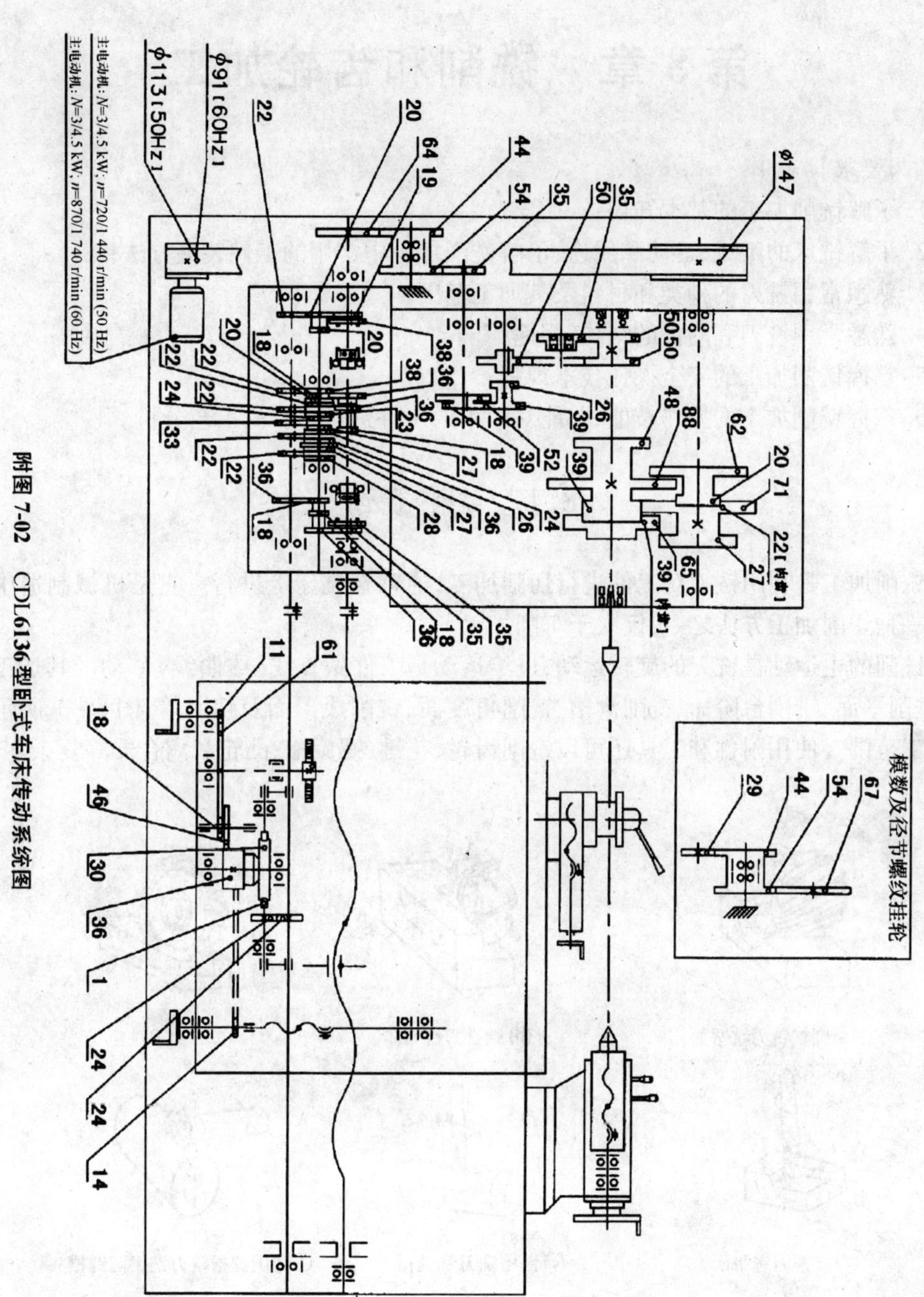

附图 7-02　CDL6136型卧式车床传动系统图

第 8 章　铣削和齿轮加工

【目的与要求】

1. 了解铣削加工的基本知识;
2. 了解铣床的组成、运动和用途,了解铣削加工中常用的工件装夹方法;
3. 熟悉常用铣刀的种类和材料及其加工范围;
4. 熟悉常用铣刀和附件的结构、用途;
5. 掌握铣削加工的安全操作技术规程;
6. 掌握铣削加工的操作技能,并能对简单的工件进行初步的工艺分析。

8.1　铣削概述

铣削加工是利用铣刀对工件进行切削加工,通常在铣床上进行。它是机械制造中最常用的一种切削加工方法之一,仅次于车削加工。

铣削的主运动是铣刀的旋转运动;进给运动是工件做直线(或曲线)移动。其加工范围有:铣削平面、铣削台阶面、铣削沟槽、铣削角度面、铣削成形面及切断等,图 8 - 1 所示为铣削加工范围。使用附件和工具还可以铣削齿轮、花键、螺旋槽、凸轮和离合器等复杂零件,也

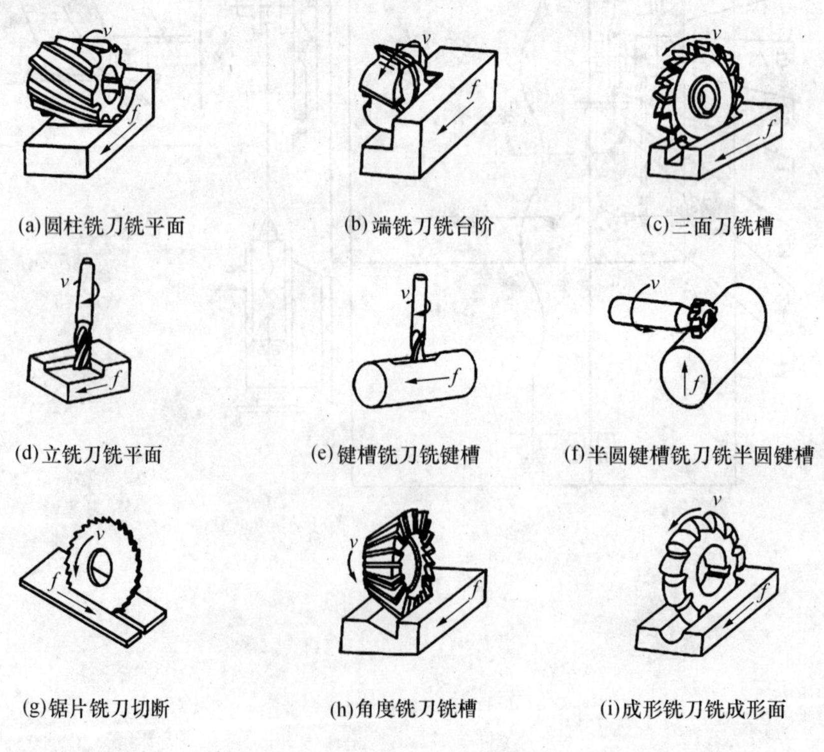

(a)圆柱铣刀铣平面　(b)端铣刀铣台阶　(c)三面刀铣槽

(d)立铣刀铣平面　(e)键槽铣刀铣键槽　(f)半圆键槽铣刀铣半圆键槽

(g)锯片铣刀切断　(h)角度铣刀铣槽　(i)成形铣刀铣成形面

图 8 - 1　铣削加工范围

可以进行孔加工。铣削加工的精度等级一般可达 IT10 ~ IT8，表面粗糙度 Ra 可达 6.3 ~ 1.6 μm。铣削加工有以下特点：铣刀是一种多齿刀具，铣削时，有几个刀齿同时参加切削，铣削有较高的生产率；铣刀上的每个刀齿是间歇地参加工作的，因而使得刀齿的冷却条件好，刀具耐用度高。

8.2 铣床及其附件

铣床的种类很多，最常见的是卧式(万能)铣床和立式铣床。两者区别在于前者主轴水平设置，后者竖直设置。

8.2.1 卧式万能铣床

X6125 卧式万能铣床的主要组成部分和作用如下(如图 8-2 所示)：

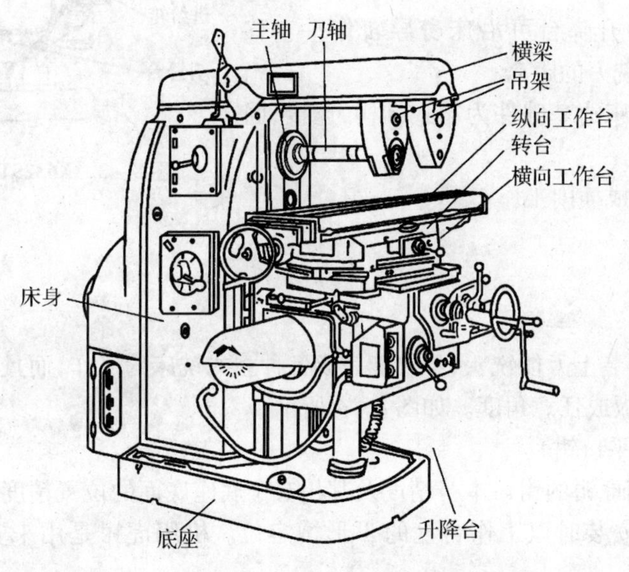

图 8-2 X6125 卧式万能升降台铣床

(1) 床身　床身为箱式结构支承并连接各部件，其顶面水平导轨支承横梁，前侧导轨供升降台移动之用。床身内装有主轴和主运动变速系统及润滑系统。

(2) 横梁　它可在床身顶部导轨前后移动，吊架安装其上，用来支承铣刀杆。

(3) 主轴　主轴是空心的，前端有锥孔，用以安装铣刀杆和刀具。

(4) 转台　转台位于纵向工作台和横向工作台之间，下面用螺钉与横向工作台相连，松开螺钉可使转台带动纵向工作台在水平面内回转一定角度(左右最大可转过 45°)。

(5) 纵向工作台　纵向工作台由纵向丝杠带动在转台的导轨上作纵向移动，以带动台面上的工件作纵向进给。台面上的 T 形槽用以安装夹具或工件。

(6) 横向工作台　横向工作台位于升降台上面的水平导轨上，可带动纵向工作台一起作横向进给。

(7) 升降台　升降台可沿床身导轨作垂直移动,调整工作台至铣刀的距离。

这种铣床可将横梁移至床身后面,在主轴端部装上立铣头,能进行立铣加工。

8.2.2　摇臂万能铣床

如图 8－3 所示为 X6325T 型摇臂万能铣床,其上部有一个立铣头,其作用是安装主轴和铣刀。它既可以完成立铣加工又可完成卧铣加工。主要组成部分和作用如下:

(1) 传动箱　是为主轴提供不同转速的部分;

(2) 立铣头　是安装主轴的部分;

(3) 主 轴　是安装刀具的部分;

(4) 工作台　是安装工件和附件的部分;

(5) 进给箱　是为工作台机动进给提供不同速度的部分;

(6) 升降台　升降台可沿床身导轨作垂直移动,调整工作台至铣刀的距离;

(7) 床身　机床的基础件为箱式结构,连接、固定其它部分;

(8) 插头　完成插削工作。

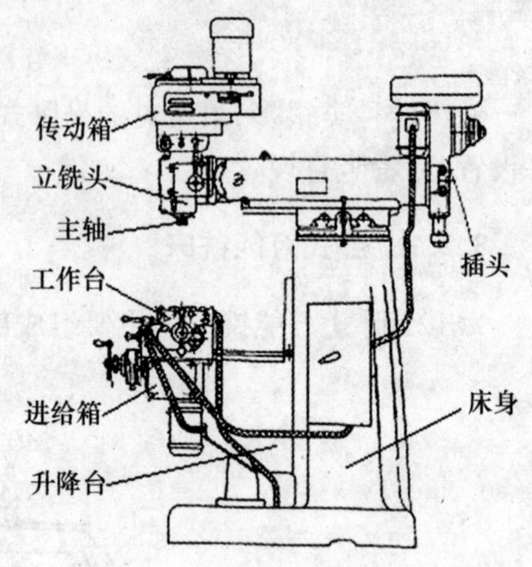

图 8－3　X6325T 摇臂万能铣床

8.2.3　附件

1. 万能铣头

在卧式铣床上装上万能铣头,不仅能完成各种立式铣床的工作,而且还可以根据铣削的需要,把铣头主轴扳成任意角度。如图 8－4 所示。

2. 机用虎钳(平口钳)

铣床所用机用虎钳的钳口本身精度及其相对于底座底面的位置精度均较高。底座下面还有定位键,以便安装时以工作台上的 T 形槽定位。机用虎钳是用来安装工件的。如图 8－5所示。

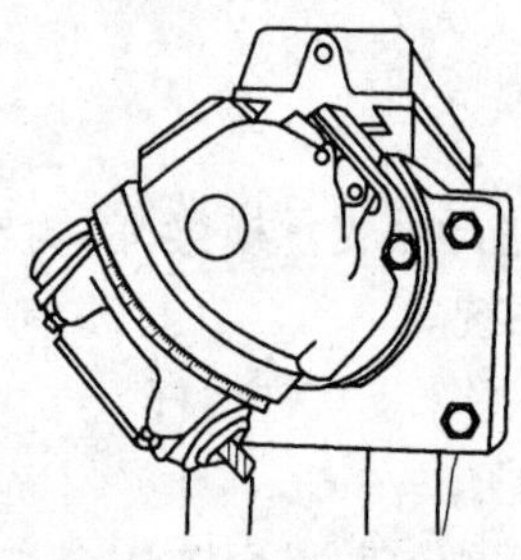

图 8－4　万能铣头

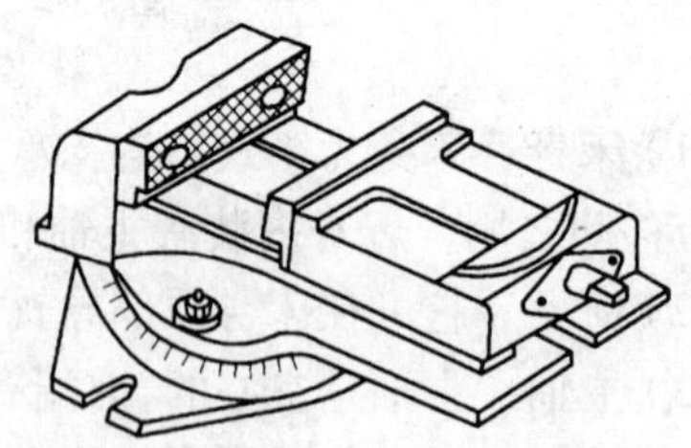

图 8－5　机用虎钳

3. 万能分度头

万能分度头是铣床的主要附件之一,它利用底座下面的导向键与工作台中间的 T 形槽相配合,并用螺栓将其底座紧固在工作台上。分度头主轴前端可安装卡盘装夹工件,亦可安装顶尖与尾座顶尖一起支承工件。如图 8－6 所示。

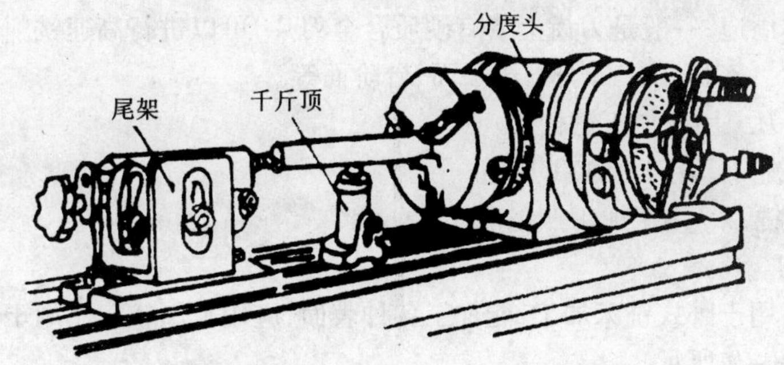

图 8-6　万能分度头

4. 回转工作台

回转工作台除了能带动它上面的工件一道旋转外,还可完成分度工作。用它可以加工工件上的圆弧形周边、圆弧形槽、多边形工件和有分度要求的槽或孔等。如图 8-7 所示。

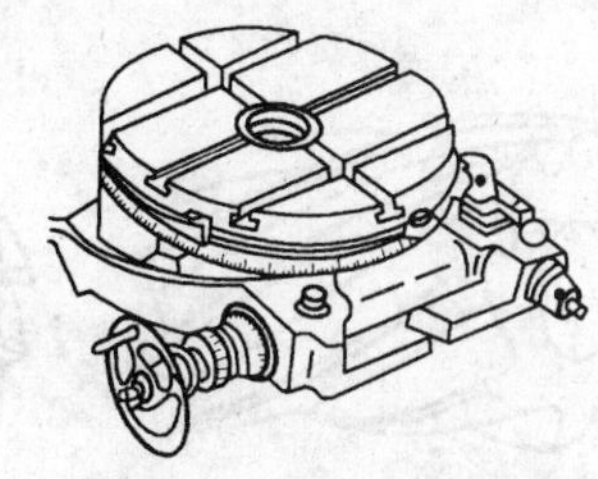

图 8-7　回转工作台

8.3　铣刀及其安装

8.3.1　铣刀的种类

铣刀是一种多齿刀具,其刀齿分布在圆柱铣刀的外圆柱表面或端铣刀的端面上。铣刀的种类很多,按其安装方法可分为带柄铣刀和带孔铣刀两大类。

1. 带柄铣刀

带柄铣刀有直柄和锥柄之分。一般直径小于 20 mm 的较小铣刀做成直柄,直径较大的铣刀多做成锥柄。这种铣刀多用于立式铣床,如图 8-8 所示。

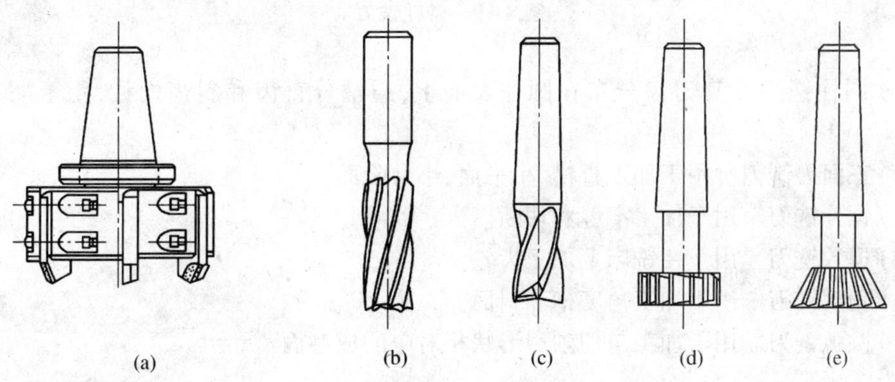

图 8-8　带柄铣刀

(a)硬质合金镶齿端铣刀;(b)立铣刀;(c)键槽铣刀;(d)T 形槽铣刀;(e)燕尾槽铣刀

(1) 硬质合金镶齿端铣刀　用于加工较大的平面。刀齿主要分布在刀体端面上,还有部分分布在刀体周边,一般是刀齿上装有硬质合金刀片,可以进行高速铣削,以提高效率。

(2) 立铣刀　多用于加工沟槽、小平面、台阶面等。

(3) 键槽铣刀　用于加工键槽。

(4) T 形槽铣刀　用于加工 T 形槽。

(5) 燕尾槽铣刀　用于加工燕尾槽。

2. 带孔铣刀

带孔铣刀适用于卧式铣床加工,能加工各种表面,应用范围较广。用于各种表面加工的带孔铣刀,如图 8－9 所示。

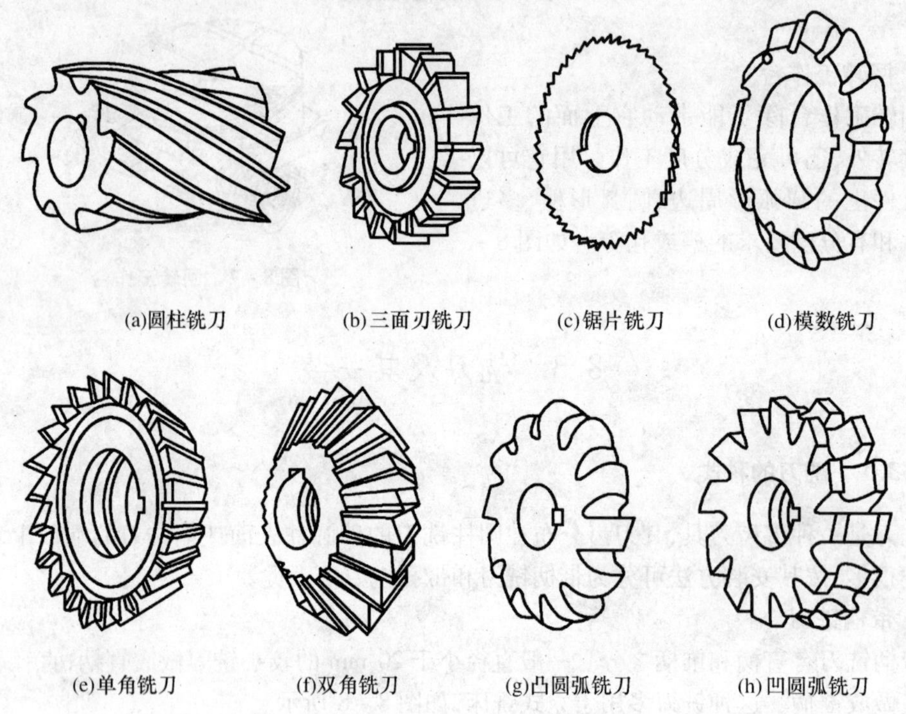

(a)圆柱铣刀　(b)三面刃铣刀　(c)锯片铣刀　(d)模数铣刀

(e)单角铣刀　(f)双角铣刀　(g)凸圆弧铣刀　(h)凹圆弧铣刀

图 8－9　带孔铣刀

(1) 圆柱铣刀　其刀齿分布在圆柱表面上,通常分直齿和斜齿两种,用于加工中小平面。

(2) 三面刃铣刀　用于加工直槽、小平面、小台阶面。

(3) 锯片铣刀　用于加工窄缝和切断。

(4) 模数铣刀　用于在铣床上加工齿轮。

(5) 角度铣刀　用于加工角度槽和斜面。

(6) 圆弧铣刀　用于加工与切削刃形状相对应的成型面。

8.3.2　铣刀常用材料

铣刀材料通常指铣刀切削部分的材料,常用的有高速钢和硬质合金两大类。

8.3.3 铣刀的安装

1. 带柄铣刀的安装

(1) 直柄铣刀的安装

直柄铣刀常用弹簧夹头来安装,如图 8-10(a)所示。安装时,收紧螺母,使弹簧套作径向收缩而将铣刀的柱柄夹紧。

(2) 锥柄铣刀的安装

当铣刀锥柄尺寸与主轴端部锥孔相同时,可直接装入锥孔,并用拉杆拉紧,否则要用过渡锥套进行安装,参见图 8-10(b)。

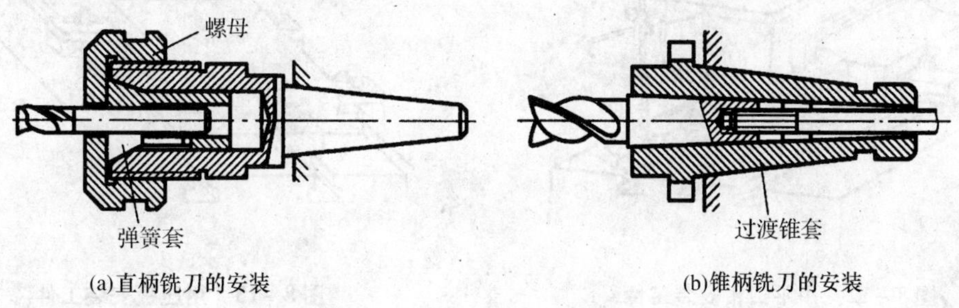

图 8-10 带柄铣刀的安装

2. 带孔铣刀的安装

如图 8-11 所示,带柄铣刀要采用铣刀杆安装,先将铣刀杆锥体一端插入主轴锥孔,用拉杆拉紧,再通过套筒调整铣刀的合适位置,刀杆另一端用吊架支承。

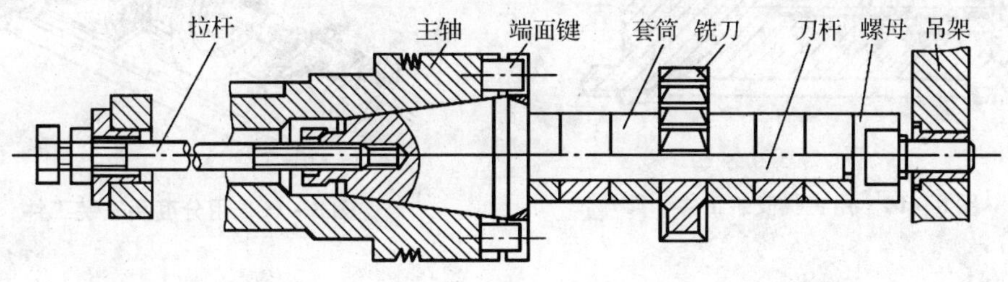

图 8-11 带孔铣刀的安装

8.4 工件的装夹

在铣床上装夹工件,要注意的问题一是定位、二是夹紧,主要目的是保证工件的加工精度。

定位:使工件在装夹过程中能占有正确的位置。

夹紧:使工件在加工中能承受切削力并保证正确位置。

工件在铣床上的装夹方法归纳起来有三类。

(1) 用通用夹具装夹工件　用平口钳装夹工件,如图 8-12 所示;铣削加工各种需要分度的工件，用分度头装夹如图 8－15 所示；当铣削一些有弧形表面的工件时，可通过回转工作台装夹，如图 8－16 所示。

(2) 用压板安装　对于较大或形状特殊的工件，可用压板、螺栓直接安装在铣床的工作台上，如图 8－13 所示。

(3) 专用夹具安装　利用各种简易和专用夹具安装工件，如图 8－14 所示，可提高生产效率和加工精度。

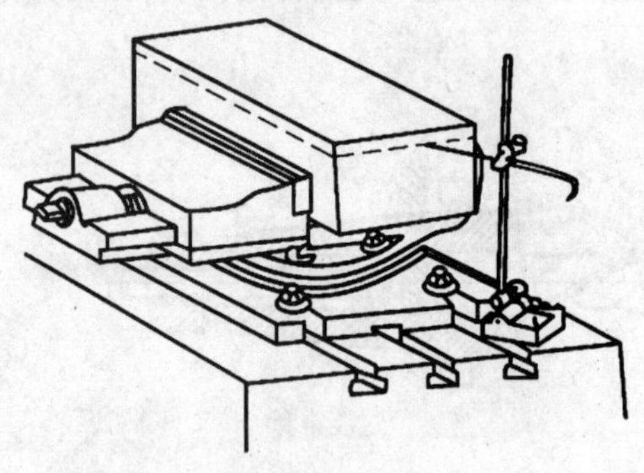

图 8－12　用平口钳安装工件

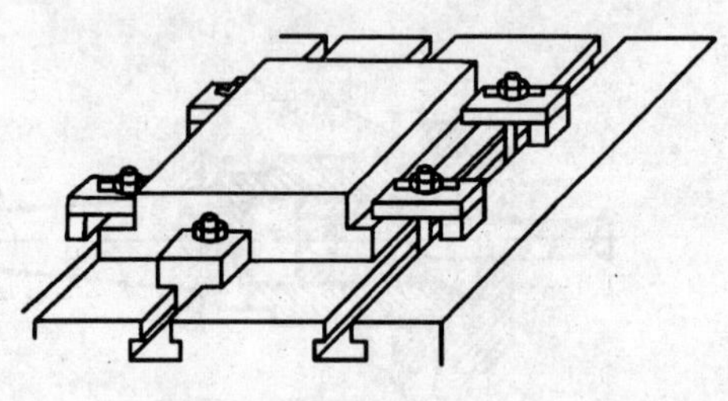

图 8－13　用压板安装工件

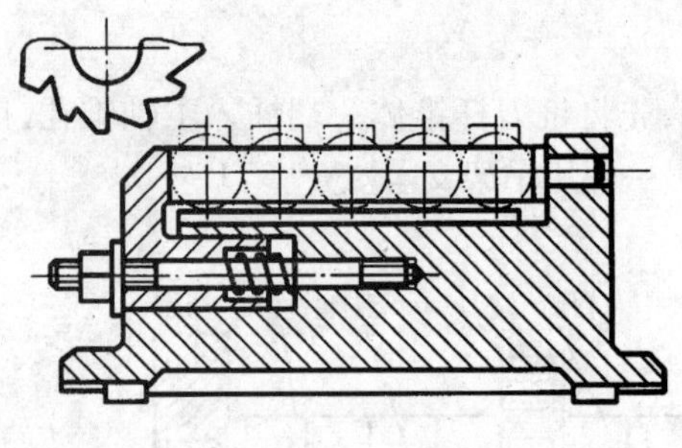

图 8－14　用夹具安装工件

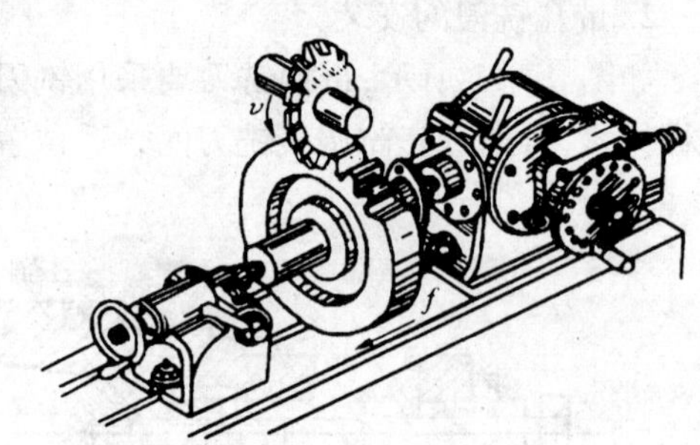

图 8－15　用分度头安装工件

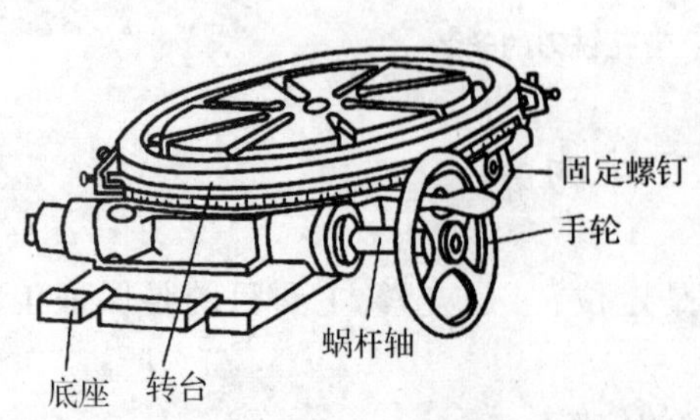

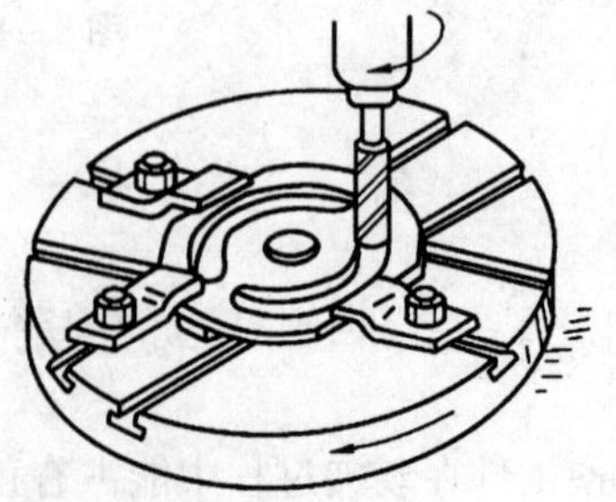

图 8－16　用回转工作台安装工件

8.5 铣削典型表面

在铣床上利用各种附件和使用不同的铣刀,可以铣削平面、沟槽、成形面、螺旋槽、钻孔和镗孔等。

8.5.1 铣水平面和垂直面

1. 铣削水平面和垂直面的各种方法

在铣床上用圆柱铣刀、立铣刀和端铣刀都可进行水平面加工。用端铣刀和立铣刀可进行垂直平面的加工。用端铣刀加工平面(如图 8-17 所示),因其刀杆刚性好,同时参加切削刀齿较多,切削较平稳,加上端面刀齿副切削刃有修光作用,所以切削效率高,刀具耐用,工件表面粗糙度值较低。端铣平面是平面加工的最主要方法。

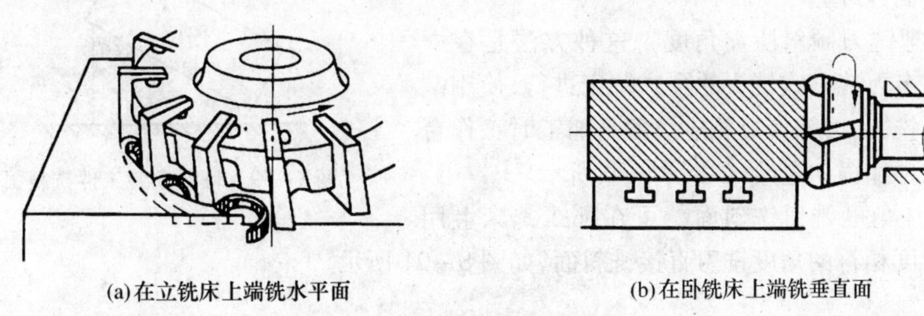

(a)在立铣床上端铣水平面　　(b)在卧铣床上端铣垂直面

图 8-17　用端铣刀铣平面

2. 顺铣和逆铣

铣平面时有顺铣和逆铣两种方式。在铣刀与工件已加工面的切点处,铣刀切削刃的旋转运动方向与工件进给方向相同的铣削称为顺铣,反之称为逆铣,如图 8-18 所示。

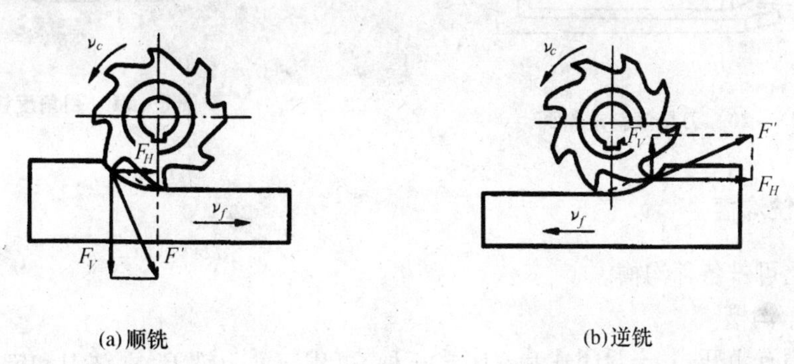

(a)顺铣　　(b)逆铣

图 8-18　顺铣和逆铣

顺铣时,刀齿切入的切削厚度由大变小,易切入工件;工件受铣刀向下压分力 F_V,不易振动,切削平稳,加工表面质量好,刀具耐用度高,有利于高速切削。但这时的水平分力 F_H 方向与进给方向相同,当工作台丝杠与螺母有间隙时,此力会引起工作台不断窜动,使切削不平稳,甚至打刀。所以,只有消除了丝杠与螺母间隙才能采用顺铣,另外还要求工件表面无硬皮,方可采用这种方法。

逆铣时,刀齿切入切削厚度是由零逐渐变到最大,由于刀齿切削刃有一定的钝圆,所以刀齿要滑行一段距离才能切入工件。刀刃与工件摩擦严重,工件已加工表面粗糙度值增大,且刀具易磨损。但其切削力始终使工作台丝杠与螺母保持紧密接触,工作台不会窜动,也不会打刀。因铣床纵向工作台丝杠与螺母间隙不易消除,所以在一般生产中多用逆铣进行铣削。

8.5.2 铣斜面

铣斜面可用以下几种方法进行加工:

(1) 把工件倾斜所需角度　此法是安装工件时将倾斜面转到水平位置,然后按铣平面的方法来加工此斜面,如图 8 - 19 所示。

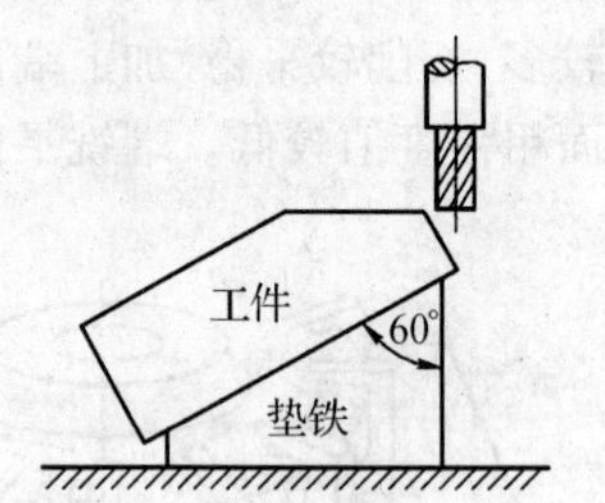

图 8 - 19　倾斜安装工件铣斜面

(2) 把铣刀倾斜所需角度　这种方法是在立式铣床或有万能立式铣头的卧式铣床进行,使用端铣刀或立铣刀,刀轴转过相应角度。加工时工作台须带动工件作横向进给,如图 8 - 20 所示。

(3) 用角度铣刀铣斜面　可在卧式铣床上用与工件角度相符的角度铣刀直接铣斜面,如图 8 - 21 所示。

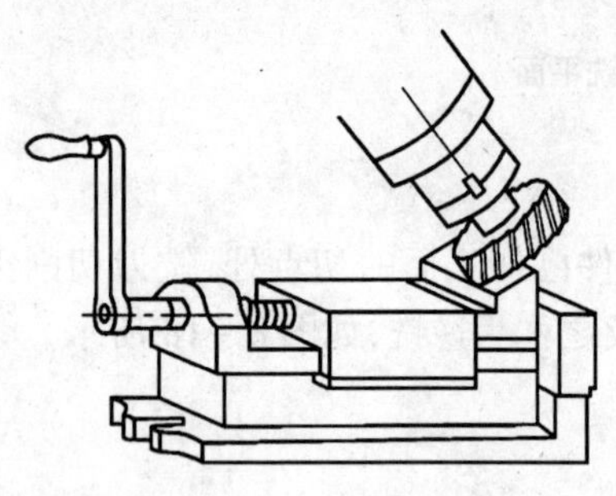
图 8 - 20　刀具倾斜铣斜面

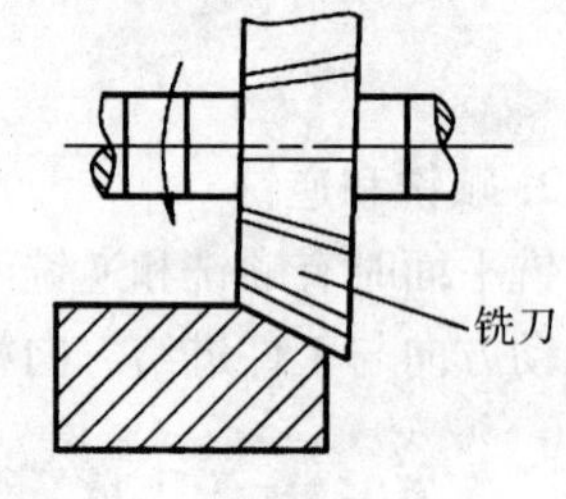

图 8 - 21　用角度铣刀铣斜面

8.5.3 铣沟槽

在铣床上可铣各种沟槽。

1. 铣直角沟槽

直角沟槽有敞开式、半封闭式和封闭式三种,可用三面刃铣刀、立铣刀和键槽铣刀进行加工。在轴上铣封闭式键槽,一般用键槽铣刀加工,如图8 - 22(a)所示。因键槽铣刀一次轴向进给不能太大,切削时要注意逐层切下,如图 8 - 22(b)所示。

2. 铣 T 形槽及燕尾槽

铣 T 形槽或燕尾槽应分两步进行,先用立铣刀或三面刃铣刀铣出直槽,然后在立式铣床上用 T 形槽铣刀或燕尾槽铣刀最终加工成形,如图 8 - 23 所示。

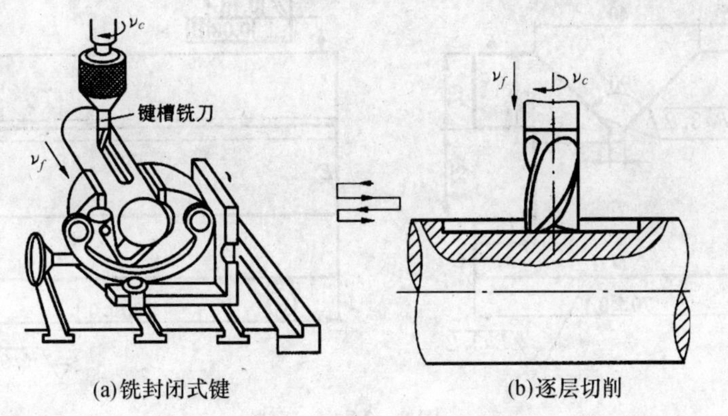

(a)铣封闭式键　　(b)逐层切削

图 8-22　在立式铣床上铣封闭键槽

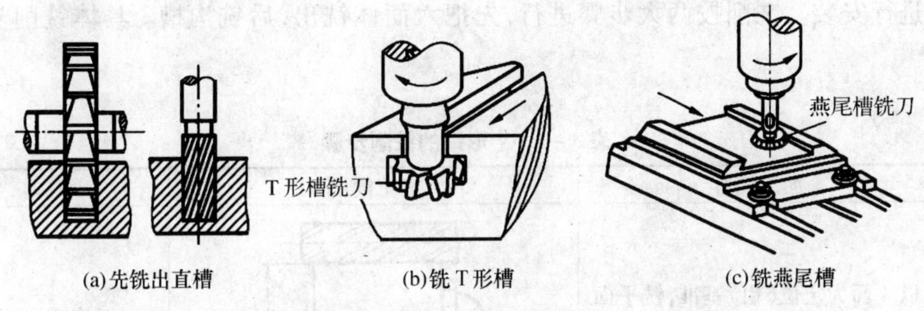

(a)先铣出直槽　　(b)铣 T 形槽　　(c)铣燕尾槽

图 8-23　铣 T 形槽及燕尾槽

8.5.4　铣成形面

铣成形面常在卧式铣床上用与工件成形面形状相吻合的成形铣刀来加工，如图 8-24 所示。铣削圆弧面是把工件装在回转工作台上进行，如图 8-16 所示。一些曲面的加工，也可用靠模在铣床上加工，如图 8-25 所示。

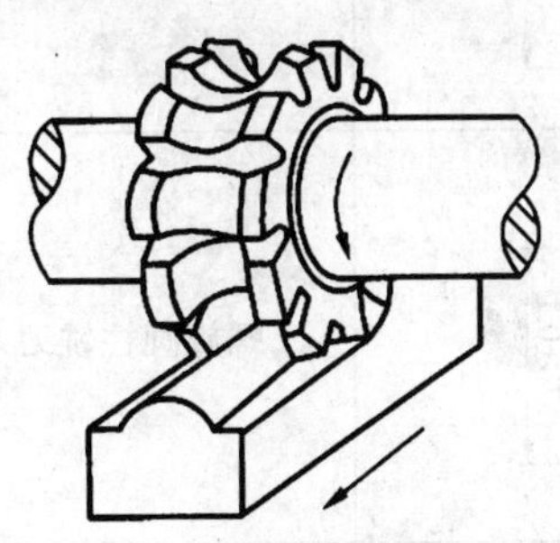

图 8-24　用成形铣刀铣成形面

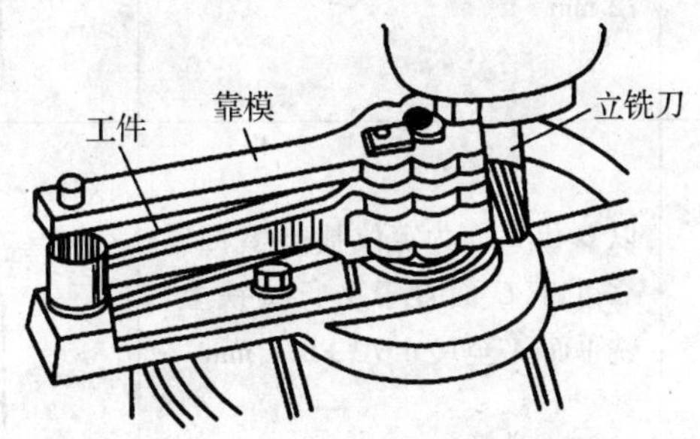

图 8-25　用靠模铣曲面

8.5.5　典型零件的铣削过程

单件铣削加工如图 8-26 所示 V 形铁零件，毛坯是长 105 mm、宽 74 mm、高 64 mm 的长方体 45 钢锻件。

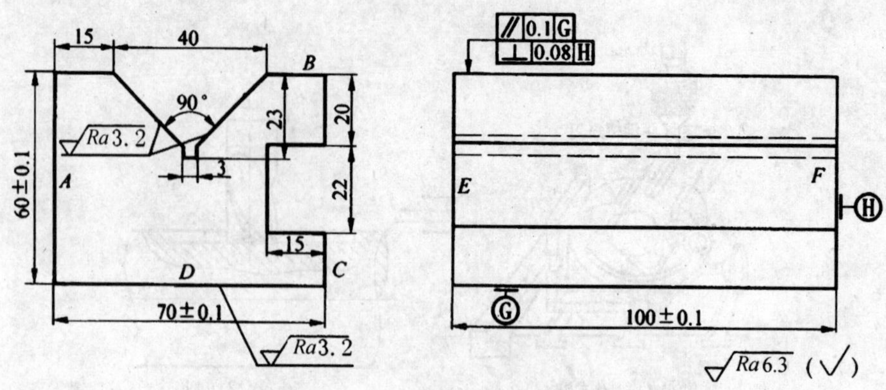

图 8－26 V 形铁

根据零件具有 V 形槽和单件生产等特点，这种零件适宜在卧式铣床上铣削加工，采用平口钳进行安装。铣削按两大步骤进行，先把六面体铣出，后铣沟槽。具体铣削步骤见表8－1。

表 8－1 V 形铁的铣削步骤

序号	加工内容	加工简图	刀具
1	以 *A* 面为定位(粗)基准，铣平面 *B* 至尺寸 62 mm	B A C D 62	螺旋圆柱铣刀
2	以已加工的 *B* 面为定位(精)基准，紧贴钳口，铣平面 *C* 至尺寸 72 mm	C B D A 72	螺旋圆柱铣刀
3	以 *B* 和 *C* 面为定位基准，*B* 面紧靠钳口，*C* 面置于平行垫铁上，铣平面 A 至尺寸 70 ±0.1 mm	A B D C 70±0.1	螺旋圆柱铣刀
4	以 *C* 面和 *B* 面为定位基准，*C* 面紧靠钳口，*B* 面置于平行垫铁上，铣平面 *D* 至尺寸 60 ±0.1 mm	D C A B 60±0.1	螺旋圆柱铣刀

表 8-1(续)

序号	加工内容	加工简图	刀具
5	以 *B* 面为定位基准，*B* 面紧靠钳口，同时使 *C* 或 *A* 面垂直于工作台平面，铣平面至尺寸 102 mm	E B D 102 F	螺旋圆柱铣刀
6	以 *B* 面和 *E* 面为定位基准，*B* 面紧靠钳口，*E* 面紧贴平行垫铁，铣平面 *F* 至尺寸 100 ± 0.1 mm	F B D 100±0.1 E	螺旋圆柱铣刀
7	以 *B* 面和 *A* 面为定位基准，铣 *C* 面上的直通槽，宽 22 mm、深 15 mm	C 15 20 22 D B A	三面刃铣刀
8	以 *A* 面和 *D* 面为定位基准，铣空刀槽，宽 3 mm、深 23 mm	B 23 A 3 C D	锯片铣刀
9	继续以 *A* 面和 *D* 面为定位基准，铣 V 形槽，保证开口处尺寸为 40 mm	B 40 A C D	角度铣刀

8.5.6 铣削用量

1. 铣削层用量

(1) 铣削层深度 t　待加工表面到已加工表面的垂直距离称铣削层深度。

(2) 铣削层宽度 B　铣刀在一次进给铣削中所切掉工件的表层在垂直于进给方向上的宽度称铣削层宽度。

2. 铣削用量

在铣削过程中选用的铣削宽度 a_e,铣削深度 a_p,铣削速度 v 和进给量 v_f 称铣削四用量。

(1) 铣削宽度 a_e　指垂直于铣刀轴线方向、工件进给方向测得的铣削层尺寸。

(2) 铣削深度 a_p　指平行于铣刀轴线方向测得的铣削层尺寸。

铣削时选用铣刀不同,铣削用量的表示也不同,如图 8－27 所示,但有一规律即铣削宽度 a_e 表示铣削弧深,因为任何铣刀铣削时的弧深都垂直于铣刀的轴线。

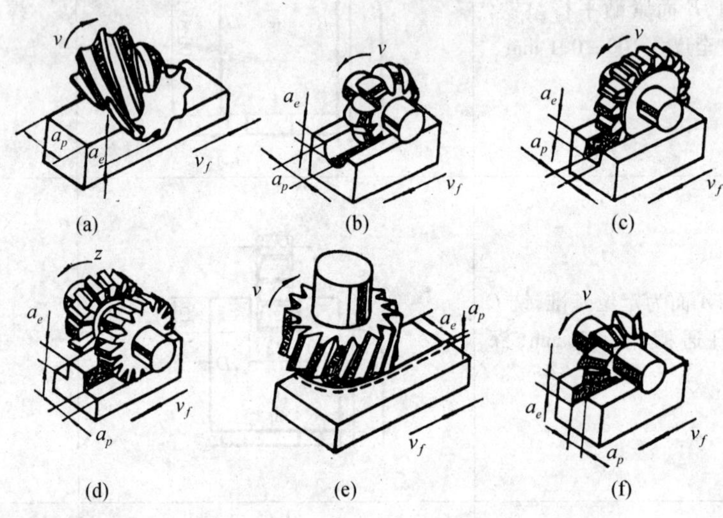

图 8－27　常用铣刀铣削时的铣削用量

(3) 铣削速度 v　铣削时主运动的线速度即主刀刃上径向最外切削点在一分钟期间所走过的路程。铣削速度与铣刀直径、铣刀的转速有关,它们的关系为

$$v = \pi dn/1\,000 \quad (\text{m/min})$$

式中　d——铣刀的直径,mm;

n——铣刀的转速,r/min。

(4) 进给量 v_f　工件在铣刀每转动一分钟期间沿进给方向移动的距离。

8.6　齿轮加工

齿轮齿形的加工,按加工原理可分为成形法和展成法两大类。

8.6.1 成形法

成形法是采用与被切齿轮齿槽相符的成形刀具加工齿形的方法。用齿轮铣刀(又称模数铣刀)在铣床上加工齿轮的方法属于成形法。

1. 齿轮铣刀的选择

应选择与被加工齿轮模数、压力角相等的铣刀。

2. 铣削方法

在卧式铣床上,将齿坯套在心轴上安装于分度头和尾架顶尖中,对刀并调好铣削深度后,开始铣第一个齿槽,铣完一齿退出进行分度,依次逐个完成全部齿数的铣削,如图8-15所示。

8.6.2 展成法

展成法就是利用齿轮刀具与被切齿坯作啮合运动而切出齿形的方法。最常用的方法是插齿加工和滚齿加工。

1. 插齿加工

插齿加工在插齿机上进行,是相当于一个齿轮的插齿刀与齿坯按一对齿轮作啮合运动而把齿形切成的。可把插齿过程分解为:插齿刀先在齿坯上切下一小片材料,然后插齿刀退回并转过一小角度,齿坯也同时转过相应角度。之后,插齿刀又下插在齿坯上切下一小片材料。不断重复上述过程,整个齿槽被一刀刀地切出,齿形则被逐渐地包络而成。因此,一把插齿刀,可加工相同模数而齿数不同的齿形,不存在理论误差。插齿加工原理如图8-28所示。

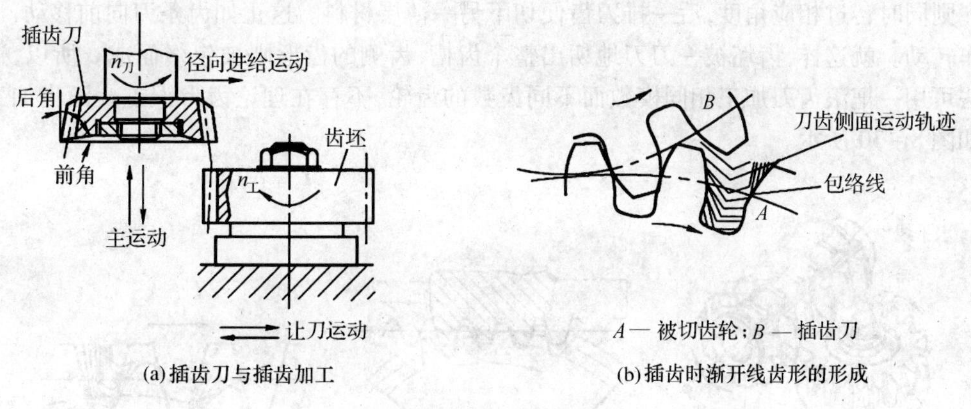

图8-28 插齿加工原理

插齿有以下切削运动:

(1)主运动 插齿刀的上下往复运动;

(2)展成运动(又称分齿运动) 确保插齿刀与齿坯的啮合关系的运动;

(3)圆周进给运动 插齿刀的转动,控制着每次插齿刀下插的切削量;

(4)径向进给量 插齿刀须作径向逐渐切入运动,以便切出全齿深;

(5)让刀运动 插齿刀回程向上时,为避免与工件摩擦而使插齿刀让开一定距离的运动。

2. 滚齿加工

滚齿加工是用滚齿刀在滚齿机(如图8-29所示)上加工齿轮的方法。

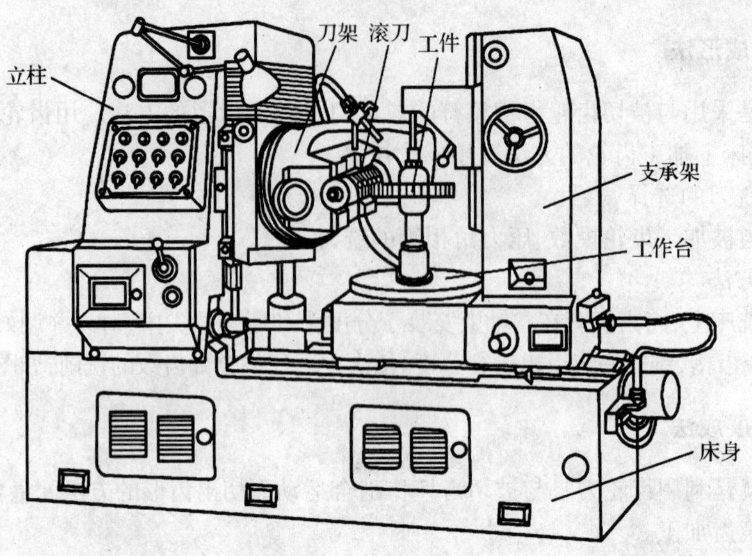

图 8－29　滚齿机外型图

滚齿加工原理是滚齿刀和齿坯模拟一对螺旋齿轮作啮合运动。滚齿刀好比一个齿数很少(一至二齿)、齿很长的齿轮,形似蜗杆,经刃磨后形成一排排齿条刀齿。因此,可把滚齿看成是齿条刀对齿坯的加工。滚切齿轮过程可分解为:前一排刀齿切下一薄层材料之后,后一排刀齿切下时,由于旋转的滚刀为螺旋形,所以使刀齿位置向前移动了一小段距离,而齿轮坯则同时转过相应角度,后一排刀齿便切下另一薄层材料。这正如齿条刀向前移动,齿轮坯作转动。就这样,齿坯被一刀刀地切出整个齿槽,齿侧的齿形则被包络而成。所以,这种方法可用一把滚齿刀加工相同模数而不同齿数的齿轮,不存在理论齿形误差。滚齿加工原理如图 8－30 所示。

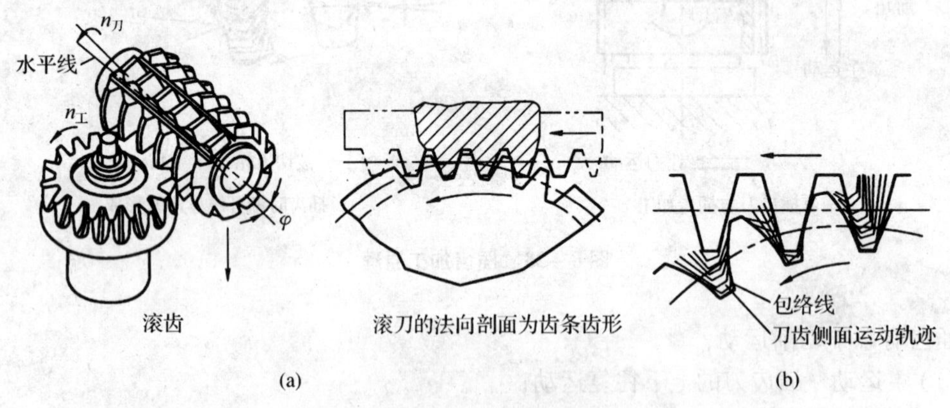

图 8－30　滚齿加工原理

(a)滚齿原理;(b)滚齿过程中渐开线齿形的形成

滚切直齿圆柱齿轮时有以下运动:

(1) 主运动　滚刀的旋转运动;

(2) 展成运动(又称分齿运动)　分齿运动保证滚齿刀和被切齿轮的转速符合所模拟的一对齿轮的啮合运动关系,即滚刀转 1 转,工件转 K/Z 转,其中 K 是滚刀的头数,Z 为齿轮齿数；

(3) 垂直进给运动　要切出齿轮的全齿宽，滚刀须沿工件轴向作垂直进给运动。

滚齿加工适于加工直齿、斜齿圆柱齿轮。齿轮加工精度为7～8级，齿面粗糙度 *Ra* 值为1.6 μm。在滚齿机上用蜗轮滚刀或链轮滚刀还能滚切蜗轮或链轮。

8.7　铣削安全操作技术规程

1. 开车前检查刀具、工件、夹具装夹是否牢固可靠，应清除机床上工具和其它物品，以免在机床开动时产生意外事故。

2. 开车前检查所有手柄、开关、控制按钮是否处于正确位置。

3. 加工工件前先手动或空车检查运行长度和位置是否正确、工件与机床各部、刀具等处是否有碰撞的地方。特别是使用快速调整时更应注意。

4. 机床运转时不得装卸工件、调整机床、刀具、测量工件和擅离工作岗位。

5. 铣刀不得使川反转。

6. 工件在工作台上要轻放、轻起；吊起前应将夹紧螺钉全部松开。

7. 工作结束后，应关闭电机和切断电源，将所有手柄和控制旋钮都扳到空挡位置，然后清理切屑，打扫场地，并将机床擦拭干净，加好润滑油。

8. 操作人员必须穿工作服、佩戴防护眼镜和帽子及必要的防护用品，以防发生人身事故。

复习思考题

1. 什么是铣削加工？
2. 什么是铣削的主运动和进给运动？
3. 铣削的主要加工范围是什么？
4. 常用铣床可分为哪两大类？简述其主要特征和功用。
5. 简述铣床床身的结构与功用。
6. 铣刀按装夹方式可分为哪两大类？
7. 铣刀常用材料有哪两大类？
8. 制造铣刀切削部分的材料应具备哪些基本性能？
9. 铣削四用量是什么？
10. 什么是顺铣？什么是逆铣？
11. 为什么通常采用逆铣而不采用顺铣？
12. 铣削平行面时，造成平行度超差的主要原因是什么？
13. 铣削斜面的常用方法有哪几种？
14. 铣削加工时，工件的装夹方法归纳起来有哪三类？
15. 工件装夹应注意哪两个问题？
16. 铣削四方体工件时，如何保证各面间的垂直度和平行度？

第 9 章　刨削和镗削

【目的与要求】

1. 了解刨削和镗削加工的基本知识；了解刨床、镗床的组成、运动和用途；

2. 掌握常用的工件装夹方法；掌握刀具、量具和工具的正确选用；

3. 掌握刨削零件水平面和垂直面的加工方法；并能对简单的刨削加工工件进行初步的工艺分析；

4. 熟悉常用刨刀的种类和用途；

5. 掌握刨削、镗削加工的安全操作技术规程。

9.1　概　　述

刨削加工是在刨床上利用刨刀进行的切削加工。主要用来加工平面（水平面、垂直面、斜面）、各种沟槽（直槽、T 形槽、V 形槽、燕尾槽）及成形表面等。刨床上能加工的典型零件如图 9－1 所示。

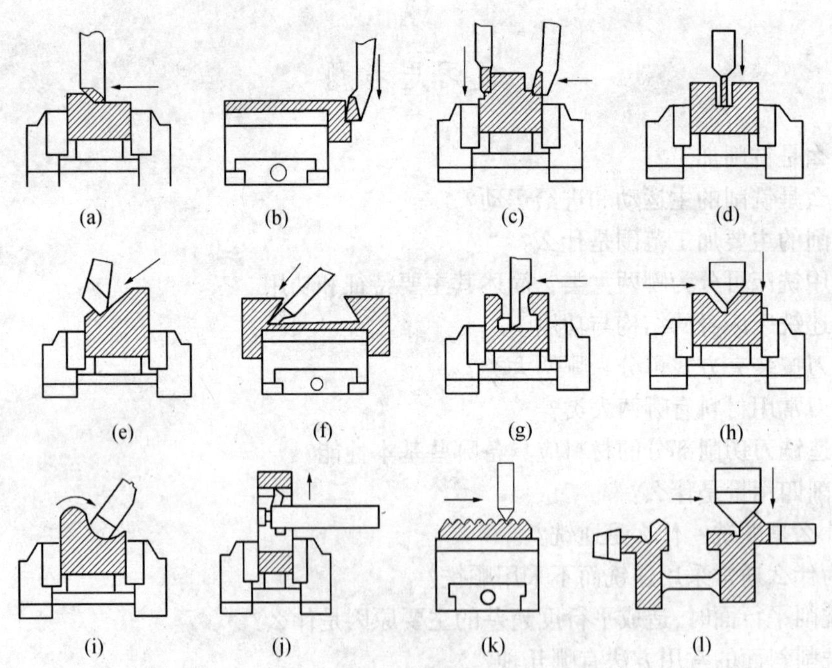

图 9－1　刨削的零件举例

（a）刨平面；（b）刨垂直平面；（c）刨台阶面；（d）刨直角沟槽；（e）刨斜面；（f）刨燕尾槽；（g）刨 T 形槽；（h）刨 V 形槽；（i）刨曲面；（j）刨孔内键槽；（k）刨齿条；（l）刨复合表面

刨削加工的精度一般为 IT10 ~ IT8，表面粗糙度值一般为 *Ra*6.3 ~ 1.6μm。

9.2 牛头刨床

牛头刨床是刨削类机床中应用较广的一种。它适合刨削长度不超过1 000 mm的中、小型零件。如图9－2和图9－3所示,牛头刨床的主运动为:电动机→变速机构→摆杆机构→滑枕往复运动。牛头刨床的进给运动为:电动机→变速机构→棘轮进给机构→工作台横向进给运动。

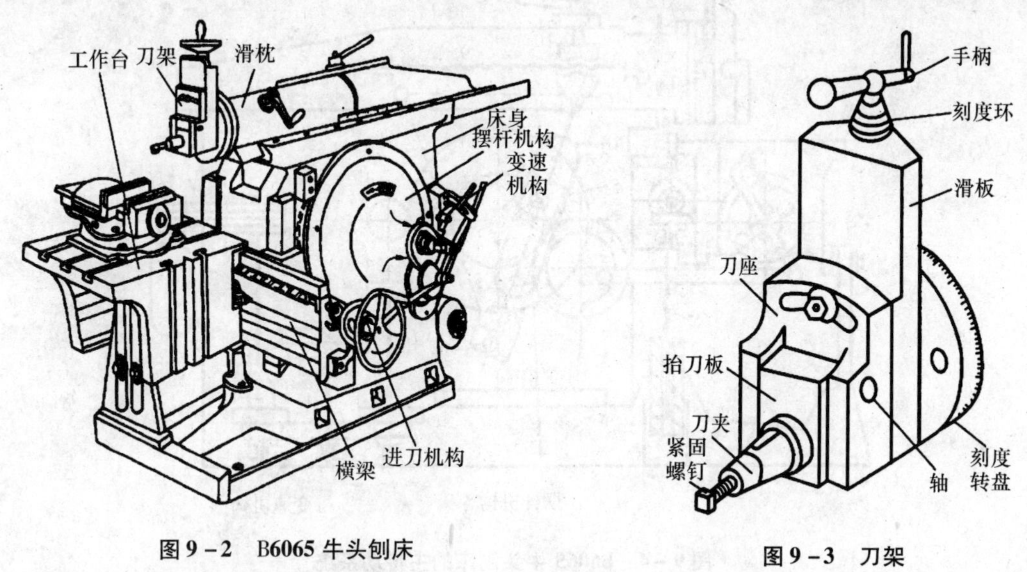

图9－2　B6065牛头刨床

图9－3　刀架

9.2.1　牛头刨床的编号及组成

如图9－2所示为B6065型牛头刨床外形图,其型号意义如下:

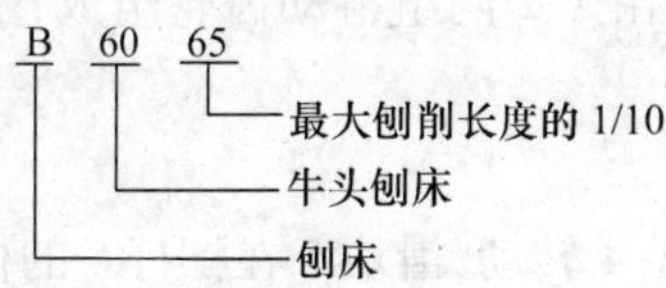

B6065牛头刨床的主要组成部分及作用如下:

(1)床身　床身5用于支承和连接刨床的各部件,其顶面导轨供滑枕6作往复运动,侧面导轨供横梁1和工作台8升降,床身内部装有传动机构。

(2)滑枕　滑枕6用于带动刨刀作直线往复运动(即主运动),其前端装有刀架7。

(3)刀架　如图9－3所示,刀架用以夹持刨刀,并可作垂直或斜向进给。扳转刀架手柄9时,滑板7即可沿转盘6上的导轨带动刨刀作垂直进给。滑板需斜向进给时,松开转盘6上的螺母,将转盘扳转所需角度即可。滑板7上装有可偏转的刀座1,刀座中的抬刀板2可绕轴5向上转动。刨刀安装在刀夹3上。在返回行程时,刨刀绕轴5自由上抬,可减少刀具后刀面与工件的摩擦。

(4)工作台　工作台8用于安装工件,可随横梁上下调整,并可沿横梁导轨横向移动或横向间歇进给。

9.2.2 牛头刨床的典型机构及其调整

B6065 牛头刨床的传动系统如图 9-4 所示,其典型机构及其调整概述如下。

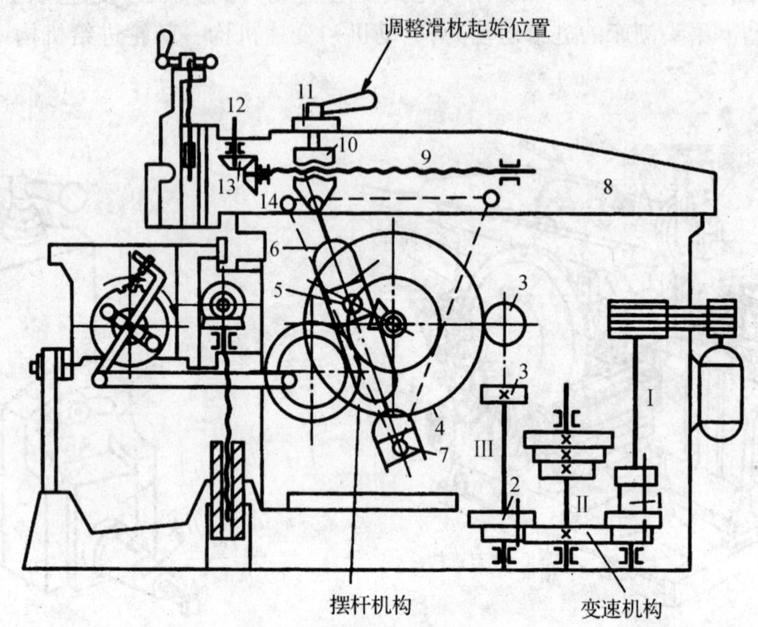

图 9-4 B6065 牛头刨床的主传动系统

1、2—滑动齿轮组;3、4—齿轮;5—偏心滑块;6—摆杆;7—下支点;
8—滑枕;9—丝杠;10—丝杠螺母;11—手柄;12—轴;13、14—锥齿轮

(1) 变速机构

如图 9-4 所示的变速机构由 1、2 两组滑动齿轮组成,轴Ⅲ有 3×2=6 种转速,使滑枕变速。

(2) 摆杆机构

摆杆机构中齿轮 3 带动齿轮 4 转动,滑块 5 在摆杆 6 的槽内滑动并带动摆杆绕下支点 7 转动,于是带动滑枕 8 作往复直线运动。

(3) 行程位置调整机构

松开手柄 11,转动轴 12 通过锥齿轮 13、14 转动丝杠 9,由于固定在摆杆 6 上的丝杠螺母 10 不动,丝杠 9 带动滑枕 8 改变起始位置。

(4) 滑枕行程长度调整机构

滑枕行程长度调整机构如图 9-5 所示。调整时,转动轴 1,通过锥齿轮 5、6 带动小丝杠 2 转动使偏心滑块 7 移动,曲柄销 3 带动偏心滑块 7 改变偏心位置,从而改变滑枕的行程长度。

(5) 滑枕往复直线运动速度的变化

滑枕往复运动速度在各点上都不一样,如图 9-6 所示。其工作行程转角为 α,空行程转角为 β,$\alpha>\beta$,因此回程时间较工作行程短,即慢进快回。

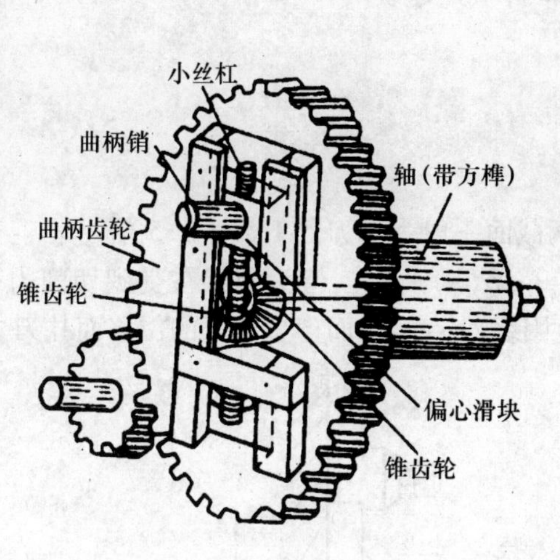

图 9-5　滑枕行程长度的调整

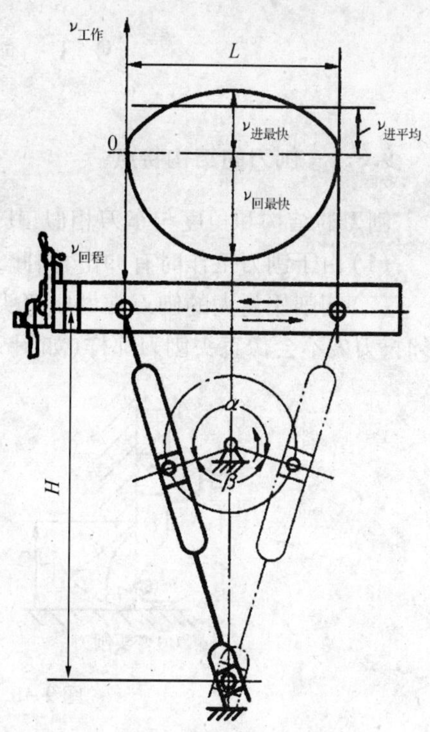

图 9-6　滑枕往复运动速度的变化

(6) 横向进给机构及进给量的调整

横向进给机构及进给量的调整如图 9-7 所示。齿轮 2 与图 9-4 中的齿轮 4 是一体的,齿轮 2 带动齿轮 1 转动,使连杆 3 摆动棘爪 4,拨动棘轮 5 使丝杠 6 转一个角度,实现横向进给。反向时,由于棘爪后面是斜的,爪内弹簧被压缩,棘爪从棘轮顶滑过。因此,工作台横向自动进给是间歇的。

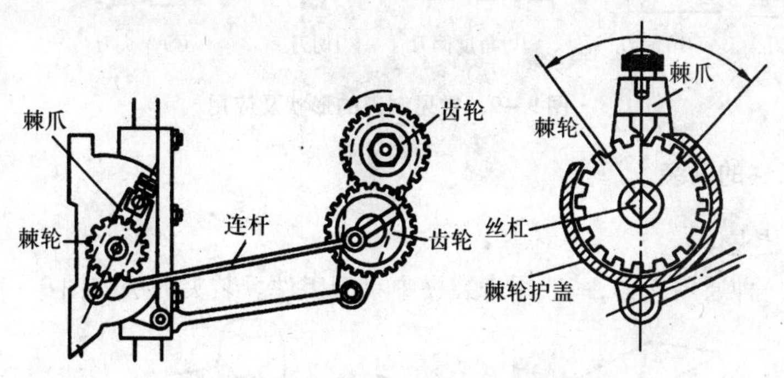

图 9-7　B6065 牛头刨床运动及调整

工作台横向进给量的大小取决于滑枕每往复一次时棘爪所能拨动的棘轮齿数。因此,调整横向进给量,实际是调整棘轮护盖 7 的位置。横向进给量的调整范围为0.33 ~3.3 mm。

9.3 刨刀和工件的安装

9.3.1 刨刀的结构特点

刨刀的结构和角度与车刀相似,其区别是:

(1) 由于刨刀工作时有冲击,因此,刨刀刀柄截面一般为车刀的1.25~1.5倍;

(2) 切削用量大的刨刀常做成弯头的,如图9-8(a)所示。弯头刨刀在受到切削力变形时,刀尖不会像直头刨刀那样(如图9-8(b))因绕 O 点转动而产生向下的位移而扎刀。

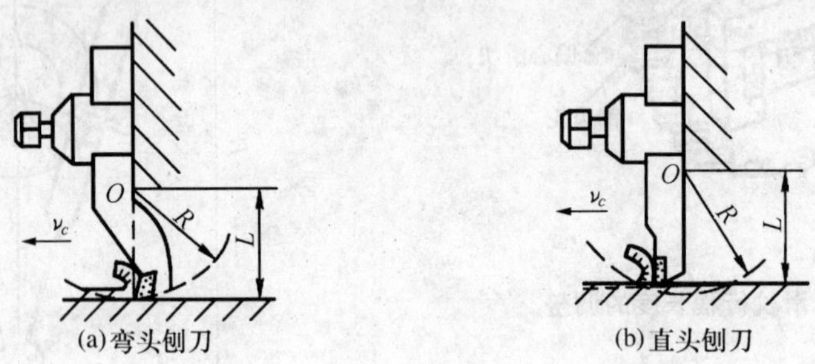

(a)弯头刨刀　(b)直头刨刀

图9-8　变形后刨刀的弯曲情况

9.3.2 刨刀的种类

常用刨刀有:平面刨刀、偏刀、切刀、弯头刀等,如图9-9所示。

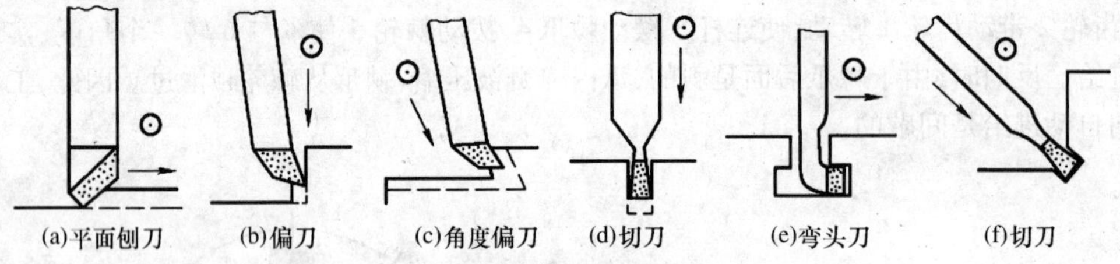
(a)平面刨刀　(b)偏刀　(c)角度偏刀　(d)切刀　(e)弯头刀　(f)切刀

图9-9　常见刨刀的形状及应用

9.3.3 工件的安装

1. 平口钳装夹

平口钳是一种通用夹具,一般用来装夹中小型工件。装夹方法如图9-10所示。

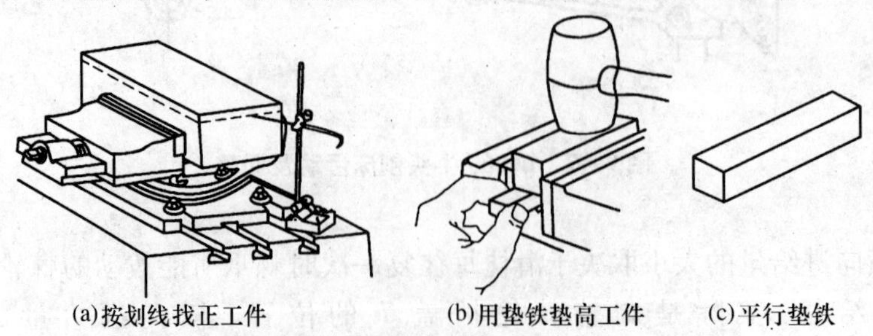
(a)按划线找正工件　(b)用垫铁垫高工件　(c)平行垫铁

图9-10　在平口钳安装工件

2. 压板螺栓装夹

较大工件或某些不宜用平口钳装夹的工件,可直接用压板和螺栓将其固定在工作台上(如图 9 - 11 所示)。此时应按对角顺序分几次逐渐拧紧螺母,以免工件产生变形。有时为使工件不致在刨削时被推动,须在工件前端加放挡铁。

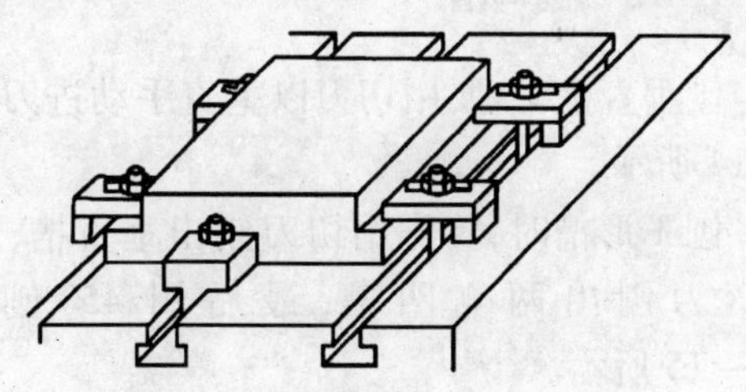

图 9 - 11　用压板螺栓安装工件

如果工件各加工表面的平行度及垂直度要求较高,则应采用平行垫铁和垫上圆棒进行夹紧,以使底面贴紧平行垫铁且侧面贴紧固定钳口,如图 9 - 11 所示。

9.4　典型表面的刨削

9.4.1　刨水平面

刨水平面采用平面刨刀,当工件表面精度要求较高时,在粗刨后还要进行精刨。为使工件表面光整,在刨刀返回时,可用手掀起刀座上的抬刀扳,以防刀尖刮伤已加工表面。

9.4.2　刨垂直面和斜面

刨垂直面和斜面均采用偏刀,如图 9 - 12、图 9 - 13 所示。安装偏刀时,刨刀伸出的长度应大于整个垂直面或斜面的高度。刨垂直面时,刀架转盘应对准零线;刨斜面时,刀架转盘要扳转相应的角度。此外,刀座还要偏转一定的角度,使刀座上部转离加工面,以便使刨刀返回行程中抬刀时刀尖离开已加工表面。

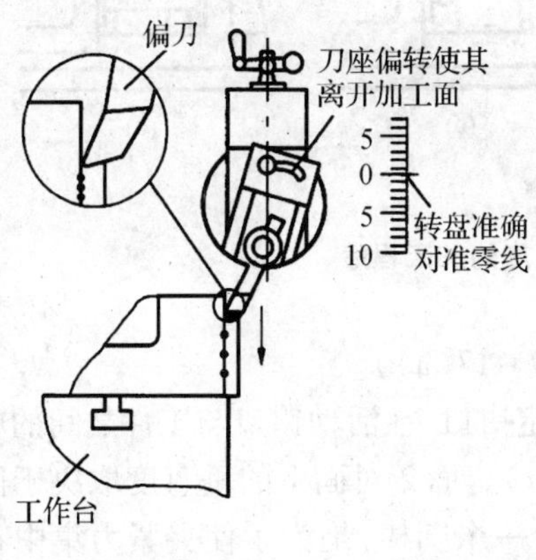

图 9 - 12　刨垂直面

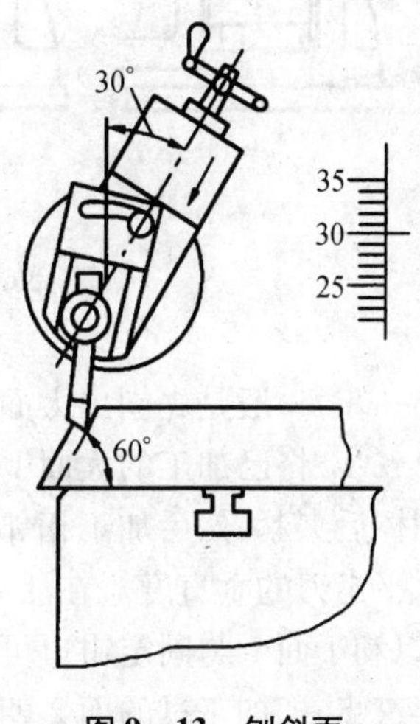

图 9 - 13　刨斜面

安装工件时,要通过找正使待加工表面与工作台台面垂直(刨垂直面时),并与刨刀切削行程方向平行。在刀具返回行程终了时,用手摇刀架上的手柄来进刀。

9.4.3 刨沟槽

刨垂直槽时,要用切刀以垂直手动进刀来进行,如图9-14所示。

刨T形槽时,要先用切刀刨出垂直槽,再分别用左、右弯刀刨出两侧凹槽,最后用45°刨刀倒角,如图9-15所示。

刨燕尾槽的过程和刨T形槽相似,但当用偏刀刨削燕尾面时,刀架转盘及刀都要偏转相应的角度,如图9-16所示。

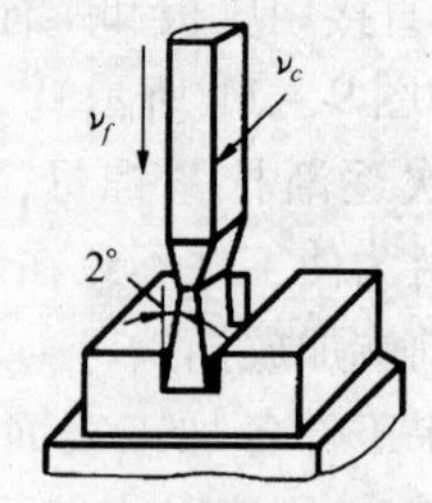

图9-14 刨垂直槽

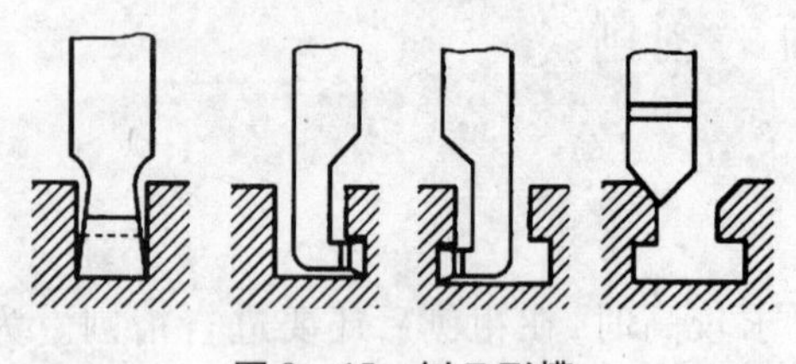
图9-15 刨T形槽

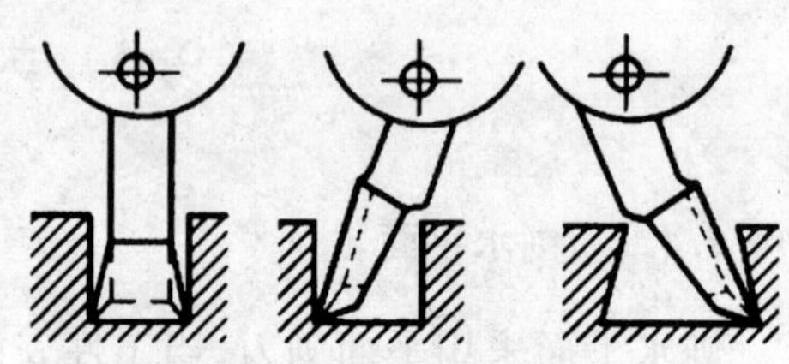
图9-16 刨燕尾槽

9.4.4 正六面体零件刨削

正六面体零件要求对面平行,还要求相邻面成直角。这类零件可以铣削加工,也可刨削加工。刨削正六面体一般采用图9-17所示的加工程序。

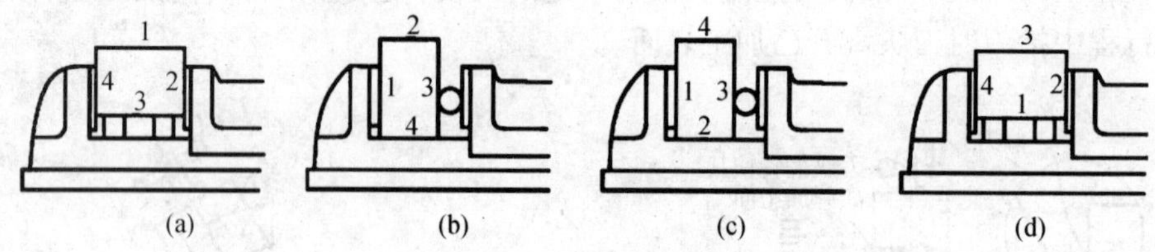

图9-17 保证四个面垂直度的加工程序

第一步,一般是先刨出大面1,作为精基面(图9-17(a))。

第二步,将已加工的大面1作为基准面贴紧固定钳口,在活动钳口与工件之间的中部垫一个圆棒后夹紧,然后加工相邻的面2(图9-17(b))。面2对面1的垂直度取决于固定钳口与水平走刀的垂直度。在活动钳口与工件之间垫一个圆棒,是为了使夹紧力集中在钳口中部,以利于面1与固定钳口可靠地贴紧。

第三步,把加工过的面2朝下,同样按上述方法,使基面1紧贴固定钳口。夹紧时,用手锤轻轻敲打工件,使面2贴紧平口钳,就可以加工面4(图9-17(c))。

第四步,加工面3,如图9-17(d)所示。把面1放在平行垫铁上,工件直接夹在两个钳口之间。夹紧时要用手锤轻轻敲打,使面1与垫铁贴实。

9.5 镗床及镗孔刀具

9.5.1 镗床

在各种零件上,常有不同类型和尺寸的孔需要加工。对于直径较大的孔、内成形表面或孔内的环形凹槽等,多采用镗孔的方法加工。在车床上可较方便地对旋转体零件上的孔进行镗削,在钻床和铣床上可对外形较复杂,又不便于在车床上装夹的零件上的孔进行镗削加工。但是,在上述机床上镗孔的位置精度较低,而且多用于批量较小的场合。当生产批量较大,而且孔位置精度要求较高时,大多需要采用镗孔夹具(镗模)在镗床上加工。

镗床主要用镗刀加工各种形状复杂和大型工件上的精密的、相互平行和垂直的孔系。其特点是孔的尺寸精度和位置精度较高,加工的尺寸公差等级可达 IT7,表面粗糙度值可达 $Ra1.6 \sim 0.8$ μm。镗床还可铣削端面、燕尾面、钻孔、铰孔等。按结构和用途的不同,镗床可分为卧式镗床、坐标镗床、金刚镗床及其他类型镗床等。

1. 卧式镗床

卧式镗床是镗床中应用最广的一种,其外形如图 9-18 所示。

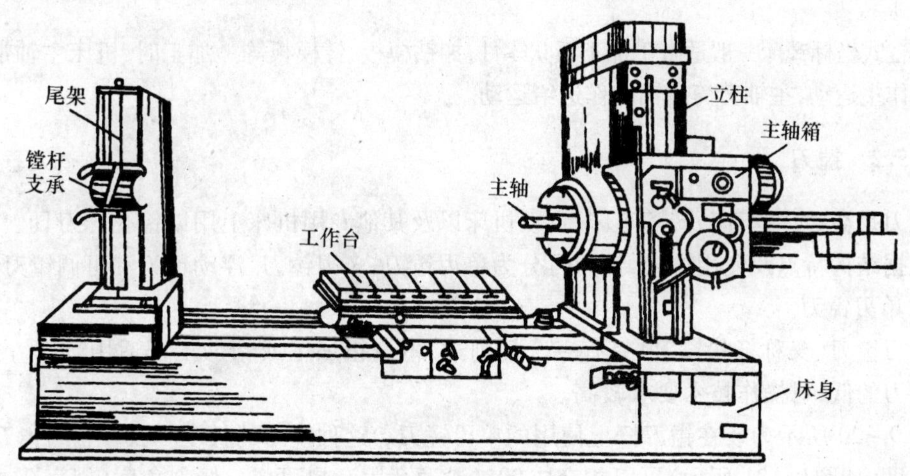

图 9-18 卧式镗床

卧式镗床主要由床身、主轴箱、立柱、尾架、镗杆支承和工作台等组成。加工时,刀具装在主轴或花盘上,通过主轴箱可获得需要的各种传速和轴向进给量,同时可随着主轴箱沿立柱导轨上下移动。工件装夹在工作台上,与工作台一起可实现纵向和横向进给运动。有的镗床工作台,还可以回转一定的角度,以适应各种不同加工情况的需要。当装在主轴上的镗杆伸出较长时,可用尾架上的镗杆支承来支承它的伸出端,以增加刚度。

由于卧式镗床既要完成精加工(如精镗孔),又要进行粗加工(如铣削和钻孔等),因此对主轴部件的精度和刚度有较高的要求。另外,为了加工孔距精度要求较高的各个孔,镗床的工作台和主轴箱等移动部分还常装有位移测量装置。

2. 坐标镗床

坐标镗床多用来加工轴线平行的直角坐标精密孔系;利用精密附件——水平回转台、角度工作台，还可以加工极坐标和轴线相交或交叉的精密孔系；也可用于检验精密工件和进行精密工件的划线工作。坐标镗床有便于读数的精密读数装置，最小读数值为0.001 mm。其工作台的定位精度一般为0.002～0.004 mm。

坐标镗床按结构形式基本上可分为单柱式及双柱式两种。

图9－19为单柱式坐标镗床的外形。其特点是，两个坐标方向的运动是靠移动工作台来实现的。机床由床身、工作台、主轴箱以及立柱等组成。床身上装有工作台。主轴箱沿着立柱导轨上下移动，以调整镗头高低位置，以适应不同高度的零件加工。

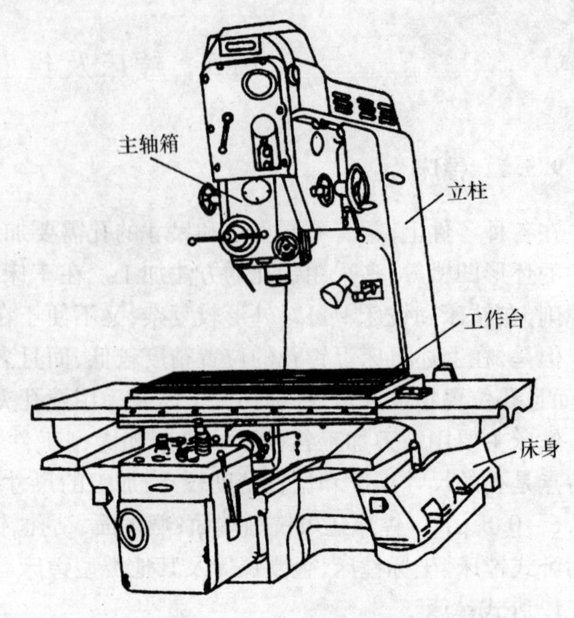

图9－19　单柱式坐标镗床

单柱式坐标镗床一般适合于加工板状零件，如钻模板、镗模板等。加工时，机床主轴带动刀具旋转作主运动，主轴套筒沿轴向作进给运动。

9.5.2　镗刀

镗刀是在镗床、车床、转塔车床、自动机床以及其他专用机床上用以镗孔的刀具。

根据结构特点及使用方式，镗刀可分为单刃镗刀、多刃镗刀、浮动镗刀和可调镗刀等。

1. 单刃镗刀

单刃镗刀（又称杆状镗刀）只有一个切削刃，不论粗加工或精加工都适用，但生产率比多刃镗刀的低，对操作技术要求较高。

图9－20所示为装在镗刀杆上使用的单刃镗刀。这种镗刀的长度不长。它与镗刀杆的安装角度（如图9－21所示）可以相交成90°（镗通孔用），也可成一倾斜角度（镗盲孔或阶梯孔用）。镗刀头的切削部分可以是镶焊的或机械夹固的硬质合金刀片，也可用高速钢整体制造。

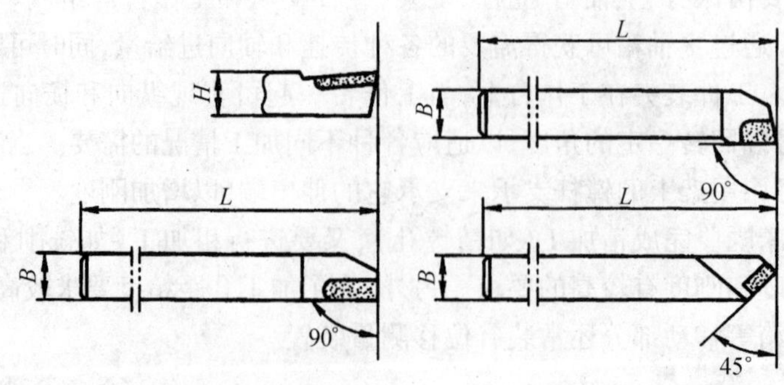

图9－20　装在镗刀杆上的单刃镗刀

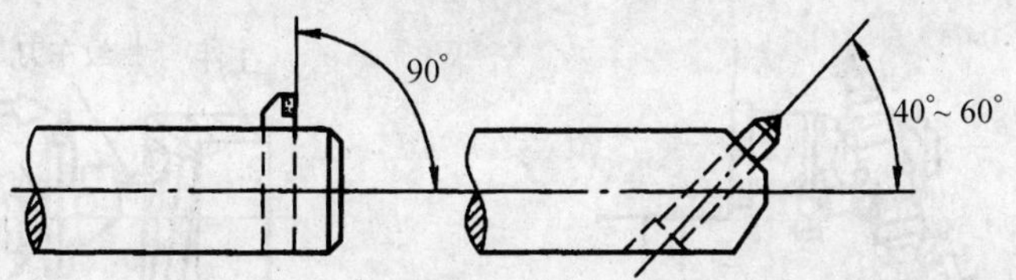

图 9-21　单刃镗刀在镗刀杆上的安装形式

单刃镗刀在镗刀杆上的夹持方式有很多种，如图 9-22 所示。

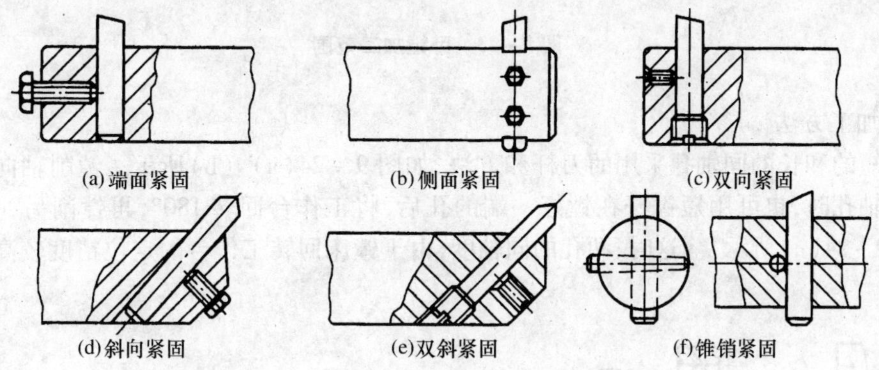

图 9-22　单刃镗刀在镗杆上的夹持方式

2. 多刃镗刀

多刃镗刀是在同一镗刀杆上装有一个或几个镗刀头的刀具。它可以用来粗镗或精镗削工件上的同心孔和阶梯孔，由于生产率较高，所以在成批生产中用得比较广泛。

9.6　镗床加工范围及方法

1. 加工范围

镗床上能完成的加工范围如图 9-23 所示。

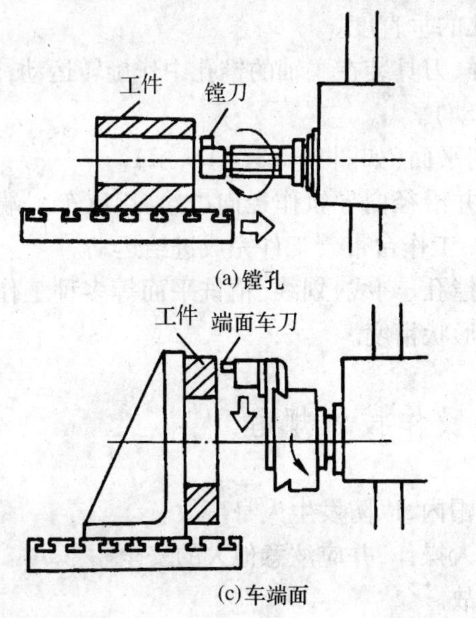

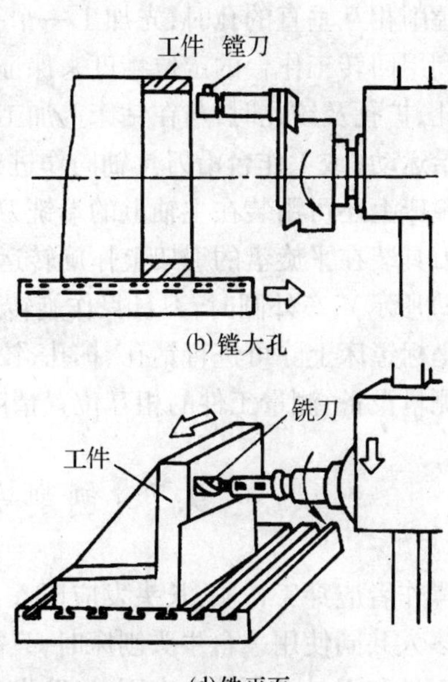

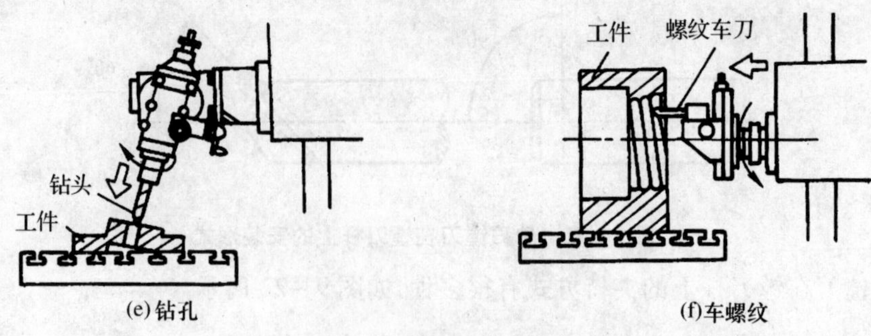

图 9-23　卧镗加工范围

2. 加工方法

镗短的和长的同轴孔采用的刀杆和方法，如图 9-24(a)、(b)所示。镗削轴向距离较大的同轴孔时，也可用短镗杆在镗好一端的孔后，将工作台回转 180°，再镗削另一端的孔(如图 9-24(c)所示)。这时，两孔的同轴度，由于镗床回转工作台的定位精度较高可以得到保证。

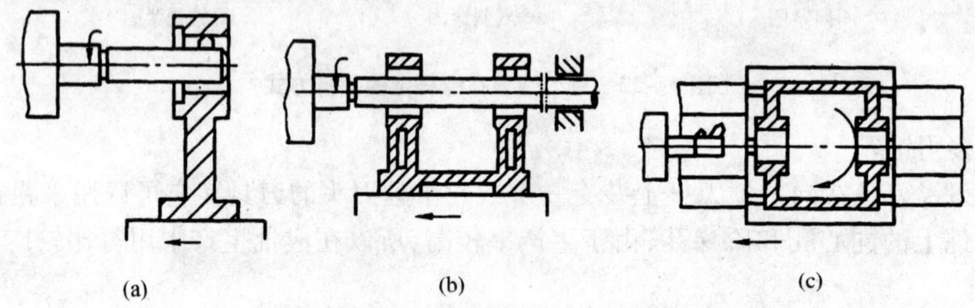

图 9-24　镗削同轴孔的方法

(a)用短镗杆镗短孔；(b)用长镗杆镗长同轴孔；(c)用回转工作台法加工同轴孔

在镗削相互垂直的孔时，先加工一个孔，然后很方便地将工作台回转 90°，再加工另一个孔。利用回转工作台的定位精度来保证两孔的垂直度。

钻孔、扩孔及铰孔时，与在钻床上加工一样，刀具装在主轴的锥孔中作旋转运动，同时作轴向进给运动(或工作台沿刀具轴向作进给运动)。

在镗床上还可用装在主轴上的端铣刀铣削平面(如图 9-23(d)所示)。

将刀具装在平旋盘的刀架上作旋转运动，并沿径向导轨作径向进给，用以车削端面(如 9-24(c)所示)；车外圆时，刀具只作旋转运动，工作台带着工件完成进给运动。

在坐标镗床上除可进行钻孔、扩孔、铰孔、镗孔、刻线、划线、精铣平面等多种工作外，还可当作测量设备，测量工件的相互位置精度和形状精度。

9.7　刨削安全操作技术规程

1. 操作者应穿工作服，长头发应压入工作帽内，以防发生人身事故。
2. 多人共同使用一台牛头刨床时，只能一人操作，并应注意他人的安全。
3. 工件和刀具必须装夹牢固，以防发生事故。

4. 调整工作台位置和滑枕行程时，不可超过极限位置，以防发生人身和设备事故。

5. 开动刨床后，不能开机测量工件，不能在滑枕前方站人，防止工件或刀具飞出伤人。

复习思考题

1. 与车削相比，刨削运动有何特点？
2. 为什么刨刀通常制成弯头的？
3. 牛头刨床由哪几部分组成？各有何功用？
4. 刨刀种类有哪些？
5. 卧式镗床可以加工那些类型的孔？
6. 镗床镗孔与车床镗孔有何区别？

第 10 章　磨　　削

【目的与要求】

1. 了解磨削加工的基本知识；了解磨床的组成和用途；
2. 掌握常用的磨削加工方法；
3. 熟悉磨削加工的工艺范围及砂轮的特性；
4. 掌握磨削加工的安全操作技术规程；
5. 能对简单的磨削加工工件进行初步的工艺分析。

10.1　概　　述

在磨床上用高速旋转的砂轮对工件进行的切削加工称为磨削。磨削加工是零件精加工的主要方法之一。

1. 磨削加工的工艺范围

磨削主要用于零件的内、外圆柱面、内、外圆锥面、平面、成形面、螺纹、齿轮等的精加工。图 10－1 为常见的几种磨削加工表面类型。

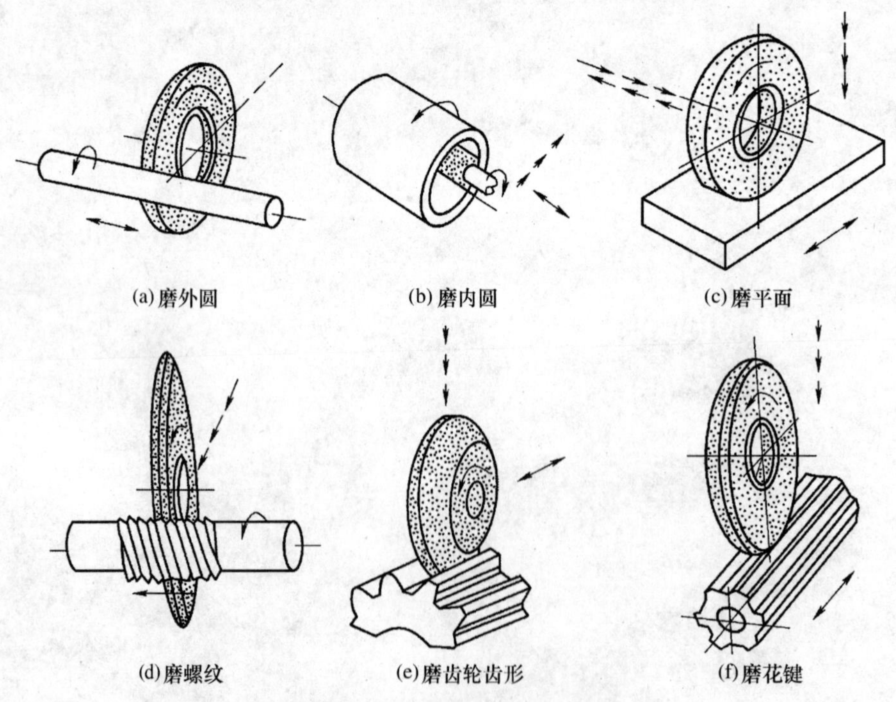

图 10－1　常见磨削加工表面类型

2. 磨削加工的工艺特点

磨削用的砂轮是由许多细小的极硬的磨粒用结合剂粘接而成。每个磨粒相当于一把小铣刀，当砂轮高速旋转时，磨粒就将工件表面的金属不断地切除，磨削原理和砂轮组成如图10－2所示。所以磨削的实质相当于多刀刃的高速铣削。磨削加工和切削加工相比有以下特点：

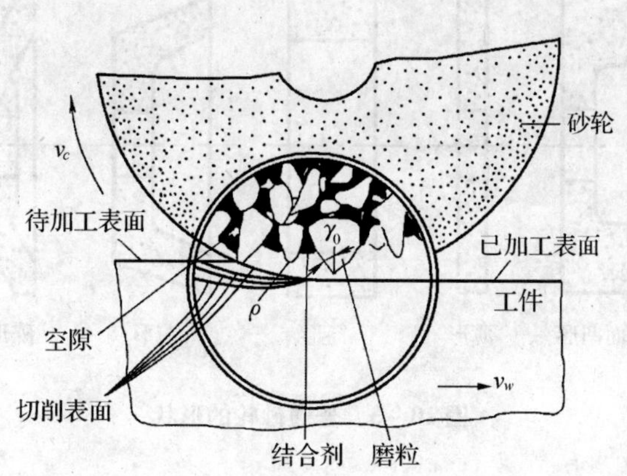

图10－2　磨削原理及砂轮

(1) 磨削加工适应的材料范围广　砂轮是由磨料和结合剂粘接而成的特殊的多刃刀具，磨粒是一种高硬度的非金属晶体，不但可以加工一般金属材料，而且可以加工其他切削方法不能加工的各种硬材料，如淬硬钢、硬质合金、超硬材料。

(2) 磨削速度大　砂轮圆周速度达2 000～3 000 m/min，一般为35 m/s左右，目前高速磨削砂轮线速度已达到60～250 m/s。

(3) 加工精度高　磨削时切削厚度极薄，每一磨粒切削厚度可小到数微米，故可获得高的加工表面精度和低的表面粗糙度值。磨削加工尺寸公差等级一般可达到IT7～IT5级，表面粗糙度值可达到 $Ra0.8 \sim 0.2 \mu m$。

10.2　砂　　轮

1. 砂轮的特性

砂轮是由许多细小而坚硬的磨粒用结合剂粘接而成的多孔物体，是磨削加工刀具。磨粒、结合剂和空隙是构成砂轮的三要素，如图10－2所示。

砂轮的特性对工件的加工精度、表面粗糙度和生产率影响很大。砂轮的特性包括磨料、粒度、结合剂、硬度、组织、形状和尺寸等方面。常用的砂轮磨料有两类：刚玉类，主要成分是 Al_2O_3，韧性较好，适于磨削普通钢材和高速钢；碳化硅类，主要成分是SiC，硬度比刚玉类高，性脆而锋利，导热性好，适于磨削铸铁、青铜等脆性材料及硬质合金。磨料的大小用粒度表示，粒度号数越大，颗粒越小。粗颗粒用于粗加工及磨软材料，细颗粒则用于精加工。磨料用结合剂可以粘结成具有一定强度和形状、尺寸的砂轮。常用的结合剂有陶瓷结合剂、树脂结合剂和橡胶结合剂。砂轮的硬度是指砂轮表面的磨料在外力作用下脱落的难易程度，容易脱落称为软；反之称为硬。磨削硬材料时，砂轮的硬度应低些；反之，应高些。砂轮的组织是指砂轮中磨料、结合剂、空隙三者的比例关系，磨料所占的体积越大，砂轮的组织越致密。

根据机床的类型和磨削加工的需要，砂轮制成各种标准形状和尺寸。常用的几种砂轮形状如图 10－3 所示。

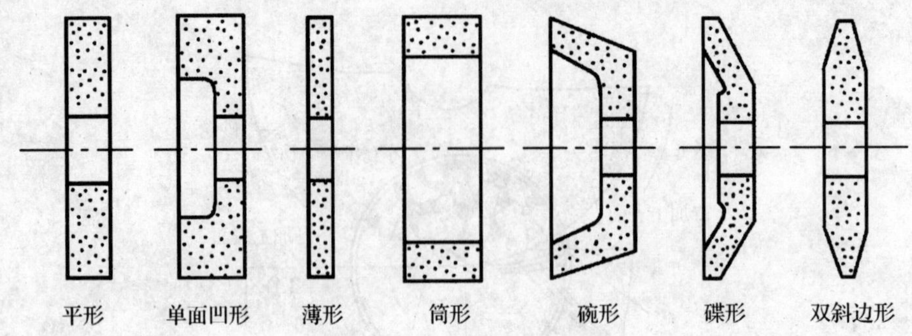

图 10－3　普通砂轮的形状

砂轮的特性代号印在砂轮非工作表面上，如：

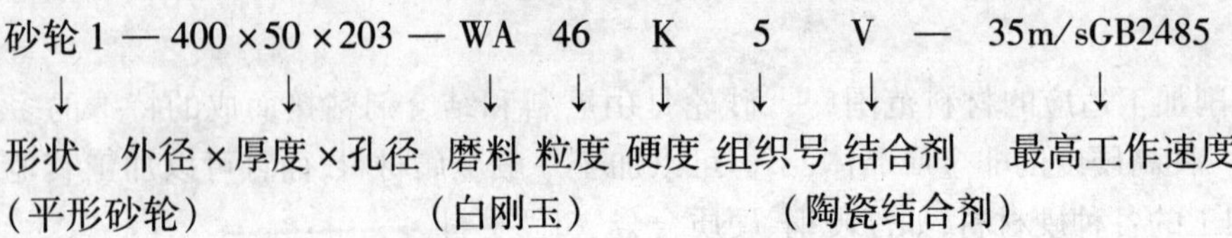

2. 砂轮的检查、安装和平衡

砂轮安装前一般通过外观检查和敲击响声来判断是否有裂纹，以防高速旋转时破裂。安装时，要求砂轮松紧合适地套在法兰盘 1 上（如图 10－4 所示），在砂轮和法兰盘 1、2 之间垫上 1～2 mm 厚的纸垫，通过法兰盘 2 端面的压紧螺钉将砂轮压紧在法兰盘 1 上。

为使砂轮平稳地工作，一般直径大于 125 mm 时都要进行平衡。平衡时将砂轮装在心轴上，再放到平直、光滑的平衡架导轨的刃口上（如图 10－5 所示）。如果砂轮不平衡，较重的部分总是转至下方。这时可移动法兰盘 1、2 端面环形槽内的平衡块，当砂轮转至任意位置都能静止，即表明砂轮各部分质量均匀，平衡良好。

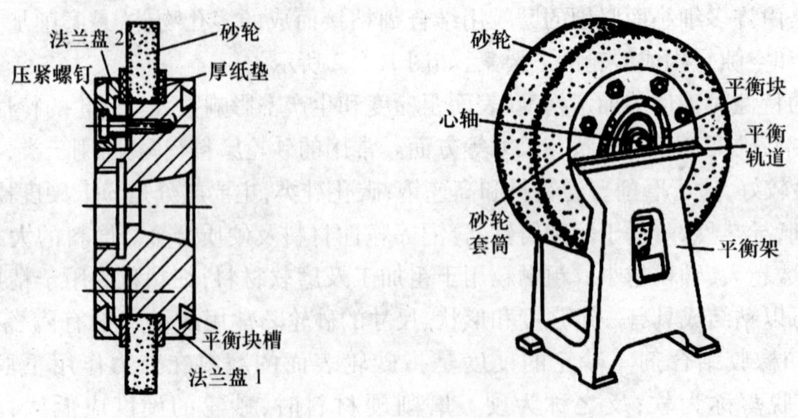

图 10－4　砂轮的安装　　**图 10－5　砂轮的静平衡**

10.3 外圆磨床及其磨削工作

10.3.1 外圆磨床结构

外圆磨床分为普通外圆磨床和万能外圆磨床,其中万能外圆磨床是应用最广泛的磨床。在外圆磨床上可磨削各种轴类和套筒类工件的外圆柱面、外圆锥面以及台阶轴端面等。

图 10-6 是 M1432A 型万能外圆磨床的外形图。M1432A 编号的意义是:M 表示磨床类;1 表示外圆磨床组;4 表示万能外圆磨床的系别代号;32 表示最大磨削直径的1/10,即最大磨削直径为 320 mm;A 表示在性能和结构上作过一次重大改进。

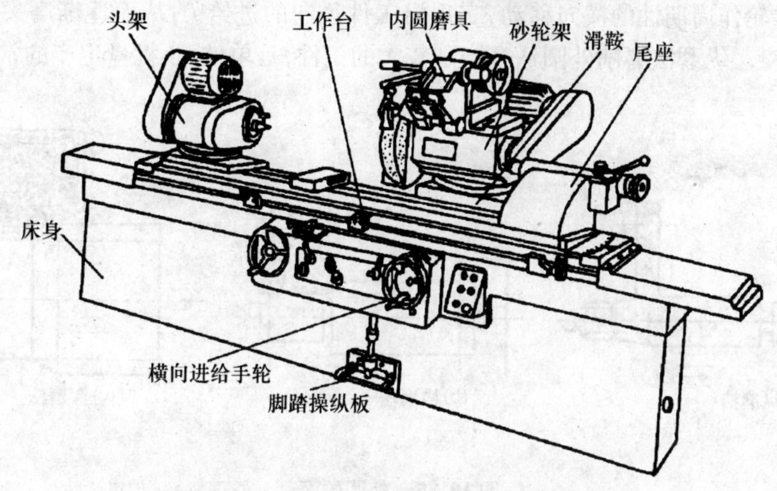

图 10-6 M1432A 型万能外圆磨床外观图

1. 磨床的主要部件

(1) 床身 床身 1 是磨床的基础支承件。

(2) 头架 头架 2 用于安装及夹持工件,并带动工件旋转。

(3) 内圆磨具 内圆磨具 4 用于支承磨内孔的砂轮主轴,内圆磨砂轮主轴由单独的电动机驱动。

(4) 砂轮架 砂轮架 5 用于支承并传动高速旋转的砂轮主轴。砂轮架装在滑鞍 6 上。当需磨削短圆锥面时,砂轮架可以在水平面内调整至一定角度位置(±30°)。

(5) 尾座 尾座 7 和头架 2 的顶尖一起支承工件。

(6) 滑鞍及横向进给机构 转动横向进给手轮 9,可以使横向进给机构带动滑鞍 6 及其上的砂轮架作横向进给运动。

(7) 工作台 工作台 3 由上下两层组成。上工作台可绕下工作台在水平面内回转一个角度(±10°),用以磨削锥度不大的长圆锥面。上工作台的上面装有头架 2 和尾座 7,它们可随着工作台一起沿床身导轨作纵向往复运动。

2. 机床的用途

M1432A 型机床是普通精度级万能外圆磨床,经济精度为 IT6~IT7 级,加工表面的表面粗糙度值 Ra 可控制在 1.25~0.08 μm 范围内。万能磨床可用于内外圆柱表面、内外圆锥表面的精加工，虽然生产率较低；但由于其通用性较好，被广泛用于单件小批生产车间、工具车间和机修车间。

10.3.2　外圆磨床上的磨削方法

1. 磨削外圆

工件的外圆一般在普通外圆磨床或万能外圆磨床上磨削。外圆磨削一般有纵磨、横磨和深磨三种方式。

(1) 纵磨法

如图 10－7(a)所示，纵磨法磨削外圆时，砂轮的高速旋转为主运动 n_0，工件作圆周进给运动的同时，还随工作台作纵向往复运动，实现沿工件轴向进给 f_a。每单次行程或每往复行程终了时，砂轮作周期性的横向移动，实现沿工件径向的进给 f_r，从而逐渐磨去工件径向的全部留磨余量。纵磨法磨削外圆适合磨削较大的工件，是单件、小批量生产的常用方法。

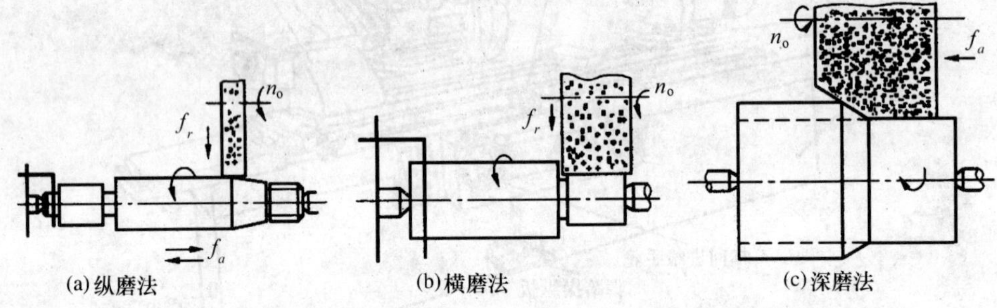

图 10－7　外圆的磨削

(2) 横磨法

如图 10－7(b)所示，采用横磨法磨削外圆时，砂轮宽度比工件的磨削宽度大，工件不需作纵向（工件轴向）进给运动，砂轮以缓慢的速度连续地或断续地沿横向进给运动，实现对工件的径向进给 f_r，直至磨削达到尺寸要求。加工工件宜短不宜长，短阶梯轴轴颈的精磨工序通常采用这种磨削方法。

(3) 深磨法

如图 10－7(c)所示，深磨法是一种比较先进的方法，生产率高，磨削余量一般为 0.1～0.35 mm。用这种方法可一次走刀将整个余量磨完。

2. 磨削端面

在万能外圆磨床上，可利用砂轮的端面来磨削工件的台肩面和端平面。

3. 磨削内圆

利用外圆磨床的内圆磨具可磨削工件的内圆。磨削内圆时，工件大多数是以外圆或端面作为定位基准，装夹在卡盘上进行磨削（如图 10－8 所示）。磨内圆锥面时，只需将内圆磨具偏转一个圆周角

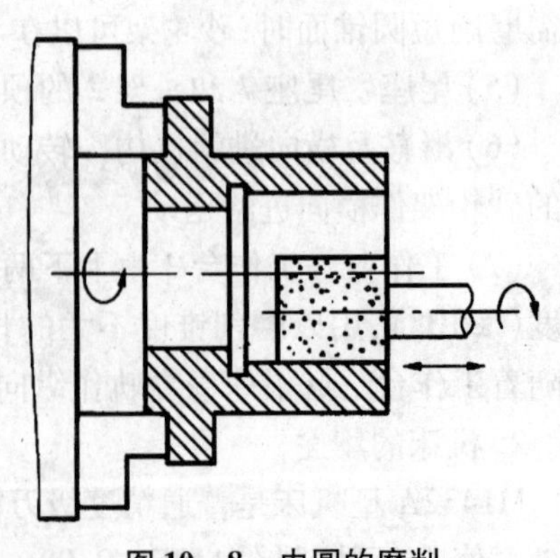

图 10－8　内圆的磨削

即可。

10.4 平面磨床及其磨削方法

表面质量要求较高的各种平面的半精加工和精加工,常采用平面磨削方法。平面磨削常用的机床是平面磨床。砂轮的工作表面可以是圆周表面,也可以是端面。

10.4.1 平面磨床结构

1. 主要类型和运动

当采用砂轮周边磨削方式时,磨床主轴按卧式布局;当采用砂轮端面磨削方式时,磨床主轴按立式布局。按主轴布局及工作台形状的组合,普通平面磨床可分为下列四类:

(1) 卧轴矩台式平面磨床(如图 10-9(a)所示)　在这种机床中,工件由矩形电磁工作台吸住。砂轮作旋转主运动 n,工作台作纵向往复运动 f_1,砂轮架作间歇的竖直切入运动 f_3 和横向进给运动 f_2。

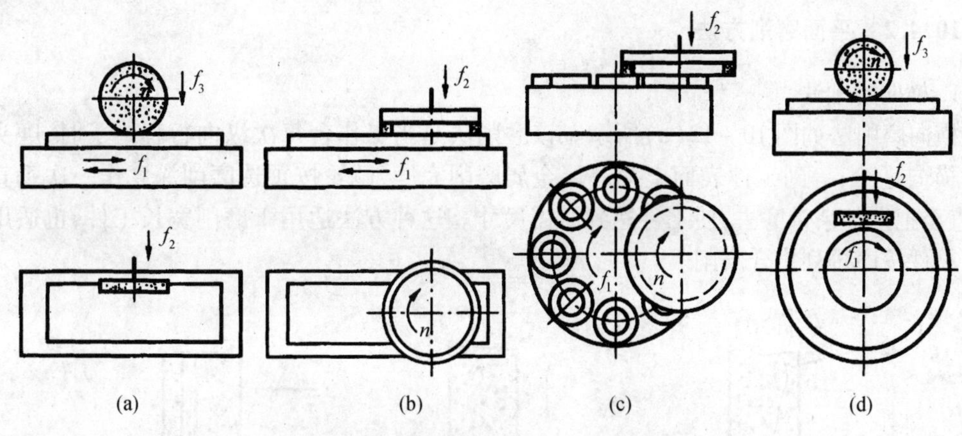

图 10-9　平面磨床的加工示意图

(2) 立轴矩台式平面磨床(如图 10-9(b)所示)　在这种机床上,砂轮作旋转主运动 n,矩形工作台作纵向往复运动 f_1。,砂轮架作间歇的竖直切入运动 f_2。

(3) 立轴圆台式平面磨床(如图 10-9(c)所示)　在这种机床上,砂轮作旋转主运动 n,圆工作台旋转作圆周进给运动 f_1,砂轮架作间歇的竖直切入运动 f_2。

(4) 卧轴圆台式平面磨床(如图 10-9(d)所示)　在这种机床上,砂轮作旋转主运动 n,圆工作台旋转作圆周进给运动 f_1,砂轮架作连续的径向进给运动 f_2 和间歇的竖直切入运动 f_3。此外,工作台的回转中心线可以调整至倾斜位置,以便磨削锥面。

目前,用得较多的是卧轴矩台式平面磨床和立轴圆台式平面磨床。

2. 卧轴矩台式平面磨床

卧轴矩台式平面磨床如图 10-10 所示。这种机床的砂轮主轴通常是由内连式异步电动机直接带动的,往往电机轴就是主轴。

3. 立轴圆台式平面磨床

立轴圆台式平面磨床如图 10 - 11 所示。砂轮架 1 的主轴也是由内连式异步电动机直接驱动。这种机床生产率高,适用于成批生产。

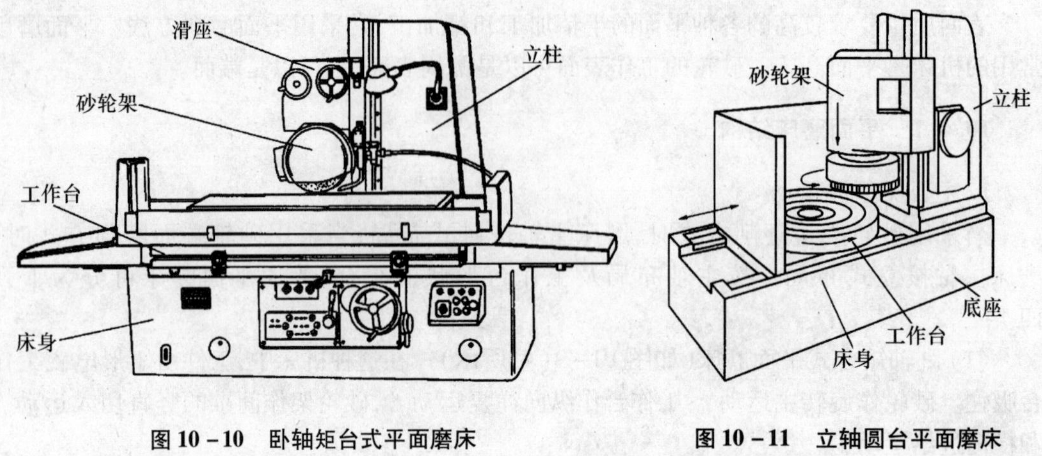

图 10 - 10　卧轴矩台式平面磨床　　图 10 - 11　立轴圆台平面磨床

10.4.2　平面磨削方法

1. 横向磨削法

横向磨削法如图 10 - 12(a)所示。该磨削法是当工作台每次纵向行程终了时,磨头作一次横向进给,等到工件表面上第一层金属磨削完毕,砂轮按预选磨削深度作一次垂直进给,直至把全部余量磨去,使工件达到所需尺寸。这种方法适用于磨削宽长工件,也适用于相同小件按序排列集合磨削。

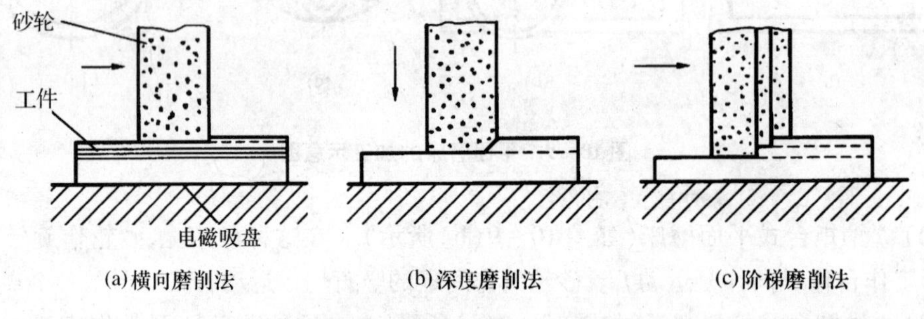

(a)横向磨削法　(b)深度磨削法　(c)阶梯磨削法

图 10 - 12　平面磨削法

2. 深度磨削法

深度磨削法如图 10 - 12(b)所示。这种磨削法的纵向进给量较小,砂轮只作两次垂直进给,第一次垂直进给量等于全部粗磨余量,当工作台纵向行程终了时,将砂轮横向移动 3/4 ~4/5的砂轮宽度,直到将工件整个表面的粗磨余量磨完为止。这种方法由于垂直进给次数少,生产率较高,且加工质量也有保证。但磨削抗力大,仅适用在动力大、刚性好的磨床上磨较大的工件。

3. 阶梯磨削法

如图 10－12(c)所示,阶梯磨削法是按工件余量的大小,将砂轮修整成阶梯形,使其在一次垂直进给中磨去全部余量。用于粗磨的各阶梯宽度和磨削深度都应相同;而其精磨阶梯的宽度则应大于砂轮宽度的 1/2,磨削深度等于精磨余量(0.03～0.05 mm)。磨削时横向进给量应小些。

10.5 磨削安全操作技术规程

磨工实习与车工实习安全技术有许多相同之处,可参照执行,在操作过程中更应该注意以下几点。

1. 操作者必须戴安全帽,长发压入帽内,以防发生人身事故。
2. 检查砂轮是否松动,有无裂纹,防护罩是否牢固、可靠,发现问题时不准开车。
3. 砂轮开动后,必须慢慢引向工件,严禁突然接触撞击工件;切削深度也不能过大,防止径向力过大将工件顶飞或炸裂砂轮。
4. 当干磨或修整砂轮时,一定要戴防护眼镜。
5. 操作者应站在砂轮的侧面,砂轮的正面不准站人。
6. 砂轮转速不准超限,进给前要选择合理的吃刀量,要缓慢进给,以防砂轮破碎飞出。
7. 砂轮未退离工作时,应保持砂轮继续转动不得停止砂轮转动。
8. 用金刚石修整砂轮时,要使用固定架将金刚石衔住,禁止手持金刚石修整砂轮。
9. 干磨工件不准中途加冷却液,湿式磨床冷却液停止时应立即停止磨削。工作完毕应将砂轮空转五分钟,将砂轮上的冷却液甩掉。
10. 多人共用一台磨床时,只能一人操作,并注意他人的安全。

复习思考题

1. 磨削加工的待点是什么?
2. 磨床的主要种类有哪些?加工范围有何异同?
3. 万能外圆磨床由哪几部分组成?
4. 磨削外圆的方法有那几种?
5. 内圆磨削有何待点?
6. 平面磨削常用的方法有哪些?其适用范围分别是什么?

第11章 钳 工

【目的与要求】

1. 了解钳工工作在机械制造及机械维修中的作用;

2. 了解钳工的主要设备的结构;掌握常用设备、工具、量具的使用方法;

3. 掌握划线、锉削、锯削、钻孔、攻螺纹的操作;了解套螺纹、扩孔、铰孔、锪孔、刮削操作;熟悉简单部件的装配;

4. 掌握钳工工作的安全操作技术规程;

5. 初步掌握简单零件的钳工工艺的分析方法。

11.1 概 述

在现代化的工业生产中,无论是机床、汽车还是农业机械、化工设备和电子设备等,都是由机械制造厂生产的。从制造简单的制品和各种手工具,到制造机器零件、装配和维修机器,钳工是不可缺少的重要工种。

钳工是以手工操作为主,主要是在台虎钳和工作台上,按技术要求对工件进行加工、对机器进行装配和修理等的工种。

11.1.1 钳工的特点及应用

钳工所用的工具、设备比较简单、操作方便,加工方式灵活多样,因此钳工工作不完全受场地限制,根据现场情况,带上适应的工具,就可以进行工作,尤其是修理性的工作,操作灵活体现的更明显。但是因钳工是以手工操作为主的工种,所以其劳动强度大,效率低,对工人的技术水平要求较高。

钳工的工作范围很广,如各种机械设备的制造,首先是把毛坯(铸造、锻造、焊接的毛坯及各种轧制成的型材毛坯)经过切削加工和热处理等步骤制成零件,然后通过钳工把这些零件按机械的各项技术要求进行组件、部件装配和总装配成为一台完整的机械。这种装配工作正是钳工的主要任务之一。另外,有些零件在加工前,要由钳工来划线,各种工、夹、量具以及各种专用设备等的制造也要通过钳工才能完成;各种机械设备在使用过程中出现损坏、产生故障或因长期使用而失去精度等,也要通过钳工进行维护和修理;为了提高劳动生产率和产品质量,不断改进工具和工艺,逐步实现半机械化和机械化,也是钳工的重要任务。现在,钳工分普通钳工,划线钳工、工模具钳工、装配钳工和机修钳工等。

钳工的基本操作技能包括划线、锯削、锉削、钻孔、扩孔、铰孔、攻螺纹、套螺纹、刮削、装配、调试、维修等。不论那种钳工都必须熟练掌握钳工的这些基本操作。

11.1.2 钳工常用的设备

钳工常用的设备有台虎钳、钳台(钳桌)、砂轮机、钻床等。

1. 台虎钳

台虎钳装在钳台上，用来夹持工件。台虎钳有固定式和回转式两种(如图 11－1 所示)。

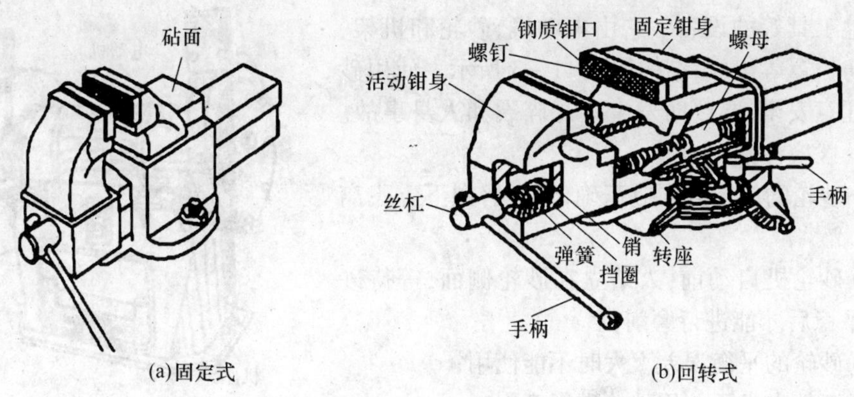

图 11－1　台虎钳

台虎钳是由固定钳身、活动钳身和夹紧丝杆、手柄等组成的。由于钳身上(固定的和活动的)有钢质淬硬的网状钳口，能使工件夹紧后不易产生滑动。回转式台虎钳可转动，使用方便。固定式台虎钳的位置是固定的。台虎钳的规格以钳口的宽度表示，有100 mm、125 mm、150 mm 等几种。

使用台虎钳时，应注意下列事项：

(1) 台虎钳在钳台上安装时，必须使固定钳身的钳口处于钳台边缘之外，以保证夹持长条形工件时，工件的下端不受钳台边缘的阻碍，并且安装要牢固；

(2) 台虎钳必须牢固地固定在钳台上，两个夹紧螺钉必须扳紧，使钳身工作时没有松动现象；

(3) 工件尽可能夹在钳口的中部，使钳口受力均匀，夹紧工件时要松紧适当，只允许依靠手的力量来扳动手柄，不允许借助其他工具加力，以免丝杆、螺母或钳身损坏；

(4) 只能在钳口前面的砧面上敲击工件；

(5) 夹持精密工件或加工后表面时，应在钳口处加软垫(如铜皮)，以防夹伤工件表面；

(6) 丝杆和其他活动表面上要经常加油润滑，并保持清洁，防止生锈；

(7) 使用回转式台虎钳时，必须将固定钳身锁紧后方能夹持工件进行加工。

2. 钳台(钳桌)

钳台用来安装台虎钳、放置工具和工件等。钳台一般用硬质木材制成，台面常用低碳钢包封，安放要平稳。台面高度为800～900 mm，为防切屑飞出伤人，其上装有防护网；工具和量具要分类放置。安上台虎钳后要达到操作者工作的合适高度，一般以钳口高度恰好齐人手肘为宜。图 11－2 所示为钳台

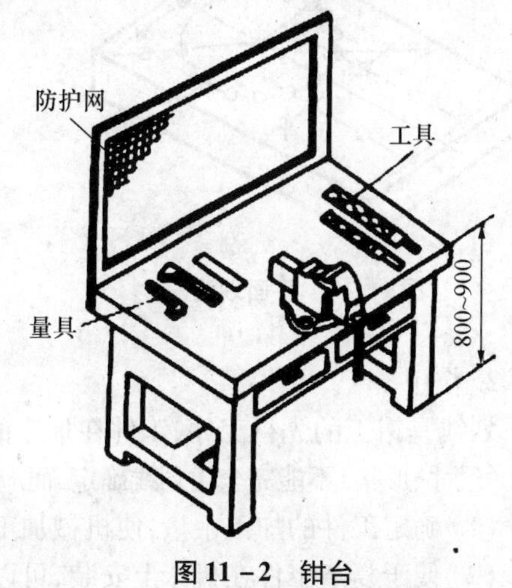

图 11－2　钳台

工具、量具放置时的情形。

3. 砂轮机

砂轮机主要是用来刃磨錾子、钻头和刮刀等刀具或其他工具等的设备。它由电动机、砂轮和机架、机座和防护罩等组成，结构如图 11 - 3 所示。使用砂轮机应注意安全，要严防发生砂轮碎裂和人身事故。操作时一般应注意：

(1) 砂轮的旋转方向应正确，使磨屑向下方飞离砂轮；

(2) 砂轮机启动前，人站立在砂轮侧面，等待砂轮旋转平稳后才能进行磨削；

(3) 砂轮的平衡误差太大时不能使用；

(4) 工件太大不能用砂轮进行磨削。

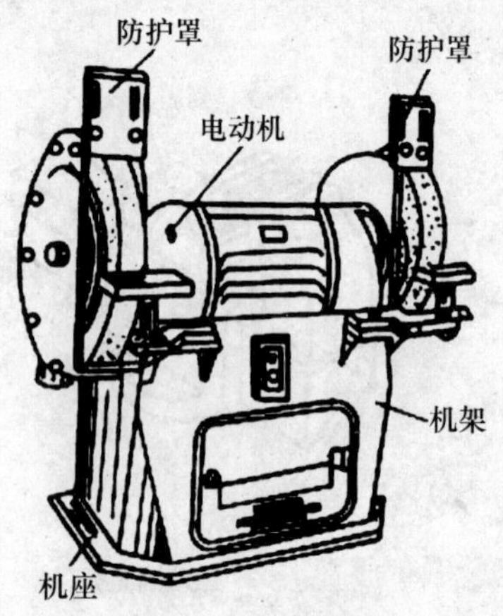

图 11 - 3 砂轮机

4. 钻床

钳工常用的钻床有台式钻床、立式钻床和摇臂钻床，具体内容见 11.5.1(钻孔)。

11.2 划 线

11.2.1 划线的概念及作用

1. 概念

利用划线工具，根据图纸或实物的要求，准确地在毛坯或半成品上划出加工界线，或划出作为基准的点、线的操作，叫做划线。划线分平面划线和立体划线。在工件的一个表面上划线，叫做平面划线，如图 11 - 4 所示；在工件的几个互成不同角度(一般是互相垂直)表面上进行划线，也就是在长、宽、高三个方向上划线，叫做立体划线，如图 11 - 5 所示。

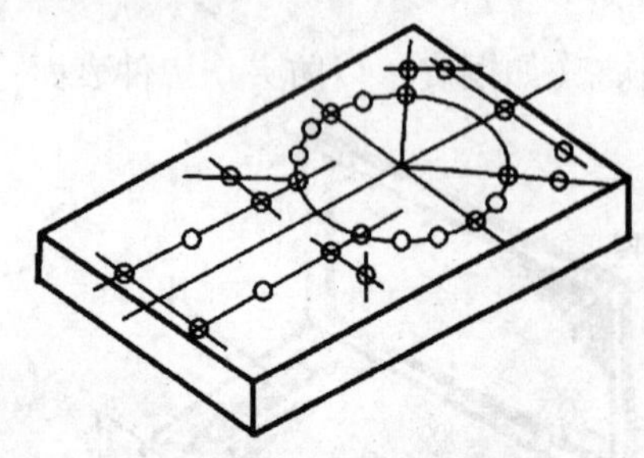

图 11 - 4 平面划线

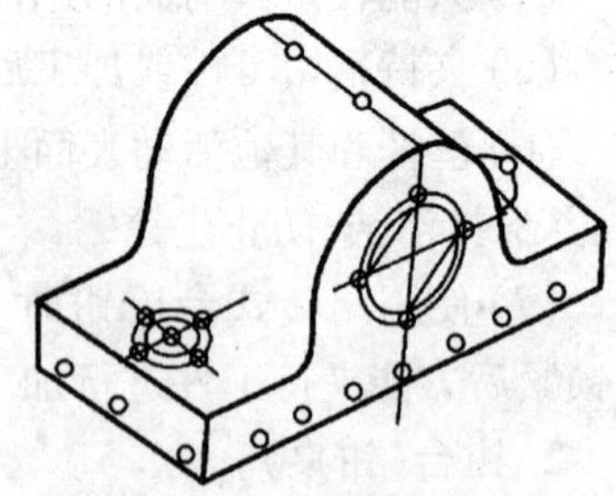

图 11 - 5 立体划线

2. 作用

划线是钳工的先行工序，工件在加工的过程中，划线起着重要的指导作用，工件的加工精度(尺寸、形状)不能完全由划线确定，而应该在加工过程中通过测量来保证。其主要作用有：

(1) 确定工件的加工余量，使机械加工有明确的尺寸界线；

(2) 便于复杂工件在机床上安装，可以按划线找正定位；

(3) 能够及时发现和处理不合格的毛坯,避免浪费加工工时;

(4) 采用借料划线可以使误差不大的毛坯得到补救,使加工后的零件仍能符合要求;

(5) 按线下料,可正确排料,使材料得到合理使用。

11.2.2 划线工具及使用方法

1. 划线平板

如图 11 - 6 所示,划线平板是用来放置工件和划线工具的,它是划线的基准工具,铸制而成。

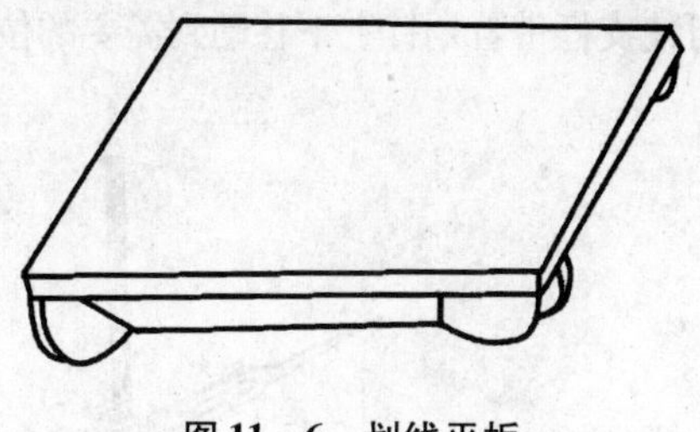

图 11 - 6 划线平板

平板安置要牢固,上平面应保持水平,用以稳定地支承工件。平板应各处均匀使用,以免局部的磨损。不许碰撞和用锤撞击,要保持清洁,避免铁屑、灰砂等污物在划线工具或工件的拖动下划伤平板表面,影响划线精度。划线完毕要擦干净平板表面,并涂上机油,以防生锈。

2. 钢直尺

钢直尺是采用不锈钢材料制成的一种简单长度量具,其长度规格有 150 mm、300 mm、500 mm、1 000 mm 等多种。钢直尺主要用来量取尺寸和测量工件,也可做划直线时的导向工具,如图 11 - 7 所示。

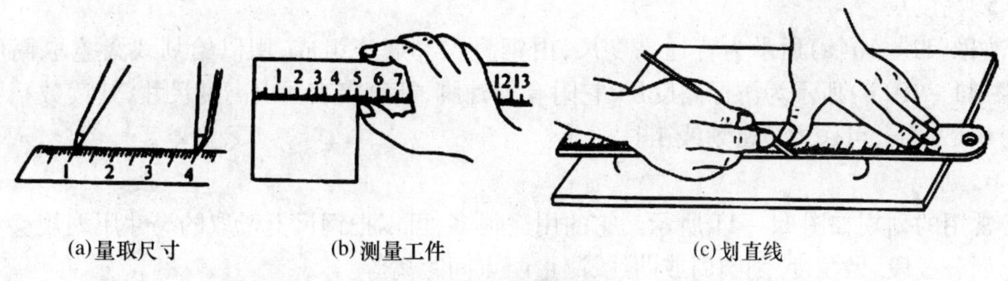

(a)量取尺寸 (b)测量工件 (c)划直线

图 11 - 7 钢直尺的使用

3. 划针

划针是划线的基本工具,常用弹簧钢或高速钢经刃磨后制成。使用时,划针要紧靠钢直尺或角尺等导向工具的边缘,上部向外倾斜约 8° ~ 12°,向划线方向倾斜 45° ~ 75°。划线时,要做到尽可能一次完成,并使线条清晰、准确。划针及其使用方法如图 11 - 8 所示。

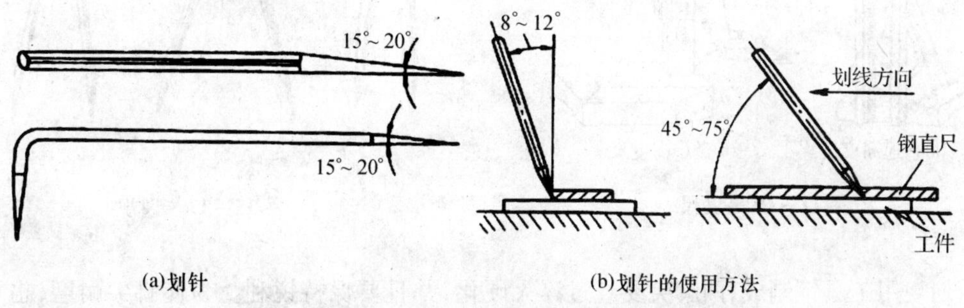

(a)划针 (b)划针的使用方法

图 11 - 8 划针及其使用方法

4. 划线盘

划线盘是用来划线或找正工件位置的。

划线盘分普通的和精密的两种：

(1) 普通划线盘如图 11 -9(a)所示，划针的一端焊上硬质合金，另一端弯头是校正工件用的；

(2) 精密划线盘如图 11 -9(b)所示，支杆装在跷动杠杆上，调整跷动杠杆的调整螺丝，可使支杆带着划针上下移动到需要的位置。这种划线盘多用在刨床、车床上校正工件位置用。

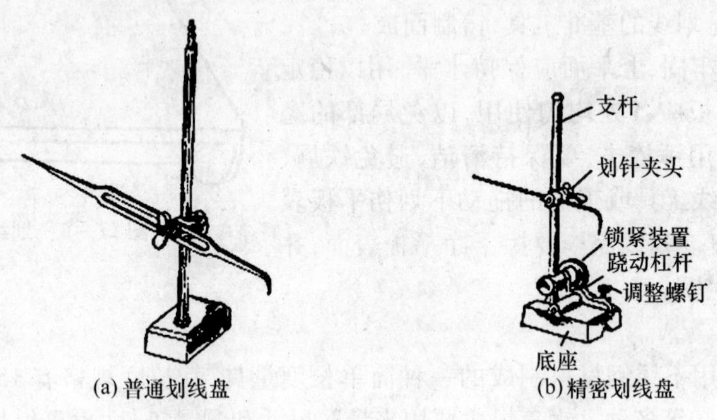

(a) 普通划线盘　(b) 精密划线盘

图 11 -9　划线盘及其使用

5. 高度尺

如图 11 -10(a)所示为普通高度尺，由钢直尺和底座组成，用以给划线盘量取高度尺寸；图 11 -10(b)所示为游标高度尺，它附有划针脚，能直接表示出高度尺寸，其读数精度一般为 0.02 mm，可作为精密划线工具。

6. 划规

常用的划规如图 11 -11 所示。它的用途很多，可以把钢尺上量取的尺寸用划规移到工件上划分线段、做角度、划圆周或曲线、测量两点间距离等。

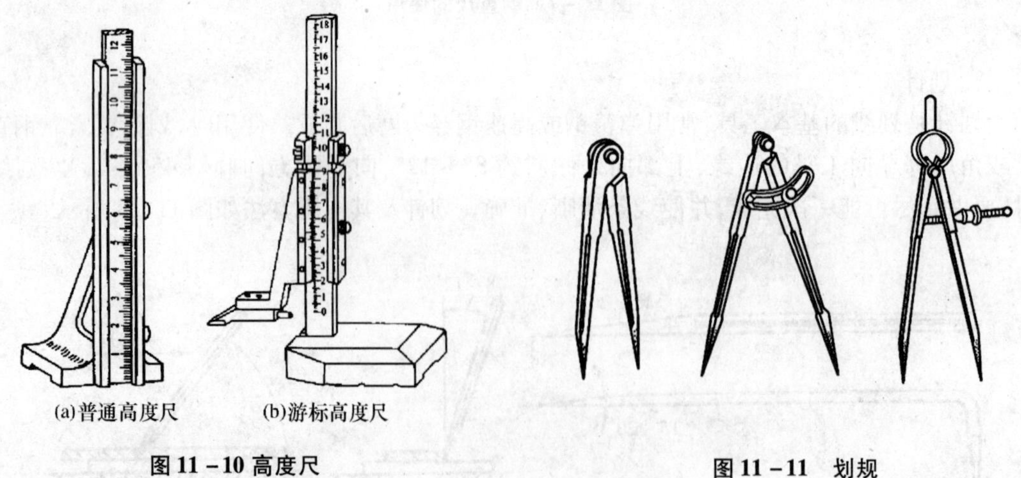

(a)普通高度尺　(b)游标高度尺

图 11 -10 高度尺

图 11 -11　划规

划规用工具钢制成，两脚尖要经过淬火硬化，并且要保持锐利。为使脚尖耐磨，也可在两脚尖部焊上硬质合金尖。要做到划线准确，对划规有一定要求：

(1) 划规两脚的长度要一致,脚尖要靠紧,以便于划小圆;

(2) 两脚开合松紧要适当,以免划线时发生自动张缩,而影响划线质量;

(3) 在使用划规作线段、划圆、作角度时,要以一脚尖为中心,加上适当压力,以免滑位;

(4) 划规在钢尺上量尺寸时,必须量准,以减少误差,要反复地量几次,如图 11 – 12 所示。

7. 划卡

用来确定轴和孔的中心,或用于以已加工边为基准边,划平行线。划卡两脚要等长,脚尖要淬火硬化,两脚开合松紧要适当,防止松动,影响划线质量,如图 11 – 13 所示。

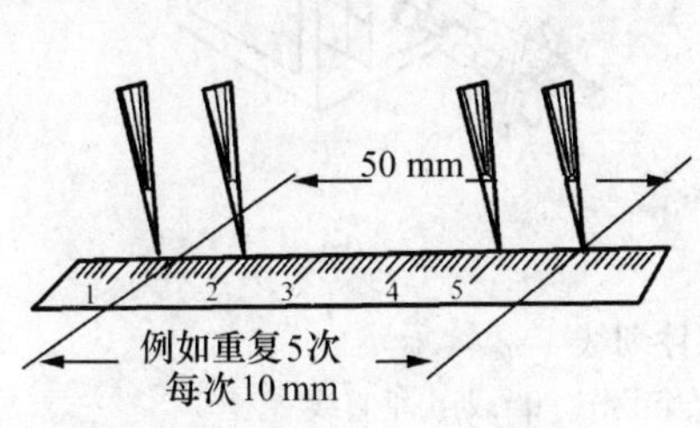

图 11 – 12　划规在钢尺上量尺寸

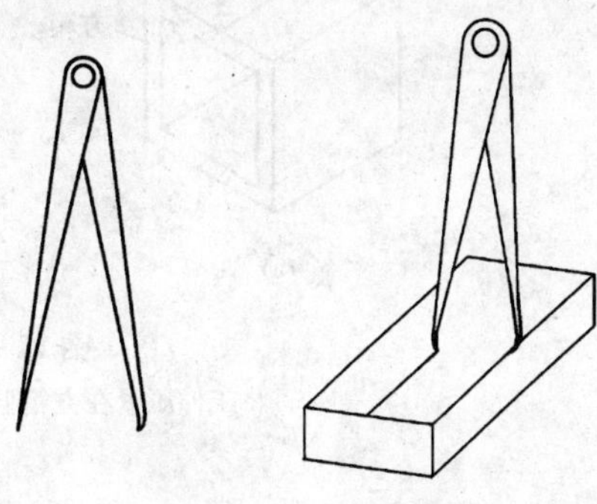

图 11 – 13　划卡

8. 样冲

在加工过程中,有些工件上已划好的线可能被擦掉。为了便于看清所划的线,划线后要用样冲在线条上打出小而均匀的冲眼作标记。用划规划圆和定钻孔中心时,也要打冲眼,便于钻孔时对准钻头。样冲及其使用方法如图 11 – 14 所示。样冲由工具钢制成(T7 ~ T8),尖端经淬火硬化,尖角一般为45° ~ 60°。

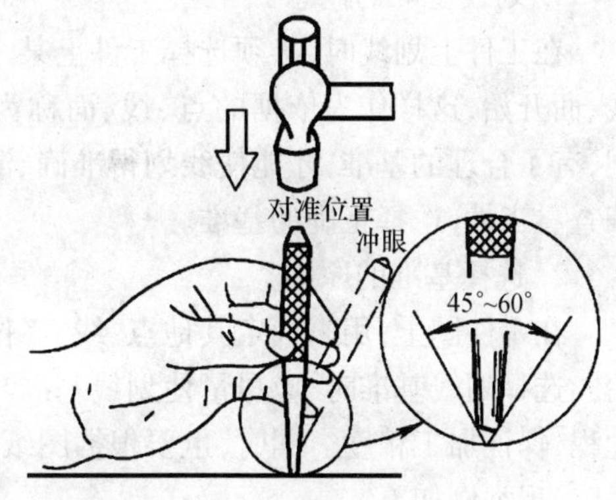

图 11 – 14　样冲及其使用方法

9. V 形铁

V 形铁通常用来支承圆柱形工件,以便找中心线或中心。V 形铁通常安放在划线平台上,V 形槽夹角一般呈 90° 或 120°,其余各面互相垂直。如图 11 – 15 所示。

10. 千斤顶

千斤顶用于支承不规则或较大工件时的划线找正。通常三个一组,其高度可以调整,如图 11 – 16 所示。

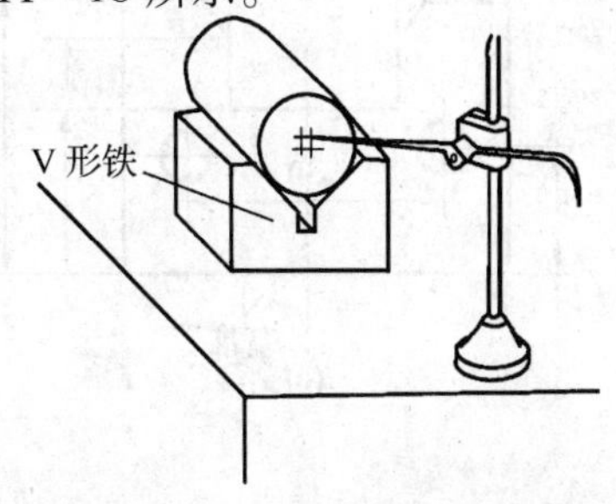

图 11 – 15　用 V 形铁支承工件

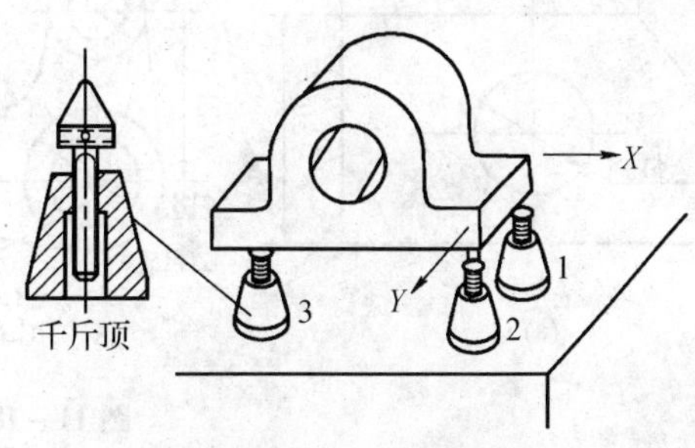

图 11 – 16　千斤顶支承工件

11. 方箱

方箱是用铸铁制成的空心立方体,方箱上相邻平面互相垂直,相对平面互相平行,并都经过精加工而成,一面上有 V 形槽和压紧装置,如图 11－17 所示。

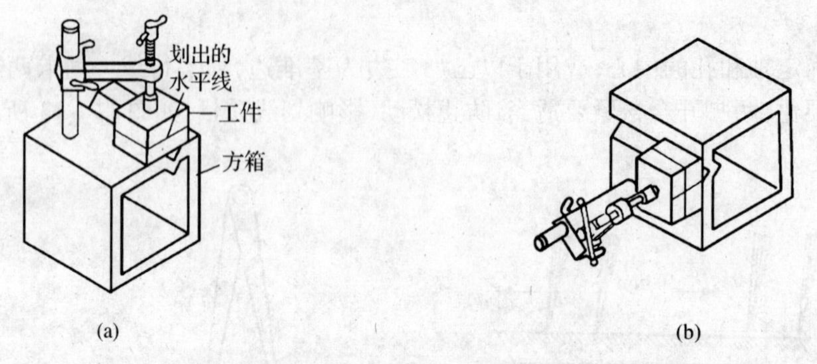

图 11－17　方箱夹持工件划线

(a)将工件压紧在方箱上,划出水平线;(b)方箱翻转 90°,划出垂直线

11.2.3　划线基准选择

1. 划线基准的概念

在工件上划线时,必须选择工件上某个点、线、面作为依据,划其余的尺寸都从这些点、线、面开始,这样作为依据的点、线、面称为划线基准。正确地选择划线基准是划好线的关键,有了合理的基准,才能使线划得准确、清晰和迅速。因此,划线前必须认真分析图纸,详细查看工件,选择正确的基准。

2. 选择基准的原则

在零件图上,用来确定其他点、线、面位置的基准称为设计基准。划线应从划线基准开始。选择划线基准时,应尽量使划线基准与设计基准相重合。基准重合可以简化尺寸换算过程,保证加工精度。同时,也要根据图纸上尺寸的标注、工件的形状及已加工的情况等来确定,现举例如下。

(1) 以两个互相垂直的平面为基准,如图 11－18(a)所示。划线前,先把这两个垂直的平面加工好,使其互成 90°角,然后一切尺寸都以这两个平面为基准,划出一切线;

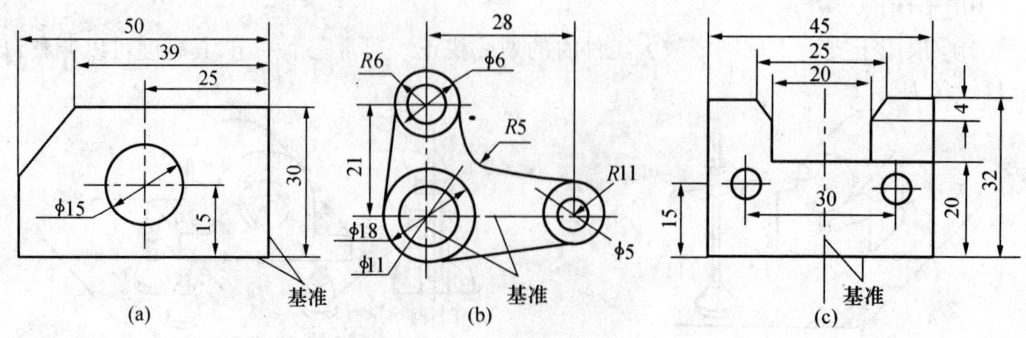

图 11－18　划线基准

(a)两个互相垂直平面为基准;(b)两条中心线为基准;(c)一个平面和一个中心线为基准

(2) 以两条中心线为基准,如图 11 - 18(b)所示。划线前,先在平台上找出工件上相对的两个位置,划出两条中心,然后再根据中心线划出其他的加工线;

(3) 以一个平面和一个中心线为基准,如图 11 - 18(c)所示。划线前,先将底平面加工好,再划出中心线和其他加工线。

11.2.4 划线过程

1. 划线步骤

(1) 分析图纸,确定合理的划线基准,并检查工件是否合格;

(2) 清理工件上的疤痕和毛刺等,对工件需划线的部位涂色,在铸、锻件毛坯上一般用石灰水或抹上粉笔灰;在已加工表面上,一般涂蓝油或硫酸铜溶液,涂色要薄而均匀,以保证划线清晰;

(3) 正确安放工件和选用工具;

(4) 先划基准线,再划其他直线,最后划圆、圆弧等;

(5) 仔细检查划线的准确性;

(6) 在线条上冲眼。

2. 划线操作的注意事项

(1) 工件支承夹持要稳定,以防滑倒或移动;

(2) 在一次支承找正后,应把需要划出的线划全,以免再次支承补划造成误差;

(3) 应正确使用划线所用工具和量具,以免产生误差。

(4) 线条要清晰均匀,尺寸准确。

11.3 锉　　削

11.3.1 锉削的概念及范围

用锉刀从工件表面上锉掉多余的金属,使工件达到图纸上要求的尺寸、形状和表面粗糙度,这种加工方法叫锉削。锉削是钳工主要操作之一,锉削的尺寸精度可达0.01 mm,表面粗糙度可达 $Ra0.8\ \mu m$。

锉削主要内容如下:

(1) 锉削平面和曲面;

(2) 锉削内外表面以及复杂的表面;

(3) 锉削沟槽、孔眼和各种形状相配合的表面,以及装配时对工件的修理等。

11.3.2 锉削工具

锉刀是锉削的工具。锉刀是由碳素工具钢 T12、T13 或 T12A、T13A 制成的、并经淬硬的一种切削刃具。一般硬度应在 HRC62 ~ 67 之间。锉刀表面不应该有毛刺、裂纹、崩齿、重齿、跳齿等缺陷。

1. 锉刀的结构

锉刀由锉刀面、锉刀边、锉刀尾、锉刀舌、木柄等部分组成,如图 11 - 19 所示。锉刀面是锉削的主要工作面。

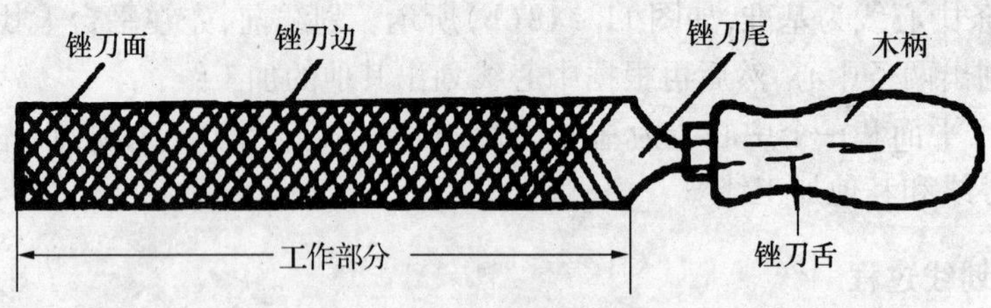

图 11－19　锉刀各部分名称

锉刀的齿纹有单齿纹和双齿纹两种。单齿纹切削时切削力大,一般用于切削铝等软材料;双齿纹锉刀的双纹的方向和角度不同,易于断屑和排屑,切削力小,一般用于硬材料的切削。

2. 锉刀的种类与选用

(1) 锉刀的种类

锉刀按用途不同分为普通锉刀、整形锉刀和特种锉刀三种;按齿纹粗细不同可分为粗齿锉、中齿锉、细齿锉和油光锉等。生产中应用最多的为普通锉刀,如图 11－20 所示。普通锉刀按其断面形状不同又可分为:

①平锉　主要用于锉削平面、外圆弧面等;

②方锉　主要用于锉削小平面、方孔等;

③三角锉　主要用于锉削平面、外圆弧面、内角(大于 60°)等;

④半圆锉　主要用于锉削平面、外圆弧面、凹圆弧面、圆孔等;

⑤圆锉　主要用于锉削圆孔及凹下去的弧面等。

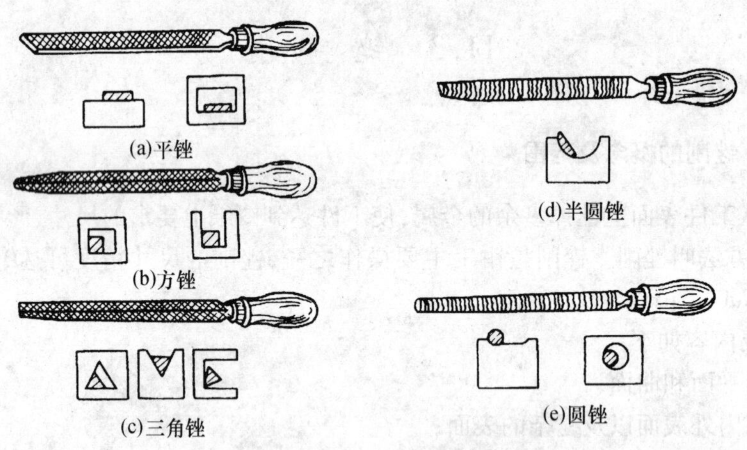

图 11－20　普通锉刀的种类

方锉刀的尺寸规格以方形尺寸表示;圆锉刀的规格用直径表示;其他锉刀则以锉身长度表示,按其工作部分长度不同可分为 100 mm、150 mm、200 mm、250 mm、300 mm、350 mm、及 400 mm 等。

整形锉刀(什锦锉、组锉),主要修整工件细小部分的表面,一般 5、6、12 把为一组。

特种锉刀,用于锉削工件上特殊的表面,有刀口锉、菱形锉、扁三角锉、椭圆锉等。

(2) 锉刀的选用

合理选用锉刀有利于保证加工质量,提高工作效率和延长使用寿命。

锉刀的选用原则:根据加工的形状和加工面大小选择锉刀的形状和规格大小;根据工件材料性质、加工余量、精度和表面粗糙度的要求选择锉刀齿纹的粗细。

11.3.3 锉削的基本操作

1. 锉刀的握法

锉刀的种类很多,因为它的大小不同,使用的地方也不同,所以锉刀的握法也有几种,如图 11-21 所示。图中(a)是大锉刀的握法,右手心抵着锉刀柄的端头,大拇指放在锉刀柄的上面,其余四指放在下面配合大拇指捏住锉刀柄;左手掌部鱼际肌压在锉刀尖上面,拇指自然伸直,其余四指弯向手心,用食指、中指捏住锉刀前端。图中(b)是中型锉刀的握法,右手握法和上面一样,左手采用半扶法,即用拇指、食指、中指轻握即可。图中(c)是小锉刀的握法,通常一只手握住即可。

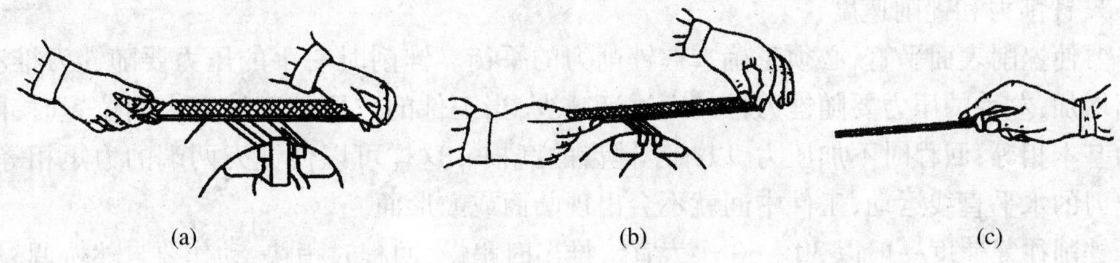

图 11-21 锉刀的握法

(a)使用大锉刀两手的握法;(b)使用中锉刀两手的握法;(c)使用小锉刀的握法

2. 锉削姿势和要领

正确的锉削姿势和动作,能减少疲劳,提高工作效率,保证锉削质量。只有勤学苦练,才能逐步掌握这项技能。锉削姿势与使用的锉刀大小有关,用大锉锉平面时,正确姿势如下:

(1) 站立姿势(位置)

两脚立正面向虎钳,站在虎钳中心线左侧,与虎钳的距离按大小臂垂直、端平锉刀、锉刀尖部能搭放在工件上来掌握。然后迈出左脚,迈出距离从右脚尖到左脚跟约等锉刀长,左脚与虎钳中线约成 30°角,右脚与虎钳中线约成 75°角,如图11-22所示。

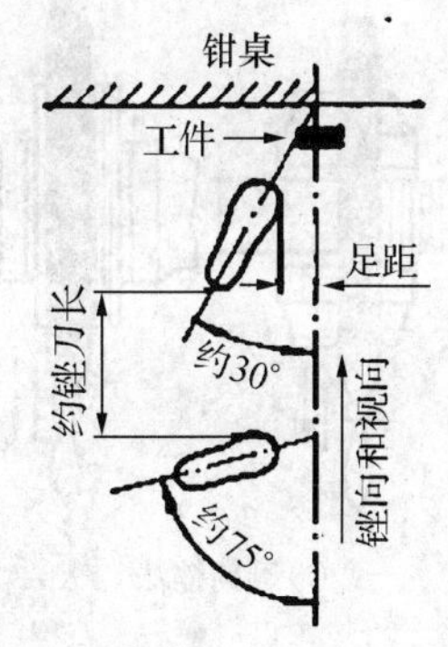

图 11-22 锉削时足的位置

(2) 锉削姿势

锉削时如图 11-23 所示,左腿弯曲,右腿伸直,身体重心落在左脚上。两脚始终站稳不动,靠左腿的屈伸作往复运动,手臂和身体的运动要互相配合。锉削时要使锉刀的全长充分利用。开始锉时身体要向前倾斜 10°左右,左肘弯曲,右肘向后,但不可太大,如图(a)所示;锉刀推到三分之一时,身体向前倾斜 15°左右,使左腿稍弯曲,左肘稍直,右臂前推,如图(b)所示;锉刀继续推到三分之二时,身体逐渐倾斜到 18°左右,使左腿继续弯曲,左肘渐直,右臂向前推进,如图(c)所示;锉刀继续向前推,把锉刀全长推尽,身体随着锉刀的反作用退回到 15°位置,如图(d)所示;推锉终止时,两手按住锉刀,身体恢复原来位置,不给锉刀压力或略提起锉刀把它拉回。

图 11－23　锉削时的姿势

3. 锉削力和锉削速度

要使锉削表面平直，必须正确掌握锉削力的平衡。锉削时右手的压力要随锉刀推动而逐渐增加，左手的压力要随锉刀推动而逐渐减少；当工件的位置处于锉刀中间位置时，两手压力基本相等；回程时不加压力，以减小锉齿的磨损。这样可以使锉刀两端的力矩相等，保持锉刀的水平直线运动，工件中间就不会出现凸面或鼓形面。

锉削往复速度一般以 30～60 次为宜。推出时稍慢，回程时稍快，动作要自然协调。

4. 锉削方法

平面的锉削基本方法有顺向锉法、交叉锉法和推锉法三种，如图 11－24 所示。

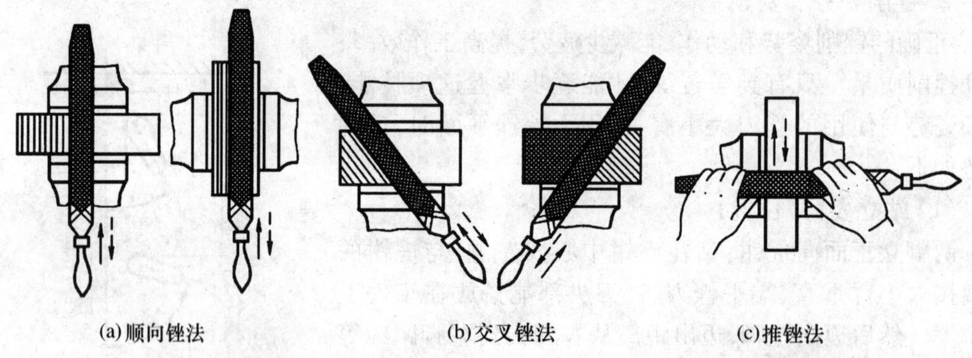

图 11－24　锉削的基本方法

(1) 顺向锉法　是指锉刀运动方向与工件夹持方向一致的锉削方法。顺向锉的锉纹整齐一致，比较美观，小平面、最后的锉光和锉平，常采用顺向锉。

(2) 交叉锉法　是指锉刀的运动方向与工件夹持方向约呈 35°，且第一遍锉削和第二遍交叉进行的锉削方法。交叉锉时锉刀与工件的接触面积增大，锉刀容易掌握平稳，且从锉痕可以判断平面的高低，易锉平。一般用于较大平面、较大余量的粗锉。

(3) 推锉法　一般用来锉削狭长平面，不能用顺向锉法加工时采用。推锉法效率不高，只适用加工余量较小和修整尺寸。

①外圆弧面的锉削法　锉削外圆弧面有横向滚锉法和顺向滚锉法两种。当加工余量

较大时,可先采用横向锉削法,如图 11－25(a)所示,当粗锉成多棱形弧面后,再用顺向滚锉法,如图 11－25(b)所示精锉成弧面。

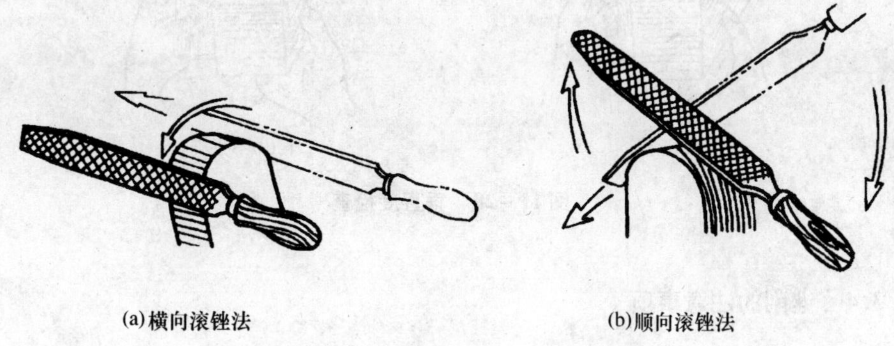

图 11－25　外圆弧面的锉削方法

②内圆弧面的锉削法　锉内圆弧面时,锉刀要同时完成前进运动和向左(或向右)移动及绕锉刀中心线转动,如图 11－26 所示。

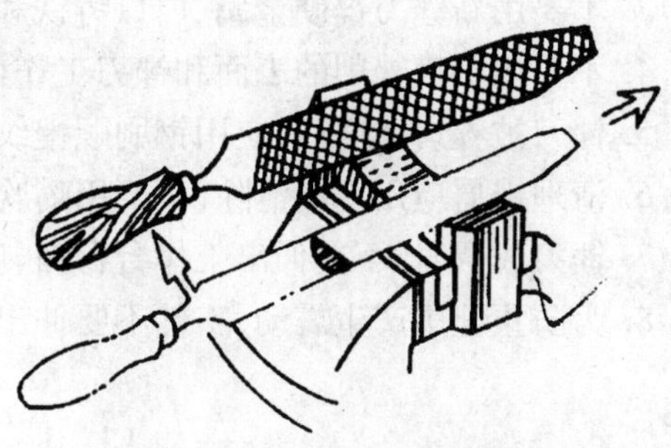

图 11－26　内圆弧面的锉削方法

5. 检验

锉削时,工件的尺寸可用钢尺和卡钳或卡尺检查。

工件的平面度,可利用透光法,用钢直尺和刀口尺检查。检查时,要在被检查表面的纵向、横向和对角线方向多处逐一进行。如果检查工具与被检查表面间透光均匀,则该表面的平面度较好。平面度误差值,可用塞规来确定,并取其最大值。如图 11－27 所示。

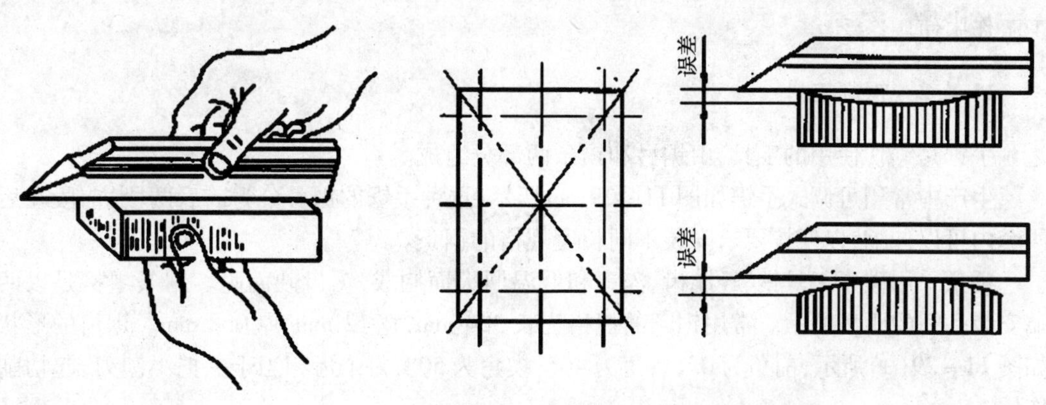

图 11－27　平面度检查

工件的垂直度,可利用透光法,用 90°角尺检查,如图 11－28(a)所示。注意角尺不可倾斜,如图 11－28(b)所示。

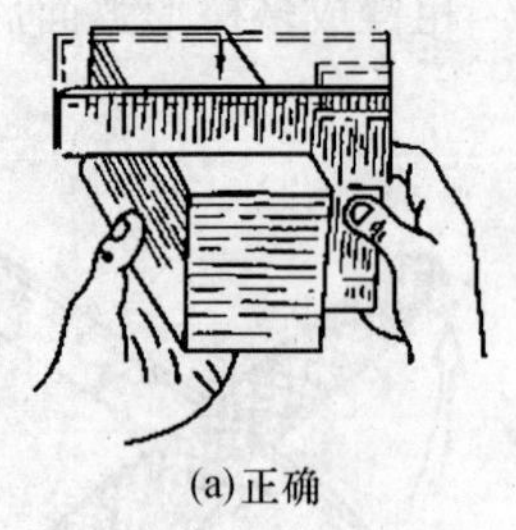
(a)正确

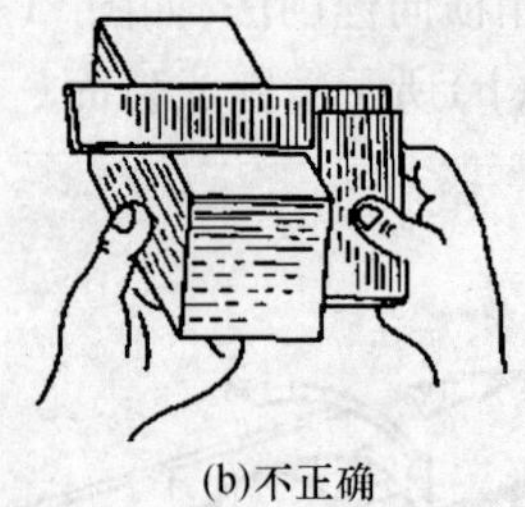
(b)不正确

图 11－28　垂直度检查

11.3.4　锉削的注意事项

1. 锉刀必须装柄使用，以免刺伤手心；
2. 铸件上的硬皮粘砂，应先用砂轮磨去，然后再锉；
3. 不要用新锉刀锉硬金属、白口铸铁和淬硬钢工件；
4. 不要用手摸锉削的表面和锉刀工作面，以免再锉时打滑；
5. 锉刀被锉屑堵塞后，应用钢刷顺锉纹方向刷去切屑；
6. 清理锉屑应用毛刷清除，不要用嘴吹，以免钢屑沫进入眼睛；
7. 锉刀放置时，不要伸出工作台台面，以免碰落摔断或砸伤脚；
8. 为防止锉削产生震动，工件不要伸出钳口过高。

11.4　锯　削

11.4.1　锯削的概念

锯削就是用锯将材料分割成几个部分或在工件上锯槽，以及锯掉工件上的多余部分。它分为机锯和手锯两种。手工锯削所用的工具（手锯）结构简单，使用方便，操作灵活，在钳工工作中使用广泛。

11.4.2　锯削工具

手锯是锯切使用的工具，由锯弓和锯条两部分组成。

生产中常用可调式手锯如图 11－29（a）所示，这种手锯的锯弓分为前后两段，前段在后段套内可以伸缩，以便按要求安装不同长度规格的锯条。

锯条采用碳素工具钢、经制齿、淬火和低温回火而制成，锯齿硬而脆。锯条规格是以两端安装孔间的距离表示。常用锯条的规格为长 300 mm，宽 12 mm，厚 0.8 mm。锯齿的形状如图 11－29（a）所示，前角为 0°，后角为 40°，楔角为 50°，每个齿相当于一把小刨刀，起切削作用。

锯条的许多锯齿在制造时按一定的规则左右错开，排列成一定的形状称为锯路。一般粗齿锯条为交叉式，细齿锯条为波浪式。锯路使工件的锯口宽度略大于锯条背部的厚度，减少了锯条与锯缝摩擦阻力，锯条不致摩擦过热而加快磨损。如图 11－29（b）所示。

安装锯条时，齿尖应背向手柄与手锯推进方向一致（如图 11－29（b）所示），安装的松紧程度要适当，一般以拇指和食指旋紧翼形拉紧螺母，不过分用力，然后用手扳动一下锯条，感觉不太硬实也不太软为宜。锯条应与钢锯架保持在同一平面内，不能歪斜和扭曲，否则锯削时容易折断。在旋紧翼形拉紧螺母后松紧要适度，锯条会有些扭曲，一般可再旋紧些，然后放松一些来消除扭曲现象。

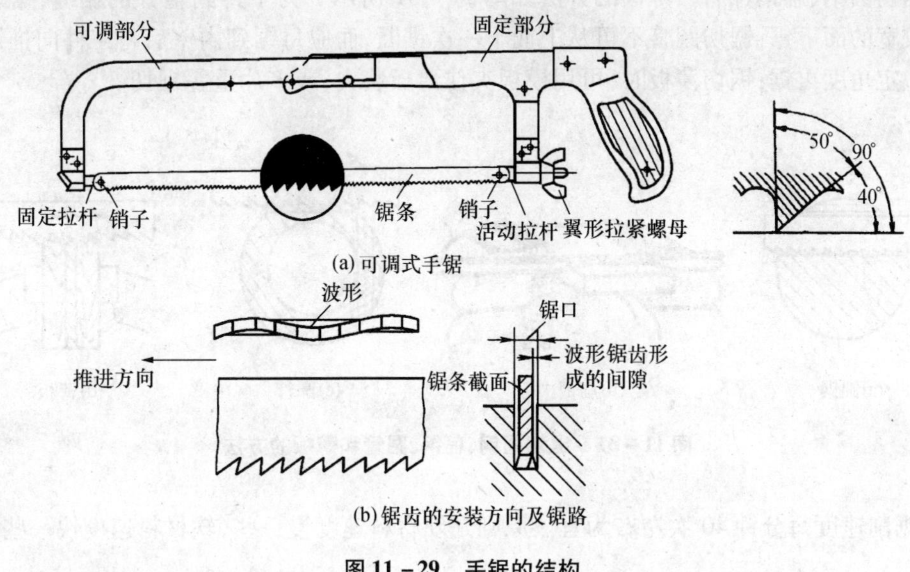

图 11－29　手锯的结构

锯齿的粗细按锯条上每 25 mm 长度内的齿数划分为粗齿（14～16 个齿）、中齿（18～22 个齿）和细齿（24～32 个齿）三种。粗齿锯条适宜锯切铜、铝等软金属以及厚工件，细齿适宜锯切较硬的钢件、板料及薄壁管材，中齿锯条适宜锯切普通钢、铸铁及中厚工件。

锯齿的特点是比较脆，每一齿所能承受的力很有限，因此在锯割时（尤其加工薄的材料），要保证有三个以上的齿同时切割。

11.4.3　锯削的基本操作

握法与姿势　右手满握手柄；左手大拇指在弓背上，其余四指轻扶在锯弓前（如图11－30(b)所示）。锯削姿势与锉削基本相似。

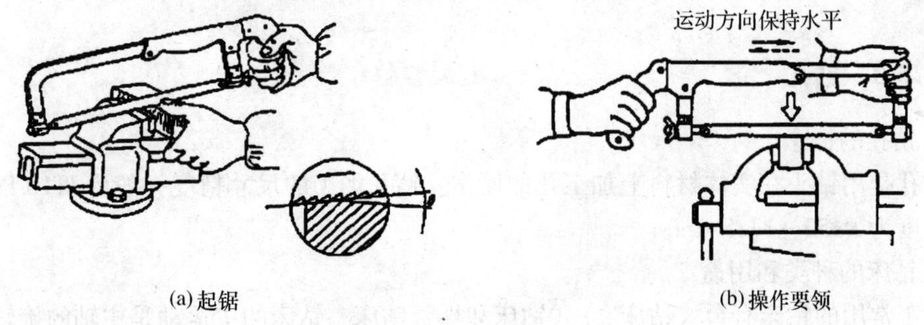

图 11－30　锯削操作

起锯有远起锯和近起锯两种，一般常用远起锯。起锯时锯弓往复行程应短，压力要轻，锯条应与工件表面垂直，起锯角 θ 约小于 15°，并用左手大拇指靠住锯条，引导锯条切入（如图 11－30(a)所示）。当整条锯口形成后，锯弓应改作水平直线往复运动（如图11－30(b)所示），向前推时加压要均匀，返回时锯条从工件上轻轻滑过，不应加压和摆动。当工件快锯断时用力要轻，行程要短，速度要放慢，以免碰伤手和折断锯条。

锯切圆钢、扁钢、圆管、薄板的方法如图 11－31 所示。为了得到整齐的锯缝，锯切扁钢应从较宽的面下锯；锯切圆管不可从上而下一次锯断，而应每锯到内壁后将工件向推锯方向旋转一定角度再锯；锯切薄板时，可用模板夹住薄板装夹，或多片重叠锯切。

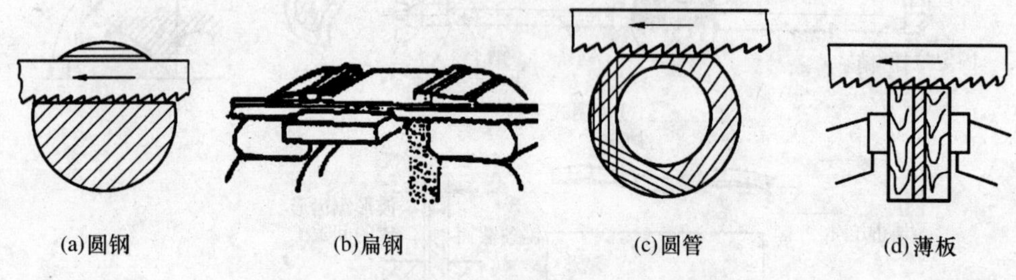

图 11－31　锯切圆钢、扁钢、圆管和薄板的方法

锯削速度每分钟 40 次左右为宜。原则是硬材料速度慢一些，软材料速度快一些。

11.4.4　锯削的注意事项

1. 要充分利用锯条的全部锯齿，若锯齿崩裂，即使只有一齿崩裂，也不要继续使用；

2. 锯条断了，换上新锯条时可从反方向重新开始锯削，如不能反方向锯削，就应小心地把原先的锯缝锯宽些，使新锯条能顺利地通过；

3. 必要时在锯削中可适当加些冷却润滑液，这不仅能提高锯条的寿命，也可减少摩擦，使锯削出的表面更平整。冷却润滑液一般为机油，锯削铸铁时可加柴油或煤油；

4. 工件伸出钳口部分尽量短，锯缝离钳口要近，以增加工件刚性。

11.5　钻孔、扩孔、铰孔、锪孔、攻螺纹和套螺纹

11.5.1　钻孔

1. 钻孔的概念

钻孔是用钻头在实体材料上加工孔的操作。钻孔加工的尺寸精度一般为 IT10 以下，表面粗糙度为 $Ra50\sim12.5\ \mu m$。

2. 钻床的种类和用途

钳工常用的钻床有台式钻床、立式钻床和摇臂钻床。钻床的主运动是主轴的旋转运动，进给运动是主轴的直线运动。钻床的规格以可加工孔的最大直径表示。

(1) 台式钻床

台式钻床简称台钻，它是一种放在工作台上使用的小型钻床。钻头安装在钻夹头中，钻

夹头安装在主轴下端的锥孔里。台钻通过改变皮带在塔形带轮上的位置改变其转速，进给运动是通过进给手柄手动完成的。结构示意图如图 11－32(a)所示。

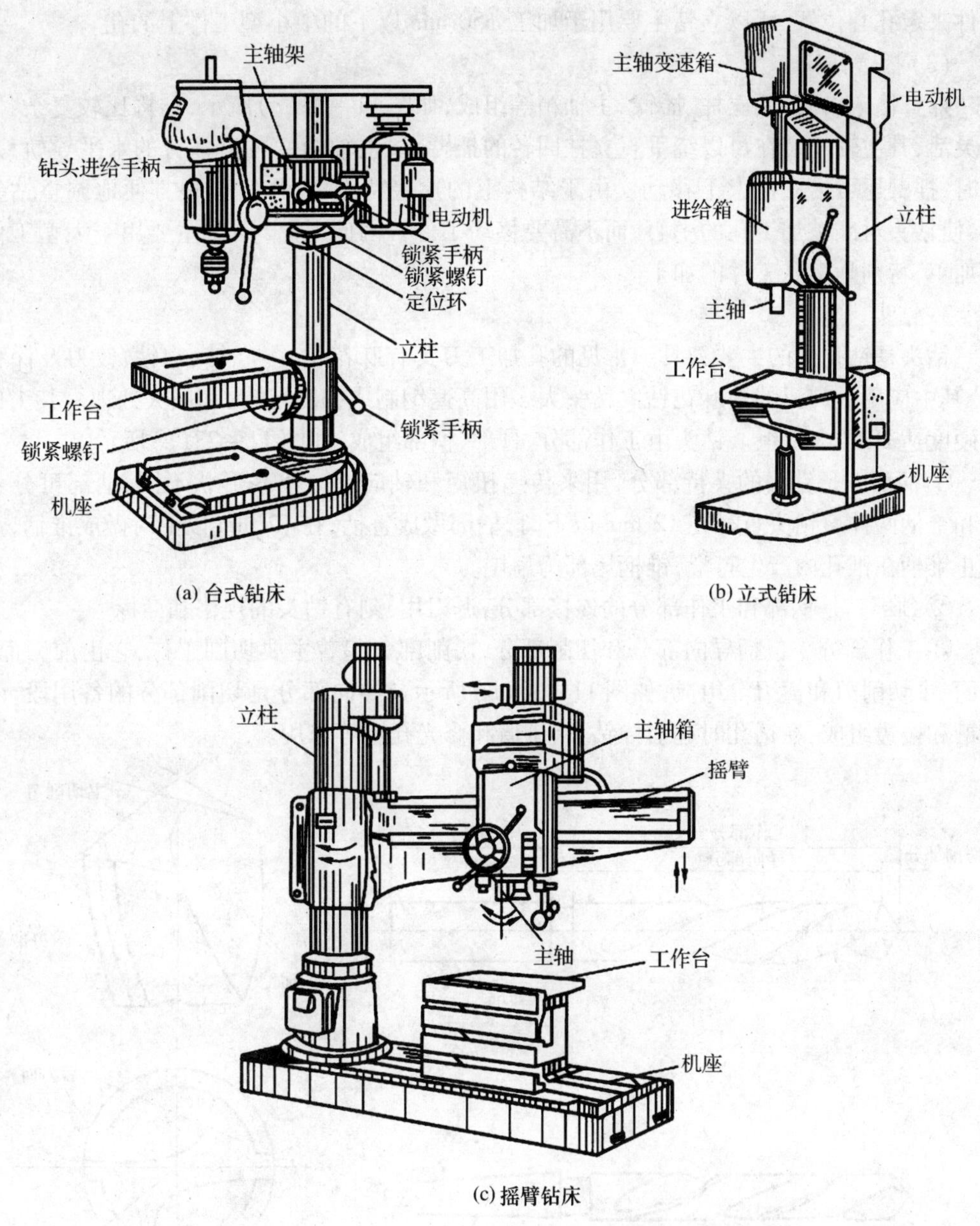

图 11－32　钳工用钻床

台钻小巧灵活、结构简单、操作方便，主要用来加工 $\phi 12$ mm 以下的孔，但其自动化程度低。

(2) 立式钻床

立式钻床简称立钻，是一种广泛应用的孔加工机床，结构如图 11－32(b)所示。按最大加工直径可分为 25 mm，35 mm，40 mm，50 mm 几种类型。立钻主轴转速和进结量都允许有较大的变动范围，因此可适应不同材料的加工工艺。

立式钻床比台式钻床刚性好、功率大，又可以自动走刀，所以生产率较高，加工精度也较高。但是立钻的主轴只能上下移动，主轴相对工作台的位置是固定的，因此加工时需要移动工件来定孔心位置，所以立钻主要用于加工 ϕ50 mm 以下的中小型工件上的孔。

(3) 摇臂钻床

摇臂钻床由底座、立柱、摇臂、主轴箱等组成，如图 11－32(c)所示，结构比较复杂，但操纵灵活，其主轴箱装在可以绕垂直立柱回转的摇臂上，主轴箱又可沿摇臂的水平导轨移动，同时，摇臂还可沿立柱上下移动。由于结构上的这些特点，操作时能很方便地调整钻头位置，使钻头对准被加工孔的中心，而不需要移动工件。因此，摇臂钻床主要用于大型工件的孔加工，特别是多孔工件的加工。

3. 钻头

钻头是钻孔用的主要刀具。常见的孔加工刀具有麻花钻、中心钻、锪钻、铰刀及深孔钻等，其中应用最广泛的是麻花钻。钻头大多用高速钢制成，并经淬火和回火处理。其工作部分硬度达 HRC62 以上。钻头由工作部分、颈部、柄部组成，如图 11－33(a)所示。

①柄部　是钻头的夹持部分，用来传递扭矩和轴向力。按其形状不同，柄部可分为直柄和锥柄两种。钻头直径在 12 mm 以下时，柄部做成直柄；在 12 mm 以上时做成锥柄，为了防止锥柄在锥孔内产生打滑，锥柄尾部为扁尾。

②颈部　是柄部和工作部分的连接部分，退刀用，刻有钻头的规格和商标。

③工作部分　包括导向部分和切削部分，切削部分起着主要切削工作，它由前刀面、后刀面、主切削刃和横刃等组成，如图 11－33(b)所示。导向部分是切削部分的备用段，由螺旋槽和棱边组成，在钻孔时起引导钻头、排屑和修光孔壁等作用。

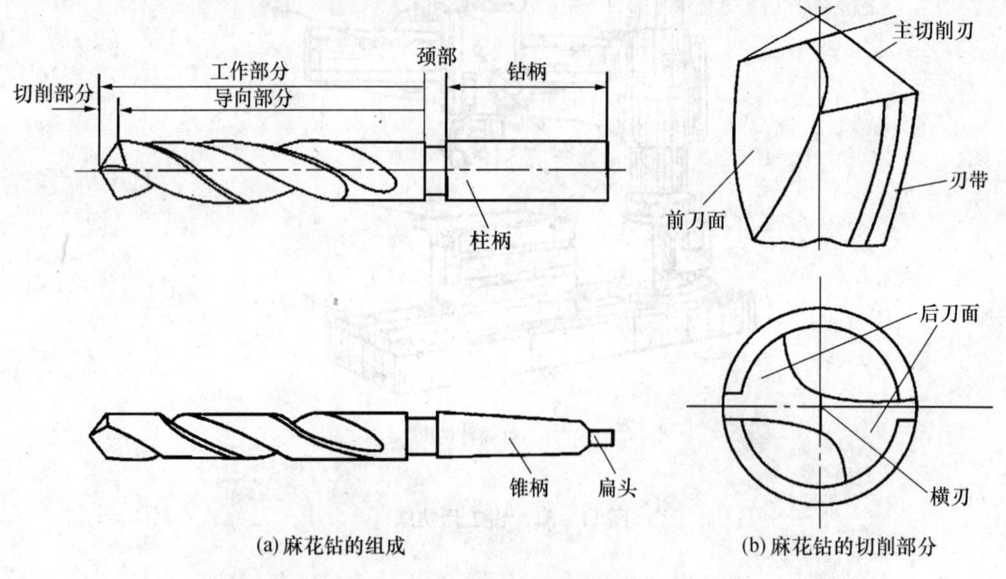

(a) 麻花钻的组成　　(b) 麻花钻的切削部分

图 11－33　麻花钻

麻花钻的几何角度主要有前角 γ_0、后角 α_0、顶角 2ϕ 等，如图 11－34 所示。其中顶角 2ϕ 是两个主切削刃之间的夹角，一般取 $118° \pm 2°$。在切削刃上，前角和后角的大小在不同直径处各不相同。在钻头的外径上，前角约为 $18° \sim 30°$，后角一般为 $6° \sim 12°$。

4. 钻孔方法

(1) 钻孔前对孔心进行划线定位，划出孔位的十字中心线，并在十字线交点上打中心样冲眼，同时划出加工圆。当孔径较大时，还应该划出检查圆。

(2) 钻头的夹持　钻头的夹持是借助钻夹头或变径套等实现的。

锥柄钻头用变径套夹持，如图11－35所示，柱柄钻头用钻夹头夹持，钻夹头装拆有专用钥匙，如图11－36所示。

(3) 工件夹持　按工件的大小、形状、数量和孔位，选用适当的夹持方法和夹具，常用的有手虎钳，它适用于中小型工

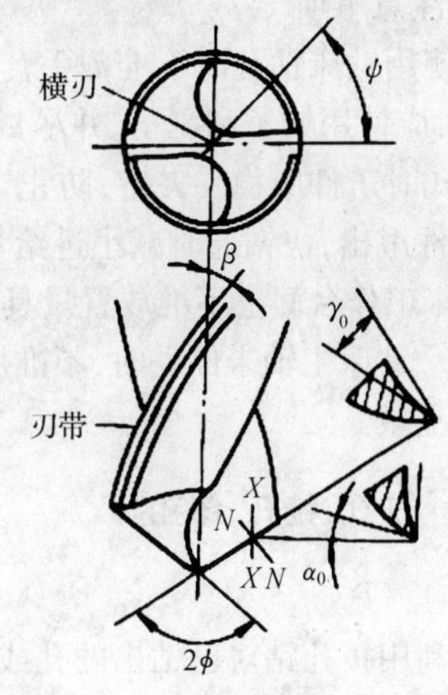

图 11－34　麻花钻的几何角度

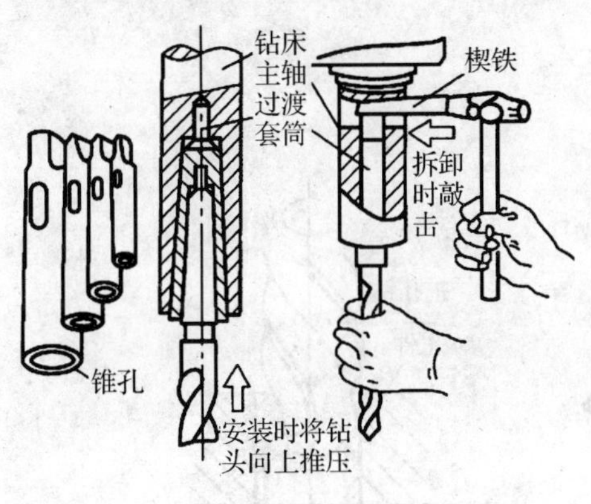

图 11－35　用过渡套筒安装钻头

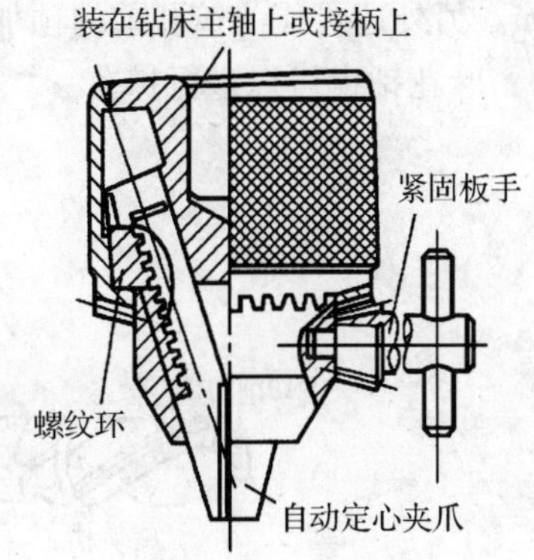

图 11－36　钻夹头

件，如图11－37(a)所示。钻大孔或不规则外形的工件时，需用压板、螺栓和垫铁将工件与钻床工作台固定，如图11－37(b)所示。

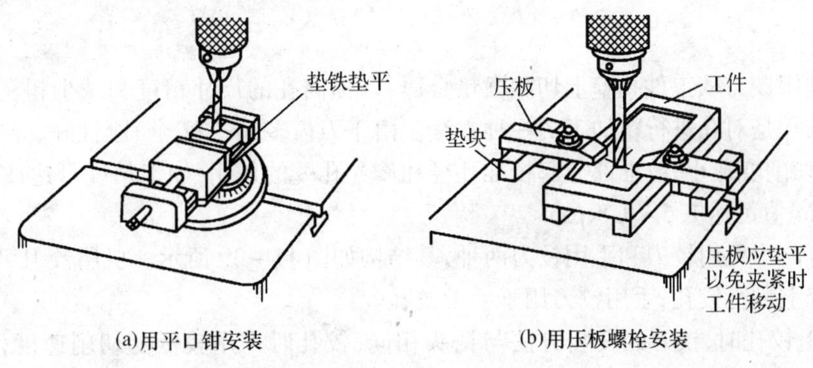

(a)用平口钳安装　(b)用压板螺栓安装

图 11－37　工件的装夹

5. 钻孔注意事项

(1) 在使用钻床钻孔时不准戴手套,手中不允许拿棉纱头和抹布,不准用手清除切屑和用嘴吹切屑,应使用钩子和刷子,并尽量在停机时清除切屑;

(2) 钻孔时工件应稳妥夹持,防止工件在钻孔过程中移位,或在将要钻通时,因进给量过大而使工件甩出,快钻通时减小进给量;

(3) 钻床工作台面上不准放置量具和其他无关的工夹具。钻通孔时应采用相应措施防止钻坏台面。钻床主轴未停妥时,不准用手握住钻夹头。松紧钻夹头必须用锥形钥匙,不准用其他工具乱敲。

11.5.2 扩孔、铰孔、锪孔

1. 扩孔

扩孔是利用扩孔钻对已钻出的孔或锻、铸出的孔扩大孔径的操作。扩孔钻与麻花钻相似,如图 11 - 38 所示。不同的是切削刃数量多(3 ~ 4 个),无横刃,钻芯较粗,螺旋槽浅,刚性和导向性好。因此,扩孔时切削较平稳,加工余量小,还可以校正孔的轴线偏差,加工质量较高,属于孔的半精加工。扩孔的尺寸精度可达 IT10 ~ IT9,表面粗糙度为 *R*a 6.3 ~ 3.2 μm。另外还可作为铰孔前的预加工。

麻花钻也可以进行扩孔。

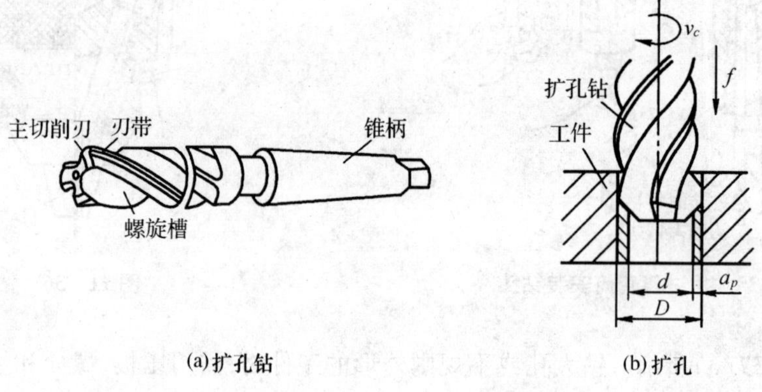

图 11 - 38　扩孔钻的结构

2. 铰孔

铰孔是用铰刀从工件孔壁上切除微量金属,以提高孔的尺寸精度和减少粗糙度值的加工方法。铰孔是对孔进行精加工的一种方法。由于刀齿多(6 ~ 12 个)刚性好、导向性好;铰削余量小、切削变形小;校准部分起校准孔径和修光孔壁的作用,加工精度可达IT7 ~ IT6,表面粗糙度 *Ra* 值可达 1.6 ~ 0.8 μm。

铰刀可分为机用铰刀和手用铰刀两种,其结构如图 11 - 39 所示。机用铰刀可以安装在钻床或车床上进行铰孔;手用铰刀用于手工铰孔。

机床上铰孔时,铰刀的安装方法与钻头相同,铰孔时采用较低的切削速度,并加冷却液。手工铰孔时,先将手铰刀垂直放入工件待加工孔内,用铰杠的方孔套在铰刀的方头上,用手扳动铰杠,双手均匀施力,轻压铰杠并正向转动进行铰孔。

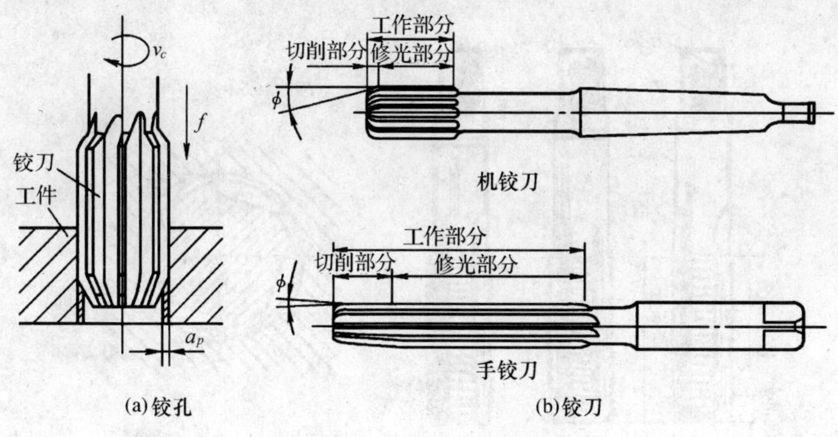

(a)铰孔　　(b)铰刀

图 11－39　铰刀的结构

3. 锪孔

锪孔是用锪刀或锪钻切出沉孔或刮平端面。锪孔有三种形式：锪圆柱形沉孔、锪锥形沉孔和锪孔端平面。见图 11－40 所示，相对应的锪孔钻为圆柱形锪孔钻、锪锥形孔钻和锪端面孔钻。

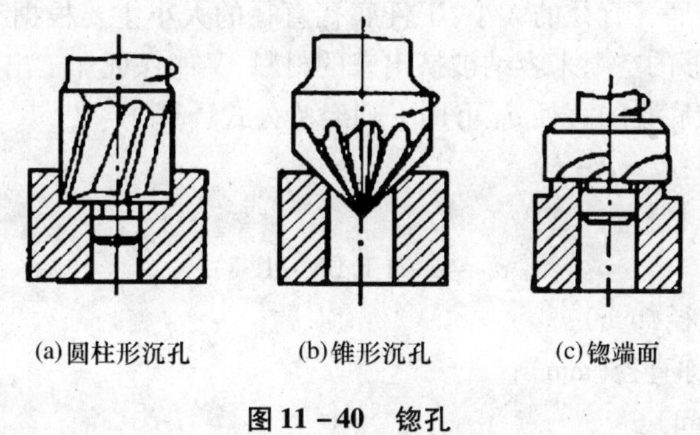

(a)圆柱形沉孔　　(b)锥形沉孔　　(c)锪端面

图 11－40　锪孔

11.5.3　攻螺纹、套螺纹

1. 攻螺纹

用丝锥加工内螺纹的方法，又叫攻丝。

(1) 丝锥

丝锥是专门用来攻螺纹的刀具，一般采用合金工具钢（如 9SiCr）和碳素工具钢（如 T12A）制造，并经热处理淬硬。丝锥分手用丝锥和机用丝锥两种。手用丝锥须成组使用，每种尺寸的丝锥一般由两支或三支组成，称为头锥、二锥或三锥。它们的区别在于切削部分的锥角和长度不同。如图 11－41 所示。头锥切削部分的前端有 5～7 个不完整的切削刃，二锥有1～2个不完整的切削刃。因此攻螺纹时，可以将整个切削工作量分配给几支丝锥，如两支一组的丝锥按 7.5∶2.5 分配切削量，从而减小切削力，延长丝锥寿命。机用丝锥一般一支一组。

丝锥由柄部和工作部分组成。柄部用来传递扭矩；工作部分由切削部分和校准部分组

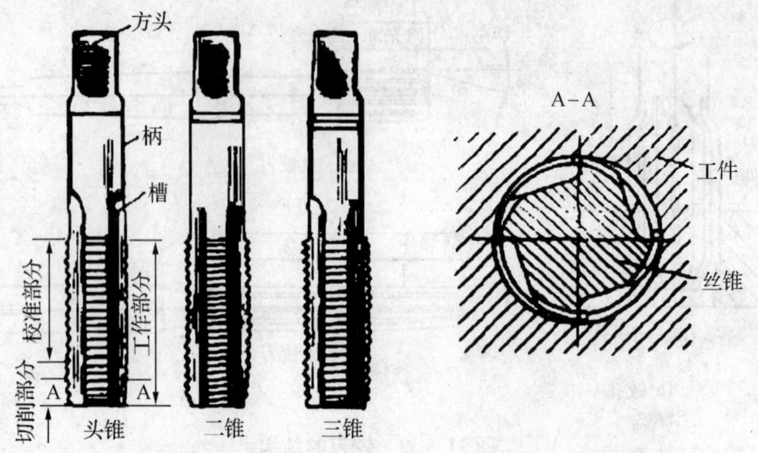

图 11-41　丝锥及其组成部分

成,切削部分起切削作用,校准部分用以校准和修光切出的螺纹,并引导丝锥沿轴向运动。

(2)攻螺纹方法

攻螺纹前,在工件上先钻一个直径稍大于螺纹内径的光孔,叫螺纹底孔。

攻螺纹前先检查底孔直径的大小,工件底孔直径的大小主要根据工件材料的塑性来确定,使攻螺纹既有足够的空隙来容纳被挤出来的材料,又能保证加工出来的螺纹具有完整的齿形。因此确定螺纹底孔的直径 d_0 可用下列经验公式计算。

钢板及塑性材料:$d_0 \approx d - P$

铸铁及其他脆性材料:

$$d_0 \approx d - (1.05 - 1.1)P$$

式中　d_0——底孔直径(mm);

d——螺纹公称直径(mm);

P——螺距(mm)。

攻螺纹前螺纹底孔的孔口要倒角,通孔孔口两端都要倒角,以便丝锥切入。开始攻螺纹时,应把丝锥放正,用目测或角尺校正丝锥的位置,完后施加适当压力并转动铰杠,丝锥切削部分切入底孔后,则转动铰杠不再加压。丝锥每转 1 ~ 2 圈后倒转 1/2 ~ 1/4 圈,便于断屑(如图 11-42 所示)。用二锥或三锥切削时,先用手旋入几扣后,再用铰杠进行攻螺纹。攻盲孔时,要经常倒转丝锥,排除孔中的切屑。

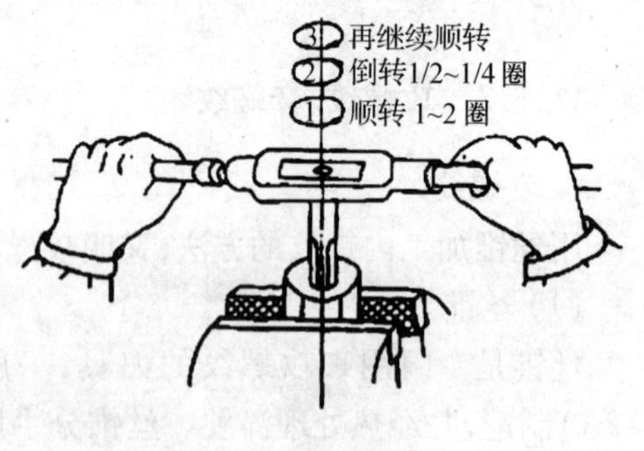

图 11-42　攻螺纹

攻螺纹时,要用切削液润滑以减小摩擦。加工塑性材料时一般用机油;加工脆性材料时,一般用煤油;用手攻铸铁工件时可不必加润滑油。

2. 套螺纹

套螺纹是用板牙在工件光轴上加工出外螺纹的方法,又叫套螺纹。

(1) 板牙

板牙是加工小直径外螺纹的成形刀具，其结构如图11－43所示。

板牙的形状和圆形螺母相似，只是在靠近螺纹处钻了几个排泄孔，以形成切削刃。板牙两端是切削部分，做成 2ϕ 角，当一端磨损后，可换另一端使用；中间部分是校准部分，主要起修光螺纹和导向作用。

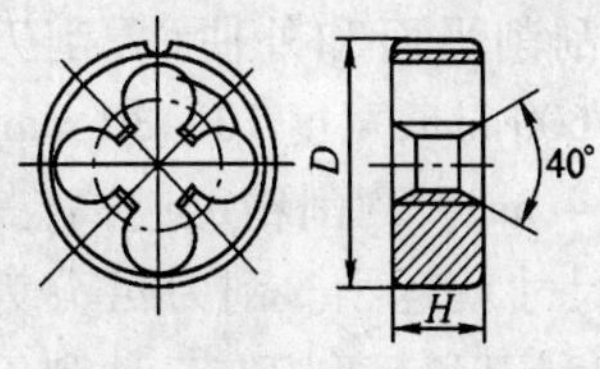

图 11－43 板牙

板牙架是用来夹持板牙传递扭矩的专用工具，其结构如图 11－44 所示。板牙架与板牙配套使用。为了减少板牙架的规格，一定直径范围内的板牙的外径是相等的，当板牙外径与板牙架不配套时，可以加过渡套使用大一号的板牙架。

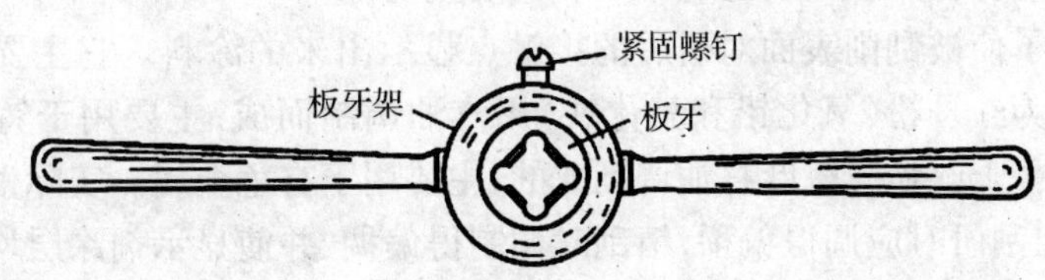

图 11－44 板牙架

(2) 套螺纹方法

套螺纹前应首先确定工件的直径，工件直径太大则难以套入，太小则套出的螺纹不完整。具体确定方法可以查表或用下列公式计算

$$d_0 \approx D - 0.13P$$

式中 d_0——套螺纹前工件直径(mm)；

D——螺纹大径(mm)；

P——螺距(mm)。

套螺纹前必须对工件倒角，以利于板牙顺利套入。套螺纹的过程与攻螺纹相似。操作时用力要均匀，开始转动板牙时，要稍加压力，套入 3～4 圈后，可只转动不加压，并经常倒转以便断屑。

11.6 刮 削

11.6.1 刮削的概念

用刮刀在已加工表面上刮去一薄层材料的加工方法称为刮削。刮削时，被刮表面与标准量具和两被刮表面得以对研，会产生明显的接触点(称为显点)。再用刮刀将显点刮去，经过反复刮研直到显点数目满足要求，以保证精度要求。

11.6.2 刮削基本用具

刮削的基本用具是刮刀、量具和显示剂。

刮刀是刮削的主要工具，常用碳素工具钢锻造而成，分为平面刮刀和曲面刮刀。平面刮刀见图 11－45 所示。平面刮刀主要用来刮削平面和外曲面，刮刀长度 400～600 mm，宽度 10～30 mm，厚度 1.5～4 mm。刮削精度越高，三个方向的尺寸就越小。刮刀可分为粗刮刀、细刮刀和精刮刀，三种刮刀除整体的几何尺寸不同外，刀平顶角度和形状也不相同。曲面刮刀是用来刮削内外曲面的刮刀，常用的曲面刮刀是三角形刮刀。

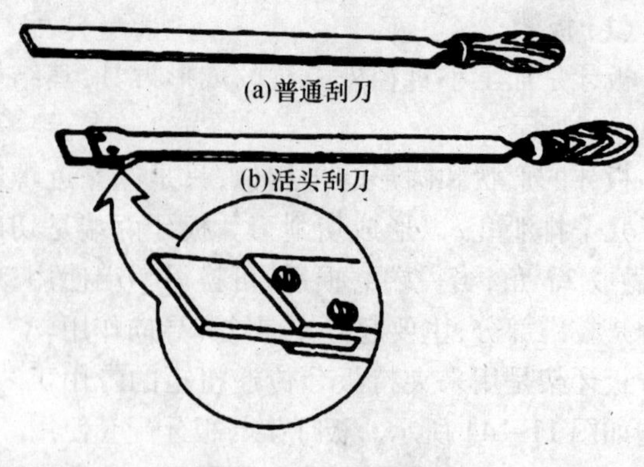

图 11－45　平面刮刀

刮研量具是用来研点和检验刮研精度的工具，主要是标准平板，还有平尺和角度立尺。

显示剂是为了使被刮削表面对研后的接触点显示出来的涂料。它主要有两种颜色：红色和蓝色。红色为红丹粉（氧化铅和氧化铁）用汽油调制而成，主要用于铸铁件和钢件；蓝色显示剂是由普鲁士蓝粉与蓖麻籽油调制成的，主要用于有色金属。实际生产中，要注意显示剂的黏稠度，粗刮研时应调得偏稀，精刮时调制得偏稠，并使显示剂涂层均匀。

11.6.3　刮削操作

根据被刮削面的特征分为平面刮削方法和曲面刮削方法。

1. 平面刮削

（1）手刮法　右手握住刀柄，左手握住刀身接近头部约 50 mm 处，刮刀与平面呈25°～30°角，如图 11－46(a)所示。因为此法切削量小，手臂容易疲劳，所以只限于大平面刮削和不便挺刮的场合。

（2）挺刮法　刀柄抵住小腹，用双手握住刀身，左手握住接近头部约 80 mm 处，刮刀与刮削平面呈 20°～40°角，如图 11－46(b)所示。因为此法切削量大，效率高，所以应用广泛。

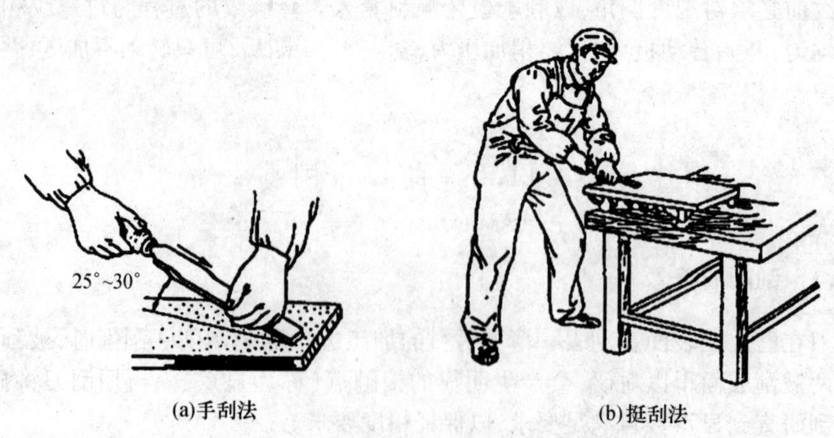

图 11－46　刮削操作

2. 曲面刮削

（1）内曲面刮削法　右手握住刀柄，左掌心向下，刮削时左右手同时作圆弧运动，顺着曲面使刮刀作后拉和前推的螺旋运动（刮刀柄放在右臂上），双手推动刀身，如图 11－47(a)所示。

(2) 外曲面刮削法　两手握住刀身,左手在前掌心向下,右手掌心向上,刀柄放在右手臂上或夹在腋下。刮削时右手掌握方向,左手压提刀,完成刮削动作,如图 11－47(b)所示。

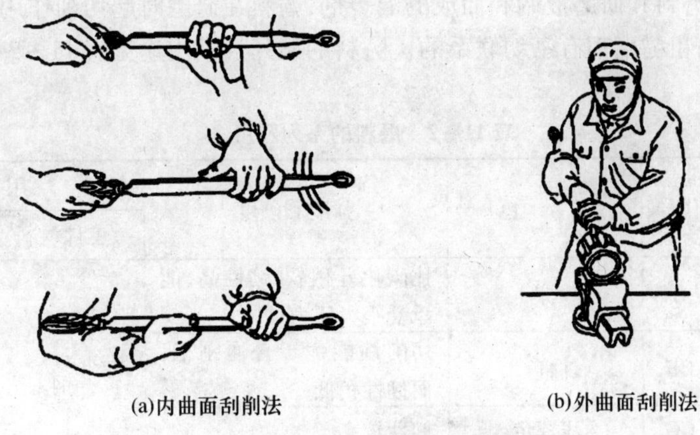

(a)内曲面刮削法　　(b)外曲面刮削法

图 11－47　曲面刮削

11.6.4　刮削质量的检验

刮削质量一般是以每 $25\times25\ mm^2$ 刮削面均匀分布的接触点多少来表示。接触点越多,点子越小则刮削质量越好。各种平面所达到的接触点数的要求如表 11－1 所示。

表 11－1　各种平面接触精度的接触点数要求($25\times25\ mm^2$)

平面类型	研点数	应　用
普通表面	6 ~ 8	固定接触面
中等表面	8 ~ 15	机器台面、夹具接触面
高等表面	16 ~ 24	平板、直尺、精密导轨
超等表面	>25	精密的工具平面、0 级平尺

11.7　研　　磨

11.7.1　研磨的概念

研磨是用研磨工具和研磨剂从工件表面上磨掉一层极微薄的金属。研磨是一种精密的加工方法。其尺寸精度可达 0.25 μm,表面粗糙度可达 *R*a0.08 μm,是其他加工方法无法取代的。

11.7.2　研磨基本用具

研具材料应具有很好的耐磨性、足够的刚度,同时应具有很好的嵌存磨料微粒的性能,研具表面硬度要比工件硬度稍低。研具的主要材料有铸铁、球铁、低碳钢、皮革、毛毡等。研具的形状是决定工件理想形状和精度的主要因素之一,根据研具的形状可将其分为板条研具、圆柱、圆锥研具和特形研具。

11.7.3 研磨剂

研磨剂是由磨料和研磨液调和而成的混合剂，磨料在研磨时起切削作用，磨料对研磨的效率、精度和表面粗糙度都有密切联系的。磨料的系列及其用途见表 11－2 所示。

表 11－2 磨料的系列及用途

系列	磨料名称	代号	颜色	强度和硬度	用途	
					工件材料	应用范围
氧化铝系	普通刚玉	G	棕	比碳化硅稍软，韧性高，能承受很大压力	钢	粗研磨（要求不太高时，也可作精研磨）
	白刚玉	GB	白色	切削性能优于普通刚玉，而韧性稍低		
	铬刚玉	GG	浅紫色	韧性较高		
	单晶刚玉	GD	透明，无色	多棱，硬度大，强度高		
碳化物系	黑碳化硅	T	黑色半透明	比刚玉硬，性脆而锋利	铸铁、青铜、黄铜	粗研磨（要求不太高时，也可作精研磨）
	绿碳化硅	TL	绿色半透明	较黑碳化硅硬而脆		
	碳化硼	TP	黑色	比碳化硅硬而脆	硬质合金、硬铬	粗研磨，精研磨
金刚石系	人造金刚石	JR	灰色至黄白色	最硬	硬质合金	精研磨
	天然金刚石	JT				
	氧化铁		红色至暗红色和紫色	比氧化铬软	钢	粗研磨，精研磨
	氧化铬		深绿色	软硬	钢	极细的精研磨（抛光）

磨料的粗细分为磨粉和微粉两类。磨粉以数字加右上角“#”号表示，如 $100^{\#}$、$280^{\#}$ 等，数字越大，磨粉越细。微粉以符号“W”加数字表示，如 W5、W10 等，数字越小，微粉越细。一般磨料适用情况见表 11－3，磨粉用作粗研，微粉用作精研。

表 11－3 研磨粉用途

研磨粉号数	研磨加工类别	可达到的表面粗糙度/μm
$100^{\#}$ ～ $280^{\#}$	用于最初的研磨加工	
W40～W20	用于粗研磨加工	Ra0.4～0.2
W14～W7	用于半精加工	Ra0.2～0.1
W5 以下	用于精加工	Ra0.1 以下

研磨液的作用是调和磨料，使磨料能均匀地涂在研磨面上，而且起着润滑和冷却的作用。有些研磨液还能促成工件表面产生化学作用，加速研磨进程。研磨液的种类有机油、汽油、煤油和透平油等。另外还可添加点石蜡、硬脂酸、脂肪酸等。

11.7.4 研磨的操作步骤

1. 平面研磨

平面研磨一般是在平整的研磨平板上进行的，研磨平板有刻槽和光滑两种，粗研时用刻槽平板，精研时则在光滑的研磨平板上进行，如图 11 -48 所示。研磨前，先用煤油或汽油把研磨平板的工作表面清洗干净并擦干，再涂上适量研磨剂，然后把工件需研磨的表面与平板贴合，沿研磨平板的全部表面以“8”字形的旋转和直线运动相结合的方式进行研磨，并不断变换工件的运动方向，以防受力不均而倾斜。

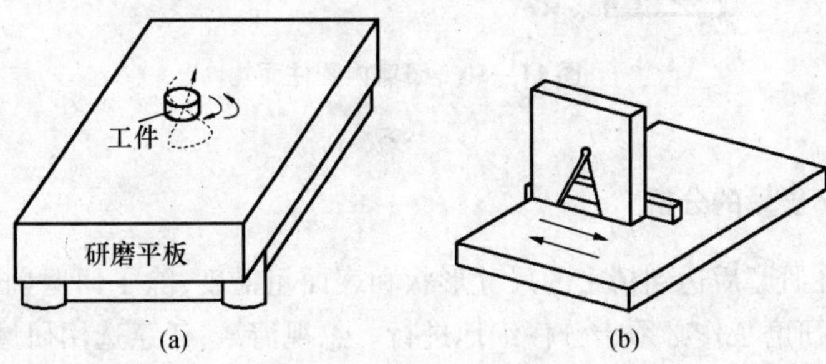

图 11 -48 平面研磨

2. 圆柱面的研磨

圆柱面的研磨都要与机器配合进行的，它分外圆柱和内圆柱的研磨。

(1) 外圆柱的研磨

研磨时工件由机床带动旋转，用手捏住研磨套壳体，使研磨套沿工件作轴向往复运动。合适的工件转速是：工件直径小于 80 mm 时为 100 r/min 左右，工件直径大于100 mm时为 50 r/min 左右。如图 11 -49 所示。

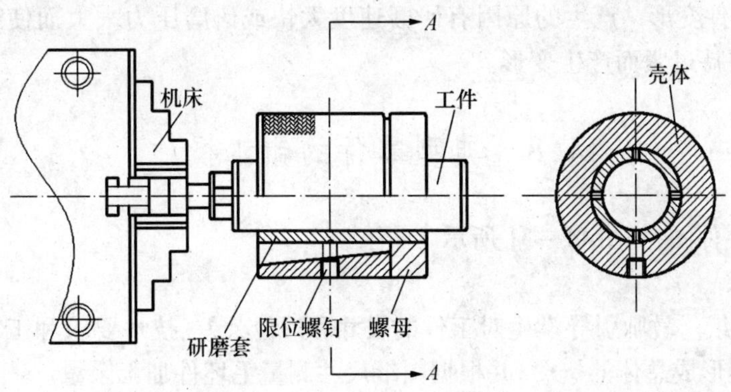

图 11 -49 研磨外圆柱面

研磨外圆柱面时要及时调整研磨套与工件的间隙，并不断检查研磨质量，如发现有锥度，可控制研磨套在直径大的部位多研磨几次，或将研磨套(或工件)调头后再进行研磨。

(2) 内圆柱面的研磨

与外圆柱面的研磨相反,是将研磨棒夹在机床上工件套在研棒上进行的。如图 11 - 50 所示。

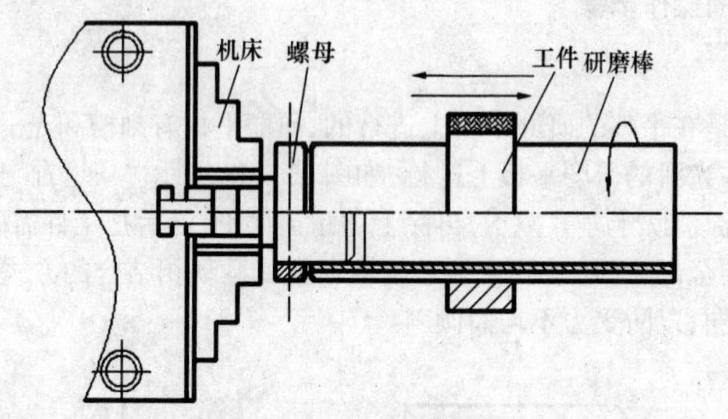

图 11 - 50 研磨内圆柱面

11.7.5 研磨质量的分析

为了使工件在研磨后达到精密的尺寸形状和表面粗糙度,除了研磨前工件的预加工精度应符合要求外,研磨工作必须十分仔细地进行。忽视清洁、任意选用研磨剂(包括磨料和研磨液)、研具的材料或制造精度不符合要求以及操作时方法不正确等,都会直接影响研磨的质量,现将经常产生的几种研磨缺陷分析如下:

(1) 表面不光洁　产生的原因有磨料太粗;研磨液选用不当;研磨剂涂得太薄而不匀;

(2) 表面拉毛　产生的原因有不注意清洁;研磨剂混有杂质;

(3) 平面成凸形或孔口扩大　产生的原因有研磨剂涂得太厚;被挤出在工件孔口或边缘的研磨剂未及时擦去;研磨棒伸出孔口太长;研具有晃动现象;

(4) 孔成椭圆形或圆柱孔有锥度　产生的原因有研磨时研具与工件在圆周上的相对位置没有经常更换;研磨时没有调头;

(5) 薄形工件变形　产生的原因有研磨速度太快或研磨压力太大而使工件发热变形;研磨时工件被夹持过紧而产生变形。

11.8 典型零件的钳工操作

1. 小手锤零件图,如图 11 - 51 所示。

2. 实习要求

(1) 熟悉图纸。教师引导学生对工件的尺寸和形位公差、技术要求和工艺进行分析,使学生对制作过程形成总体的概念;并根据图纸尺寸测量毛坯件加工余量。

(2) 在教师的指导下,独立运用钳工工具、设备、量具,进行锉削、划线、锯割、钻孔等操作。

(3) 做的小锤轮廓清晰,表面纹路整齐美观,表面粗糙度达到 $Ra3.2\ \mu m$。

(4) 小锤的材料为 45 号钢,要求学生 20 个学时完成。

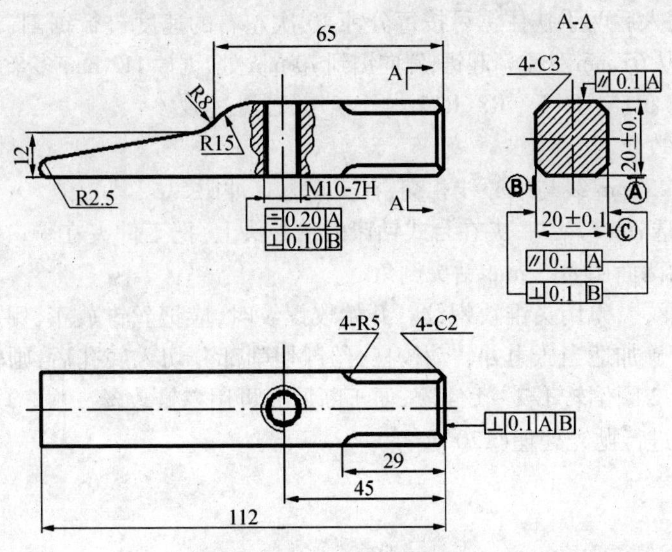

图 11-51　小手锤零件图

3. 根据图纸要求准备工具、量具

(1) 工具　350 mm 中齿锉刀 1 把,200 mm 细齿锉刀 1 把,$\phi8.5$、$\phi13$ 麻花钻头各 1 支,M10 丝锥 1 副,手锯 1 把,锯条 2 根, 120# 砂纸一张;划线用的平板、方箱、样冲、圆规、高度尺、卡尺、小手锤、工作台、台虎钳、台钻。

(2) 量具　游标卡尺 1 把,钢板尺 1 把,直角尺 1 把。

4. 操作步骤

(1) 把毛坯件夹在虎钳上固定,用錾刀去除毛坯件表面氧化层。

(2) 加工基准面 *A* 面　按图纸要求先选 *A* 面进行锉削。用 350 mm 平锉进行粗加工,采用交叉锉法锉削,锉刀运行中两手施力要均匀平稳,交叉锉完后要把锉纹转成顺锉纹。用游标卡尺主尺长度的棱边测量 *A* 平面透光均匀为合格,作为基准面。

(3) 加工 *A* 面的对面　先把工件放在平板上划 20 mm 的尺寸线,然后用 350 mm 平锉进行锉削,锉到 20 ± 0.1 mm 尺寸时,用顺锉法锉平为止。检查平行度。

(4) 加工 *B* 面　锉削方法与加工 *A* 面相同,注意锉平后用直角尺检查垂直度、平面度。

(5) 加工 *B* 面的对面　锉削方法与加工 *A* 面的对面相同。注意锉平后测量 20 ± 0.1 尺寸。检查平行度、垂直度。

(6) 加工锤头　选尺寸精度高的一头作为锤头进行加工,把工件立在台虎钳上,用平锉锉削平面,并与基准面垂直。用直角尺或方箱测量垂直度。

(7) 倒角　先用高度尺划 29 尺寸线、2 × 45°和 3 × 45°的倒角线,注意每个角划两条线。用平锉横向锉削倒角 2 × 45°至尺寸。用圆锉锉 R5,再用平锉横向锉削倒角 3 × 45°至尺寸。

(8) 加工斜面

①划线　划 65 mm(三面),12 mm(两面)相交,再划 5 mm 并与 65 mm、12 mm 的交点相连,用钢板尺连斜线(两面)。

②锯斜面　工件上锯割线与钳口垂直夹紧，在端头 5 mm 线外起锯，用拇指靠住锯条、轻轻推拉，锯条切入后两手扶住锯弓按每分钟 40 次左右的速度进行锯割，锯到 70 mm 时把工件水平夹紧，再从 65 mm 处重新起锯，斜向锯到 70 mm 处，锯掉 112 mm 多余部分。

③锉尺寸 R8、R15、R2.5　R8、R15 内外相切，圆滑过渡。

(9) 钻底孔、攻丝

①划线　划 45 mm 线与中心线相交，在交点上打冲眼。

②钻底孔　选 ϕ8.5 钻头，夹在台式钻床的钻夹头上，把工件夹在平口钳上进行钻削加工，钻透后在孔的两面用 ϕ13 mm 钻头倒角。

③攻 M10 螺纹　先用头锥攻螺纹。开始攻螺纹时，应把丝锥放正，用目测或角尺校正丝锥的位置，完后施加适当压力并转动铰杠，丝锥切削部分切入底孔后，则转动铰杠不再加压。丝锥每转 1 ~2 圈倒转 1/2 ~1/4 圈，便于断屑。再用二锥攻丝一次。攻丝时加油润滑。

(10) 用砂布进行抛光处理(120#)。

(11) 检验。

11.9　装配与拆卸

11.9.1　装配

1. 装配概念

按规定的技术要求，将若干零件结合成部件或若干个零件和部件结合成机器的过程称为装配。

2. 装配的重要性

装配是机械产品制造的最后一道工序。装配工作的好坏，对整个产品的质量起着决定性的作用。如果装配后零件之间的配合不符合规定的技术要求，零部件之间、机构之间的相对位置不正确，零件表面损伤或配合面之间不清洁等，都将会导致产品精度降低、性能变差、能耗增大、寿命缩短，甚至不能正常使用。相反，虽然某些零部件的质量并不很高，但经过仔细的修配和精确的调整后仍能装配出性能较好的产品，因此装配工作是一项非常重要细致的工作。

3. 装配的工艺过程

(1) 装配前的准备工作

①熟悉装配图样、工艺文件和技术要求，了解产品的结构、零件的作用及相互间的连接关系；

②按照装配工艺规程确定装配方法、顺序，准备所需的工具；

③对零件进行清洗和清理；

④对有些零件进行刮削和修配、旋转零部件的平衡、密封零部件的密封性试验等。

(2) 装配工作

按一定的顺序进行，根据产品的复杂程度分部件装配和总装配。

①一般先将几个零件组合在一起，装成一个单元，这个单元称为部件。装配过程，称为部件装配。

②将零件和部件结合成一台完整产品称总装。

(3) 调试、检验和试车

①调试　调整零件或机构的相互位置，配合间隙、使各机构工作协调；

②检查　检验工装的工作精度和几何精度；

③试车　试验机构或机器运转的灵活性、振动、工作温度、噪声、转速、功率等性能是否符合要求。如果是工装，则将其放在实际生产条件下进行试用，以检验工装能否满足工艺要求、加工出的零部件是否合格，以及检查工装的可靠性、合理性和安全性。

(4) 喷漆、涂油、装箱

4. 装配方法

根据生产批量、装配要求等选择装配方法。

(1) 完全互换法

装配时，在同类零件中任取一个装配零件，不作任何修配即可装入部件中，并能达到规定的装配技术要求。要求零件的加工精度较高，装配精度靠加工精度保证。这种方法操作简单，有利于组织专业化生产和装配流水线，适用于大批量生产，如汽车、摩托车等中大部分零部件的装配。

(2) 分组装配法

分组装配法是将一批零件逐一测量后，按实际尺寸的大小分成若干组，装配时按组进行互换装配可达到装配精度。用这种方法零件的公差可以适当放大，既可以降低成本，同时还可提高装配精度。分组装配法的精度取决于零件的分组数。因增加了检验和分组工作，故适用于批量生产的一些精密配合件，如曲柄连杆机构的装配。

(3) 调整装配法

调整装配法是指装配时通过调整某一零件的位置或选用合适的调整件来达到装配的精度要求。例如可以用垫片来调整轴向的配合间隙，用这种方法不需任何修配即能达到很高的装配精度，同时还可以进行定期调整，以保证配合精度，但结构稍复杂。故适用于批量或单件生产。

(4) 修配法

修配法是装配时修去零件上预留修配量，以达到预定的装配要求。装配时，用钳工修配方法，一边装，一边修修锉锉，这样可以扩大零件的制造公差，从而降低制造成本，适用于单件小批量生产。如车床前后顶尖的装配。

5. 典型零件的装配

锥齿轮轴组件的装配步骤如下：

(1) 按装配图将零件编号，并且对零件进行对号计件。

(2) 清洗、去除油污、灰尘和切屑。

(3) 修整、修锉锐角、毛刺。

(4) 制定锥齿轮轴组件的装配单元系统图（如图 11－54 所示）。

①分析锥齿轮轴组件装配图和装配顺序，如图 11－52、图 11－53 所示，确定装配基准零件。

②绘一横线，如图 11－54 所示，表示装配基准（锥齿轮）。

③按装配顺序，自左至右在横线上下列出零件、组件的名称、代号、件数。

④至横线右端装毕，标上组件的名称、代号、件数于线的右端。

(5) 分组件组装，如 B－1 轴承外圈与 03 轴承套装配成轴承套分组件，以 01 锥齿轮为

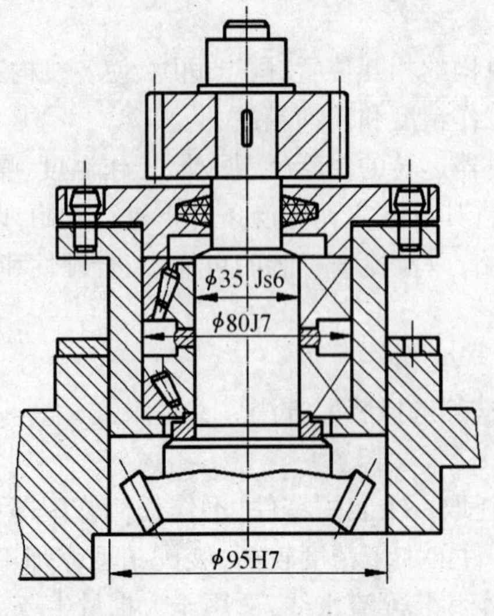

图 11－52　齿轮轴组件图

基准零件,将其它零件和分组件按一定的技术要求和顺序装配成锥齿轮轴组件。

(6) 检验:

①按装配单元系统图检查各装配组件和零件是否装配正确。

②按装配图的技术要求,检验装配质量,如轴的转动灵活性、平稳性等。

(7) 入库。

6. 自动化装配

随着计算机技术、自动控制技术和自动检测技术的成熟应用,一些成批生产的专业化工厂,均采用了自动化程度较高的装配流水线。自动化装配设备可以帮助企业使其产值飞速攀升,产品质量大大提高,目前已广泛应用于车辆装配、家用电器等领域。

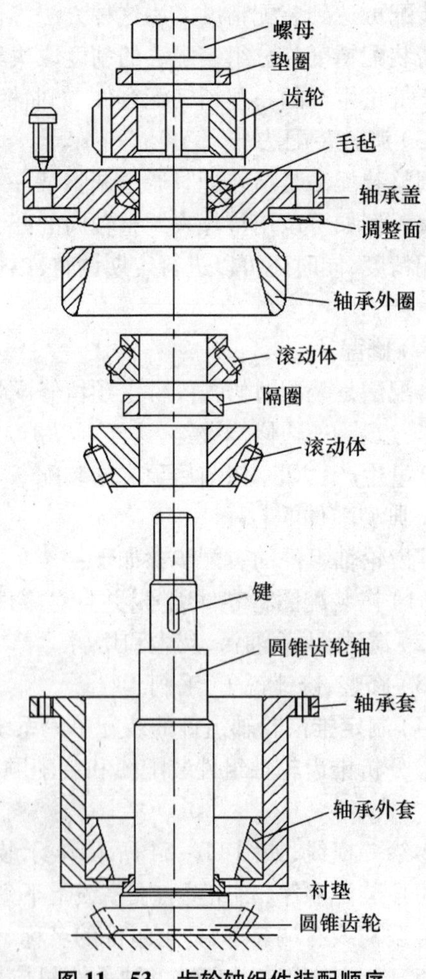

图 11－53　齿轮轴组件装配顺序

11.9.2　拆卸

机器的拆卸与装配过程相同,首先要读图,了解其结构,再确定拆卸方法与步骤。拆卸的操作过程应按照装配相反的顺序进行,即后装先拆,先装后拆。拆卸的零部件应有次序的放置,并作好标记,来记住它们的相互关系,以防装配时装错。对丝杆、长轴等细长零件拆下后应用布包好,并吊挂起来,防止变形和碰坏。拆卸螺纹连接的零件时要注意螺纹旋向。

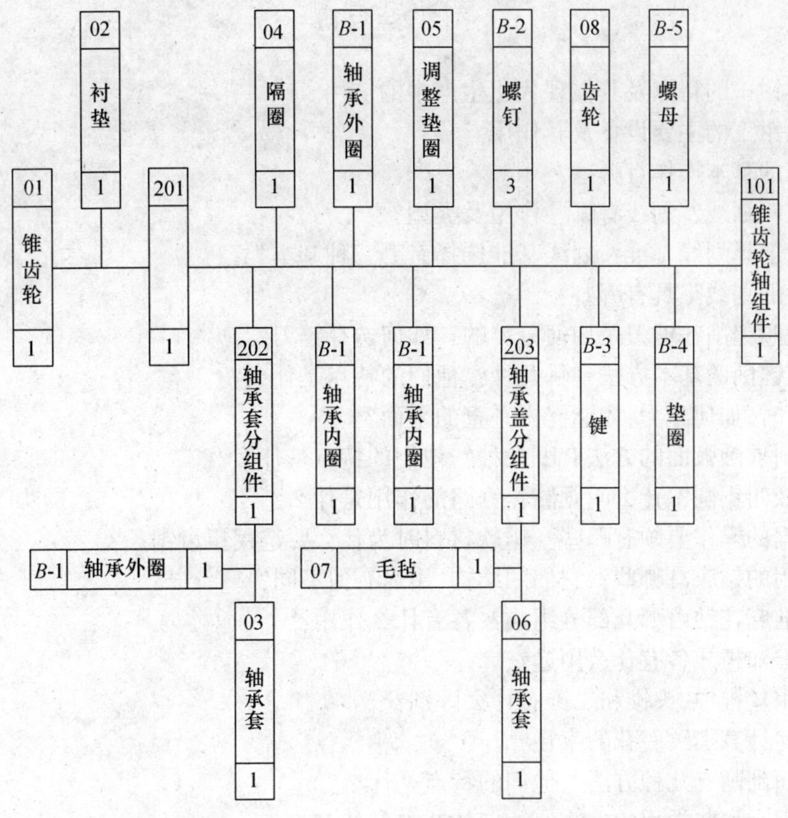

图 11－54　锥齿轮组件的装配单元系统图

11.10　钳工安全操作技术规程

在做好工作的同时，必须要保证安全，所以在操作时必须按照安全操作技术规程进行，钳工的安全操作技术规程如下：

1. 操作前应根据所用工具的需要和有关规定穿戴好防护用品，女同学必须把长发纳入帽内；

2. 操作室严禁喧哗，打闹；

3. 所用工具必须齐备、完好可靠，才能开始工作，严禁使用有裂纹、带毛刺、无手柄或手柄松动等不符合安全要求的工具，并严格遵守常用工具安全操作技术规程；

4. 工具或量具应放在工作台的适当位置，以防掉下损坏工、量具或伤人；

5. 清除金属屑应用毛刷，不要用嘴吹，以免金属屑进入眼睛；

6. 锯割时用力要均匀，不得重压或强扭，零件快断时，减小用力、缓慢锯割；

7. 钻孔时不准戴手套，手中不允许拿面纱头和抹布；

8. 铰孔或攻丝时不要用力过猛，以免折断铰刀和丝锥；

9. 将要装配的零件有秩序地放在零件存放架或装配工位上；

10. 操作结束后，清点工具并整齐地摆放到工具箱内，清扫场地。

复习思考题

1. 试述钳工的特点及其在现代化生产中的应用。
2. 试述钳工的主要设备及其作用。
3. 钳工的基本操作有哪些?
4. 什么叫划线?划线有哪些作用及类型?
5. 如何选择划线基准?划线基准选择有哪三种基本类型?
6. 常用的划线工具有哪些?
7. 什么叫锉削?锉刀是如何分类的?如何选择锉刀?
8. 平面锉削的基本方法有哪几种?他们的特点是什么?
9. 锉削时,如何施力,才能锉出平直的平面?
10. 锉削外圆弧面的方法有哪几种?他们的特点是什么?
11. 什么叫锯削?什么叫锯路?锯路的作用是什么?
12. 起锯的操作要领有哪些?锯软材料时为什么要选用粗齿锯条?
13. 常用的钻床有哪些?它们的结构、用途有何不同?
14. 标准麻花钻由哪几部分组成?各有什么作用?
15. 丝锥和板牙各有什么用途?
16. 手用丝锥中,头锥和二锥有什么区别?
17. 如何计算螺纹底孔的直径?
18. 平面刮削有几种方法?他们的特点是什么?
19. 装配有哪些常用的方法?他们的特点是什么?

第12章　数控加工技术

【目的与要求】

1. 掌握数控机床的工作原理、数控机床的组成与分类方法；
2. 熟悉数控机床的手工编程方法，掌握一般简单的工艺处理及数学处理方式；
3. 掌握最常用的编程代码和指令，能够编制简单平面轮廓零件的数控加工程序；
4. 掌握数控加工的安全操作技术规程；
5. 能够独立操作数控机床，按所编制的程序完成作业件的数控加工。

12.1　概　　述

12.1.1　数控技术的发展简史及发展趋势

数控NC，即数字控制，是Numerical Control（数字控制）的省略语和缩写，1946年诞生了世界上第一台电子计算机，这表明了人类创造了可增强和部分代替脑力劳动的工具。它与人类在农业、工业社会中创造的那些只是减轻体力劳动的工具相比，起了质的飞跃，为人类进入信息社会奠定了基础。数控机床自1952年在美国麻省理工学院（MIT）问世以来，相继引进新技术进行产品生产。控制元件也由电子管到晶体管、集成电路，体积不断缩小，可靠性不断提高。近60年来，数控系统经历了两个阶段六代发展过程。

1. 数控技术发展简史

（1）数控（NC）阶段（1952—1970）

早期计算机的运算速度低，对当时的科学计算和数据处理影响较大，不能适应机床实时控制的要求。人们采用数字逻辑电路“搭”成一台机床专用计算机作为数控系统被称为硬件连接数控（HARD - WIRED NC）。随着元器件的发展，这个阶段经历了三代发展：

第一代NC是电子管NC。它是1948年美国帕森兹公司为研制新型直升机桨叶，在MIT的帮助下，于1952年完成的。由电子管、继电器、模拟电路构成的三坐标连续轨迹控制的数控机床，用作数控机床的原型机或样品机。

第二代NC是晶体管NC。1959年，晶体管取代了电子管，并规范采用印刷电路板。

第三代NC是采用小规模集成电路的NC。产生于1965年，即小规模集成电路NC。

（2）计算机数控（CNC）阶段（1970—现在）

到1970年，通用小型计算机已出现并成批生产，于是将它移植过来作为数控系统的核心部件，从此进入了计算机数控（CNC）阶段。到1971年，美国INTEL公司在世界上第一次将计算机的两个最核心的部件——运算器和控制器，采用大规模集成电路技术集成在一块芯片上，称之为微处理器，又可称为中央处理单元（简称为CPU）。

到1974年，微处理器被应用于数控系统。这是因为小型计算机功能强大，控制一台机床能力有富裕（故当时曾用于控制多台机床，称之为群控），不如采用微处理器经济合理，而且当时的小型机可靠性也不理想。早期的微处理器的速度和功能虽然还不够高,但可以通过多处理器结构来解决。由于微处理器是通用计算机的核心部件,故仍然称为计算机数控。

到了1990年,PC机(个人计算机,国内习惯称为微机)的性能已发展到很高的阶段,可以满足作为数控系统核心部件的要求。数控系统从此进入了基于PC的阶段。

计算机数控阶段也经历了三代:即1970年的第四代——小型计算机;1974年的第五代——微处理器和1990年的第六代——基于PC(国外称为PC - Based)。还要指出的是,虽然国外早已改称为计算机数控(CNC, Computer Numerical Control),而我国仍习惯称数控(NC)。所以,我们日常所讲的"数控",实质上是计算机数控(CNC)。

(3)我国数控机床的发展情况

我国从20世纪50年代后期开始研究数控技术,一直到60年代中期一直处于研制、开发时期。当时,一些高校和科研单位研制出了试验性样机,1965年,国内开始研制晶体管数控系统。当时,国际上已进入了小规模集成电路NC阶段(第三代NC)。

从20世纪70年代开始,数控技术在车、铣、钻、镗、磨、齿轮加工,电加工等领域全面展开,数控加工中心在上海、北京研制成功。但由于电子元器件的质量和制造工艺水平差致使数控系统的可靠性、稳定性没有得到解决,因此未能广泛推广。但在这一时期,数控线切割机床由于结构简单、使用方便、价格低廉,在模具加工领域得到了广泛应用。80年代,我国陆续从日本、美国、德国等国家引进了部分的数控系统,直流伺服电机,直流主轴电机等一些先进技术,并进行了商品化生产。这些系统可靠性高,功能齐全。这种方式推动了我国数控机床的稳定发展,使我国的数控机床在性能和质量上产生了一个质的飞跃。

自改革开放以来,通过技术引进、科学攻关和技术改造,我国的数控机床及技术有了较大的发展,逐步形成了产业。"六五"期间国家支持引进数控技术产品;"七五"国家支持组织"科技攻关"及实施"数控机床引进消化吸收一条龙"项目,在消化吸收的基础上诞生了一批数控产品;"八五"期间国家又组织了近百个单位进行以发展自主版权为目标的"数控技术攻关",从而为数控技术产业化建立了基础。目前,我国数控机床生产企业有100多家,年产量增加到两万多台,品种满足率达80%,并在有些企业实施了柔性制造系统(FMS, Flexible Manufacturing System)和计算机集成制造系统(CIMS, Computer Integrated Manufacturing System)工程。我国自主开发的比较成功的数控系统有华中Ⅰ型、中华Ⅰ型、航天Ⅰ型和蓝天Ⅰ型四个数控系统平台。目前,国产数控机床与同类国际先进水平相比较还存在一定的差距,主要表现在数控系统和数控机床的稳定性和可靠性方面。

近年来,我国机床行业已向航天工业、造船业、大型发电设备制造、冶金设备制造、机车车辆制造等用户,提供了一批高质量的数控机床和柔性制造单元。

2. 数控技术的发展趋势

数控技术是综合机械加工技术、自动化技术、计算机技术和微电子技术而形成的一门边缘学科。数控技术是CIMS和FA(无人化工厂)的基础技术之一,也是当今世界机械制造业的核心技术。现代数控技术集传统的机械制造技术、计算机技术、成组技术与现代控制技术、传感检测技术、信息处理技术、网络通讯技术、液压气动技术、光机电技术于一体,它的发展和运用,开创了制造业的新时代,使机械制造业的格局发生了巨大的变化。

在数控系统不断更新换代的同时,数控机床的品种得以不断地发展。由一台计算机直接管理和控制一群数控机床的计算机群控系统,即直接数字控制系统DNC(DNC, Direct Numerical Control)。由多台数控机床连接成可调加工系统,这就是最初的柔性制造系统FMS。

各种加工中心相继问世,以 1 ~3 台加工中心为主体,再配上自动更换工件的随行托盘或工业机器人以及自动检测与监控技术装备,组成柔性制造单元(FMC,Flexible Manufacturing Cell)。20 世纪 90 年代后,出现了包括市场预测、生产决策、产品设计与制造和销售等全过程均由计算机集成管理和控制的计算机集成制造系统 CIMS,它将一个制造工厂的生产活动进行有机的集成,以实现更高效益、更高柔性的智能化生产。目前,计算机集成制造系统 CIMS 在内涵和外延上均发生了深刻的变化,又称为现代集成制造系统(CIMS,Contemporary Integrated Manufacturing System)。

12.1.2 数控机床的工作原理与应用特点

1. 数控机床的工作原理

数控机床的加工,首先要将被加工零件图上的几何信息和工艺信息数字化,按规定的代码和格式编制加工程序。信息数字化就是把刀具与工件的运动坐标分割成一些最小位移量,数控系统按照程序的要求,进行信息处理、分配,使坐标移动若干个最小位移量,实现刀具与工件的相对运动,完成零件的加工。例如,在钻削加工中(如图 12 -1(a)所示),是使刀具中心在一定的时间内从 P 点移动到 Q 点,即刀具在 x 坐标,y 坐标移动规定量的最小位移量,合成量即为 P 点和 Q 点之间的距离。也可以两个坐标以相同的速度,使刀具移动到 K 点,然后沿 x 坐标移动到 Q 点。在轮廓加工中(如图 12 -1(b)所示),任意曲线 L,要求刀具 T 沿曲线轨迹运动,进行加工。可以将曲线 L 分割为 $l_0,l_1,l_2,\cdots,l_i$ 等线段。用直线(或圆弧)代替(逼近)这些线段,当逼近误差足够小时,这些折线段之和就接近了曲线。

操作者根据数控工作要求编制数控程序并将数控程序记录在控制介质(如穿孔纸带、磁带、磁盘等)上。数控程序经数控设备的输入输出接口输入到数控设备中,控制系统按数控程序控制该设备执行机构的各种动作或运动轨迹,达到规定的结果。图 12 -1 是数控机床的一般工作原理图。

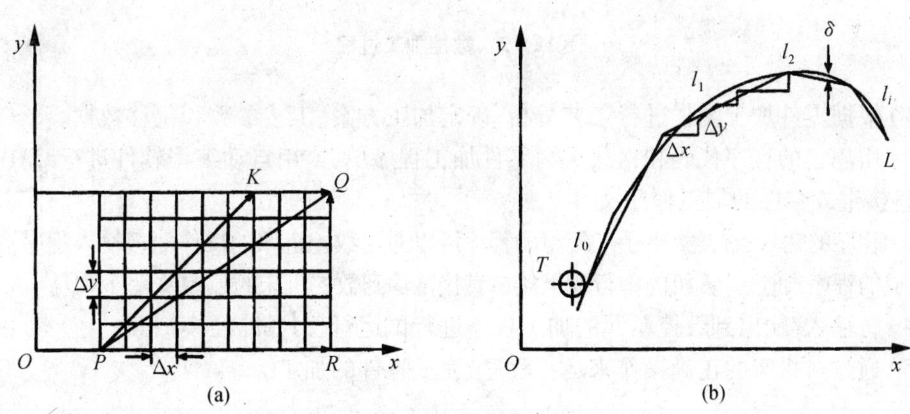

图 12 -1 用单位运动来合成任意运动

2. 数控机床的应用特点

(1) 提高生产率 数控机床增加切削加工时间的比率,可采用较大运动用量,有效的节省了运动工时,还有自动换速、自动换刀与测量,大大缩短了辅助时间。

(2) 减轻劳动强度,改善劳动环境　由于数控机床是自动完成加工,许多动作不需操作者进行,因此劳动条件和劳动强度大为改善。

(3) 稳定产品质量,精度高　数控机床本身的精度较高,还可以利用软件进行精度校正和补偿,数控加工是按数控程序自动进行的,可以避免人为的误差。因此,数控机床可以获得比普通机床更高的加工精度和重复定位精度。

(4) 能完成复杂型面的加工。

(5) 可实现一机多用。

(6) 不需要专用夹具　采用普通的通用夹具就能满足数控加工的要求。

(7) 适应性强　当数控工作需要改变时,只要改变数控程序软件,而不需改变机械部分和控制部分的硬件,就能适应新的工作要求。因此,生产准备周期短,有利于机械产品的更新换代。

(8) 有利于生产管理　采用数控机床,有利于向计算机控制和管理生产方向发展。

12.1.3　数控加工过程

利用数控机床完成零件数控加工的过程如图 12－2 所示,主要内容如下:

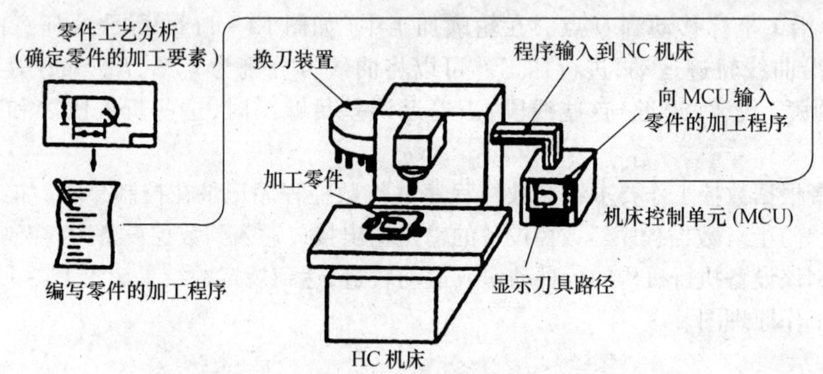

图 12－2　数控加工过程

(1) 根据零件加工图样进行工艺分析、确定加工方案、工艺参数和位移数据。

(2) 用规定的程序代码和格式编写零件加工程序单;或用自动编程软件进行 CAD/CAM 工作,直接生成零件的加工程序文件。

(3) 程序的输入或传输,由手工编写的程序可以通过数控机床的操作面板输入程序;由编程软件生成的程序,通过计算机的串行通讯接口直接传输到数控机床的数控单元(MCU)。

(4) 将输入/输出到数控单元的加工程序进行试运行、刀具路径模拟等。

(5) 通过对机床的正确操作来运行程序,完成零件的加工。

12.1.4　数控机床的坐标系

为了保证数控机床的运行、操作及程序编制的一致性,数控标准统一规定了数控机床坐标和运动方向。其原则是:

(1) 标准的坐标系统,采用右手法则,直角笛卡儿坐标系统,基本坐标轴为 x,y,z 直角坐标系,相应每个坐标轴的旋转坐标分别为 A,B,C,如图 12－3 所示。

(2) z 轴坐标为平行于机床主轴的坐标轴，如果机床有一系列主轴，则选尽可能垂直于工件装卡面的主要轴为 z 轴。z 轴的正方向，定义为从工件到刀具夹持的方向。x 轴作为水平的、平行于工件装卡表面的轴，它平行于主要的切削方向，且以此为正向。y 轴的运动方向，根据 x 轴和 z 轴按右手法则确定。

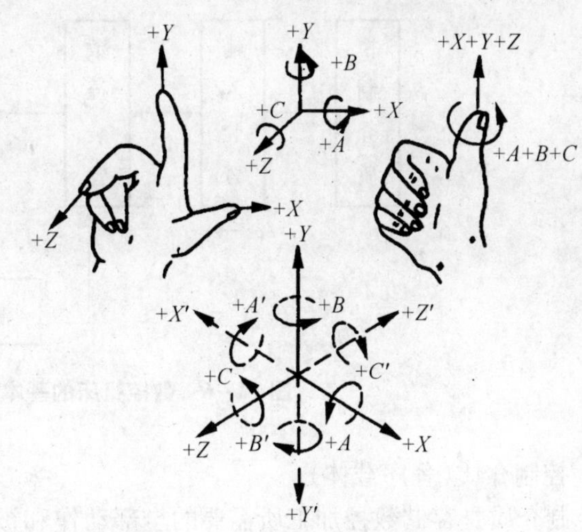

图 12－3　右手直角笛卡儿坐标系

(3) 旋转坐标轴 A，B 和 C，相应的在 x，y 和 z 坐标轴正方向上，按照右手螺旋前进的方向来确定。工件是固定的，而刀具移动时，坐标轴各 A、B 和 C 上不用标记“′”。但是当工件是移动的，而刀具固定时，坐标轴 A、B 和 C 上要标记“′”。图 12－4 所示为三坐标立式数控铣床坐标系，图12－5所示为两坐标卧式数控车床坐标系。

图 12－4　立式数控铣床坐标系

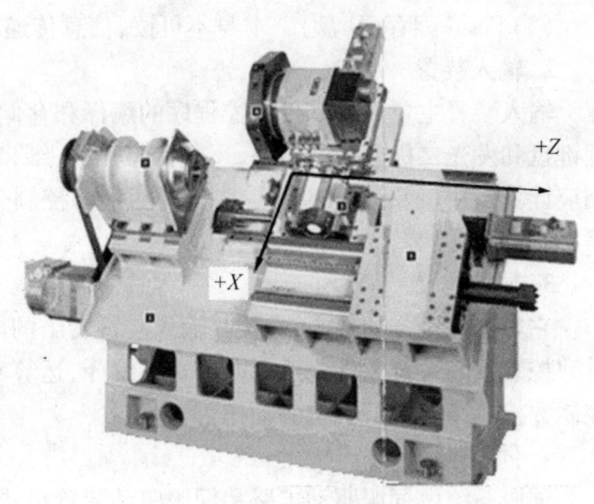

图 12－5　卧式数控车床坐标系

12.2　数控机床的组成与分类

12.2.1　数控机床的组成

数控机床的基本组成框图如图 12－6 所示。主要由控制介质、输入装置、数控装置、伺服系统、测量反馈装置和机床本体等六大部分组成。

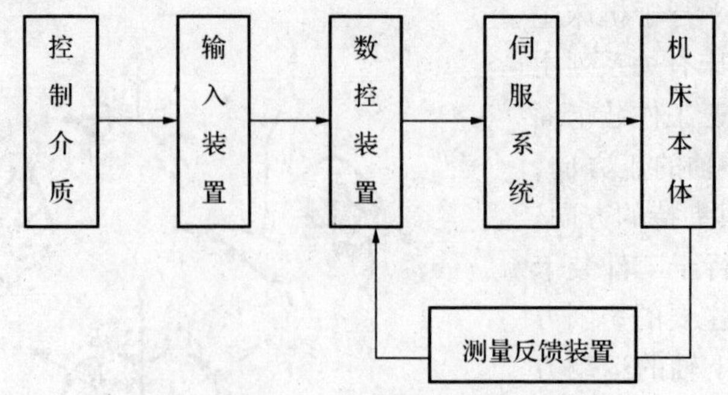

图 12－6　数控机床的基本结构框图

1. 控制介质(程序载体)

控制介质是存储数控加工所需要的全部动作和被加工零件的全部几何信息、工艺参数以及机床辅助操作,以信息代码的形式记载着零件的加工程序。

(1) 加工程序单　一种可见、可读和可保存的程序单,信息用手动输入,但容易出错。

(2) 穿孔纸带　一种较早使用的可读控制介质,多次使用容易损坏,但信息传递速度比较快,目前已很少使用。

(3) 磁带　本身不可读,需要防磁,信息传递速度较快。

(4) 软磁盘和硬磁盘　本身不可读,需要防磁或防震,信息传递速度快。

(5) Flash 闪存(U 盘)　本身不可读,信息传递很快,而且存储量大。

2. 输入装置

输入装置主要用于零件数控程序的编译和存储。一般的输入装置除了包括人机对话编程键盘和发光二极管显示器外,还包括穿孔机、纸带阅读机、磁带机或录音机、磁盘驱动器、相应计算机接口及计算机 USB 接口等。它将控制介质上的代码信息转换成相应的电脉冲信号,送入数控装置的内存储器。

3. 数控装置

它是数控设备的核心,它接收输入装置发出的电脉冲信号,根据输入的程序和数据,经过数控装置的系统软件或逻辑电路进行编译、运算和逻辑处理后,输出各种信号和指令,来控制数控机床的执行机构的动作。

4. 伺服系统

伺服系统由伺服驱动电路和伺服驱动装置组成,并与设备的执行部件和机械传动部件组成数控设备的进给系统。它根据数控装置发来的速度和位移指令,控制执行部件的进给速度、方向和位移。每个进给运动的执行部件都配有一套伺服驱动系统。

5. 测量反馈装置

该装置可以包括在伺服系统中,它由检测元件和相应的电路组成,其作用是检测速度和位移,并将信息反馈回来,构成闭环控制。常用的测量元件有脉冲编码器、旋转变压器、感应同步器、磁尺、光栅和激光干涉仪等。

6. 机床本体(受控设备)

它是指被控制的对象,是数控设备的主体,一般都需要对它进行位移、角度和各种开关量的控制。受控设备包括机床行业的各种机床和其他行业的许多设备,如电火花加工机床、激光切割机、火焰切割机、弯管机、绘图机、冲剪机、测量机、雕刻机等。

12.2.2 数控机床的分类

1. 按控制运动的方式分类

(1) 点位控制数控机床　这类机床的数控装置只控制机床运动部件从一个坐标点到另一个坐标点的定位精度，在移动过程当中不进行切削，对两点间的移动速度和运动轨迹不进行严格控制。如数控钻床、数控坐标镗床、数控冲床和数控测量机等，如图 12－7 所示。

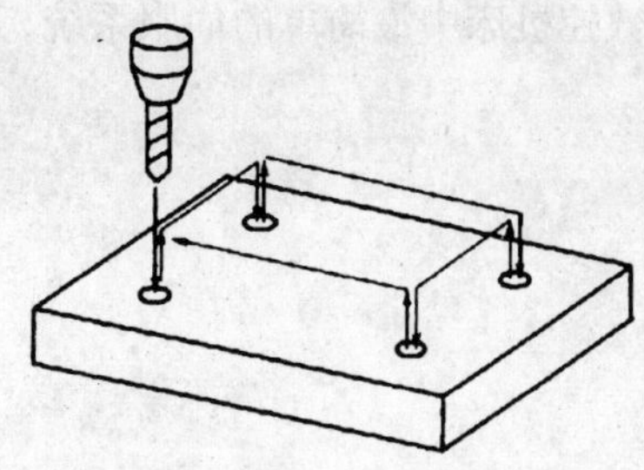

图 12－7　数控机床的点位加工轨迹

(2) 点位直线控制数控机床　这类数控机床在工作时，不仅要求精确地控制两相关点之间的位置，而且要求从一点到另一点之间按直线运动进行切削加工。这类机床有数控车床、数控铣床和加工中心等。

(3) 轮廓控制数控机床　这类数控机床又称为连续控制或多坐标联动数控机床。机床的数控装置能够同时连续控制两个或两个以上的坐标轴，具有插补功能。加工时不仅要控制起点和终点，还要控制整个加工过程中运动的速度和位置，具有轮廓控制功能，可以加工曲线或曲面零件。这类机床有数控车床、数控铣床、数控磨床和加工中心等，如图 12－8 所示。

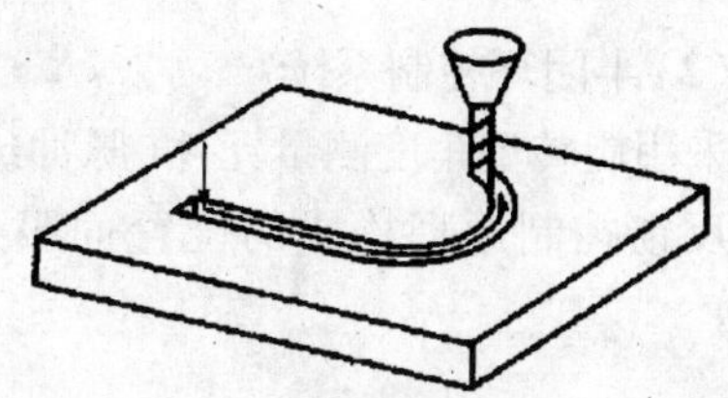

图 12－8　数控铣床的轮廓加工轨迹

对于轮廓控制数控机床，根据它所控制的联动轴数不同，又可分为两轴联动、两轴半联动、三轴联动、四轴联动和五轴联动等数控机床。两轴半轴联动是指三个主要控制轴（x，y，z 轴）中，任意两个轴联动，另一个是点位或直线控制，如图 12－9(a) 所示。

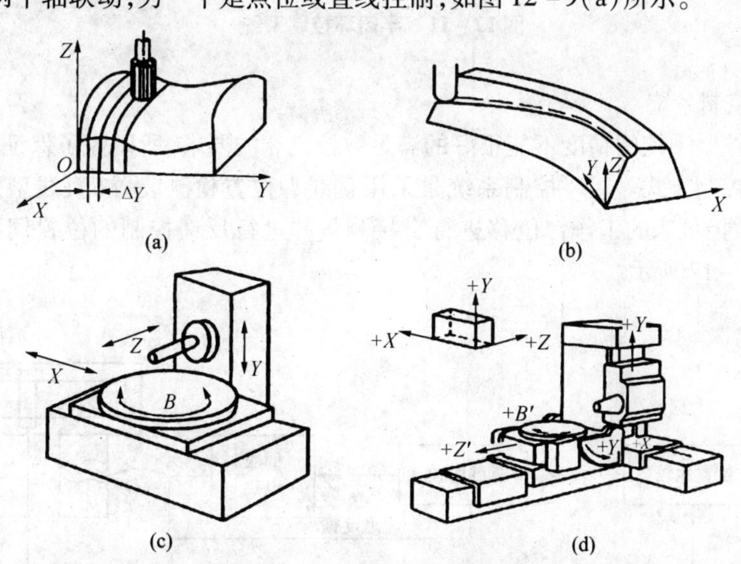

图 12－9　按联动轴数分类

(a) 两轴半联动的曲面加工；(b) 三轴联动的曲面加工；(c) 四轴联动的数控机床；(d) 五轴联动的加工中心

2. 按伺服系统的类型分类

(1) 开环控制系统

在开环控制系统中，一般采用步进电机、功率步进电机或电液脉冲马达作为执行元件，它是数控机床中最简单的伺服系统，其控制原理如图 12－10 所示。

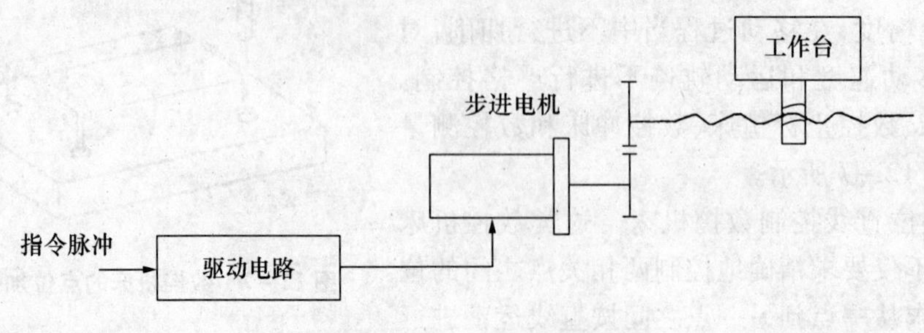

图 12－10　开环控制系统

(2) 半闭环控制系统

采用旋转型角度测量元件(脉冲编码器、旋转变压器、圆感应同步器等)和伺服电动机按照反馈控制原理构成的位置伺服系统称为半闭环控制系统，其控制原理如图 12－11 所示。

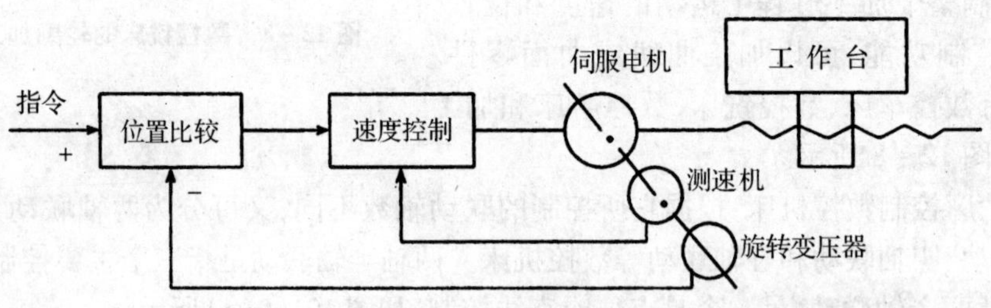

图 12－11　半闭环控制系统

(3) 闭环控制系统

因为开环控制系统的精度不能很好的满足数控机床的要求，所以为了保证精度，最根本的方法是闭环控制方式。闭环控制系统是采用直线型位置检测装置(直线型感应同步器、长光栅等)对数控机床的工作台位移进行直接测量并进行反馈控制的位置伺服系统，其控制原理如图 12－12 所示。

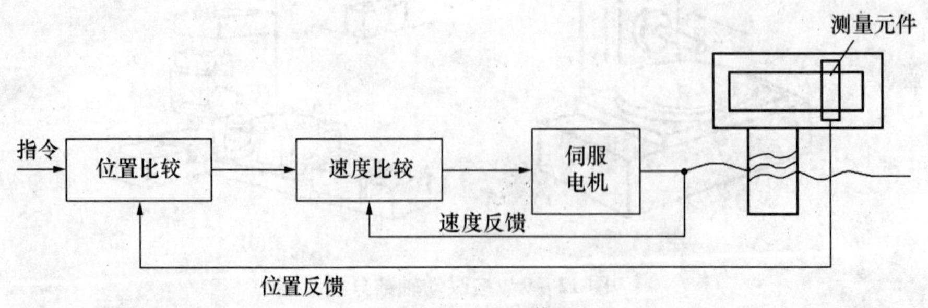

图 12－12　闭环控制系统

3. 按工艺用途分类

(1) 金属切削类数控机床　这类数控机床和传统的通用机床品种一样，有数控车床、数控铣床、数控钻床、数控磨床、数控镗床及加工中心机床等。

(2) 金属成型类数控机床　这类机床有数控折弯机、数控弯管机、数控压力机等。

(3) 特种加工及其他类型数控机床　如数控线切割机床、数控电火花加工机床、数控激光切割机床、数控火焰切割机床、数控三坐标测量机等。

4. 按照功能水平分类

(1) 高档数控机床　分辨率为 0.1 μm，进给速度为 5 ~ 100 m/min。

(2) 中档数控机床　分辨率为 1 μm，进给速度为 15 ~ 24 m/min。

(3) 低档数控机床　分辨率为 10 μmm，进给速度为 8 ~ 15 m/min。

12.3 数控机床的程序编制

12.3.1 程序编制的内容和步骤

程序编制是数控加工的一项重要工作，理想的加工程序不仅应该保证加工出符合图纸求的合格工件，同时应该能使数控机床的功能得到合理的应用与充分的发挥，以使数控机床安全可靠及高效的工作。数控机床程序编制的内容主要包括：分析零件图纸、工艺处理、数学处理、编写程序单、制备控制介质及程序校验。如图 12 - 13 所示，其具体步骤与要求如下。

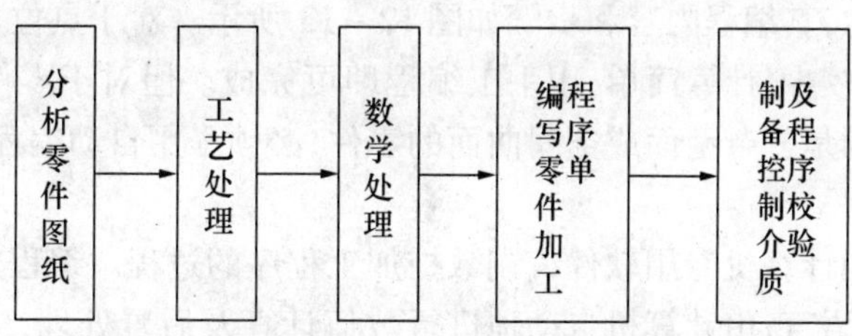

图 12 - 13　程序编制的内容和步骤

1. 分析零件图纸

首先要分析零件图纸，根据零件的材料、形状、尺寸、精度、毛坯形状和热处理要求等确定加工方案，选择合适的数控机床。

2. 工艺处理

工艺处理需要考虑和涉及的问题很多，首先要先确定加工方案，要按照能充分发挥数控机床功能的原则，使用合适的数控机床，确定合理的加工方法。

3. 数学处理(数值计算)

在手工编程过程中，经常进行数学处理。一般的数控系统都具有直线插补和圆弧插补功能及刀具补偿功能。这里有两个非常重要的基本概念需要明确：一个是基点；另一个是节点。对于加工由直线和圆弧组成的较简单的平面零件，需要计算出零件轮廓的相邻几何元素的交点或切点的坐标值，这个点称之为基点。对于比较复杂的零件或零件的几何形状与数控系统的插补功能不一致时，就需要进行复杂的数值计算。例如非圆曲线，需要用直线段或圆弧段来逼近,在满足精度的条件下,计算出相邻逼近直线或圆弧的交点或切点的坐标值,这个点称之为节点。对于自由曲线、自由曲面和组合曲面的程序编制,数学处理更为复杂,一般需要计算机辅助计算。

4. 编写零件加工程序单

在完成工艺处理和数值计算工作以后,就可以编写零件加工程序单了,编程人员根据所使用的数控系统指令、程序段格式,逐段编写零件加工程序。

5. 制备控制介质及程序校验

完成程序编制工作以后,接下来要制作控制介质。控制介质有穿孔纸带、磁带、软磁盘、硬磁盘及 U 盘等。早期使用的多为穿孔纸带,现在已被磁盘所代替。但是,规定的穿孔纸带代码标准没有变。

按照编写好的程序,制备完成控制介质,还需要经过检测后才可以用于正式加工。一般采用空走刀检测、空运转画图检测、在 CRT 显示屏上模拟加工过程的轨迹和图形显示检测,以及采用铝件、塑料或石蜡等易切材料进行试切方法检验程序。通过检验和试切不仅可以确认程序是否正确,还可以知道加工精度是否符合要求。如果发现问题,可及时采取补偿措施或修改程序。

12.3.2 程序的编制方法

1. 手工编程

手工编程时,整个程序的编制过程(包括用通用计算机辅助进行数值计算)是由人工完成的。这就要求编程人员不仅要熟悉数控代码及编程规则,而且还必须具备机械加工工艺知识和数值计算能力,其编程内容和步骤如图 12 - 13 所示。对于点位加工和几何形状简单的零件加工,程序段较少,计算简单,用手工编程即可完成。但对于零件轮廓形状不是由直线、圆弧组成时,特别是复杂型面或空间曲面的零件,必须采用自动编程。

2. 自动编程

自动编程是利用计算机专用软件编制数控加工程序的过程。编程人员只需根据零件图样的要求,使用数控语言,由计算机自动地进行数值计算及后置处理,编写出零件加工程序单,加工程序通过直接通讯的方式送入数控机床,指挥机床工作。

常见的自动编程软件如下:

(1) Mastercam

Mastercam 是由美国 CNC Software 公司推出的基于 PC 平台上的 CAD/CAM 软件,它具有很强的编程功能,尤其对复杂曲面的加工编程,它可以自动生成加工程序代码,具有独到的优势。由于 Mastercam 主要用于数控加工编程,其零件的设计制造功能不强,且操作灵活、易学易用,受到广泛的欢迎。

(2) CAXA 制造工程师

CAXA 制造工程师是由我国北京北航海尔软件有限公司研制开发的全中文、面向数控铣床和加工中心的三维 CAD/CAM 软件。采用原创 Windows 菜单和交互方式,全中文界面,便于轻松地学习和操作。

(3) UG Ⅱ CAD/CAM 系统

UG Ⅱ 由美国 UGS 公司开发经销,不仅具有复杂造型和数控加工的功能,还具有管理复杂产品装配、进行多种设计方案的对比分析和优化等功能。该软件具有较好的二次开发环境和数据交换能力。其庞大的模块群为企业提供了从产品设计、产品分析、加工装配、检验、到过程管理、模拟运作等全系列的技术支持。

(4) Pro/Engineer

Pro/Engineer 是美国 PTC 公司研制和开发的软件,它开创了三维 CAD/CAM 参数化的先河。该软件具有基于特征、全参数、全相关和单一数据库的特点,可用于设计和加工复杂的零件。

(5) CATIA

CATIA 是最早实现曲面造型的软件,它开创了三维设计的新时代,它的出现,首次实现了计算机完整描述产品零件的主要信息,使 CAM 的技术开发有了现实的基础。

(6) CIMATRON

CIMATRON 是以色列 Cimatron 公司提供的 CAD/CAM/CAE 软件,是较早在微机平台上实现三维 CAD/CAM 的全功能系统。

12.3.3 手工程序编制

1. 程序编制的代码标准

ISO 代码标准,由于具有信息量大,可靠性高,与当今数控传输系统统一等优点,故目前许多国家的数控系统都采用 ISO 代码标准,我国现在规定新产品一律采用 ISO 代码标准。在现场的实际应用中,由于各数控机床所采用的数控系统不尽相同,因此,编程所用代码必须以生产厂家的使用说明书为准。

2. NC 程序结构

(1) 程序结构

一个完整的零件加工程序,由若干程序段组成,每个程序段又由若干个代码组成,每个代码字则由文字(地址符)和数字(有些数字还带有符号)组成。字母,数字和符号通称为字符。举例如下:

N01 G91 G00 X50 Y60 LF(程序段结束)

N02 G01 X1000 Y500 F150 S3000 T0202 M03 LF

…

N10 G00 X -50 Y -60 M02(M30) LF

上例为一个完整的零件加工程序,它由 10 个程序段组成,每个程序段以“N”开头,用 LF 结束。M02(M30)代表整个程序的结束。有些数控系统还规定,整个程序要求以符号“%”开头,以符号“EM”结尾。每个程序段中有若干个代码字,如第二程序段有 9 个代码字,一个程序段表示一个完整的加工工步或动作。

(2) 程序段格式

数控机床程序由若干个“程序段”(block)组成,每个程序段由按照一定顺序和规定排列的“字”(word)组成。字是由表示地址的英文字母、特殊文字和数字集合而成。字表示某一功能的一组代码符号。如 X1000 为一个字,表示 X 向尺寸为 1 000 mm;F150 为一个字,表示进给速度为 150(具体值由规定的代码方法决定)。由这个例子可以看出,每一个程序段由顺序号字、准备功能字、尺寸字、进给功能字、主轴功能字、刀具功能字、辅助功能字和程序段结束符组成。此外,还有插补参数字。每个字都由字母开头,称为“地址”。ISO 标准规定的地址字符意义如表 12 -1 所示。

表 12－1　ISO 标准规定的地址字符意义

字符	意　义	字符	意　义
A	关于 x 轴的角度尺寸	M	辅助功能
B	关于 y 轴的角度尺寸	N	顺序号
C	关于 z 轴的角度尺寸	O	不用,有定为程序编号
D	第二刀具功能,也有定为偏置号	P	平行于 x 轴的第三尺寸,也有的定为固定循环的参数
E	第二进给功能	Q	平行于 y 轴的第三尺寸,也有的定为固定循环的参数
F	第一进给功能	R	平行于 z 轴的第三尺寸,也有的定为固定循环的参数
G	准备功能		圆弧的半径等
H	暂不指定,有的定为偏置号	S	主轴速度功能
I	平行于 x 轴的插补参数或螺纹导程	T	第一刀具功能
J	平行于 y 轴的插补参数或螺纹导程	U	平行于 x 轴的第二尺寸
K	平行于 z 轴的插补参数或螺纹导程	V	平行于 y 轴的第二尺寸
L	不指定,有的定为固定循环返回次数,也有的定为子程序返回次数	W	平行于 z 轴的第二尺寸
		X,Y,Z	基本尺寸

3. 数控编程常用的功能字

一般程序段由下列功能字组成:

N__　G__　X__　Y__　Z__　F__　S__　T__　M__

程序号　准备功能　准备值　进给速度　主轴速度　刀具　辅助功能

(1) 准备功能

准备功能字 G 代码,用来规定刀具和工件的相对运动轨迹、机床坐标系、坐标平面、刀具补偿、坐标偏置等多种加工操作。原机械工业部根据 ISO 标准制定了 JB3208—83 标准,规定 G 代码由字母 G 及其后面的两位数字组成,从 G00 到 G99 共有 100 种代码,如表 12－2 所示。

表 12－2　准备功能字 G 代码

G 代码	组	功　能	参数(后续地址字)	索　引
G00	01	快速定位	X,Y,Z,4TH[注 1]	
G01		直线插补	X,Y,Z,4TH	
G02		顺圆插补		
G03		逆圆插补	X,Y,Z,4TH	
G04	00	暂停	P	
G07	16	虚轴指定	X,Y,Z,4TH	
G09	00	准停校验	·	

表 12－2(续)

G 代码	组	功　能	参数(后续地址字)	索　引
G17	02	XY 平面选择	X,Y	
G18		ZX 平面选择	X,Z	
G19		YZ 平面选择	Y,Z	
G20	08	英制输入		
G21		毫米输入		
G22		脉冲输入		
G24	03	镜像开	X,Y,Z,4TH	
G25		镜像关		
G28	00	返回到参考点	X,Y,Z,4TH	
G29		由参考点返回	X,Y,Z,4TH	
G40	09	刀具半径补偿取消		
G41		左刀补	D	
G42		右刀补	D	
G43	10	刀具长度正向补偿	H	
G44		刀具长度负向补偿	H	
G49		刀具长度补偿取消		
G50	04	缩放关	X,Y,Z,P	
G51		缩放开		
G52	00	局部坐标系设定	X,Y,Z,4TH	
G53		直接机床坐标系编程		
G54	11	工件坐标系 1 选择		
G55		工件坐标系 2 选择		
G56		工件坐标系 3 选择		
G57		工件坐标系 4 选择		
G58		工件坐标系 5 选择		
G59		工件坐标系 6 选择		
G60	00	单方向定位	X,Y,Z,4TH	
G61	12	精确停止校验方式		
G64		连续方式		
G65	00	子程序调用	P,A ~ Z	
G68	05	旋转变换	X,Y,Z,P	
G69		旋转取消		
G73	06	深孔钻削循环	X,Y,Z,P,Q,R,I,J,K	
G74		逆攻丝循环		
		精镗循环		

表 12-2(续)

G 代码	组	功　能	参数(后续地址字)	索　引
G76		、		
G80		固定循环取消		
G81		定心钻孔循环		
G82		钻孔循环		
G83		深孔钻循环		
G84		攻丝循环		
G85		镗孔循环		
G86		镗孔循环		
G87		反镗循环		
G88		镗孔循环		
G89		镗孔循环		
G90	13	绝对值编程		
G91		增量值编程		
G92	00	工件坐标系设定	X,Y,Z,4TH	
G94	14	每分钟进给		
G95		每转进给		
G98	15	固定循环返回起始点		
G99		固定循环返回到 R 点		

G 代码分模态代码和非模态代码两种。所谓模态代码是指某一 G 代码一经指定就一直有效,直到后续程序段中使用同种 G 代码才能取代它。而非模态代码只能在指定的本程序段中有效。下一段程序需要时必须重写。常用准备功能标准如表 12-2 所示。

(2) 坐标功能字

坐标功能字(又称尺寸字)用来设定机床各坐标的位移量。它一般使用 X、Y、Z、U、V、W、P、Q、R、A、B、C、D、E 等地址符为首,在地址符后紧跟“+”(正)或“-”(负)及一串数字,该数字一般以系统脉冲当量(数控装置每发出一个脉冲信号,机床工作台的移动量)为单位。一个程序段中有多个尺寸字时,一般按上述地址符顺序排列。

(3) 进给功能字

指定进给速度,由地址符 F 和其后面的数字组成,该功能用来指定刀具相对工件运动的速度,其单位一般为 mm/min。当进给速度与主轴转速有关时,如车螺纹、攻丝等,使用的单位为 mm/r。

(4) 主轴功能字

该功能字用来指定主轴速度,单位为 r/min,它以地址符“S”为首,后跟一串数字。

(5) 刀具功能字

当系统具有换刀功能时,刀具功能字用以选择替换的刀具。它以地址符“T”为首,其后一般跟两位数字,代表刀具的编号。

以上 F 功能、T 功能、S 功能均为模态代码 。

(6) 辅助功能字

辅助功能字 M 代码主要用于数控机床的开关量控制，如主轴的正、反转，切削液开、关，工件的夹紧、松开、程序结束等。常用辅助功能标准如表 12－3 所示。

表 12－3　常用辅助功能标准

代　码	功　能	代　码	功　能
M00	程序停止	M36	进给范围 1
M01	计划停止	M37	进给范围 2
M02	程序结束	M38	主轴速度范围 1
M03	主轴顺时针方向	M39	主轴速度范围 2
M04	主轴逆时针方向	M40～M45	不指定或齿轮换挡
M05	主轴停止	M46～M47	不指定
M06	换刀	M48	注销 M49
M07	2 号切削液开	M49	进给率修正旁路
M08	1 号切削液开	M50	3 号切削液开
M09	切削液关	M51	4 号切削液开
M10	夹紧	M52～M54	不指定
M11	松开	M55	刀具直线位移，位置 1
M12	不指定	M56	刀具直线位移，位置 2
M13	主轴顺时针方向切削液开	M57～M59	不指定
M14	主轴逆时针方向切削液开	M60	更换工件
M15	正运动	M61	工件直线位移，位置 1
M16	负运动	M62	工件直线位移，位置 2
M17～M18	不指定	M63～M70	不指定
M19	主轴定向停止	M71	工件角度位移位置 1
M20～M29	永不指定	M72	工件角度位移位置 2
M30	纸带结束	M73～M89	不指定
M31	互锁旁路	M90～M99	永不指定
M32～M35	不指定		

12.4　数控车床加工

数控技术发展至今，不仅在宇航、造船、军工等领域广泛使用，而且也进入了汽车、机床、模具等机械制造行业。在机械行业中，单件、小批量的零件所占的比例越来越大，而且零件的精度和质量也在不断地提高。所以，普通机床越来越难以满足加工精密零件的需要。由于计算机技术的迅速发展,计算机软件的不断更新,使数控机床在机械行业中的使用已很普遍,其中数控车床是数控加工中应用最多的加工设备之一。

数控车床,即用计算机数字控制的车床。主要用于对各种形状不同的轴类或盘类回转表面进行车削加工。在数控车床上可以进行钻中心孔、车内外圆、车端面、钻孔、镗孔、铰孔、切槽、车螺纹、滚花、车锥面、车成形面、攻螺纹以及高精度的曲面及端面螺纹等的加工。与常规车床相比,数控车床还适合加工如下工件:

(1) 轮廓形状特别复杂或难于控制尺寸的回转体零件;

(2) 精度要求高的零件;

(3) 特殊的螺旋零件,如特大螺距(或导程)、变螺距、等螺距或圆柱与圆锥螺旋面之间作平滑过渡的螺旋零件,以及高精度的模数螺旋零件和端面螺旋零件;

(4) 淬硬工件的加工,在大型模具加工中,有不少尺寸大而形状复杂的零件,这些零件热处理后的变形量较大,磨削加工困难,可以用陶瓷车刀在数控机床上对淬硬后的零件进行车削加工,以车代磨,提高加工效率。

12.4.1 数控车床简介

1. 数控车床的类型

数控车床品种繁多,按数控系统的功能和机械构成可分为简易数控车床、经济型数控车床、多功能数控车床和车削中心。

(1) 简易数控车床。简易数控车床是低档次数控车床,一般是用单片机进行控制,机械部分是在普通车床的基础上改进设计的。

(2) 经济型数控车床。经济型数控车床是中档数控车床,一般采用步进电机驱动的开环伺服系统。此类车床结构简单,价格低廉,缺点是没有刀尖圆弧半径自动补偿和恒线速切削功能。

(3) 多功能数控车床。多功能数控车床也称全功能数控车床,一般采用闭环或半闭环控制系统,可以进行多个坐标轴的控制,具备数控车床的各种结构特点。

(4) 车削中心。车削中心是在全功能数控车床基础上发展而来的,它的主体是全功能数控车床,并配置刀库、换刀装置、分度装置、铣削动力头和机械手等。可实现多工序的车、铣复合加工,从而缩短了加工周期,提高了机床的生产效率和加工精度。

2. 数控车床的组成

(1) 机械部分是整个机床的基础,主要由如下部件组成:床身、主轴箱、进给系统、刀架、尾座、卡盘、安全防护、托架等。如图 12-14 所示。

①床身　床身是整个机床的基础。床身部分最关键的部位是导轨,导轨一般要经过二次失效、中频淬火和精密磨削后才能使用。常用的导轨形式有滑动导轨、滚动导轨和直线导轨。导轨是关系到机床精度和稳定性的部件。

②主轴　主轴是车床输出动力的主要部件。随着现在科技的发展,主轴的结构形式越来越简单,由原来的齿轮传动逐步发展成了电动主轴、主轴单元等多种形式。转速也越来越高,由原来的几千转/分,发展到几万转/分甚至几十万转/分。

③进给装置　一般车床有两个方向上的进给,横向(x 轴)和纵向(z 轴)。在驱动电动机至丝杠间增设了(少数车床未增设)可消除其侧隙的齿轮副。现在部分精度较高的机床均已采用“电主轴”结构。

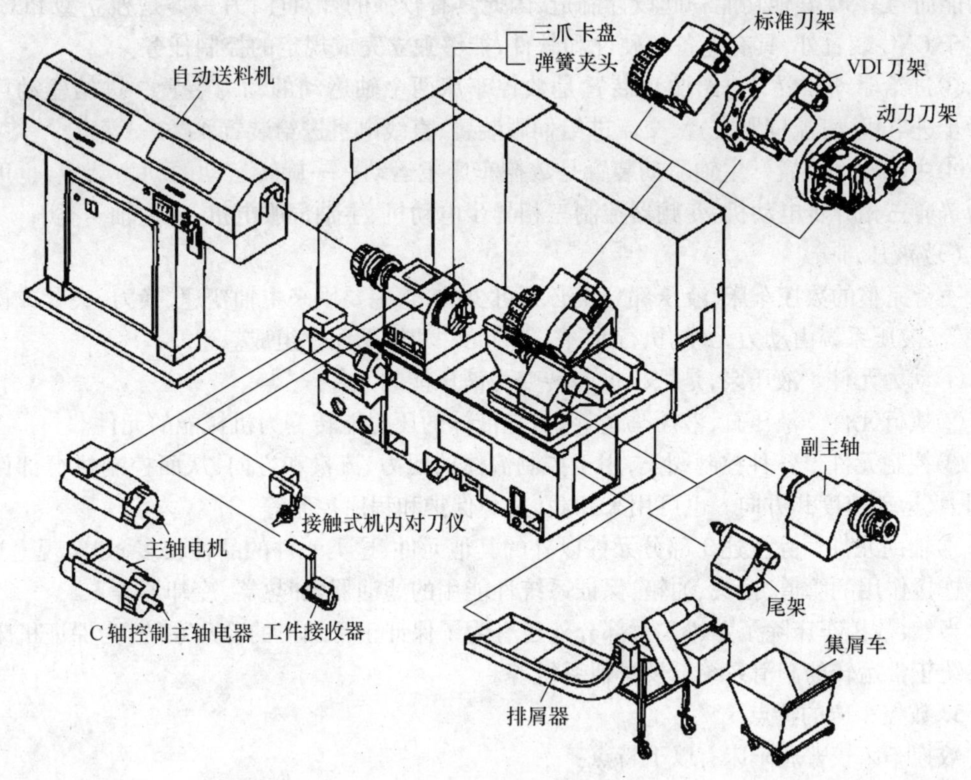

图 12－14　典型数控车床的组成

④刀架　一般数控车床都配有电动、气动、液压或伺服刀架。刀架是数控车床最重要的辅助装置之一,刀架的档次是评判数控车床高中低档的依据之一。

⑤尾座　一般车床都配有尾座,尾座分手动、电动、气动和液压尾座等。

⑥卡盘　卡盘安装在主轴上,用来夹持工件,分为手动三爪自定心卡盘、电动卡盘、气动卡盘、液压卡盘和四爪卡盘等。数控车床的标准配置一般为三爪自定心卡盘。

⑦安全防护　数控车床一般都有全封闭防护或半封闭防护,用来满足劳动生产要求。机床的防护和外观,越来越受到用户的关注。

⑧托架　托架一般包含中心架和跟刀架。数控车床的标准配置一般不含托架,托架是满足特殊加工要求而配备。

(2)电气系统

数控车床的电气系统由以下几部分组成:计算机数字控制设备(CNC)、可编程序控制器(PLC)、进给驱动装置、主轴驱动装置、外围执行机构控制元件等部分组成。

①计算机数字控制设备(CNC)　CNC 装置是数控车床的核心,包括硬件(EP 后 0 电路板、显示器、键盘等)以及相应的软件。目前市场主流的车床 CNC 装置有德国西门子公司(SIEMENS)的 802 系列,日本法纳克公司(FANUC)的 0i 系列,国产的有广州数控的 980 系列,武汉华中数控“世纪星”系列等。

②可编程控制器(PLC)　PLC 在数控车床上是人机进行信息交换的主要途径,也是机床完成各种复杂动作的重要部件。可编程序控制器一般分两类:一类是内装型 PLC,内装型 PLC 作为数控系统基本的或可选择的功能提供给用户,其软件和硬件被作为 CNC 系统的基

本功能而与 CNC 其他功能一起设计制造,因此具有较强的针对性;另一类是独立型 PLC,其独立于 CNC 装置外,具有完备的硬件和软件,能够独立完成规定的控制任务。

③进给驱动装置　进给驱动装置是数控车床两个轴运动的动力装置。进给驱动可以分为步进电机、直流伺服装置、交流进给伺服装置、直线电机进给装置 4 类。

④主轴驱动装置　主轴驱动装置是数控车床主运动——旋转运动的动力装置,也可以分为普通三相异步电动机、变频器控制三相异步电动机、主轴伺服电机、电主轴 4 类。

(3) 液压部分

一台完整的数控车床,液压部分是必不可少的,它主要用来主轴变速、换刀、夹紧或松开工件等,液压系统由动力元件、执行元件、控制元件和辅助元件组成。

①动力元件　液压泵,是把机械能转变为液压能的元件。

②执行元件　液压缸,液压马达等,是把液体的压力能转变为机械能的元件。

③控制元件　各种控制阀类,用于控制流体的压力、流量和方向,从而控制执行部件的作用力、运动速度和方向。也可用来卸载、过载保护和程序控制等。

④辅助元件　除上述 3 部分元件以外的其他元件,这类元件的品种较多,如实现上述 3 部分连接作用的管道,接头、油箱,保证系统性能用的滤油器、加热器、冷却器等。

当然,数控车床除了上述 3 大部分外还有为了保证正常加工的冷却系统,为保证机床机械系统正常运转的润滑系统以及排屑系统等。

3. 数控车床的特点

数控车床较普通车床有以下特点:

(1) 能完成复杂型面轴类、套类、盘类的零件加工。

(2) 可以提高零件加工精度,稳定产品质量。由于数控机床是按照预定的程序自动加工,加工过程不需要人工干预,而且加工精度还可以利用软件来进行校正和修补,因此可以获得比机床本身精度还要高的加工精度及重复精度。

(3) 可以提高生产率。一般一台数控车床比一台普通车床可提高效率 2 ~ 3 倍。

(4) 大大减轻了工人的劳动强度,特别是在加工螺纹时。

4. 典型数控车床简介

(1) 数控车床的结构简介

①数控车床的主要部件 CAK6136 数控车床型号含义如下:

C——车床类;A——经过一次重大改进;K——数控;6——组别代号,落地及卧式车床组;1——系别代号,卧式车床系;36——床身上工件所能回转的最大直径的 1/10(单位 mm)。

CAK6136 的外形图如图 12 - 15 所示,主要床身、主轴箱、刀架、液压系统、冷却、润滑系统等部分组成。采用华中世纪星 HNC - 21T 系统,主轴电机采用伺服电机,配置四工位电动刀架、液压卡盘、液压尾架等。

②各部件的主要作用

a. 床身　床身为卧式平床身,整体布局合理,采用 HT300 高强度铸件,刚性,不易变形。底座为整个机床的支承基础,要求稳定并兼有吸收振动的功能,一般为铸铁件。

b. 主轴箱　主轴采用单主轴结构,转速高。通过强力窄 V 带带动主轴旋转。

c. 刀架　固定在床鞍上。为电动四工位刀架,用于安装刀具,能通过自动转位实现换刀的功能。

d. 液压系统　用于控制液压卡盘。特殊要求可带有手动换向阀,实现液压卡盘的正、反转。

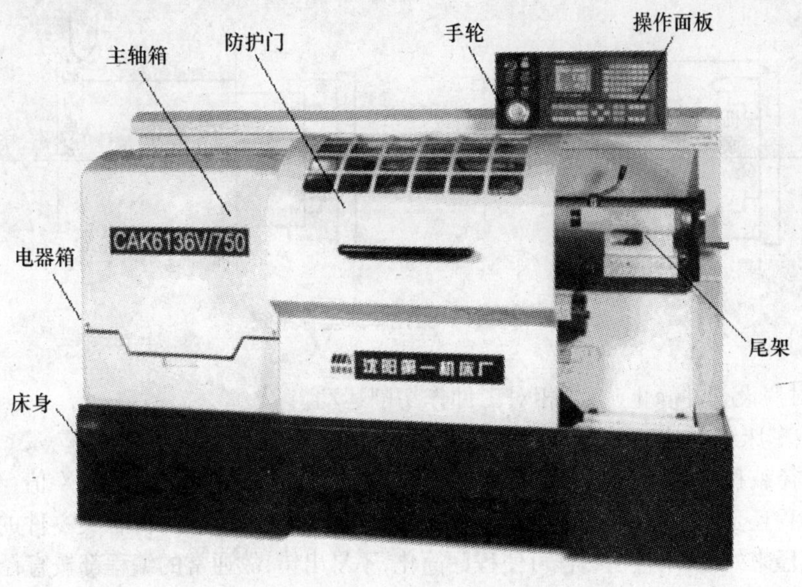

图 12－15　数控车床 CAK6136

e. 液压卡盘　可根据用户需求配置液压卡盘，以提高机床的自动控制程度。

f. 操作面板　安装有显示器、操作按钮等。完成数据输入、输出、机床控制等。

③主要技术参数

a. 主要规格

床身上最大工件回转直径　360 mm

最大车削长度　750 mm

主轴孔径　ϕ53 mm

主轴转速　200～3 000 r/min

快速移动速度 X—600 mm/min　Z—800 mm/min

定位精度 0.007

刀架可装刀具数　4

刀架工位数　4

电动机功率　5.5 kW

b. 数控系统

联动轴数　2 轴

数控系统　HNC—21T

12.4.2　数控车床编程

1. 数控车床坐标系统

(1) 机床坐标系　数控车床的坐标系一般有 X、Z 两直角坐标轴，原点建立在卡盘的定位面与 Z 轴的交线处。对后置刀架，X 方向向上，如图 12－16(a) 中的 $+X$、O、$+Z$。

(2) 工件坐标系　工件坐标系即编程坐标系，其轴向与机床坐标系的方向一致，原点一般建立在工件的外表面上，如图 12－16(b) 中的 X，O'，Z。

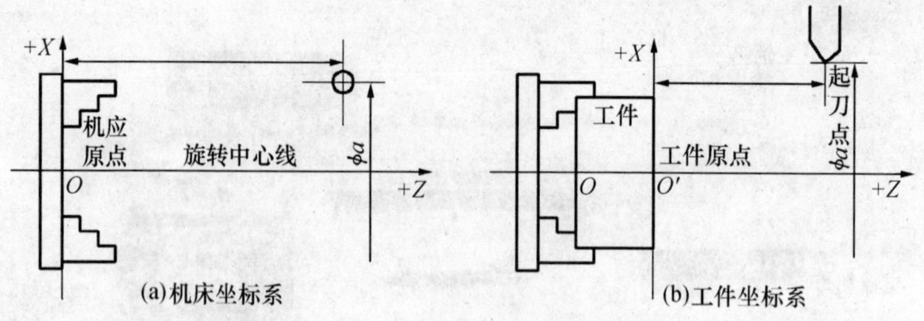

图 12－16　数控车床坐标系统

编程时假设工件静止，刀具相对工件作切削运动。

2. 数控车床编程基础

（1）直径编程和半径编程　所谓直径编程和半径编程就是编程中的 X 值（或变量）是按直径值编程还是半径值编程。数控车床加工的零件通常为轴类零件，轴类零件的标注、测量一般都按直径来处理，用直径编程可使程序简化，不易出错，故通常的编程都按直径编程方式。

（2）编程单位　工程图纸中的尺寸标注有公制和英制两种形式。数控系统可根据所设定的形态，利用代码把所有的几何值转换为公制尺寸或英制尺寸（刀具补偿值和可设定零点偏置值也作为几何尺寸），同样进给率的单位也分别为 mm/min（in/min）或 mm/r（in/r）。该指令为续效指令，系统上电后，机床处在公制状态。

3. 数控车床的指令

（1）辅助功能 M 代码

辅助功能由地址字 M 和其后的一或两位数字组成，主要用于控制零件程序的走向，以及机床各种辅助功能的开关动作。

M 功能有非模态 M 功能和模态 M 功能两种形式。

非模态 M 功能（当段有效代码）：只在书写了该代码的程序段中有效。

模态 M 功能（续效代码）：一组可相互注销的 M 功能，这些功能在被同一组的另一个功能注销前一直有效。

华中世纪星 HNC－21T 数控装置 M 指令功能如表 12－4 所示。

表 12－4　代码及功能

代 码	模 态	功能说明	代 码	模 态	功能说明
M00	非模态	程序停止	M03	模态	主轴正转起动
M02	非模态	程序结束	M04	模态	主轴反转起动
M30	非模态	程序结束 并返回程序起点	M05	模态	主轴停止转动
			M07	模态	切削液打开
M98	非模态	调用子程序	M08	模态	切削液打开
M99	非模态	子程序结束	M09	模态	切削液停止

其中:M00,M02,M30,M98,M99 用于控制零件程序的走向,是 CNC 内定的辅助功能,不由机床制造商设计决定。

①程序暂停 M00

当 CNC 执行到 M00 指令时,将暂停执行当前程序,以方便操作者进行刀具和工件的尺寸测量、工件调头、手动变速等操作。

暂停时,机床的进给停止,而全部现存的模态信息保持不变,欲继续执行后续程序,重按操作面板上的“循环启动”键。

M00 为非模态后作用 M 功能。

②程序结束

M02 一般放在主程序的最后一个程序段中。

当 CNC 执行到 M02 指令时,机床的主轴、进给、冷却液全部停止,加工结束。

使用 M02 的程序结束后,若要重新执行该程序,就得重新调用该程序,或在自动加工子菜单下按子菜单 F4 键,然后再按操作面板上的“循环启动”键。

③程序结束并返回到零件程序头 M30

M30 和 M02 功能基本相同,只是 M30 指令还兼有控制返回到零件程序头(%)的作用。

使用 M30 的程序结束后,若要重新执行该程序,只需再次按操作面板上的“循环启动”键。

④子程序调用 M98 及从子程序返回 M99

M98 用来调用子程序。

M99 表示子程序结束,执行 M99 使控制返回到主程序。

子程序的格式

% * * * *

……

M99

在子程序开头,必须规定子程序号,以作为调用入口地址。在子程序的结尾用 M99,以控制执行完该子程序后返回主程序。

调用子程序的格式:

M98 P_L_

P:被调用的子程序号

L:重复调用次数

注:可以带参数调用子程序。

例 12－1 如图 12－17 所示(该例为半径编程)

```
%1101                     (主程序程序名)
N1 G92 X16 Z1             (设立坐标系,定义对刀点的位置)
N2 G37 G00 Z0 M03 S460    (移到子程序起点处、主轴正转)
N3 M98 P0003 L6           (调用子程序,并循环 6 次)
N4 G00 X32 Z1             (返回对刀点)
N5 G36                    (取消半径编程)
N6 M05                    (主轴停)
N7 M30                    (主程序结束并复位)
%0003                     (子程序名)
```

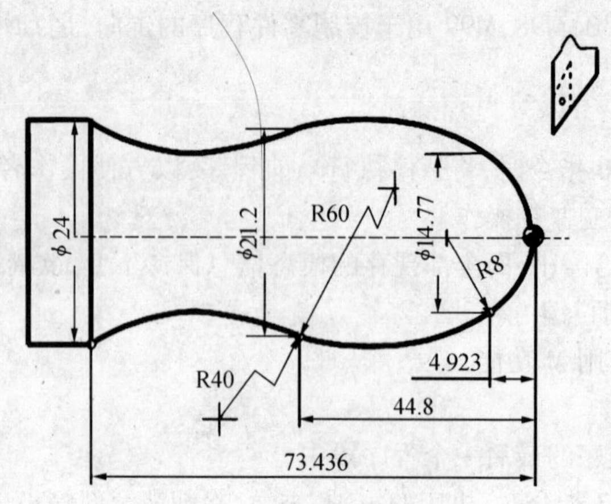

图 12-17　半径编程

```
N1 G01 U-12 F100              (进刀刀切削点处,注意留下后面切削的余量)
N2 G03 U7.385 W-4.923 R8      (加工 R8 圆弧段)
N3 U3.215 W-39.877 R60        (加工 R60 圆弧段)
N4 G02 U1.4 W-28.636 R40      (加工切 R40 圆弧段)
N5 G00 U4                     (离开已加工表面)
N6 W73.436                    (回到循环起点 Z 轴处)
N7 G01 U-5 F100               (调整每次循环的切削量)
N8 M99                        (子程序结束,并回到主程序)
```

⑤主轴控制 M03,M04,M05

M03 启动主轴以程序中编制的主轴速度顺时针方向(从 Z 轴正向朝 Z 轴负向看)旋转。

M04 启动主轴以程序中编制的主轴速度逆时针方向旋转。M05 使主轴停止旋转。

M03、M04 为模态前作用 M 功能;M05 为模态后作用 M 功能,M05 为缺省功能。

M03、M04、M05 可相互注销。

⑥冷却液打开、停止指令 M07、M08、M09

M07、M08 指令将打开冷却液管道。M09 指令将关闭冷却液管道。

M07、M08 为模态前作用 M 功能;M09 为模态后作用 M 功能,M09 为缺省功能。

(2)主轴功能 S

格式:S_

主轴功能 S 控制主轴转速,其后的数值表示主轴速度,单位为转/每分钟(r/min)。

恒线速度功能时 S 指定切削线速度,其后的数值单位为米/每分钟(m/min)。(G96 恒线速度有效、G97 取消恒线速度。)

S 是模态指令,S 功能只有在主轴速度可调节时有效。

S 所编程的主轴转速可以借助机床控制面板上的主轴倍率开关进行修调。

(3)进给速度 F

格式:F_

F 指令表示工件被加工时刀具相对于工件的合成进给速度,F 的单位取决于 G94(每分钟进给量 mm/min)或 G95(主轴每转一转刀具的进给量 mm/r)。

当工作在 G01、G02 或 G03 方式下,编程的 F 一直有效,直到被新的 F 值所取代,而工作在 G00 方式下,快速定位的速度是各轴的最高速度,与所编 F 无关。

借助机床控制面板上的倍率按键,F 可在一定范围内进行倍率修调。当执行攻丝循环 G76、G82,螺纹切削 G32 时,倍率开关失效,进给倍率固定在 100%。

(4) 刀具功能(T 机能)

格式:T_

T 代码用于选刀,其后的 4 位数字分别表示选择的刀具号和刀具补偿号。执行 T 指令,转动转塔刀架,选用指定的刀具。

(5) 准备功能 G 指令

功能 G 指令又称 G 代码,是机床准备好某种运动的指令。表 12-5 为华中世纪星 HNC-21T数控车削系统常用的准备功能指令。

表 12-5　常用的准备功能 G 指令(HNC-21T)

代　码	分　组	意　义	格　式
G00	01	快速进给、定位	G00 X__Z__
G01		直线插补	G01 X__Z__
G02		圆弧插补(顺时针)	G02 X__Z__I__K__R__
G03		圆弧插补(逆时针)	G03 X__Z__ I__K__R__
G04	00	暂停	G04 P__
G20	08	英制输入	G20 X__Z__
G21		米制输入	G21 X__Z__
G28	00	回参考点	G28 X__Z__
G29		由参考点返回	G29 X__Z__
G32	01	螺纹切削	G32 X__Z__
G36	17	直径编程	
G37		半径编程	
G40	09	刀具补偿取消	
G41		左刀补	
G42		右刀补	
G53	00	机械坐标系选择	G53 X__Z__
G54 ~ G59	11	坐标系选择	
G65		宏指令简单调用	

表 12-5(续)

代码	分组	意义	格式
G71	06	外径/内径车削复合循环	
G72		端面车削复合循环	
G73		闭环车削复合循环	
G76		螺纹切削复合循环	
G80		外径/内径车削固定循环	G80 X__Z__F__
G81		端面车削固定循环	G81 X__Z__F__
G82		螺纹切削固定循环	G82 X__Z__R__E__C__P__F__
G90	13	绝对编程	
G91		相对编程	
G92	00		G92X__Z__
G94	14	每分钟进给	
G95		每转进给	
G96	16	恒线速度切削	S
G97			

①快速移动点定位指令 G00

功能:刀具以机床规定的快速运动速度移动到指定点,属于模态指令。

程序段格式为:G00 X(U)_Z(W)_。

说明:X_Z_为决定编程时的刀具移动的终点坐标值;

U_W_为增量编程时的刀具相对始点的相对位移量。

G00 指令刀具相对于工件以各轴预先设定的速度,从当前位置快速移动到程序段指令的定位目标点。G00 指令中的快移速度由机床参数"快移进给速度"对各轴分别设定,不能用 F_规定。

G00 一般用于加工前快速定位或加工后快速退刀。

快移速度可由面板上的快移修调按钮修正。

G00 为模态功能,可由 G01,G02,G03 或 G32 功能注销。

注意:如图 12-18 所示,使用 G00 编程:要求刀具从 A 点快速定位到 B 点。

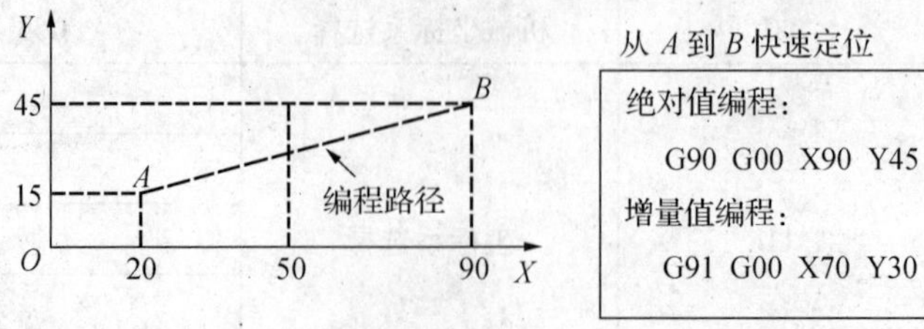

图 12-18 G00 编程

②直线插补指令 G01

功能:直线插补指令用于产生按指定进给速度 F 实现的空间直线运动。该直线可以是沿 X 轴或 Y 轴方向的单轴运动,也可以是沿 X、Y 平面内任意斜率的直线运动。

程序段格式为:G01 X(U)_Z(W)_F_;

说明:X_Z_为决定编程时终点在工件坐标系中的坐标;

U_W_为增量编程时终点相对于起点的位移量。

G01 指令刀具以联动的方式,按 F 规定的合成进给速度,从当前位置按先行路线(联动直线轴的合成轨迹为直线)移动刀程序段指令的终点。

G01 是模态代码,可由 G00,G02,G03 或 G32 功能注销。

例 12－2 如图 12－19 所示,用直线插补指令编程。

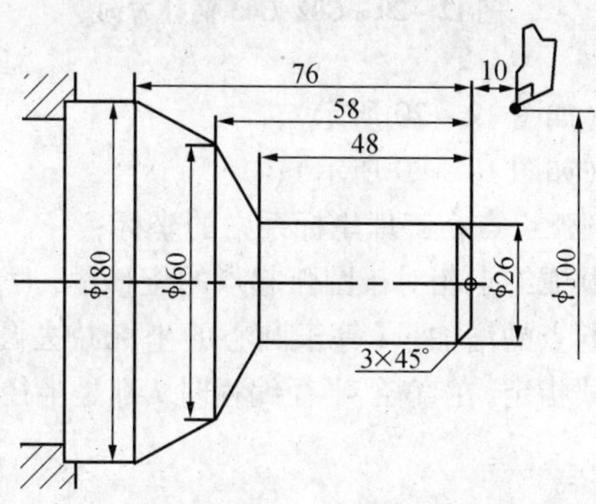

图 12－19 G01 编程实例

%1102	
N1 T0101	(设立坐标系,选 1 号刀)
N2 M06 S460	
N3 G00 X100 Z10	(定义起点的位置)
N4 G00 X16 Z2 M03 S460	(移到倒角延长线,Z 轴 2 mm 处)
N5 G01 U10 W－5 F300	(倒 3×45°角)
N6 Z－48	(加工 ϕ26 圆)
N7 U34 W－10	(切第一段锥)
N8 U20 Z－73	(切第二段锥)
N9 X90	(退刀)
N10 G00 X100 Z10	(回对刀点)
N11 M05	(主轴停)
N12 M30	(主程序停并复位)

③圆弧进给 G02/G03

功能:该指令的功能是使机床在给定的坐标平面内进行圆弧插补运动。

格式:$\left.\begin{matrix}\text{G02}\\\text{G03}\end{matrix}\right\}$X(U)_Z(W)$\left\{\begin{matrix}\text{I_K}\\\text{R_}\end{matrix}\right\}$F_;

说明:对 G02、G03 指令刀具,按顺时针/逆时针进行圆弧加工。

圆弧插补 G02/G03 的判断,是在加工平面内,根据插补时的旋转方向为顺时针/逆时针来区分的。加工平面为观察者迎着 Y 轴的指向,所面对的平面。如图 12－20 所示。

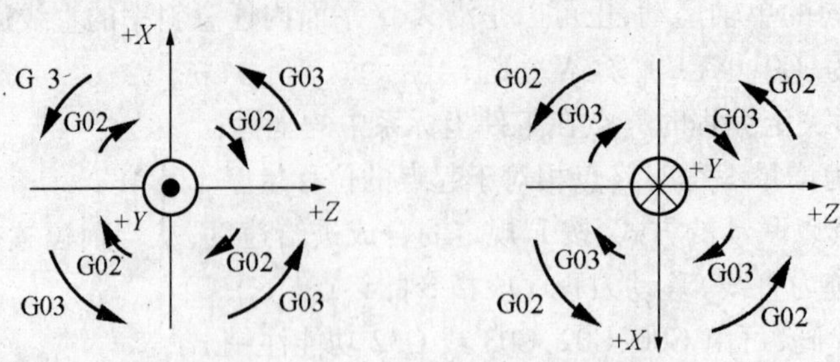

图 12－20　G02/G03 插补方向

G02：顺时针圆弧插补（如图 12－20 所示）；

G03：逆时针圆弧插补（如图 12－20 所示）；

X、*Z*：为绝对编程时，圆弧终点在工件坐标系中的坐标；

U、*W*：为增量编程时，圆弧终点相对于圆弧起点的位移量；

I、*K*：圆心相对于圆弧起点的增加量（等于圆心的坐标减去圆弧起点的坐标），在绝对、增量编程时都是以增量方式指定，在直径、半径编程时 *I* 都是半径值；

R：圆弧半径；

注意：

a. 顺时针或逆时针是从垂直于圆弧所在平面的坐标轴的正方向看到的回转方向；

b. 同时编入 *R* 与 *I*、*K* 时，*R* 有效。

例 12－3　如图 12－21 所示，用圆弧插补指令编程。

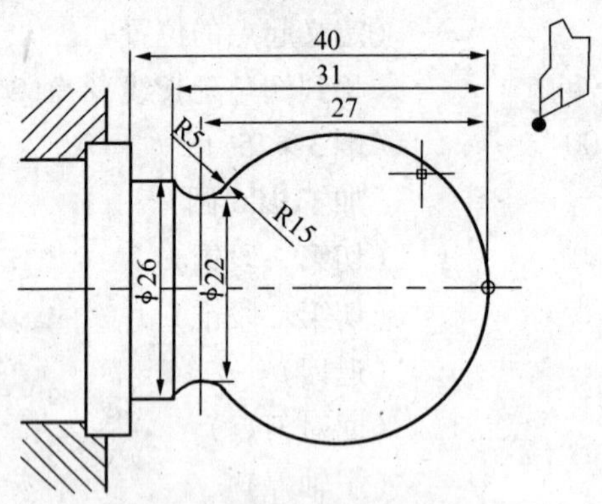

图 12－21　G02/G03 编程实例

%1104

N1 G92 X40 Z5　　　　（设立坐标系，定义对刀点的位置）

N2 M03 S400　　　　　（主轴以 400 r/min 旋转）

N3 G00 X0　　　　　　（到达工件中心）

N4 G01 Z0 F60　　　　（刀具接触工件毛坯）

N5 G03 U24 W－24 R15　（加工 R15 圆弧段）

N6 G02 X26 Z-31 R5　　　　（加工 R5 圆弧段）
N7 G01 Z-40　　　　　　　（加工 ϕ26 外圆）
N8 X40 Z5　　　　　　　　（回对刀点）
N9 M30　　　　　　　　　（主轴停、主程序结束并复位）

④暂停指令 G04

格式:G04 P_

说明:P:暂停时间,单位为 s。

G04 在前一程序段的进给速度降到零之后才开始暂停动作。在执行含 G04 指令的程序段时,先执行暂停功能。

G04 为模态指令,仅在其被规定的程序段中有效。G04 可使刀具作短暂停留,以获得圆整而光滑的表面,该指令除用于切槽、钻镗孔外,还可用于拐角轨迹控制。

⑤尺寸单位选择 G20、G21

格式:G20
　　G21

说明:G20:英制输入制式;
　　G21:公制输入制式。

两种制式下线性轴、旋转轴的尺寸单位如表 12-6 所示。

表 12-6　尺寸输入制式及单位

	线性轴	旋转轴
英制(G20)	英寸	度
公制(G21)	毫米	度

G20、G21 为模态功能,可相互注销,G21 为缺省值。

⑥绝对值编程 G90 与相对值编程 G91

格式:G90
　　G91

G90:绝对值编程,每个编程坐标轴上的编程值是相对于程序原点的;

G91:相对值编程,每个编程坐标轴上的编程值是相对于前一位置而言的,该值等于沿轴移动的距离。

绝对编程时,用 G90 指令后面的 *X*、*Z* 表示 *X* 轴、*Z* 轴的坐标值;

增量编程时,用 U、W 或 G91 指令后面的 *X*、*Z* 表示 *X* 轴、*Z* 轴的增量值;

G90、G91 为模态功能,可相互注销,G90 为缺省值。

如图 12-22 所示,使用 G90、G91 编程:要求刀具由原点按顺序移动到 1、2、3、4 点,然后回 1

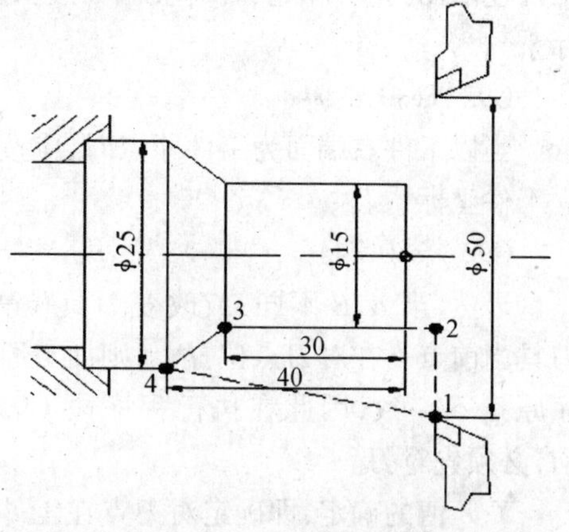

图 12-22　G90/G91 编程

点。三种编程方式见表 12－7。

表 12－7　三种编程方式

绝对编程	相对编程	混合编程
%1105	%1105	%1105
N01 T01 01	N01 T01 01	N01 T01 01
N02 M03 S460	N02 M03 S460	N02 M03 S460
N03 G00 X50 Z2	N03 G91 M03 S460	N03 G00 X50 Z2
N04 G01 X15 (Z2)	N04 G01 X35	N04 G01 X15
N05 X15 Z－30	N05 X0 Z－32	N05 Z－30
N06 X25 Z－40	N06 X10 Z－10	N06 U10 Z－40
N07 X50 Z2	N07 X25 Z42	N07 X50 W42
N08 M30	N08 M30	N08 M30

⑦坐标系设定 G92

格式：G92 X_Z_

说明：X、Z 是对刀点到工件坐标系原点的有向距离。

当执行 G92 XαYβ 指令后，系统内部（α,β）进行记忆，并建立一个使刀具当前点坐标值为（α,β）的坐标系，系统控制刀具在此坐标系中按程序进行加工。执行该指令只建立一个坐标系，刀具并不产生运动。G92 指令为非模态指令。

执行该指令时，若刀具当前恰好在工件坐标系的 α 和 β 坐标值上，即刀具当前点在对刀点位置上，此时建立的坐标系即为工件坐标系，加工原点与程序原点重合。若刀具当前点不在工件坐标系的 α 和 β 值上，则加工原点与程序原点不一致，加工出的产品就有误差或报废，甚至出现危险。因此执行该指令时，刀具当前点必须恰好在对刀点上，即工件坐标系的 α 和 β 坐标值上。

由上可知要正确加工，加工原点与程序原点必须一致，故编程时加工原点与程序原点可考虑为同一点。实际操作时怎样使两点一致，由操作时对刀完成。

例如，图 12－23 所示坐标系的设定，当以工件左端面为工件原点时，应按下行建立工件坐标系。

G92 X180 Z254

当以工件右端面为工件原点时，应按下行建立工件坐标系。

G92 X180 Z44

显然，当 α、β 不同，或改变刀具位置时，即刀具当前点不在对刀点位置上，则加工原点与程序原点不一致，因此在执行程序段 G92 XαYβ 前，必须先对刀。

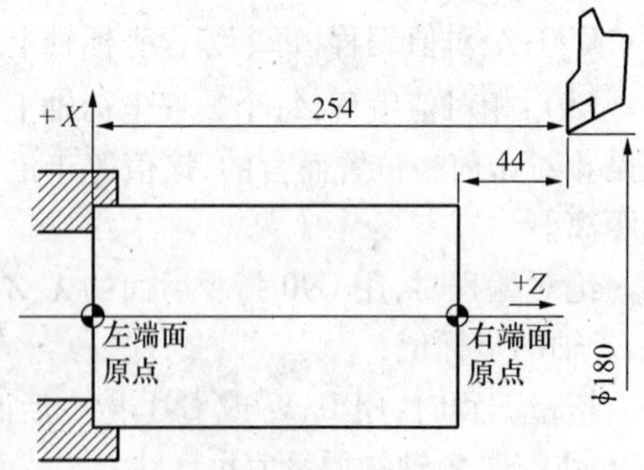

图 12－23　G92 设定坐标系

X、Z 值的确定，即确定对刀点在工件坐标系下的坐标值。其选择的一般原则为：

a. 方便数学计算和简化编程；

b. 容易找正对刀；

c. 便于加工检查；

d. 引起的加工误差小；

e. 不要与机床、工件发生碰撞；

f. 方便拆卸工件；

g. 空行程不要太长。

⑧进给速度单位的设定 G94、G95

格式：G94[F_]；

G95[F_]；

G94：每分钟进给；

G95：每转进给。

G94、G95 为模态功能，可相互注销，G94 为缺省值。

12.4.3 数控车床操作

1. 数控系统的标准面板

机床控制面板用于直接控制机床的动作或加工过程。如图 12－24 所示。

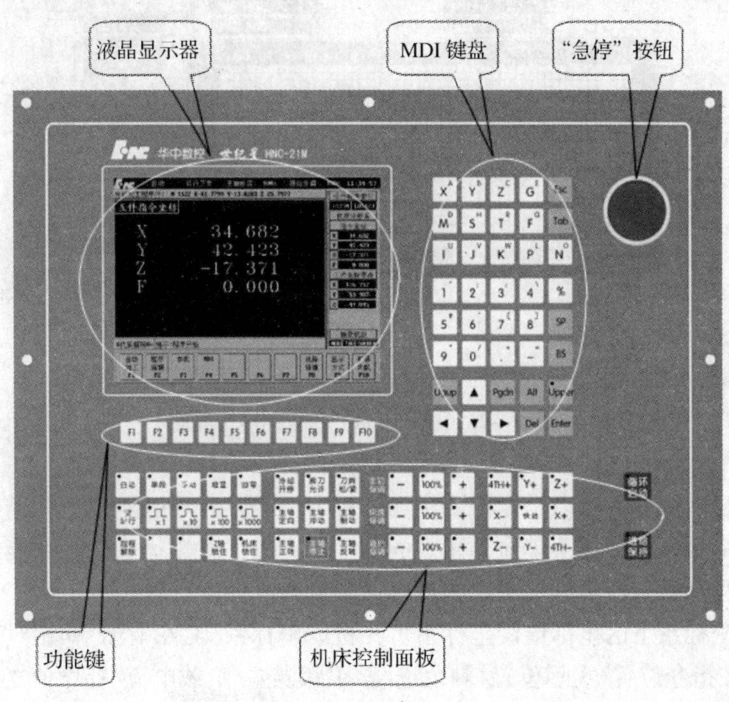

图 12－24　华中世纪星车床数控装置操作台

标准机床控制面板的大部分按键(除“急停”按钮外)位于操作台的下部。“急停”按钮位于操作台的右上角。

2. MPG 手持单元

MPG 手持单元由手摇脉冲发生器坐标轴选择开关组成，用于手摇方式增量进给坐标轴。MPG 手持单元的结构如图 12－25 所示。

图 12－25　MPG 手持单元结构

3. 软件操作界面

HNC－21T 的软件操作界面如图 12－26 所示，其界面由如下几个部分组成：

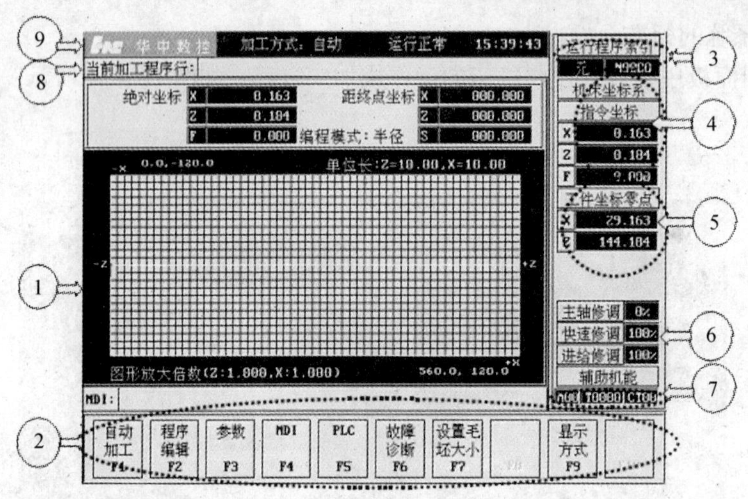

图 12－26　HNC－21T 的软件操作界面

(1) 图形显示窗口。可以根据需要用功能键 F9 设置窗口的显示。

(2) 菜单命令条。通过菜单命令条中的功能键 F1～F10 来完成系统功能的操作。

(3) 运行程序索引。自动加工中的程序名和当前程序段行号。

(4) 选定坐标系下的坐标值。坐标系可在机床坐标系/工件坐标系/相对坐标系之间切换；显示值可在指令位置/实际位置/剩余进给/跟踪误差/负载电流/补偿值之间切换。

(5) 工件坐标零点。工件坐标系零点在机床坐标系下的坐标。

(6) 辅助机能。自动加工中的 M、S、T 代码。

(7) 当前加工程序行。当前正在或将要加工的程序段。

(8) 当前加工方式、系统运行状态及当前时间。

工作方式：系统工作方式根据机床控制面板上相应按键的状态可在自动（运行）、单段（运行）、手动（运行）、增量（运行）、回零、急停、复位等之间切换；

运行状态：系统工作状态在“运行正常”和“出错”间切换。

(9) 机床坐标、剩余进给

机床坐标:刀具当前位置在机床坐标系下的坐标;

剩余进给:当前程序段的终点与实际位置之差。

(10) 直径/半径编程、公制/英制编程、每分进给/每转进给、快速修调、进给修调、主轴修调。

操作界面中最重要的一块是菜单命令条,系统功能的操作,主要通过菜单命令条中的功能键 F1 ~ F10 来完成。由于每个功能包括不同的操作,菜单采用层次结构,即在主菜单下选择一个菜单项后,数控装置会显示该功能下的子菜单,用户可根据该子菜单的内容选择所需的操作,如图 12 - 27 所示。

当要返回主菜单时按子菜单下的 F10 健即可。

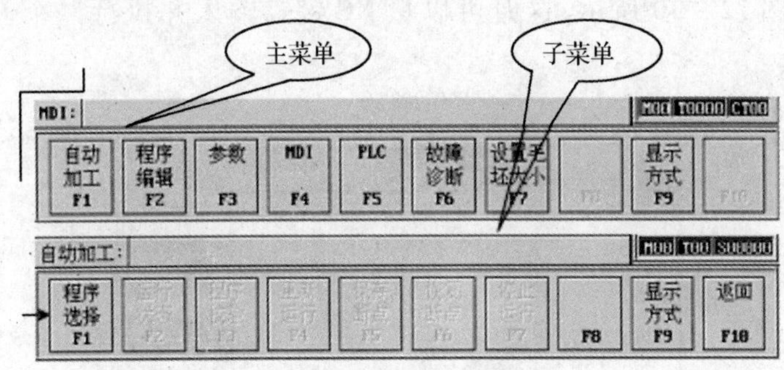

图 12 - 27　菜单层次

4. 回参考点操作

在程序运行前,必须先对机床进行参考点返回操作,以建立机床坐标系。方法如下:

(1) 选择机床上面的回零按钮;

(2) 按机床上面的" + X"或" - X"按钮,X 轴回到参考点后," + X"或" - X"按钮内的指示灯亮;

(3) X 轴回零后,按" + Z"或" - Z"使 Z 轴回参考点,所有轴回参考点后,即建立了机床坐标系。

机床手动操作主要由手持单元(如图 12 - 25 所示)和机床控制面板共同完成,机床控制面板如图 12 - 28 所示。

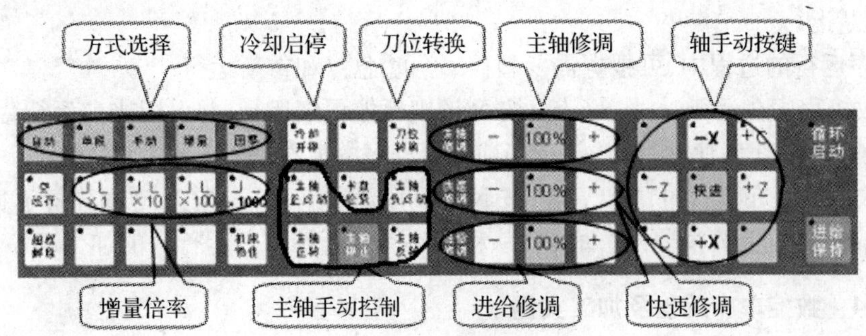

图 12 - 28　机床控制面板

5. 手动数据输入(MDI)运行(F4 ~ F6)

在系统主菜单下按 F4 键进入 MDI 功能子菜单,命令行与菜单条的显示如图 12 - 29 所示。

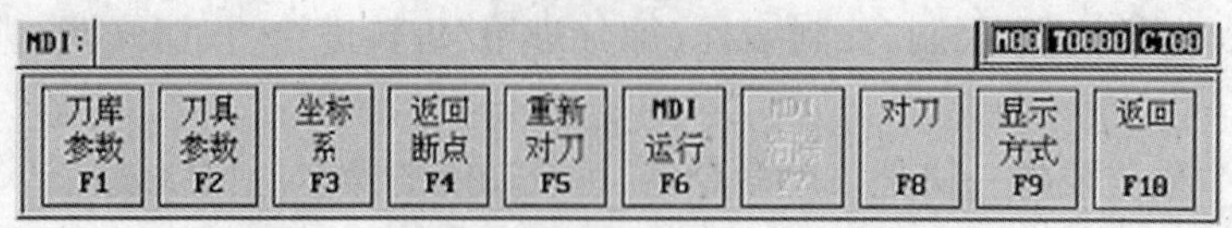

图 12 - 29　MDI 功能子菜单

在 MDI 功能子菜单下按 F6 进入 MDI 运行方式命令行的底色变成了白色,并且有光标在闪烁,如图 12 - 30 所示,这时可以从 NC 键盘输入并执行一个 G 代码指令,即 MDI 运行。

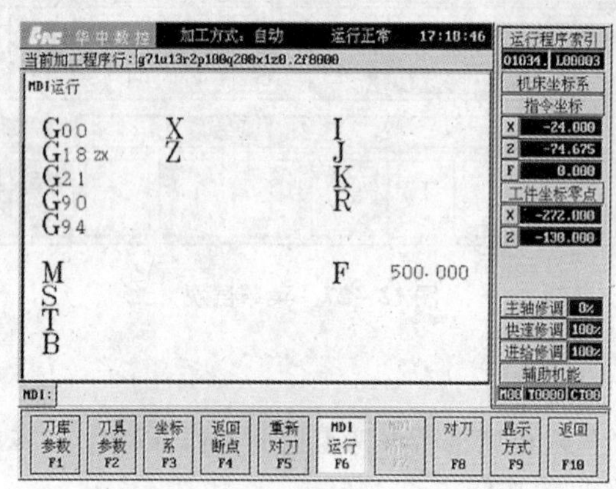

图 12 - 30　MDI 运行

6. 自动运行

(1) 先将机床归零;

(2) 在系统主菜单下按"F1"键进入自动加工子菜单,再按"F1"选择要运行的程序;

(3) 按"循环起动"按键(指示灯亮),自动加工开始。

7. 中断运行

在程序运行的过程中,可根据需要暂停、停止、急停和重新运行。

(1) 数控程序在运行时,按 F6 键,按 N 键则暂停程序运行,并保留当前运行程序的模态信息;按 Y 键则停止程序运行,并卸载当前运行程序的模态信息。

(2) 数控程序在运行时,按 F7 键,按 N 键则取消重新运行;按 Y 键则光标返回程序头,再按机床控制面板上的"循环起动"键,从程序头首行开始重新运行当前加工程序。

12.4.4　数控车床编程及加工实例

1. 零件及加工要求

在数控车床加工如图 12 - 31 所示零件。零件材料为 45 号钢,其中 $\phi 70$ 外圆不加工,用于零件夹持。要求完成:①粗、精车各表面;②切槽;③车螺纹。

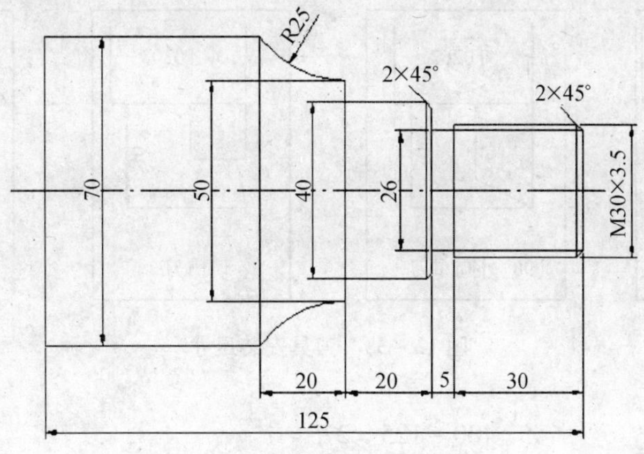

图 12-31　零件图

2. 准备工作

(1) 工件装夹方式及加工工艺路线的确定

以工件右端面及 ϕ70 外圆为安装基准，并取工件端面回转中心为工件坐标系零点。如图 12-32 所示为工件装夹及刀具布置示意图。其工艺路线如下：

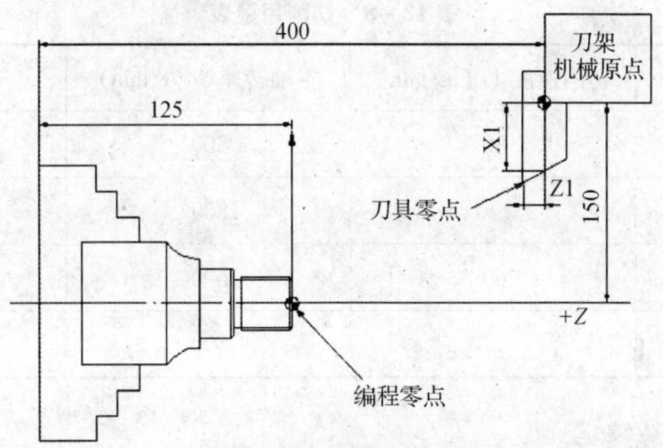

图 12-32　工件装夹及刀具布置示意图

①车端面→倒角→粗车 M30×3.5 螺纹外圆→ϕ40 外圆→ϕ50 端面→R25 圆弧面；

②精车 M30×3.5 螺纹外圆→ϕ40 外圆→ϕ50 端面→R25 圆弧面；

③车 ϕ26 处退刀槽；

④车 M30×3.5 螺纹。

(2) 刀具选择及刀具零点坐标设定

根据加工要求选 45°端面车刀、90°外圆车刀、切槽刀及 60°螺纹车刀各一把，其编号分别为 01、02、03、04。刀具材料采用硬质和金。刀具安装尺寸如图 12-33 所示。刀具零点坐标设定如下：

①01 号刀的坐标设定：$X = 2 \times (150 - 30) = 240$

$Z = 400 - 125 - 5 = 270$

②02 号刀的坐标设定：$X = 2 \times (150 - 30) = 240$

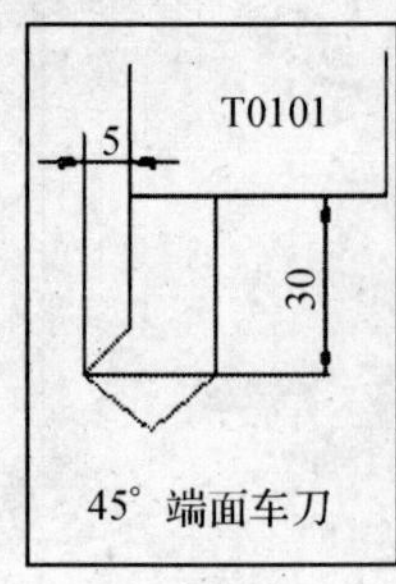

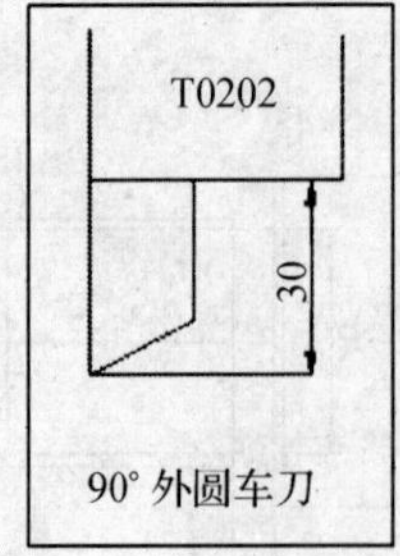

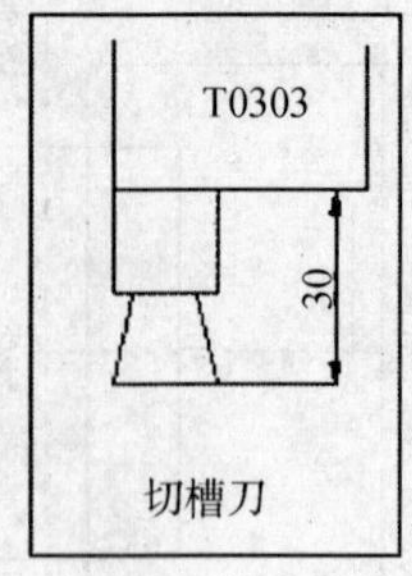

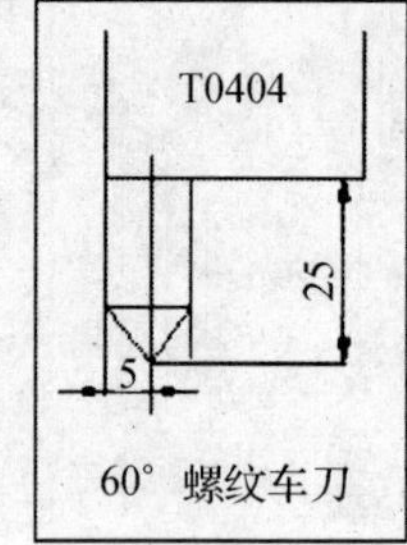

图 12－33　刀具安装尺寸

$$Z=400-125=275$$

③03 号刀的坐标设定：$X=2\times(150-25)=250$

$$Z=400-125=275$$

④04 号刀的坐标设定：$X=2\times(150-25)=250$

$$Z=400-125+5=280$$

(3) 切削用量的确定　各工序的切削用量参见表 12－8 所示。

表 12－8　切削用量表

加工内容	切削速度 V/(m/min)	主轴转速 S/(r/min)	进给量 F/(mm/r)
粗车	80	500	0.3
精车	120	800	0.15
车槽	60	600	0.1
车螺纹		500	

(4) 加工程序编制

零件加工程序号设为 01，加工程序如表 12－9 所示。

表 12－9　加工程序

程序内容	说　明
N1 G54 X240 Z270	建立工件坐标系
N2 M03 S800 T0101	主轴正转，调用 1 号刀及刀补
N3 G00 X80 Z0	快进至工件端面
N4 G01 X－1 F0.2	车端面，进给量 0.2 mm/r
N5 G01 X80 Z5	快速退刀
N6 G00 X240 Z270 T0100	快速回换刀点，取消刀补
N7 M05	主轴停
N8 T0202 M03 S500	换 2 号刀及刀补，主轴正
N9 G96 S80	主轴恒线速 80 m/min

表 12-9(续)

程序内容	说　明
N10 G00 X74 Z5	快速进至粗车循环起点
N11 G71 P12 Q19 U0.5 W0.2 F0.30	外圆粗车固定循环
N12 G00 X25 Z0.5	快速定位
N13 G01 X30 Z-2 F0.15	车第一个倒角
N14 Z-35	车螺纹外径
N15 X36	车 ϕ40 端面
N16 X40 Z-37	车第二个倒角
N17 Z-55	车 ϕ40 外圆
N18 X50	车 ϕ50 端面
N19 G02 X70 Z-75 R25	车 R25 圆弧
N20 G96 S120	精车恒线速 120 m/min
N21 G80 P12 Q19	精车固定循环
N22 G00 X240 Z270 T0200	回换刀点,消刀补
N23 M05	主轴停
N24 T0303 M03 S600	换 3 号刀及刀补,主轴正转
N25 G00 X50 Z-34	快速定位
N26 G75 X25 Z-35 I3 K1 F0.1	切槽循环
N27 G00 X240 Z270 T0300	回换刀点,取消刀补
N28 M01	主轴停
N29 T0404 M03 S500	换 4 号刀及刀补,主轴正转
N30 G00 X40 Z20	快速定位
N31 G76 X26.211 Z-33 K2.27 D1.1 F3.5 A60	螺纹切削循环
N32 G00 X240 Z270 T0400	回换刀点,取消刀补
N33 M05	主轴停
N34 M30	程序结束

3. 操作步骤及内容

在进行零件加工准备工作之后,就可以用数控车床进行加工了。具体操作如下所述。

(1) 机床的开机

机床在开机前,应先进行机床的开机前检查。一切没有问题之后,先打开机床总电源,完后打开控制系统电源。在显示屏上应出现机床的初始位置坐标。检查操作面板上的各指示灯是否正常,各按钮、开关是否处于正确位置;显示屏上是否有报警显示,若有问题应及时予以处理;液压装置的压力表是否在所要求的范围内。若一切正常,就可以进行下面的操作。

(2) 回零操作

开机正常之后,机床应首先进行手动回零操作。将主功能键设在“回零”位置,按下回零操作键,进行手动回零。先按下 +Z 键,再按下 +X 键,刀架回到机床的机械零点,显示屏上出现零点标志,表示机床已回到机床零点位置。

(3) 加工程序输入

按下主功能的程序键,进入加工程序编辑。在此状态下可通过手动数据输入方式将加工程序输入机床,可对程序进行编辑和修改。

将 01 程序输入数控系统。

(4) 工件装夹

将已准备好的棒料毛坯放入卡盘,使用扳手夹住工件,检查工件是否夹紧。

(5) 刀具参数设置(对刀)

按下主功能的补偿键(如 OFFSET),进入参数设置状态,根据工件装夹及工件坐标系图 12-32 和刀具安装图 12-33 所示,将所用各把刀具的刀偏量 X、Z 输入刀具的参数数据库里面。具体刀偏量如下:

①01 的 01 号刀偏量: $X=240$ $Z=270$

②02 的 02 号刀偏量: $X=240$ $Z=275$

③03 的 03 号刀偏量: $X=250$ $Z=275$

④04 的 04 号刀偏量: $X=250$ $Z=280$

(6) 零点偏置设定

对于加工批量零件,由于工件毛坯长度不同,安装后其伸出卡爪长度不同,应进行零点偏置(G54、G55 等)设定。这里是第一件加工,零点偏置为零。

(7) 程序试运行

修改工件坐标系参数,将刀架移动到安全位置后执行程序,进一步检查程序编制、刀具安装、对刀的正确性。程序如顺利运行,才可进行工件自动加工。

(8) 自动加工

在以上操作完成后,可进行自动加工,加工步骤如下:

①选择主功能的自动执行状态;

②选择要执行的零件程序 01;

③显示工件坐标系;

④按下数控启动键(如 START);

⑤在自动加工中如遇突发事件,应立即按下急停按钮。

(9) 加工完毕,取下工件,清洁机床。

12.5 数控铣床加工

12.5.1 数控铣床简介

数控铣床是出现和使用最早的数控机床,在各种数控机床中,数控铣床和加工中心所占的比重最大,应用也最广泛,在航天航空、军工、汽车制造、模具制造以及一般机械加工中得到广泛的应用。

1. 数控铣床的类型与特点

数控铣床可分为数控立式铣床、数控卧式铣床和数控龙门铣床等。

(1) 数控立式铣床

数控立式铣床的主轴与机床工作台面垂直,工件可方便地安装在机床的工作台上,加工时便于观察,但不便于排屑。一般采用固定式立柱结构,为保证机床的刚性,主轴中心线距离立柱导轨面的距离不能太大,这种结构主要用于中小尺寸的数控铣床。

(2) 数控卧式铣床

数控卧式铣床的主轴与机床的工作台面平行,加工时不便观察,但排屑畅通。一般配有数控回转工作台,便于加工零件的不同侧面。单一的数控卧式铣床比较少,大多配有自动换刀装置(ATC)后成为卧式加工中心。

(3) 数控龙门铣床

对于大多数的数控铣床,一般采用对称的双立柱结构保证机床的整体刚性和强度。数控龙门铣床有工作台移动式和龙门架式两种形式。它适用于加工飞机整体结构件零件、大型箱体零件和大型模具等。

2. 数控铣床的主要加工对象

数控铣床是机械加工中最常用和最重要的加工方法之一。通过手动换刀,数控铣床可以对工件进行钻、扩、铰、锪和镗削加工与攻丝等。但它主要还是被用来对工件进行铣削加工,适用于加工各种材料如黑色金属、有色金属及非金属的多品种小批量平面轮廓零件、空间曲面零件、孔加工及螺纹加工等。

(1) 平面轮廓零件

加工面平行、垂直于水平面或其加工面与水平面的夹角为定角的零件称为平面类零件,这类零件的加工面是平面或可以展开为平面,如各种复杂曲线的凸轮、样板、弧形槽、各种盖板及飞机整体结构中的框、肋等。

(2) 曲面类(立体类)零件

加工面为空间曲面的零件称为立体曲面类零件,这类零件的加工面为不能展开为平面的空间曲面,在各类模具中比较常见。一般使用球头铣刀切削,加工面与铣刀始终为点接触,如若采用其他刀具加工,易产生干涉而铣伤邻近表面。加工立体曲面类零件一般使用三坐标数控铣床,采用以下两种加工方法。

①行切加工法　采用三坐标数控铣床进行二轴半坐标控制加工,即行切加工法,如图 12-34 所示。

②三坐标联动加工　采用三坐标数控铣床三轴联动加工,即进行空间直线插补,如图 12-35 所示。

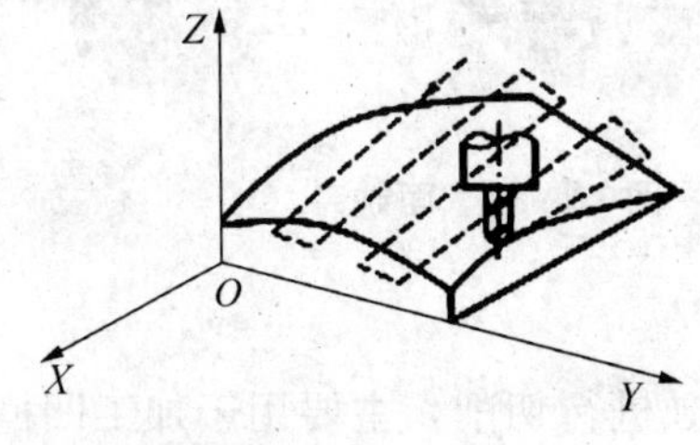

图 12-34　行切法加工

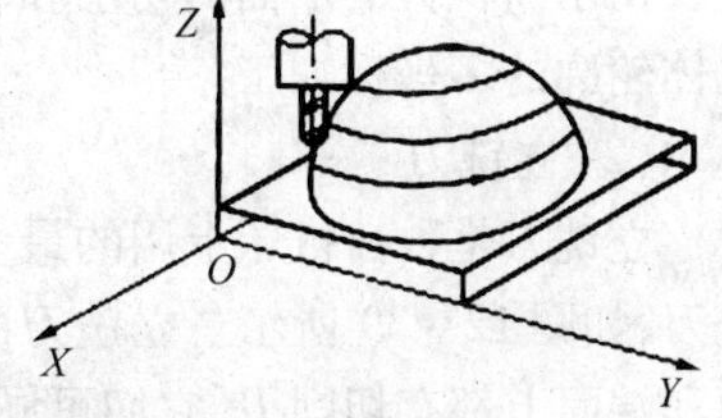

图 12-35　三坐标联动加工

(3) 变斜角类零件

加工面与水平面的夹角呈连续变化的零件称为变斜角类零件。如飞机上的整体梁、框、缘条与肋等,此外还有检验夹具与装配型架等,如图 12 - 36 所示。

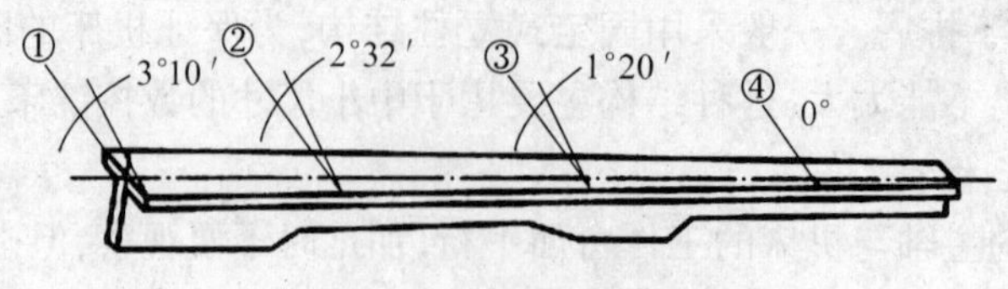

图 12 - 36　变斜角类零件

12.5.2　数控铣削加工

1. 数控铣床刀具

数控铣床铣削加工选择数控刀具应考虑如下几方面因素,如图 12 - 37 所示。

图 12 - 37　加工形状与刀具的选择

(1) 被加工工件材料的类别。常用材料有有色金属、黑色金属和非金属等不同材料。

(2) 被加工工件材料的性能。包括硬度、韧性、组织状态等。

(3) 切削工艺的类别。有钻、铣、镗;粗加工、半精加工、精加工、超精加工。

(4) 被加工工件的几何形状、刀具的切入和退出角度、零件的精度(尺寸公差、形位公差、表面粗糙度)和加工余量等因素。

(5) 要求刀具能够承受的切削用量(切削深度、进给量、切削速度)。

(6) 被加工工件的生产批量,它能直接影响到刀具的寿命。

2. 铣刀类型与工艺特点

(1) 端铣刀

如图 12 - 38 所示,端铣刀圆周方向切削刃为主切削刃,端部切削刃为副切削刃,主要用于面积大的平面的切削和较平坦的立体轮廓的多坐标加工。

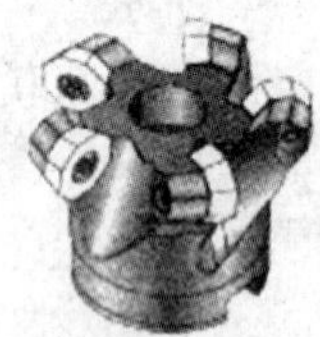

图 12 - 38　面铣刀

(2) 立铣刀

立铣刀是数控机床上用的最多的一种铣刀,如图 12 - 39 所示。立铣刀的圆柱表面和端面上都有切削刃,它们可同时进行切削,也可以单独进行切削。主要用于加工凹槽、台阶面等。

(3) 键槽铣刀

键槽铣刀如图 12 - 40 所示,它一般只有两个刀齿,圆柱表面和端面都有切削刃,端面刃延伸至中心,既像立铣刀,又像钻头,因此可以轴向进给。

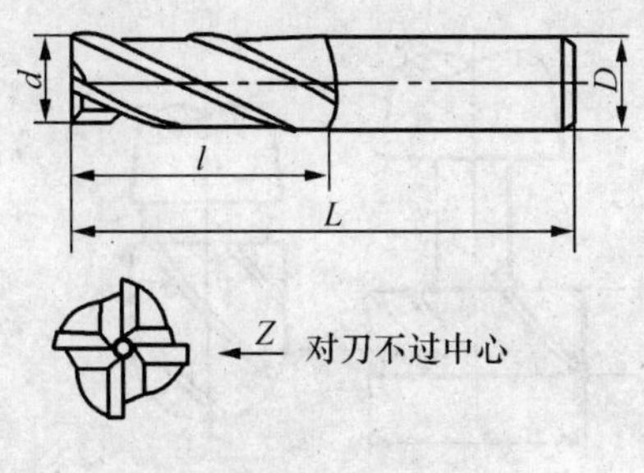

图 12－39　立铣刀

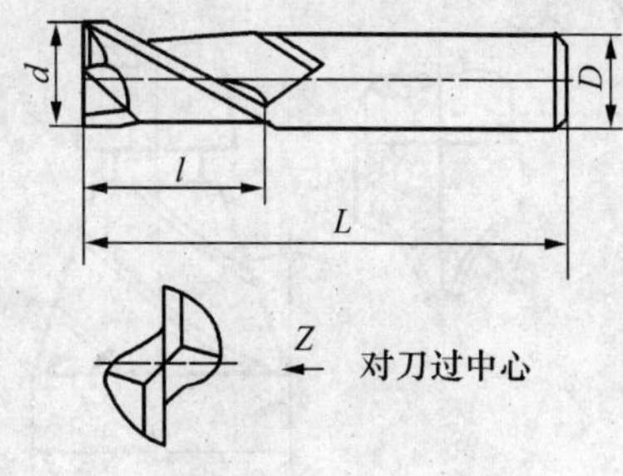

图 12－40　键槽铣刀

（4）模具铣刀

模具铣刀由立铣刀发展而来，可分为圆锥形立铣刀、圆柱形球头立铣刀和圆锥形球头立铣刀三种，，其柄部有直柄、削平型直柄和莫氏锥柄。它的结构特点是球头或端面上布满了切削刃，圆周刃与球头刃圆弧连接，可以作径向和轴向进给，主要用于加工模具型腔和凸模成型表面，如图 12－41 所示。

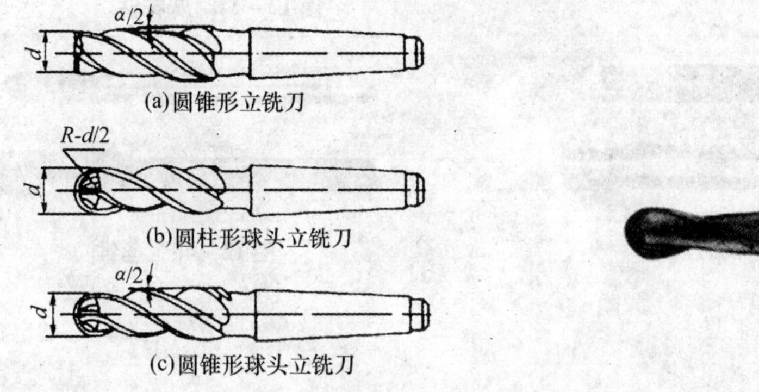

图 12－41　模具铣刀

（5）鼓形铣刀

如图 12－42 所示为典型的鼓形铣刀，它的切削刃分布在半径为 R 的圆弧面上，端面无切削刃。加工时控制刀具的上下位置，可以在工件上切削出从负到正的不同斜角。

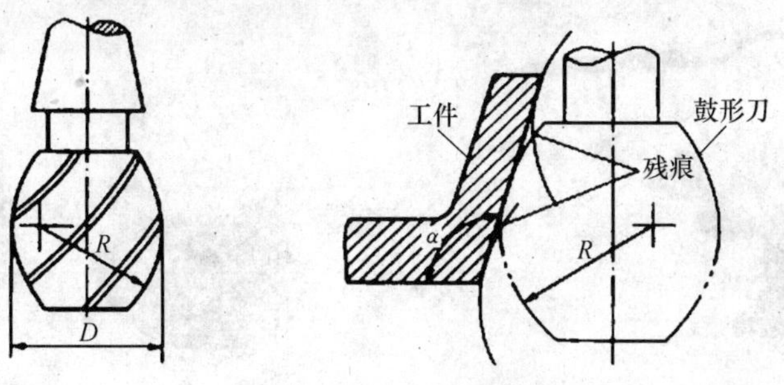

图 12－42　鼓形铣刀

（6）成形铣刀

成形铣刀一般是为特定形状的工件或加工内容专门设计制造的，常见的成形铣刀如图 12－43 所示。

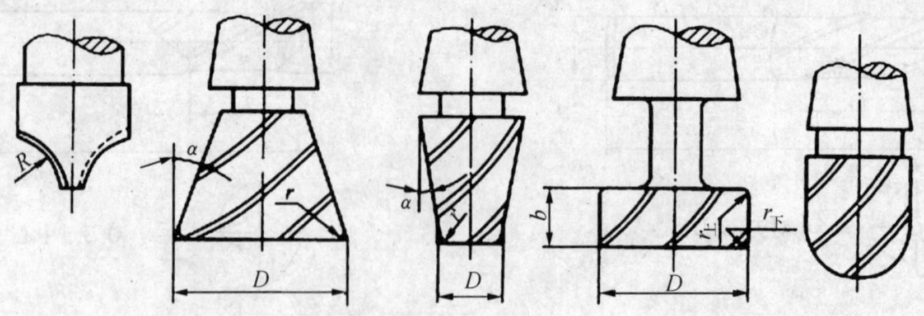

图 12－43　成形铣刀

除了以上介绍的各种铣削刀具外，还有几种孔加工刀具，它们是钻头（如图 12－44 所示）、铰刀（如图 12－45 所示）、螺纹加工刀具（如图 12－46 所示）。

图 12－44　麻花钻

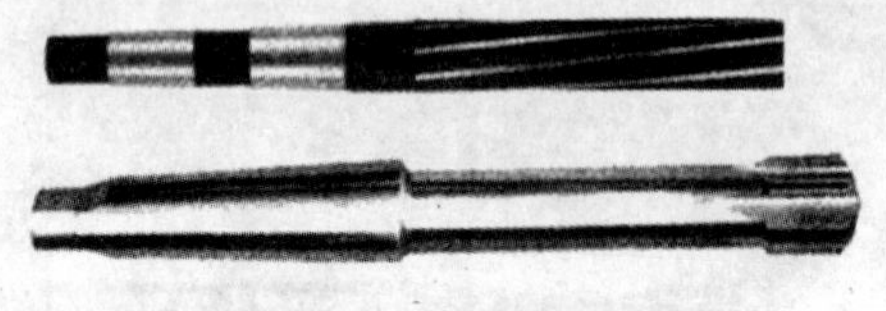

图 12－45　铰刀

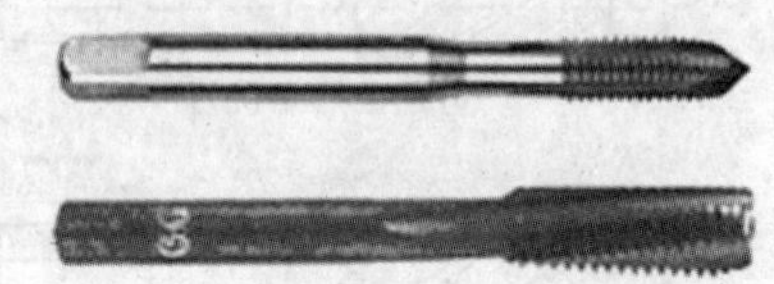

图 12－46　丝锥

3. 数控铣削加工常用工具

（1）卸刀器

卸刀器也叫锁刀座，是装卸数控铣床和加工中心刀具的工具，如图 12－47 所示。

（2）*Z* 轴设定器

利用 *Z* 轴设定器可以进行 *Z* 向对刀。*Z* 轴设定器有光电式和指针式等类型，如图12－48 所示。

图 12－47　卸刀器

图 12－48　Z 轴设定器

（3）寻边器

如图 12－49 所示，寻边器用于工件的 *X*、*Y* 方向对刀。

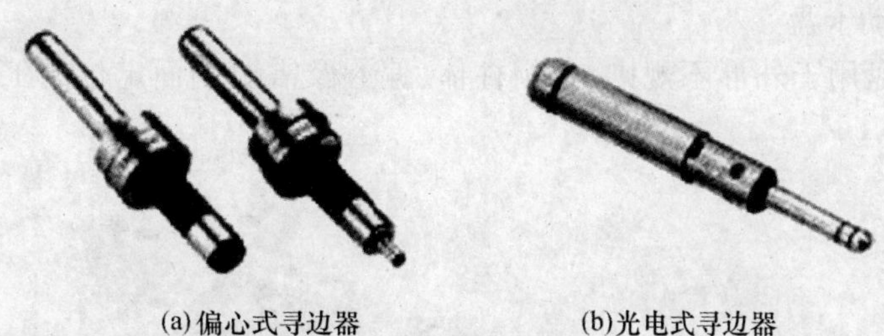

图 12－49　寻边器

（4）对刀仪

机外对刀仪用来测量刀具的长度、直径和刀具形状、角度。可避免式切法对刀和使用对刀工具对刀时产生的误差，大大提高对刀精度，如图 12－50 所示。

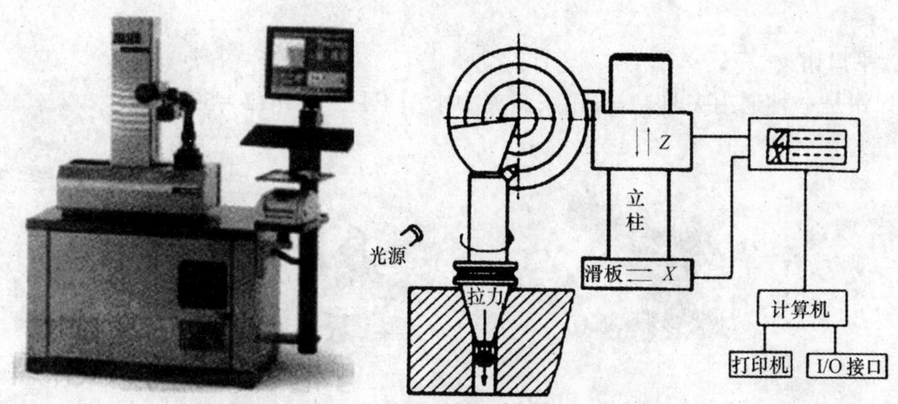

图 12－50　对刀仪及对刀原理示意图

4. 数控铣床常用夹具

作为机床夹具，首先要满足机械加工时对工件的装夹要求，常用机床夹具如下：

（1）三爪自动定心卡盘

三爪自动定心卡盘是一种常用的自动定心夹具，适用于装夹轴类、盘套类零件，如图 12－51所示。

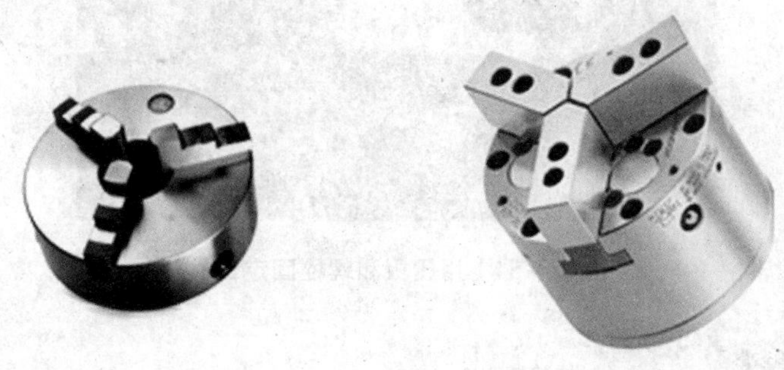

图 12－51　三爪自动定心卡盘

(2) 四爪单动卡盘

四爪单动卡盘用于外形不规则、非圆柱体、偏心及需要端面定位的工件的装夹，如图 12－52所示。

图 12－52　四爪单动卡盘

(3) 平口钳

平口钳是一种通用夹具，一般用来装夹中小型工具，如图 12－53 所示。

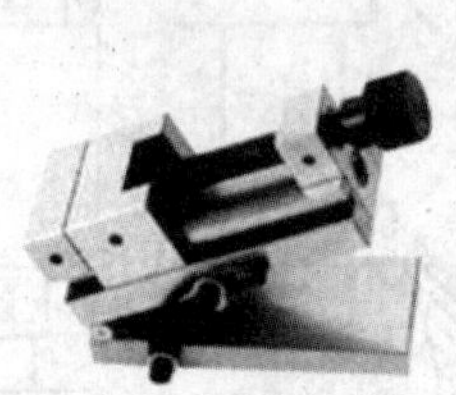

图 12－53　平口钳

(4) 通用组合夹具

通用组合夹具包括压板和螺栓，对于较大工件或某些不宜用平口钳装夹的工件可直接用压板和螺栓将其固定在工作台上，如图 12－54 所示。

图 12－54　用压板和螺栓固定工件

(5) 万能分度头

万能分度头是数控铣床上的主要附件之一，利用分度刻度环和游标，定位销和分度盘以及交换齿轮，能将装卡在顶尖间或卡盘上的工件分成任意角度，可将圆周分成任意等分，辅助机床利用各种形状的刀具进行各种沟槽、正齿轮、螺旋正齿轮、阿基米德螺线凸轮等的加工工作。如图 12－55 所示。

(6) 数控分度盘

如图 12－56 所示,数控分度盘可以使数控铣床增加一个或两个回转坐标,通过数控系统实现 4 坐标或 5 坐标联动,从而有效地扩大工艺范围,加工更为复杂的工件。

图 12－55　万能分度头

图 12－56　数控分度盘

12.5.3　数控铣削加工的程序编制

1. 数控铣削编程原理

数控加工程序编制实质上是将数控加工的工艺方案用另一种形式来进行表达,而这种形式及其包含的信息是数控机床可以接受和使用的。在数控铣削加工时,数控铣床控制的是主轴中心即刀具中心的空间位置和运动轨迹,这些是构成数控加工程序的主要内容,当然还包括与机床其他动作有关的信息。

以平面轮廓零件的加工为例来说明数控铣削编程的基本原理。

如图 12－57 所示,当数控铣床对其外形进行加工时,无论铣刀的实际直径尺寸是多少,其刀具的中心运动轨迹是零件轮廓的等距线,因此只要根据轮廓尺寸和刀具的直径尺寸就可以计算出等距线。只是根据组成零件的几何要素的不同,计算的难易程度也不一样。因为数控系统具有刀具补偿功能,只要给出零件轮廓上各几何要素的交点或切点的坐标及刀具的直径,数控系统就可以自动计算出刀具中心运动轨迹上各个点的坐标位置,从而完成零件轮廓的加工。

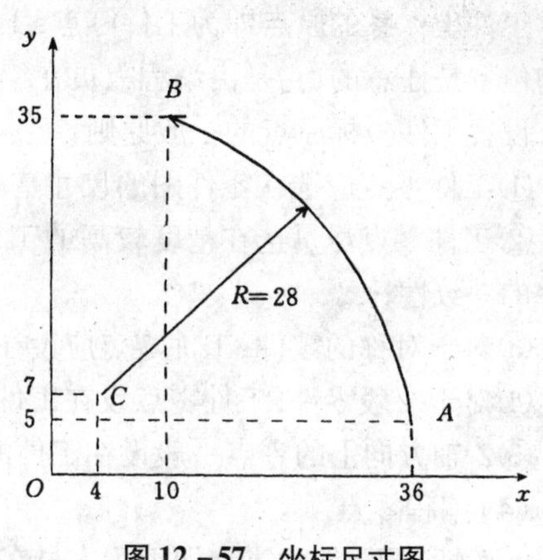

图 12－57　坐标尺寸图

实际上,数控铣削编程就是按照数控系统规定的格式和代码要求,根据事先设计好的走刀路线,将刀具中心运动轨迹上或零件轮廓上各点的坐标编写成数控加工程序。数控加工程序就是数控加工的工艺方案,而不仅仅是一些数字、字母或符号的组合。对于各种曲面的加工,就需要确定刀具的空间坐标位置,计算比较复杂,而且数据量大,但原理相同。

2. 数控铣床坐标系和程序零点

(1) 数控铣床坐标系与机床原点

数控铣床是用来加工零件的平面、内外轮廓、孔、攻螺纹等工序,并可通过两轴联动加工零件的平面轮廓。通过两轴半控制、三轴或多轴联动来加工空间曲面零件。为了在加工零件中确定工件在机床中的位置,必须建立机床坐标系。机床坐标系是机床本身固有的,它的原点称为机械零点,是一个固定的点,由生产厂家在设计机床时确定。

(2) 机床参考点

为了正确建立机床坐标系,通常设置一个机床参考点作为测量起点,它是机床坐标系中一个固定不变的点,该点就是机床的参考点,如图12-58 所示。

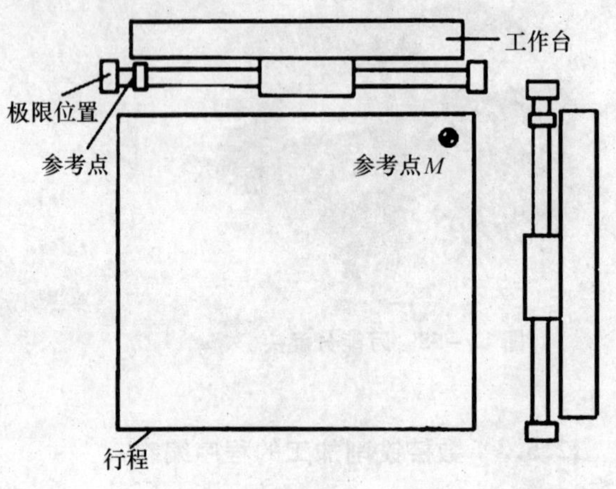

图 12-58　机床参考点

机床参考点可以和机床零点重合,也可以不重合。当参考点与和机床零点重合时,回参考点的操作也叫回零操作。当机床开机后,应首先回参考点(或称回零)以便建立机床坐标系。当电源关断后便失去记忆,因此每次开机必须重新回参考点。如果没有回参考点操作,机床会产生意想不到的运动而发生危险。

(3) 工件坐标系

工件坐标系是用来确定工件几何形体上各要素的位置而设置的坐标系,也称编程坐标系。工件坐标系的原点即为工件零点,工件坐标系原点的确定是通过对刀实现的。工件零点的位置是任意的,它是由编程人员在编制程序时根据零件的特点选定的。

设置工件坐标原点的一般原则:

①工件零点应选在零件图的尺寸基准上,这样便于坐标值的计算,减少计算工作量;

②工件零点尽量选在精度较高的工件表面,以提高被加工零件的加工精度,和同一批零件的一致性;

③对于对称的零件,工件零点应设在对称中心上;

④对于一般零件,工件零点设在工件外轮廓的某一角上;

⑤Z 轴方向上的零点一般设在工件的上表面。

(4) 编程零点

一般情况下,编程零点即编程人员在计算坐标值时的起点,编程人员在编制程序时不考虑工件在机床上的安装位置,它只是根据零件的特点和尺寸来编程,因此,对于一般零件来讲,工件零点即为编程零点。

3. 坐标系设定(介绍华中数控 HNC—21/22 系统)

(1) 数控机床的对刀

对所选择的刀具,在使用前都需对刀具尺寸进行严格的测量以获得精确数据,并由操作者将这些数据输入数据系统,经程序调用而完成加工过程,从而加工出合格的工件。

建立工件坐标系的过程称为对刀,即确定程序原点在机床坐标系中的位置。零件加工程序执行 G92 指令的起刀点称为对刀点,它与程序原点之间有固定的坐标关系。对刀点可与程序原点重合,也可在任何便于对刀之处。

(2) 用 G92 设定工件坐标系的方法

格式为 G92 X_Y_Z_,这里 X、Y、Z 是设定的工件坐标系原点到刀具起点的有向距离。G92 指令通过设定刀具起点(对刀点)与坐标系原点的相对位置建立工件坐标系。工件坐标系一旦建立,后续的绝对值编程时的指令值就是在此坐标系中的坐标值。G92 指令是规定工件坐标系原点的指令,坐标值 *X*、*Y*、*Z* 为刀具刀位点在工件坐标系中(相对于程序零点)的初始位置。执行 *G*92 指令时,机床不动作,即 *X*、*Y*、*Z* 轴均不移动。

例如:使用 G92 指令,建立如图12-59所示的工件坐标系。

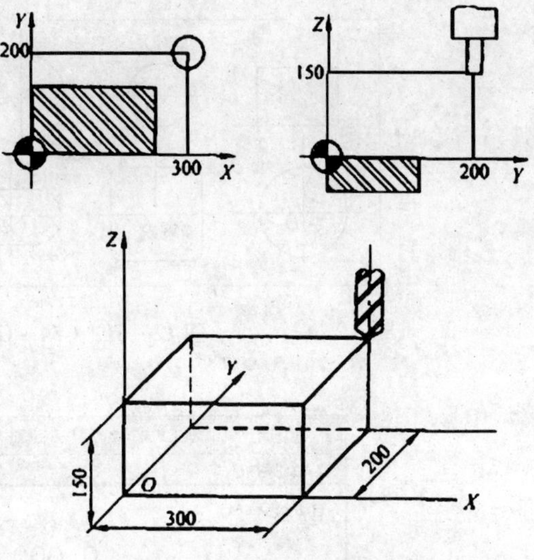

图 12-59 设定工件坐标系

G92 X300 Y200 Z150

说明:设定刀具起点距离工件坐标系原点,该点位置为(300,200,150);此程序段只建立工件坐标系,刀具并不产生运动;刀尖与程序起刀点重合。G92 指令为非模态指令,一般放在一个零件程序的第一段。

(3) 用 G54~G59 选择工件坐标系的方法

格式为 G54~G59 X_Y_Z_,G54~G59 在数控系统面板上可预定 6 个工件坐标系,它们之间的关系如图 12-60 所示。

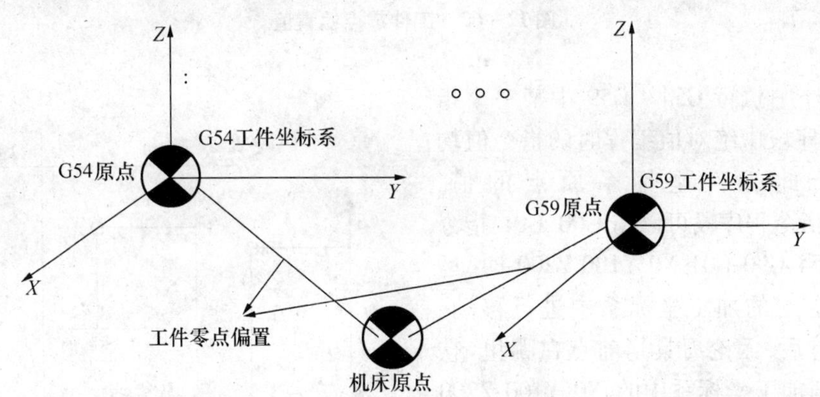

图 12-60 工件坐标系选择(G54~G59)

使用 G54~G59 建立工件坐标系时,该指令可单独指定,也可与其他指令同段指定。使用该指令前,先用 MDI 方式输入该坐标系原点在机床坐标系中的坐标值,使用 G54 指令在开机前,必须回一次参考点(即回零操作),已保证位置的精确。

例如:如图 12-61 所示,根据需要任意选取。这 6 个预定工件坐标系的原点在机床坐标系中的值(工件零点偏置值),如图 12-62 所示,用 MDI 方式预先输入在“坐标系”功能表中,系统自动记忆。如将 A 点的坐标值输入至 G54 中,按“确定”后,系统自动记忆。

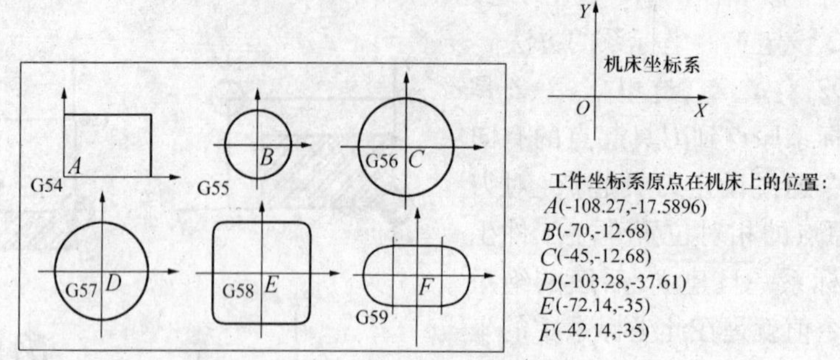

图 12-61　G54～G59 选择工件坐标系

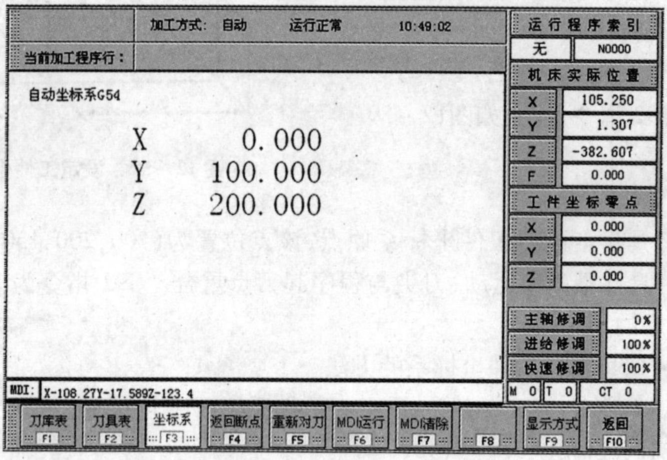

图 12-62　工件零点偏置值

当程序中执行 G54～G59 中某一个指令,后续程序段中绝对值编程时的指令值均为相对于此工件坐标系原点的值。G54～G59指令程序段可以和 G00、G01 指令组合,如 G54 G90 G01 X0 Y100 Z200 时,运动部件在选定的加工坐标系中进行移动。程序段运行后,无论刀具当前点在哪里,它都会移动到加工坐标系中的 X0 Y100 Z200 点上。

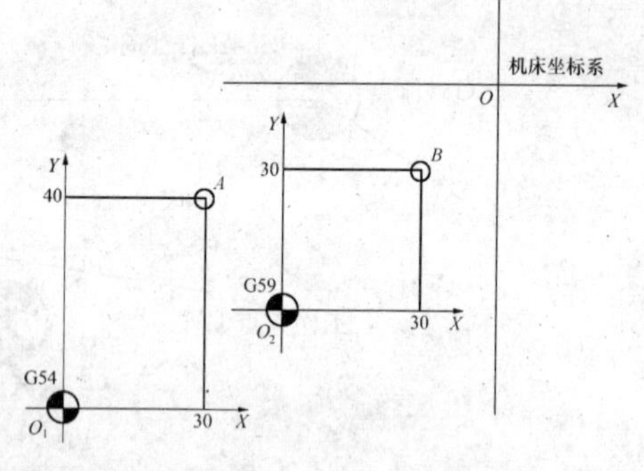

图 12-63　G54～G59 零点偏置

例如:如图 12-63 所示,用 G54 和 G59 选择工件坐标系指令编程:要求刀具从当前点(任一点)移动到 A 点,再从 A 点移动到 B 点。

% 1000

N01 G54　　　　选择工件坐标系,原点为 O_1

N02 G00 G90 X30 Y40　　　　当前点→A

N03 G59　　　　　　　　选择工件坐标系原点为 O_2

N04 G00 X30 Y30　　　　移动，$A \rightarrow B$

N05 M03　　　　　　　　主轴正转

使用 G54 ~ G59 该组指令前，先用 MDI 方式输入各坐标系的坐标原点在机床坐标系中的坐标值。通过 MDI 在设置参数方式下设定工件坐标系的，一旦设定，加工原点在机床坐标系中的位置是不变的，它与刀具的当前位置无关，除非再通过 MDI 方式修改。

G92 指令与 G54 ~ G59 指令都是用于设定工件坐标系的，但在使用中是有区别的。G92 指令是通过程序来设定、选用工件坐标系的，它所设定的工件坐标系原点与当前刀具所在的位置有关，这一加工原点在机床坐标系中的位置是随当前刀具位置的不同而改变的。

12.6　数控加工中心

12.6.1　加工中心简介

一般把带刀库和自动换刀装置（Automatic Tool Changer，简称 ATC）的数控镗铣床称为加工中心。

加工中心是目前世界上产量最高、应用最广泛的数控机床之一。它的综合加工能力较强，工件一次装夹后能完成较多的加工内容，加工精度较高，就中等加工难度的批量工件，其效率是普通设备的 5 ~ 10 倍，特别是它能完成许多普通设备不能完成的加工，对形状较复杂，精度要求较高的单件加工或中小批量多品种生产更为适用。因此，它是从一个方面判断企业技术能力和工艺水平高低的标志。

加工中心适用于零件形状比较复杂、精度要求较高、产品更换频繁的中小批量生产。

12.6.2　加工中心的分类与结构特点

1. 按机床形态分类

（1）立式加工中心　其主轴中心线为垂直状态设置，有固定立柱式和移动立柱式等两种结构形态，多采用固定式立柱式结构。它适合加工高度方向相对较小板类、盘类、模具及小型壳体类复杂零件。

（2）卧式加工中心　其主轴中心线为水平状态设置卧式加工中心适合加工箱体类零件，多采用移动式立柱结构，通常都带有可进行回转运动的正方形分度工作台，一般具有3 ~ 5 个运动坐标，常见的是三个直线运动坐标加一个回转坐标（回转工作台），它能够使工件在一次装夹后完成除安装面和顶面以外的其余四个面的加工。

（3）龙门加工中心　其形状与龙门铣床相似，主轴多为垂直放置，除自动换刀装置以外，还带有可更换的主轴头附件，数控装置的软件功能也比较齐全，能够一机多用，尤其适用于大型或形状复杂的工件，如汽车模具、飞机的梁、框、壁板等整体结构件。

2. 按运动坐标数和同时控制的坐标数分类

加工中心可分为三轴两联动、三轴三联动、四轴三联动、五轴四联动、六轴五联动等。

3. 按工作台数量和功能分类

加工中心可分为单工作台加工中心、双工作台加工中心和多工作台加工中心。

12.6.3 加工中心的主要功能

加工中心是一种功能比较齐全的数控机床,具有多种工艺手段,加工中心的刀库存放着不同数量的各种刀具或检具,在加工过程中由程序控制自动选用和更换。这是它与数控机铣床、数控镗床的主要区别。

加工中心与同类数控机床相比,结构简单,控制系统功能较多,加工中心最少有三个运动坐标,多的达十几个;其控制功能最少可实现三轴联动控制,多的可实现五轴联动、六轴联动,可使刀具进行更复杂的运动;具有直线插补、圆弧插补功能,有些还具有螺旋线插补和NURBS曲线插补功能。

加工中心还具有不同的辅助功能,各种加工固定循环,中心冷却,自动对刀,刀具破损检测报警,刀具寿命管理,过载、超行程自动保护,丝杠螺距误差补偿,丝杠间隙补偿,故障自动诊断,工件与加工图形显示,人机对话,工件在线检测和加工自动补偿,离线编程等,这对于提高机床的加工效率,保证产品的加工精度和质量都是普通加工设备无法相比的。

12.6.4 加工中心的主要对象

加工中心适用于复杂、工序多、精度要求较高、需用多种类型普通机床和繁多刀具、工装,经过多次装夹和调试才能完成加工的零件。其主要加工对象有以下四类。

1. 箱体类零件

箱体类零件一般是指具有多个孔系,内部有型腔或空腔,在长、宽、高方向有一定比例的零件。这类零件在机床、汽车、飞机等行业较多,如汽车的发动机缸体,变速箱体,机床的床头箱、主轴箱,柴油机缸体,齿轮泵壳体等,如图12-64所示。

2. 复杂曲面

同数控铣床一样,加工中心也适合加工复杂曲面,如飞机、汽车零件型面、叶轮、螺旋桨、各种曲面成型模具等,如图12-65所示。

图12-64 箱体类零件

图12-65 复杂曲面

就加工的可能性而言,在不出现加工过切或加工盲区时,复杂曲面一般可以采用球头铣刀进行三坐标联动加工,加工精度高,但效率较低。如果工件存在加工过切或加工盲区,如整体叶轮等,就必须考虑采用四坐标或五坐标联动机床。

3. 异形件

异形件事外形不规则的零件,大多数需要进行点、线、面多工位混合加工,如支架、基座、样板、靠模等。异形件的刚性一般较差,夹压及切屑变形难以控制,加工精度也难以保证。这时可充分发挥加工中心工序集中的特点,采用合理的工艺措施,一次或两次装夹,完成多道工序或全部的加工内容，如图 12 – 66 所示。

经验表明，加工异形件时，形状越复杂，精度要求越高，使用加工中心就越能显示其优势。

4. 盘、套、板类零件

带有键槽或径向孔，或端面有分布孔系以及有曲面的盘套或轴类零件，如带法兰的轴套、带有键槽或方头的轴类零件等；具有较多孔加工的板类零件，如各种电机盖等，如图 12 – 67所示。

图 12 – 66　异形类零件

图 12 – 67　盘类零件

12.6.5　加工中心程序编制

1. 加工中心的编程

数控铣床与加工中心在数控机床中所占的比重较大，应用也最广泛。数控铣床与加工中心的主要区别在于数控加工中心是带有刀库和自动换刀装置的。因此，数控加工中心的编程方法，除换刀程序外，其他均与普通数控铣床相同。

2. 换刀程序的编制

不同的加工中心，其换刀程序是不同的，通常选刀和换刀分开进行。换刀完毕启动主轴后，方可执行后面的程序段。选刀可与机床加工重合起来，即利用切屑时间选刀。多数加工中心都规定了换刀点位置。主轴只有运动到这个位置，机械手或刀库才能执行换刀动作。一般立式加工中心规定的换刀位置在机床 Z 轴零点处，卧式加工中心规定在机床 Y 轴零点处。

编制换刀程序一般有两种办法。

方法一：……

```
N10  G91  G28  Z0  T02
N11  M06
……
```

即一把刀具加工结束，主轴返回机床原点后准停，然后刀库旋转，将需要更换的刀具停在换刀位置，接着进行换刀，再开始加工。选刀和换刀先后进行，机床有一定的等待时间。

方法二：……

```
N10  G01  X – Y – Z – T02
……
N17  G91  G28  Z0  M06
N18  G01  X – Y – Z – T03
……
```

当主轴返回换刀点后立刻换刀，因此整个换刀过程所用的时间比第一种要短一些。在单机作业时，可以不考虑这两种换刀方法的区别，而在柔性生产线上则有实际的作用。

12.5.6 加工中心刀具

1. 加工中心刀柄与刀具安装关系

刀柄是机床主轴和道具之间的连接工具，是加工中心必备的附具。刀柄与机床上的主轴孔相对应，已经标准化和系列化。如图 12－68 所示为加工中心刀柄与刀具的安装关系。

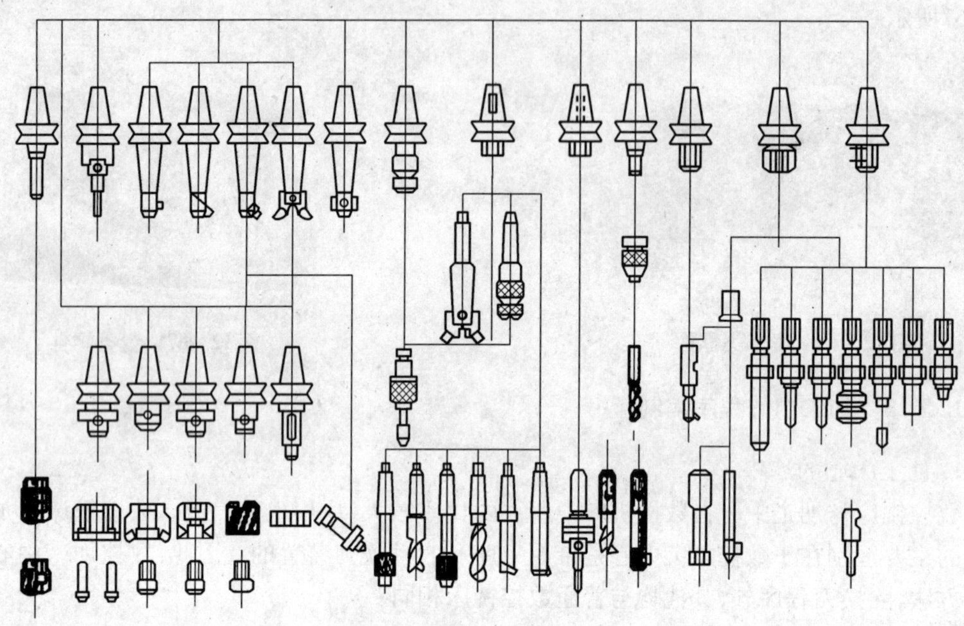

图 12－68　加工中心刀柄与刀具安装关系

2. 常用刀具的装夹

数控铣床和加工中心常用刀具的装夹如表 12－10 所示。

表 12－10　常用刀具的装夹

常用刀具的装夹	示意图	说明
圆柱铣刀装夹		圆柱铣刀装夹可用弹簧夹头式刀柄装夹。装夹时首先把卡簧装入锁紧螺母内，再装入刀柄，然后装入直刀柄铣刀，最后在锁刀座上用扳手上紧
带偏尾莫氏锥度刀具装夹		带偏尾莫氏锥度刀具如莫氏圆锥麻花钻、莫氏圆锥浅孔钻、锥柄铰刀等，可用锥柄钻头刀刀柄装夹
用于 2°斜削平型直柄刀具装夹		用于锥 2°斜削平型直柄刀具如整体硬质合金钻头，浅孔钻等刀具装夹

表 12-10(续)

常用刀具的装夹	示 意 图	说 明
直柄麻花钻装夹		直柄麻花钻可以用钻夹头装夹
套式铣刀装夹		套式铣刀装夹在刀柄上,然后用螺钉紧固
镗刀装夹		镗刀可用专用镗刀柄进行装夹,刀柄可带有微调装置

3. 加工中心刀具的选择

数控加工中心刀具的选择应根据不同的加工形状来确定相应的刀具类型,常用刀具的类型有面铣刀、立铣刀、键铣刀、模具铣刀、鼓形铣刀和成型铣刀等,如图 12-37 所示。

12.7 数控加工安全操作技术规程

1. 使用设备实行定人机制,要求操作者凭操作证操作设备。大型设备多人操作时,必须有专人指挥。

2. 操作者要熟悉所使用设备的主要技术性能、结构、保养内容和完好标准。

3. 工作前的准备。

(1) 检查设备的传动系统、操作系统、润滑系统、汽动系统、各种开关起始位置、安全制动防护装置、电力稳压系统及电气指示等,上述系统要齐全、正确、灵敏、可靠、完好。紧固件、连接件不应松动。

(2) 按设备润滑图表油润滑。

(3) 以手动方式低速试运转主轴及各伺服轴。

(4) 根据零件加工程序单,检查数控系统内存表中的刀具补偿值及零点偏置是否有误,应调出刀具补偿值和零点偏置值,检查其是否正确。

(5) 用纸带输入时,要经常检查所用纸带有无损伤,光电阅读机是否正常。

(6) 紧固零件使用 T 形螺栓的规格要和设备工作台 T 形槽规格一致。紧固时用力应适中。禁止在设备各部位加力校正零件。

(7) 检查是否遵守了“机床使用说明书”中规定的注意事项。

4. 接通电源后,没工作前的检查项目:压下 NC 装置电源启动键“ON”,在 CRT 显示器上就出现机床的初始坐标。检查安装在机床上部的总压力表,若表头读数为“4 MPa”,说明系统压力正常,可以进行正式的操作。

5. 工作中正确操作。

(1) 按设备说明书合理使用,正确操作。禁止超负荷、超性能、超规范使用。

(2) 首件编程试加工时,操作者要和编程人员密切配合,在确认程序无误后,方可转入正式加工。

(3) 装卡刀具时,应将锥柄和主轴锥孔及定位面擦拭干净。

(4) 工件、刀具必须安装牢固。装卸工件时防止碰撞机床。较重的零件、夹具在装卸时应用吊车或在他人协助下完成。

(5) 在加工过程中,操作者不得擅离岗位或托人代管,不能做与工作无关的事情。暂时离岗可按"暂停"按钮。要正确使用"急停开关",工作中严禁随意拉闸断电。

(6) 设备导轨面、工作台面禁止放置工卡量具、堆放零件和无关物件。禁止踩踏各防护罩,不许穿带金属钉的鞋踩踏工作台。

(7) 设备运行中注意异常现象,发生故障及时停车,采取措施,并记录显示故障内容。发生事故,应立即停车断电,保护现场,及时上报,不得隐瞒,并配合主管部门做好分析调查工作。

6. 工作后的保养。

(1) 操作者要及时清理设备上的切屑杂物(严禁使用压缩空气),整理工作现场,做好保养工作。

(2) 设备保养完毕,操作者要将设备开关手柄及部件移归原位。各工作台面涂油保护,按规定顺序切断电源。

(3) 按交接班规定进行交换,并做好记录。

复习思考题

1. 数控设备由哪几个部分组成,各部分的基本功能是什么? 数控设备有哪些特点?

2. 数控机床伺服系统的控制方式有哪些,各有何特点?

3. 数控机床的坐标系是怎样规定的?

4. 三坐标数控机床能实现"三坐标加工"吗? 何谓"2.5 坐标加工"?

5. 什么是程序编制? 有哪些方法? 各有何特点?

6. 程序编制的步骤有哪些?

7. 程序编制的代码标准有哪些?

8. 试解释下列符号的含义:

(1) G01; (2) G03; (3) M05; (4) M02; (5) M30; (6) F120 。

9. 说明下列英文缩写的含义:

(1) CNC; (2) FMC; (3) FMS; (4) CIMS。

10. 数控机床伺服系统常用的位置检测和速度检测元件是什么?

11. 数控铣床的主要加工对象有哪些?

12. 加工中心与数控铣床的主要区别在哪里?

13. 自动换刀装置的形式有哪几种?

14. 何为爬行现象? 防止爬行的措施主要有那些?

15. 数控机床的机械结构应具有良好的特性,主要包括哪些?

16. 数控车床的机械部分主要由哪几部分组成 ?

17. 数控机床的特点是什么?

18. 数控车床主要加工对象是什么?

第13章　现代加工方法

【目的与要求】

1. 了解现代加工方法的产生、分类、特点及应用；

2. 掌握电火花加工的基本原理，了解电火花加工的分类、特点及应用。掌握数控电火花线切割加工的基本原理、加工特点及应用；

3. 熟悉数控电火花线切割机床的分类和组成；了解电火花高速小孔加工的基本原理、设备组成和应用；

4. 了解激光加工、超声加工、快速原型制造的原理、设备组成和应用；

5. 掌握数控电火花线切割的安全操作技术规程；

6. 熟悉数控高速电火花线切割机床的操作，并能加工出符合要求的零件。

13.1　概　　述

13.1.1　现代加工方法的产生与特点

现代加工方法是指传统的切削加工以外的新的加工方法。传统的切削加工是利用刀具和工件作相对运动从毛坯（铸件、锻件或型材坯料等）上切去多余的金属，以获得尺寸精度、形状精度、位置精度和表面粗糙度完全符合图纸要求的机器零件，如车削、钻削、铣削、刨削、磨削等。切削加工的本质和特点为：一是靠刀具材料比工件更硬；二是靠机械能把工件上多余的材料切除。

人类社会进入20世纪50年代以来，随着生产发展和科学实验的需要，很多工业部门，尤其是国防工业部门，要求尖端科学技术产品向高精度、高速度、高温、高压、大功率、小型化等方向发展，它们所使用的材料愈来愈难加工，零件形状愈来愈复杂，表面精度、粗糙度和某些特殊要求也愈来愈高，对机械制造部门提出了下列新的要求：

（1）解决各种难切削材料的加工问题。如硬质合金、钛合金、耐热钢、不锈钢、淬火钢、金刚石、宝石、石英以及锗、硅等各种高硬度、高强度、高韧性、高脆性的金属及非金属的加工。

（2）解决各种特殊复杂表面的加工问题。如喷气涡轮机叶片、整体涡轮、发动机机匣和锻压模、注射模的立体成型表面，各种冲模、冷拔模上特殊截面的型孔，炮管内腔线，喷油嘴、栅网、喷丝头上的小孔、窄缝等的加工。

（3）解决各种超精、光整或具有特殊要求的零件的加工问题。如对表面质量和精度要求很高的航天航空陀螺仪以及细长轴、薄壁零件、弹性元件等低刚度零件的加工。

要解决这一系列工艺问题，仅仅依靠传统的切削加工方法就很难实现，甚至根本无法实现，人们相继探索研究新的加工方法，现代加工方法就是在这种前提条件下产生和发展起来的。比如，当工件材料非常硬，传统的切削工具根本无法完成加工的时候怎么办？于是人们开始探索能否用软的工具加工硬的材料？能否采用电、化学、光、声、热等能量来进行加工？到目前为止，已经找到了多种这一类的加工方法。为了区别现有的金属切削加工，这类新加工方法统称为现代加工方法或特种加工工艺。它们与切削加工的不同点是：

(1) 不是主要依靠机械能，而是主要用其他能量（如电、化学、光、声、热等）去除金属材料；

(2) 工具材料的硬度可以低于被加工材料的硬度；

(3) 加工过程中工具与工件之间不存在显著的机械切削力。

正因为现代加工方法具有上述特点，所以就总体而言，现代加工方法可以加工任何硬度、强度、韧性、脆性的金属或非金属材料，且专长于加工复杂、微细表面和低刚度零件。同时，有些方法还可用以进行超精加工、镜面光整加工和纳米级（原子级）加工。

13.1.2 现代加工方法的分类

现代加工方法的分类还没有明确的规定，一般按照能量来源和作用形式以及加工原理可分为表 13－1 所示的形式。

表 13－1 常用现代加工方法分类表

现代加工方法		能量来源及形式	作用原理	英文缩写
电火花加工	电火花成型加工	电能、热能	熔化、气化	EDM
	电火花线切割加工	电能、热能	熔化、气化	WEDM
电化学加工	电解加工	电化学能	金属离子阳极溶解	ECM(ELM)
	电解磨削	电化学能、机械能	阳极溶解、磨削	EGM(ECG)
	电解研磨	电化学能、机械能	阳极溶解、研磨	ECH
	电铸	电化学能	金属离子阴极沉积	EFM
	涂镀	电化学能	金属离子阴极沉积	EPM
激光加工	激光切割、打孔	光能、热能	熔化、气化	LBM
	激光打标记	光能、热能	熔化、气化	LBM
	激光处理、表面改性	光能、热能	熔化、相变	LBT
电子束加工	切割、打孔、焊接	电能、热能	熔化、气化	EBM
离子束加工	蚀刻、镀覆、注入	电能、动能	原子撞击	IBM
等离子弧加工	切割(喷镀)	电能、热能	熔化、气化(涂覆)	PAM
超声加工	切割、打孔、雕刻	声能、机械能	磨料高频撞击	USM
化学加工	化学铣削	化学能	腐蚀	CHM
	化学抛光	化学能	腐蚀	CHP
	光刻	光能、化学能	光化学腐蚀	PCM
快速成形	液相固化法	光能、化学能	增材法加工	SL
	粉末烧结法			SLS
	纸片叠层法	光、机械能		LOM
	熔丝堆积法	电、热、机械能		FDM

在现代加工方法范围内还有一些属于减小表面粗糙度值或改善表面性能的工艺，前者如电解抛光、离子束抛光等；后者如电火花表面强化、镀覆、刻字，激光表面处理、改性，电子束曝光，离子束注入掺杂等。随着半导体大规模集成电路生产发展的需要，上述提到的电子束、离子束加工就是近年来提出的超精微加工，即所谓原子、分子单位的纳米加工方法。

尽管现代加工方法具有传统加工无法比拟的优点且应用日益广泛,但不同形式的现代加工方法的加工特点和应用范围也不一样,表 13-2 为几种常用现代加工方法的综合比较。

表 13-2 几种常用现代加工方法的综合比较

加工方法	可加工材料	工具损耗率/%(最低/平均)	材料去除率/($mm^3 \cdot min^{-1}$)(平均/最高)	可达到尺寸精度/mm(平均/最高)	可达到表面粗糙度 Ra/μm(平均/最高)	主要应用范围
电火花加工	任何导电的金属材料,如硬质合金、耐热钢、不锈钢、淬火钢、钛合金等	0.1/10	30/3 000	0.03/0.003	10/0.04	从数微米的孔、槽到数米的超大型模具、工件等。如圆孔、方孔、异形孔、深孔、微孔、弯孔、螺纹孔以及冲模、锻模、压铸模、炉料、塑料模、拉丝模,还可以刻字、表面强化、涂覆加工
电火花线切割加工		较小(可补偿)	20/200 mm^2/min	0.02/0.002	5/0.32	切割各种冲模、塑料模、粉末冶金模等二维及三维直纹面组成的模具和零件。可直接切割各种样板、磁钢、硅钢片,也常用于钼、钨、半导体材料或贵重金属的切割
电解加工		不损耗	100/10 000	0.1/0.01	1.25/0.16	从细小零件到 1t 的超大型工件及模具。如仪表微型小轴、齿轮上的毛刺,涡轮叶片、炮管膛线,螺旋花键孔、各种异形孔,锻造模、铸造模,以及抛光、去毛刺等
电解磨削		1/50	1/100	0.02/0.001	1.25/0.04	硬质合金等难加工材料的磨削。如硬质合金刀具、量具、轧辊、小孔、深孔、细长杆磨削,以及超精光整研磨、珩磨
超声加工	任何脆性材料	0.1/10	1/50	0.03/0.005	0.63/0.16	加工、切割脆性材料。如玻璃、石英、宝石、金刚石及半导体单晶锗、硅等,可加工型孔、型腔、小孔、深孔等
激光加工	任何材料	不损耗(三种加工没有成形的工具)	瞬时去除率很高,受功率限制,平均去除率不高	0.01/0.001	10/1.25	精密加工小孔、窄缝及成形切割,刻蚀,如金刚石拉丝模、钟表宝石轴承、化纤喷丝孔、不锈钢板上打小孔,切割钢板、石棉、纺织品、纸张,还可焊接、热处理

表 13－2(续)

加工方法	可加工材料	工具损耗率/%(最低/平均)	材料去除率/($mm^3 \cdot min^{-1}$)(平均/最高)	可达到尺寸精度/mm(平均/最高)	可达到表面粗糙度 Ra/μm(平均/最高)	主要应用范围
电子束加工						在各种难加工材料上打微孔、切割、刻蚀,曝光以及焊接等,常用于铸造中、大规模集成电路微电子器件
离子束加工			很低	/0.01 μm	/0.01	对零件表面进行超精密、超微量加工、抛光、刻蚀、掺杂、镀覆等
水射流切割	钢铁、石材	无损耗	>300	0.2/0.1	20/5	下料、成形切割、剪裁
快速成形	增材料加工,无可比性			0.3/0.1	10/5	快速制作样件、模具

13.2 电火花加工

电火花加工又称放电加工,是 20 世纪 40 年代开始研究并逐步应用于生产。它是在加工过程中,使工具和工件之间不断产生脉冲性的火花放电,靠放电时局部、瞬时产生的高温把金属蚀除下来。因放电过程中可见到火花,故称之为电火花加工,日本、英、美称之为放电加工,前苏联及俄罗斯也称电蚀加工。

13.2.1 电火花加工的基本原理和设备组成

1. 电火花加工的基本原理

电火花加工的原理是基于工具和工件(正、负电极)之间脉冲性火花放电时的电腐蚀现象来蚀除多余的金属,已达到对零件的尺寸、形状及表面质量预定的加工要求。电腐蚀现象早在 19 世纪初就被人们发现了,例如在插头或电器开关触点开、闭时,往往产生火花而把接触表面烧毛、腐蚀成粗糙不平的凹坑而逐渐损坏。研究结果表明,电腐蚀产生的主要原因是:电火花放电时火花通道中瞬时产生大量的热,达到很高的温度,足以使任何金属材料局部熔化、气化而被蚀除掉,形成放电凹坑。

要利用电腐蚀现象对金属材料进行尺寸加工,必需使设备装置具备以下三个条件:

(1) 必须使工具电极和工件被加工表面之间经常保持一定的放电间隙,这一间隙随加工条件而定,通常约为几微米至几百微米。如果间隙过大,极间电压不能击穿极间介质,因而不会产生火花放电;如果间隙过小,很容易形成短路接触,同样也不能产生火花放电。为此,在电火花加工过程中必须具有工具电极的自动进给和调节装置,使和工件保持某一放电间隙。

(2) 火花放电必须是瞬时的脉冲性放电,放电延续一段时间后,需停歇一段时间,放电延续时间一般为 1～1 000 μs。这样才能使放电所产生的热量来不及传导扩散到其余部分,把每一次的放电蚀除点分别局限在很小的范围内,否则,像持续电弧放电那样,会使表面烧伤而无法用做尺寸加工。为此，电火花加工必须采用脉冲电源。图 13－1 为脉冲电源的空载电压波形，图中 t_i 为脉冲宽度，t_0 为脉冲间隔，t_p 为脉冲周期，u_i 为脉冲峰值电压或空载电压。

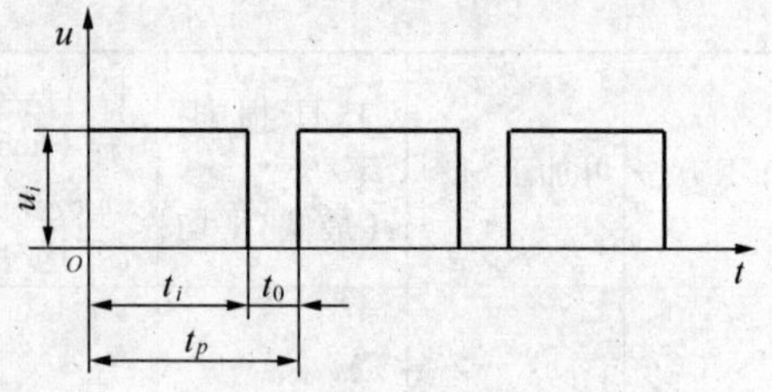

图 13－1　脉冲电源的电压波形

（3）火花放电必须在有一定绝缘性能的液体介质中进行，例如煤油、皂化液或去离子水等。液体介质又称工作液，它们必须具有较高的绝缘强度（$10^3 \sim 10^7\ \Omega \cdot cm$），以有利于产生脉冲性的火花放电，同时，液体介质还能把电火花加工过程中产生的金属小屑、碳黑等电蚀产物从放电间隙中悬浮排除出去，并且对电极和工件表面有较好的冷却作用。

图 13－2 所示为电火花加工原理示意图。工件和工具分别与脉冲电源的两输出端相连接。自动进给调节装置使工具和工件之间经常保持一个很小的放电间隙，当脉冲电压加到两极之间，便在当时条件下某一间隙最小处或绝缘强度最低处击穿介质，在该局部产生火花放电，瞬时高温使工具和工件表面都蚀除掉一小部分金属，形成一个小凹坑，如图 13－3 所示。其中图 13－3(a)表示单个脉冲放电后的电蚀坑，图 13－3(b)表示多次脉冲放电后的电极表面。脉冲放电结束后，经过一段间隔时间（即脉冲间隔 t_0），工作液恢复绝缘后，第二个脉冲电压又加到两极上，又会在当时极间距离相对最近或绝缘强度最弱处击穿放电，又电蚀出一个小凹坑，这样随着相当高的频率、连续不断地重复放电，工具电极不断地向工件进给，就可将工具的形状复制在工件上，加工出所需要的零件，整个加工表面是由无数个小凹坑组成。

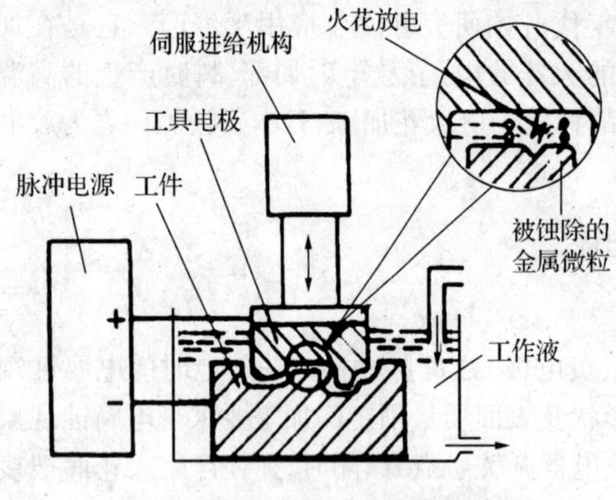

图 13－2　电火花加工原理示意图

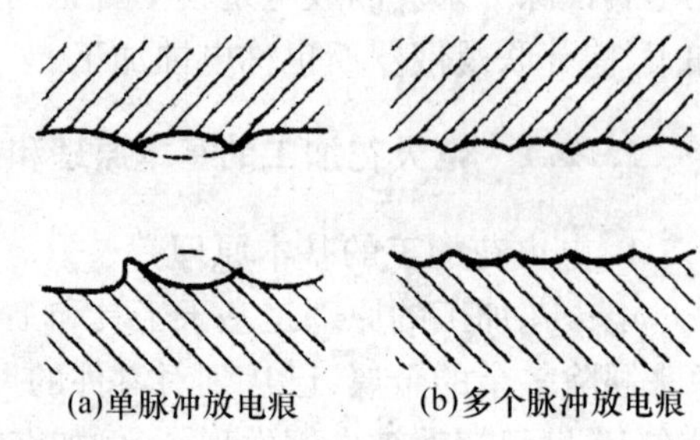

图 13－3　电火花加工表面局部放大图

2. 电火花加工的设备组成

电火花加工机床一般由机床本体、脉冲电源、自动进给调节装置、工作液净化及循环系统四个部分组成。图 13－4 为电火花加工机床结构示意图。

（1）机床本体　用来固定装卡工件和工具电极，实现工具与工件之间精确的相对运动，机床本体包括床身、工作台、主轴头、立柱等部分。

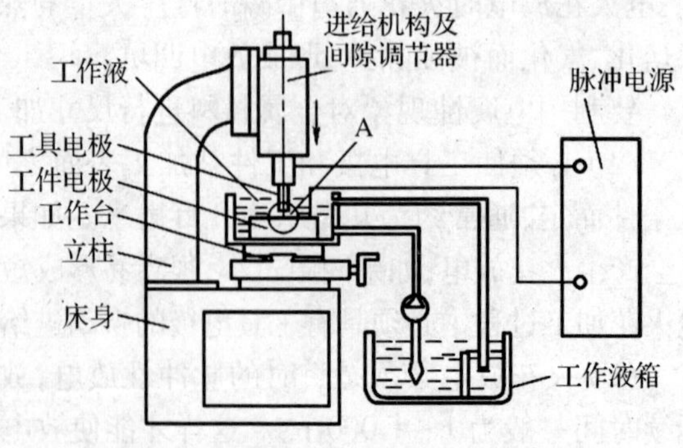

图 13－4　电火花加工机床结构示意图

(2) 脉冲电源　周期性地利用电容器缓慢充电并在极短时间内快速放电，把直流或整流后的电流转换成具有一定频率的重复脉冲电流。它是产生脉冲放电实现蚀除加工的供能装置。

(3) 自动进给调节装置　脉冲放电必须在一定的间隙下才能产生，这一间隙依据加工条件而定。放电间隙的大小对饲除效果有一个最佳值，加工时应将放电间隙控制在最佳值附近。采用自动进给调节系统控制工具电极的进给，自动调节工具电极与工件之间的合理的放电间隙，使得放电加工能顺利进行。自动进给调节装置常采用的传动方式有两种，即液压传动方式和电机传动方式。由于数控电火花机床的发展，已广泛采用宽调速力矩电机并配以码盘作为数控电火花加工机床的自动进给调节装置。

(4) 工作液净化及循环系统　为使电蚀产物及时排除，一般采用强迫循环方式，并经过滤以保持工作液的清洁，防止因工作液中电蚀产物过多而引起短路或电弧放电。

13.2.2　电火花加工的特点及其应用

1. 电火花加工的主要优点

(1) 适合于任何难切削材料的加工。由于加工中材料的去除是靠放电时的电热作用实现的，材料的可加工性主要取决于材料的导电性及其热学特性，如熔点、沸点、比热容、导电率、电阻率等，而几乎与其力学性能（硬度、强度等）无关。这样可以突破传统切削加工对刀具的限制，可以实现用软的工具加工硬韧的工件，甚至可以加工像聚晶金刚石、立方氮化硼一类的超硬材料。目前电极材料多采用紫铜或石墨，因此工具电极较容易加工。

(2) 可以加工特殊及复杂形状的表面和零件。用于加工中工具电极和工件不直接接触，没有机械加工宏观的切削力，因此适宜加工低刚度工件及作微细加工。由于可以简单地将工具电极的形状复制到工件上，因此特别适用于复杂表面形状工件的加工，如复杂型腔模具加工等。

2. 电火花加工的局限性

(1) 主要用于加工金属等导电材料，但在一定条件下也可以加工半导体和非导体材料。

(2) 一般加工速度较慢。因此通常安排工艺时多采用切削加工来去除大部分余量，然后再进行电火花加工以求提高生产率。但最近已有新的研究成果表明，采用特殊水基不燃性工作液进行电火花加工，其生产率甚至可不亚于切削加工。

(3) 存在电极损耗。由于电极损耗多集中在集中在尖角或底面，影响成形精度。但近年来粗加工时已能将电极相对损耗比降至0.1%以下，甚至更小。

由于电火花加工具有许多传统切削加工所无法比拟的优点，因此其应用领域日益扩大，目前已广泛应用于机械（特别是模具制造）、电子、仪器仪表、汽车、航天等各个行业，以解决难加工材料及复杂形状零件的加工问题。加工范围已达到小至几微米的小轴、孔、缝，大到几米的超大型模具和零件。

13.2.3　电火花加工工艺方法分类

按工具电极和工件相对运动的方式和用途的不同，大致可分为电火花穿孔成形加工、电火花线切割、电火花磨削和镗削、电火花同步共轭回转加工、电火花高速小孔加工、电火花表面强化与刻字六大类。前五类属电火花成形、尺寸加工，是用于改变零件形状或尺寸的加工方法；后者则属表面加工方法，用于改善或改变零件表面性质。以上以电火花穿孔成形加工和电火花线切割加工应用最为广泛。表13－3所列为总的分类情况及各类加工方法的主要特点和用途。

表13－3　电火花加工工艺方法分类

类别	工艺方法	特点	用途	备注
1	电火花穿孔成形加工	1. 工具和工件间主要只有一个相对的伺服进给运动； 2. 工具为成形电极，与被加工表面有相同的截面或形状	1. 型腔加工：加工各类型腔模及各种复杂的型腔零件 2. 穿孔加工：加工各种冲模、挤压模、粉末冶金模、各种异型孔及微孔等	约占电火花机床总数的30%，典型机床有D7125、D7140等电火花穿孔成形机床
2	电火花线切割加工	1. 工具电极为顺电极轴线方向移动着的线状电极； 2. 工具与工件在两个水平方向同时有相对伺服进给运动	1. 切割各种冲模和具有直纹面的零件； 2. 下料、截割和窄缝加工	约占电火花机床总数的60%，典型机床有DK7725、DK7740数控电火花线切割机床
3	电火花内孔、外圆和成形磨削	1. 工具与工件有相对旋转运动； 2. 工具与工件间有径向和轴向的进给运动	1. 加工高精度、表面粗糙度小的小孔，如拉丝模、挤压模、微型轴承内环、钻套等； 2. 加工外圆、小模数滚刀等	约占电火花机床总数的3%，典型机床有D6310电火花小孔内圆磨床等
4	电火花同步共轭回转加工	1. 成形工具与工件均作旋转运动，但二者角速度相等或成倍数，相对应接近放电点可有切向运动速度； 2. 工具相对工件可作纵、横向进给运动	以同步回转、展成回转、倍角速度回转等不同方式，加工各种复杂型面的零件，如高精度的异型齿轮、精密螺纹环规，高精度、高对称度、表面粗糙度值小的内外回转体表面等	约占电火花机床总数不足1%，典型机床有JN－2、JN－8内外螺纹加工机床
5	电火花高速小孔加工	1. 采用细管（$>\phi 0.3$ mm）电极，管内冲入高压水基工作液； 2. 细管电极旋转；3. 穿孔速度较高（60 mm/min）	1. 线切割穿丝预孔； 2. 深径比很大的小孔，如喷嘴等	约占电火花机床总数的2%，典型机床有D703A电火花高速小孔加工机床
6	电火花表面强化、刻字	1. 工具在工件表面振动； 2. 工具相对工件移动	1. 模具、刀具、量具的刃口表面强化和镀覆； 2. 电火花刻字、打印记	约占电火花机床总数的2%～3%，典型机床有D9105电火花强化器等

13.2.4　电火花穿孔成形加工

电火花穿孔成形加工是利用火花放电腐蚀金属的原理，用工具电极对工件进行复制加工的工艺方法。其应用范围包括穿孔加工和型腔加工。

1. 电火花穿孔加工

电火花穿孔加工应用比较广泛，常用来加工各种冲模、挤压模、粉末冶金模、各种异型孔及微孔等。冲模加工是电火花穿孔加工的典型应用。冲模加工主要是冲头和凹模加工，冲头可采用机械加工，而凹模应用一般的机械加工是困难的，在有些情况下甚至不可能，而靠钳工加工则劳动强度大，质量不易保证，还常因淬火变形而报废，采用电火花加工能比较好地解决这些问题。

凹模的质量指标主要是尺寸精度、冲头与凹模的单边配合间隙、刃口斜角、刃口高度和落料角。凹模的尺寸精度主要靠工具电极来保证，因此对电极的精度和表面粗糙度都应有一定的要求。由于存在放电间隙，工具电极尺寸必须小于凹模的尺寸。为保证获得冲头与凹模之间的配合间隙，电火花穿孔加工常用"钢打钢"直接配合法，此方法是直接用钢凸模作为电极直接加工凹模，加工时将凹模刃口端朝下，加工时形成向上的"喇叭口"，如图13－5所示，加工后将工件翻过来使"喇叭口"(此喇叭口有利于冲模落料)向下作为凹模。

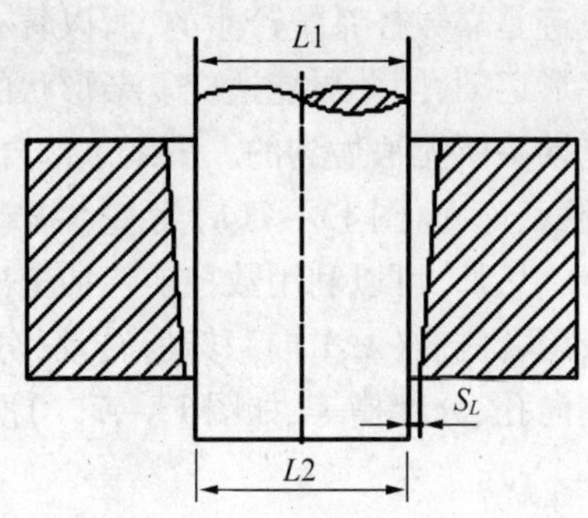

图 13－5　凹模的电火花加工

2. 电火花型腔加工

电火花型腔加工常用来加工各类型腔模及各种复杂的型腔零件。型腔模包括锻模、压铸模、胶木模、塑料模、挤压模等，它加工比较困难，主要因为是盲孔加工，工作液循环和电蚀产物排除条件差，工具电极损耗后难以补偿，金属蚀除量大；其次是加工面积变化大，加工过程中电规准调节范围也比较大，而且型腔表面复杂，电极耗损不均匀，对加工精度影响大。

常用的型腔模电火花加工方法有单电极平动法、多电极更换法、分解电极加工法和数控电极加工法。

(1) 单电极平动法　单电极平动法在型腔模电火花加工中应用最广泛。它是采用一个电极完成型腔的粗、中、精加工的，如图13－6所示。这种方法的优点是只需一个电极，一次装夹定位，便可达到 ±0.05 mm 的加工精度，并方便了排除电蚀产物；缺点是难以获得高精度的型腔模，特别是难以加工出清棱、清角的型腔。

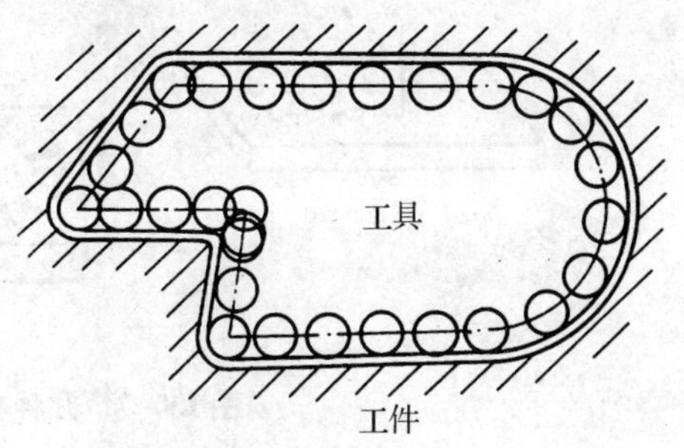

图 13－6　平动头扩大间隙原理图

(2) 多电极更换法　多电极更换法采用多个电极(分别制造的粗、中、精加工用电极)依次更换来加工同一个型腔。这种方法的优点是仿形精度高，尤其适用于尖角、窄缝多的型腔加工；缺点是需要用精密机床制造多个电极。另外，电极更换时要有高的重复定位精度，需要附件和夹具来配合，因此，一般只用于精密型腔加工。

(3) 分解电极加工法　分解电极法是单电极平动法和多电极更换法的综合应用。它工艺灵活性强，仿形精度高，适用于尖角、窄缝、沉孔、深槽多的复杂型腔模具加工。根据型腔的几何形状，把电极分解成主型腔电极和副型腔电极分别制造。先用主型腔电极加工出主型腔，再用副型腔电极加工夹角、窄缝、异形盲孔等部位。

这种方法的优点是可根据主、副型腔不同的加工条件，选择不同的电极材料和加工规准，有利于提高加工速度和改善表面质量，同时还可简化电极制造，便于电极修整；缺点是主型腔和副型腔间的定位精度要求高,但当采用高精度的数控机床和完善的电极装夹附件时,这一缺点是不难克服的。

(4)数控电极加工法 采用数控电火花加工机床时,是利用工作台按一定轨迹做微量移动来修光侧面的,为区别于夹持在主轴头上平动头的运动,通常将其称作摇动。由于摇动轨迹是靠数控系统产生的,所以具有更灵活多样的模式,除了小圆轨迹运动外,还有方形、十字形运动,因此更能适应复杂形状的侧面修光的需要,尤其可以做到尖角处的“清根”,这是平动头所无法做到的。采用工作台变半径圆形摇动,主轴上下数控联动,可以修光或加工出锥面、球面,图 13 -7(a)为基本摇动式,图 13 -7(b)为锥度摇动模式。

另外,可以利用数控功能加工出以往普通机床难以或不能实现的零件。如利用简单电极配合侧向(X、Y 向)移动,转动,分度等进行多轴控制,可加工复杂曲面、螺旋面、坐标孔、侧向孔、分度槽等,如图 13 -7(c)所示。

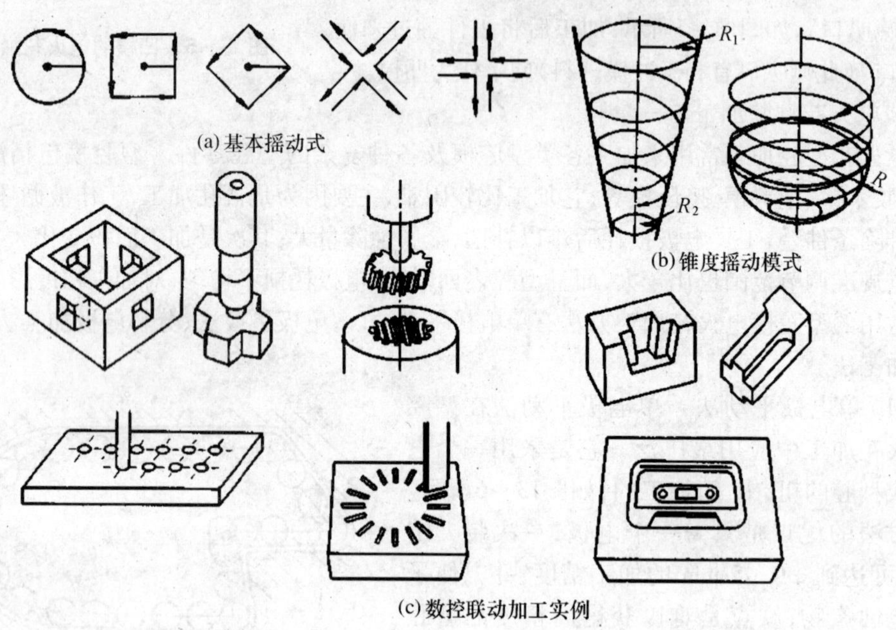

图 13 -7 几种典型的摇动模式和加工实例

13.3 电火花线切割加工

电火花线切割加工是在电火花加工基础上于 20 世纪 50 年代末最早在前苏联发展起来的一种新的工艺形式,是用线状电极(钼丝或铜丝)靠火花放电对工件进行切割,故称为电火花线切割,有时简称线切割。

13.3.1 电火花线切割加工的基本原理和设备组成

1. 电火花线切割加工的基本原理

电火花线切割加工的基本原理是利用移动的细金属导线(钼丝或铜丝)作电极,对工件进行脉冲火花放电、切割成形。图 13 -8 为数控电火花线切割加工原理示意图。

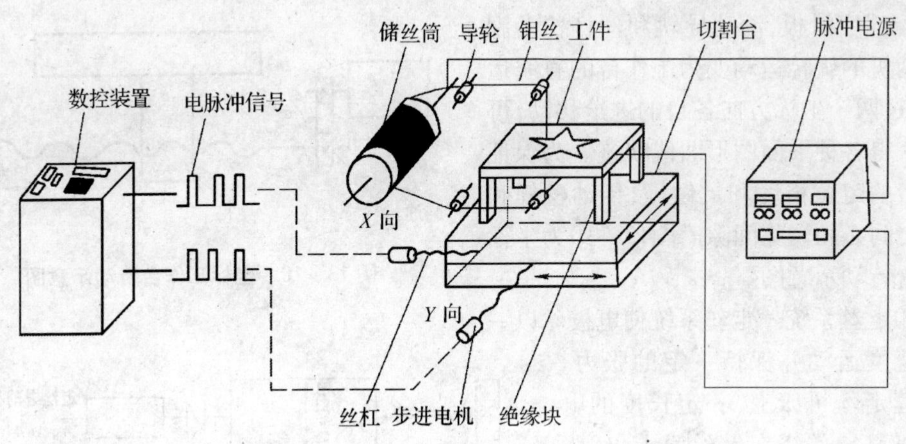

图 13－8　数控电火花线切割加工原理示意图

根据电极丝的运行速度，电火花线切割机床通常分为两大类：一类是高速走丝（或称快走丝）电火花线切割机床，这类机床的电极丝作高速往复运动，一般走丝速度为 8～10 m/s，这是我国生产和使用的主要机种，也是我国独有的电火花线切割加工模式；另一类是低速走丝（或称慢走丝）电火花线切割机床，这类机床的电极丝作低速单向运动，走丝速度低于 0.2 m/s，这是国外生产和使用的主要机种。

2. 电火花线切割加工的设备组成

电火花线切割加工设备主要由机床本体、脉冲电源、控制系统、工作液循环系统四部分组成。

(1) 机床本体

机床本体由床身、坐标工作台、走丝系统等组成。图 13－9 为高速走丝线切割机床本体结构示意图。

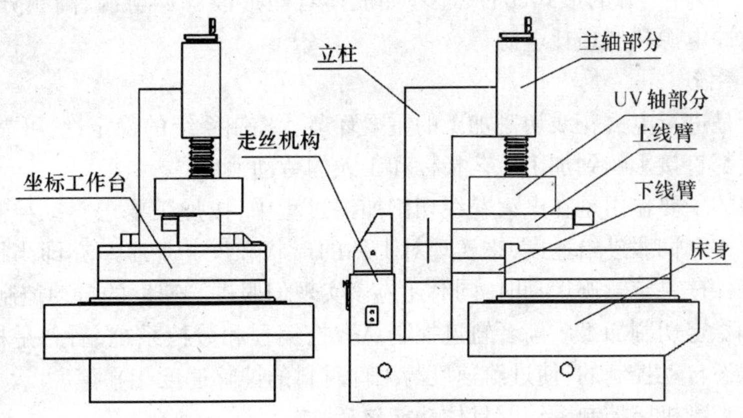

图 13－9　高速走丝线切割机床本体结构示意图

①床身　床身是支承和固定坐标工作台、走丝机构等的基体。

②坐标工作台　电火花线切割机床最终都是通过坐标工作台与电极丝的相对运动来完成对零件加工的。为保证机床精度，对导轨的精度、刚度和耐磨性有较高的要求。一般都

采用“十”字滑板、滚动导轨和丝杆传动副将电动机的旋转运动变为工作台的直线运动，通过两个坐标方向各自的进给移动，可合成获得各种平面图形曲线轨迹。为保证工作台的定位精度和灵敏度，传动丝杆和螺母之间必须消除间隙。图13－10为坐标工作台传动示意图。

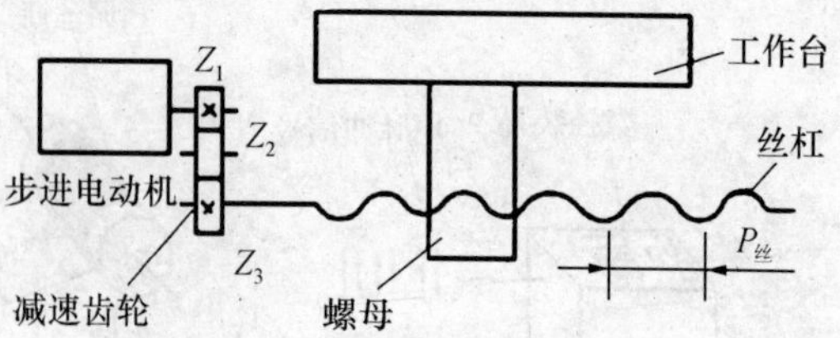

图13－10　坐标工作台传动示意图

③走丝系统　走丝系统使电极丝以一定的速度运动并保持一定的张力。在高速走丝机床上，一定长度的电极丝平整地卷绕在储丝筒上，丝张力与排绕时的拉紧力有关，储丝筒通过联轴器与驱动电动机相连。为了重复使用该段电极丝，电动机由专门的换向装置控制作正反向交替运转。走丝速度等于储丝筒周边的线速度，通常为8～10 m/s。在运动过程中，电极丝由丝架支承，并依靠导轮保持电极丝与工作台垂直或倾斜一定的几何角度（锥度切割时）。为了切割有落料角的冲模和某些有锥度（斜度）的内外表面，有些线切割机床具有的锥度切割功能。图13－11为某种型号高速走丝线切割机床走丝系统结构简图。

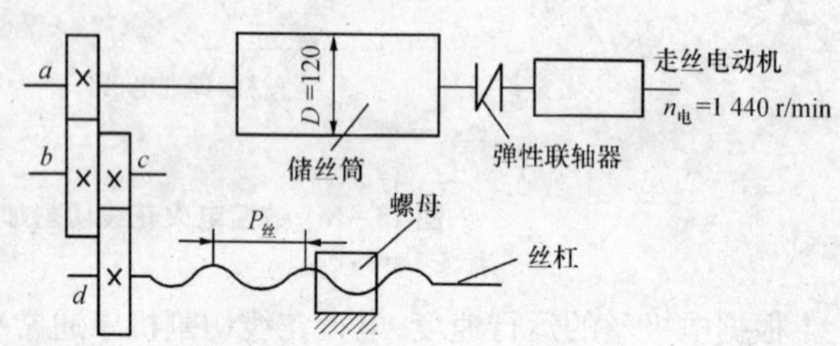

图13－11　高速走丝线切割机床走丝系统结构简图

（2）脉冲电源

电火花线切割加工脉冲电源与电火花成形加工所用的在原理上相同，不过受加工表面粗糙度和电极丝允许承载电流的限制，线切割加工脉冲电源的脉宽较窄（2～60 μs），单个脉冲能量、平均电流（1～5 A）一般较小，所以线切割加工总是采用正极性加工（即工件接脉冲电源的正极）。脉冲电源的形式品种很多，如晶体管矩形波脉冲电源、高频分组脉冲电源、并联电容型脉冲电源和低损耗电源等。

（3）控制系统

控制系统是进行电火花线切割加工的重要环节。控制系统的稳定性、可靠性、控制精度及自动化程度都直接影响到加工工艺指标和工人的劳动强度。

控制系统的主要作用是在电火花线切割加工过程中，按加工要求自动控制电极丝相对工件的运动轨迹和伺服进给速度，来实现对工件的形状和尺寸加工。亦即当控制系统使电极丝相对于工件按一定轨迹运动时，同时还应该实现伺服进给速度的自动控制，以维持正常的放电间隙和稳定切割加工。前者轨迹控制靠数控编程和数控系统，后者是根据放电间隙大小与放电状态自动控制的，使进给速度与工件材料的蚀除速度相平衡。

电火花线切割机床控制系统的具体功能包括：

①轨迹控制　即精确控制电极丝相对于工件的运动轨迹，以获得所需的形状和尺寸。

②加工控制　主要包括对伺服进给速度、电源装置、走丝机构、工作液系统以及其他的机床操作控制。此外，失效、安全控制及自诊断功能也是一个重要的方面。

（4）工作液循环系统

工作液循环系统由工作液、工作液泵和循环导管等组成。工作液起绝缘、排屑、冷却等作用。每次脉冲放电后，工件与电极丝间必须迅速恢复绝缘状态，否则脉冲放电会转变为稳定持续的电弧放电，影响加工质量。加工过程中，工作液可把加工过程中产生的金属小屑、炭黑等电蚀产物迅速从电极间冲走，使加工顺利进行。工作液还可冷却受热的电极丝和工件，防止工件变形。低速走丝线切割机床大多采用去离子水作工作液，只有在特殊精加工时才采用绝缘性能较高的煤油。高速走丝线切割机床使用的工作液是专用乳化液，目前供应的乳化液有 DX-1、DX-2、DX-3 等多种，各有其特点，有的适于快速加工，有的适于大厚度切割，也有的是在原来工作液中添加某些化学成分来提高其切割速度或增加防锈能力等。对高速走丝机床，通常采用浇注式供液方式，而对低速走丝机床，近年来有些采用浸泡式供液方式。

13.3.2 线切割加工的特点及其应用

1. 线切割加工的特点

(1) 由于电极工具是直径较小的细丝，故脉冲宽度、平均电流等不能太大，加工工艺参数的范围较小，属于中、精正极性加工。

(2) 采用水或水基工作液，不会引燃起火，容易实现安全无人运行。

(3) 由于电极丝比较细，可以加工微细的异形孔、窄缝和复杂形状的工件。

(4) 由于采用移动的长电极丝进行加工，使单位长度电极丝的损耗较少，从而对加工精度的影响比较小。

(5) 可加工高硬度材料。

2. 线切割加工的应用范围

线切割加工为新产品试制、精密零件加工及模具制造开辟了一条新的工艺途径，主要应用于以下几个方面：

(1) 加工模具　适用于各种形状的冲模。调整不同的间隙补偿量，只需一次编程就可以切割凸模、凸模固定板、凹模及卸料板等。还可加工挤压模、粉末冶金模、弯曲模、塑压模等，也可加工带锥度的模具。高速走丝线切割机床加工精度可达 0.01 ~ 0.02 mm，表面粗糙度可达 $Ra1.6 \sim 2.5\ \mu m$。低速走丝线切割机床加工精度可达 0.002 ~ 0.005 mm，表面粗糙度可达 $Ra0.4\ \mu m$。

(2) 加工电火花成形加工用的电极　一般穿孔加工用的电极和带锥度型腔加工用的电极以及铜钨、银钨合金之类的电极材料用线切割加工特别经济，同时也适用于加工微细复杂形状的电极。

(3) 加工零件　在试制新产品时，用线切割在坯料上可直接割出零件，由于不需另行制造模具等，可大大缩短制造周期、降低成本。另外修改设计、变更加工程序比较方便，加工薄件时还可多片叠在一起加工。在零件制造方面，可用于加工特殊形状、特殊材料、特殊结构的难加工零件；贵重金属切割加工，可节省不少贵金属；微细加工等。

13.3.3 电火花线切割加工工艺坐标指标及影响因素

1. 线切割加工的主要工艺指标

(1) 切割速度

在保持一定的表面粗糙度的切割过程中，单位时间内电极丝中心线在工件上切过的面积总和称为切割速度，单位为 mm^2/min。最高切割速度是指在不计切割方向和表面粗糙度等条件下，所能达到的切割速度。通常高速走丝线切割速度为 40 ~ 80 mm^2/min，它与加工电流大小有关，为比较不同输出电流脉冲电源的切割效果，将每安培电流的切割速度称为切割效率，一般切割效率为 20 $mm^2/(min \cdot A)$。

(2) 表面粗糙度

高速走丝线切割机床加工的表面粗糙度可达 $Ra1.6 \sim 2.5\ \mu m$；低速走丝线切割机床加工的表面粗糙度可达 $Ra0.4\ \mu m$。

(3) 电极丝损耗量

对高速走丝机床，用电极丝在切割 10 000 mm^2 面积后电极丝直径的减少量来表示。一般每切割 10 000 m^2 后，钼丝直径减小不应大于 0.01 mm。

(4) 加工精度

加工精度是指所加工工件的尺寸精度、形状精度和位置精度的总称。高速走丝线切割的可控加工精度在 0.01 ~ 0.02 mm 左右，低速走丝线切割可达 0.002 ~ 0.005 mm 左右。

2. 影响线切割加工工艺指标的主要因素

(1) 电参数的影响

电参数主要指脉冲宽度、脉冲间隔、脉冲频率、峰值电压、峰值电流和极性等。电规准是指电火花加工过程中的一组电参数。电参数对材料的电腐蚀过程影响极大，它们决定着表面粗糙度、蚀除率、切缝宽度的大小和钼丝的损耗率等。一般考虑，要求获得较好的表面粗糙度时，应选小的电规准；要求获得较高的切割速度时，可选用大一些的电规准，但应注意所选电极丝的截面积对加工电流的限制，以免造成断丝；工件厚度大时，应选用较高的脉冲电压、较大的脉宽和峰值电流，以增大放电间隙，改善排屑条件；在易断丝的场合，如工件材料含非导电杂质多、工作液中脏污程度较严重等，应减小电流、增大脉冲间隔时间。

(2) 电极丝及其走丝速度的影响

高速走丝机床主要用 $\phi 0.06 \sim 0.20$ mm 的钼丝、钨丝和钨钼丝作为电极。电极丝直径决定了切缝宽度和允许的峰值电流，最高切削速度一般都要用较粗的丝才能实现，而切割小模数齿轮等复杂零件时，采用细丝才能获得精细的形状和很小的圆角半径。

电极丝的走丝速度直接影响切割速度。在一定范围内提高走丝速度有利于电极丝把工作液带入较大厚度工件的放电间隙中，有利于电蚀产物的排除和放电的稳定。走速过快，将加大机械振动，降低精度和切割速度，表面粗糙度也恶化，并易造成断丝，一般以小于10 m/s 为宜。

(3) 切割路线的影响

在电火花线切割加工时要合理选择切割路线，否则可能产生变形，影响加工精度。通常应将工件与其夹持部分分割的线段安排在切割程序的末端。如图 13 - 12(a) 所示是不合理的切割路线，图 13 - 12(b) 是合理的切割路线。

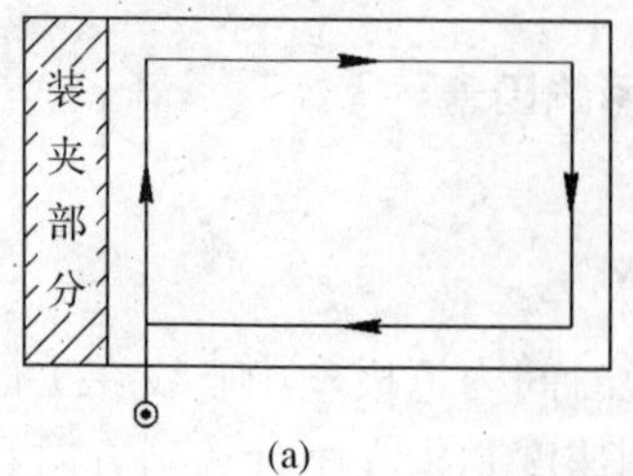

(a)

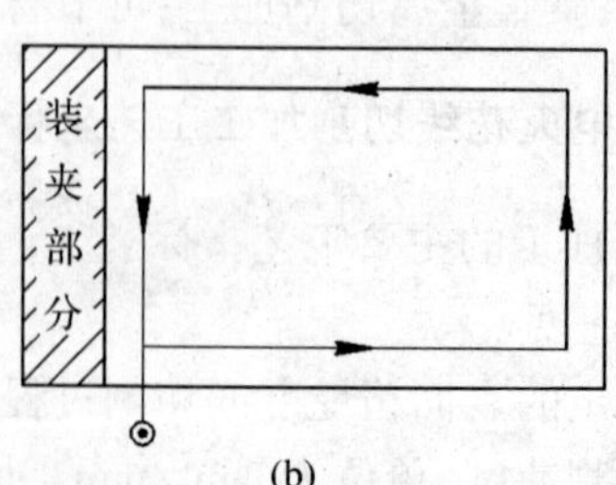

(b)

图 13 - 12　切割路线的确定

13.3.4 线切割数控编程要点

数控编程就是把要切割的图形用机器所能接受的语言编排成顺序指令的过程。目前高速走丝线切割机床一般采用3B格式,而低速走丝线切割机床通常采用国际上通用的ISO格式。

1.3B代码编程

3B代码程序格式为:Bx By BJ G Z

其中:

B——分隔符,用它来区分、隔离x,y和J数码,B后的数字如为0,则此0可以不写;

x,y——直线的终点或圆弧起点的坐标值(增量坐标值),编程时均取绝对值,以μm为单位;

J——计数长度,以μm为单位;

G——记数方向,分Gx或Gy,即可按x方向或y方向记数,工作台在该方向每走1 μm即计数累减1,当累减到计数长度J=0时,这段程序即加工完毕;

Z——加工指令,分为直线L与圆弧R两大类。直线按走向和终点所在象限而分为L1、L2、L3、L4四种;圆弧按第一步进入的象限及走向的顺、逆圆而分为SR1、SR2、SR3、SR4、NR1、NR2、NR3、NR4八种。

(1)直线的编程

①把直线的起点作为坐标的原点;

②把直线的终点坐标值作为x,y,均取绝对值,单位为μm,因x,y的比值表示直线的斜度,故亦可用公约数将x,y缩小整倍数;

③计数长度J,按计数方向Gx或Gy取该直线在x轴或y轴上的投影值,即取x或y的值,以μm为单位,决定计数长度时,要和选计数方向一并考虑;

④计数方向的选择原则,取x,y中较大的绝对值和轴向作为计数长度J和计数方向,如图13-13所示。如与坐标轴成45°的线段时,计数方向取x轴、y轴均可;

⑤加工指令Z,按直线走向和终点所在象限不同而分为L1,L2,L3,L4四种,如图13-14所示,当直线在第Ⅰ象限(包括*X*轴而不包括*Y*轴)时,加工指令记作L1,当处在第Ⅱ象限(包括*Y*轴而不包括*X*轴)时,加工指令记作L2,L3、L4,以此类推。

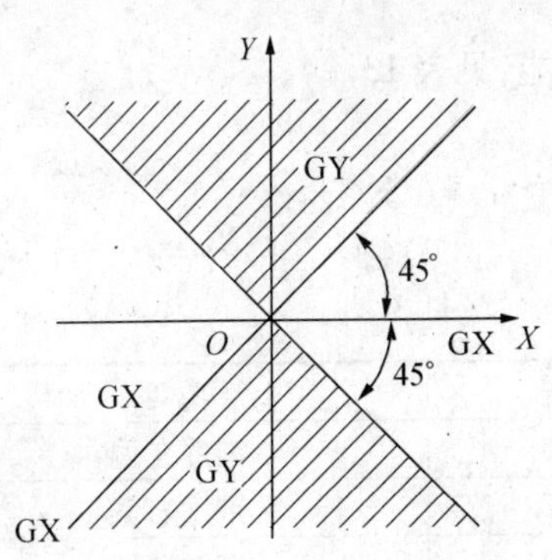

图13-13 加工直线时计数方向的确定

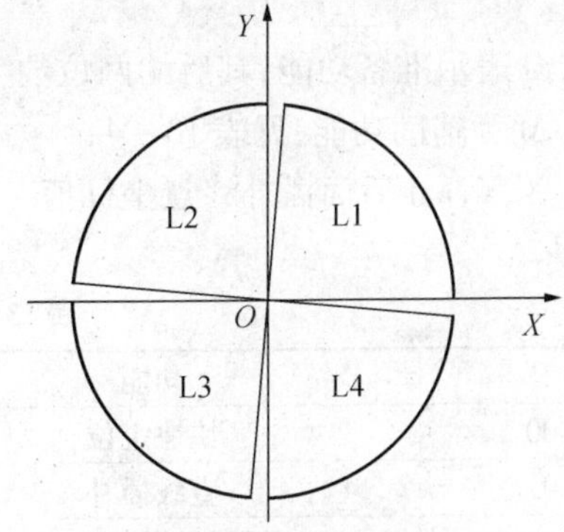

图13-14 加工直线时的指令范围

(2)圆弧的编程

①把圆弧的圆心作为坐标的原点;

②把圆弧直线的起点坐标值作为 x,y,均取绝对值,单位为 μm;

③计数长度 J 按计数方向取 x 轴或 y 轴上的投影值,以 μm 为单位。如果圆弧较长,跨越两个以上象限,则分别取计数方向 x 轴(或 y 轴)上各个象限投影值的绝对值相累加,作为该方向总的计数长度,也要和选计数方向一并考虑;

④计数方向的选择原则,取终点坐标中绝对值较小的轴作为计数方向(与直线相反),如图 13 – 15 所示。如圆弧的终点与坐标轴成 45°时,计数方向取 x 轴、y 轴均可;

⑤加工指令 Z,加工顺时针圆弧时有四种加工指令:SR1、SR2、SR3、SR4,当圆弧的起点在第Ⅰ象限(包括 y 轴而不包括 x 轴)时,加工指令记作 SR1,当起点在第Ⅱ象限(包括 x 轴而不包括 y 轴)时,记作 SR2,SR3、SR4 依此类推;加工逆时针圆弧时有四种加工指令:NR1、NR2、NR3、NR4,当圆弧的起点在第Ⅰ象限(包括 x 轴而不包括 y 轴)时,加工指令记作 NR1,当起点在第Ⅱ象限(包括 y 轴而不包括 x 轴)时、记作 NR2,NR3、NR4 依此类推,如图13 – 16所示。

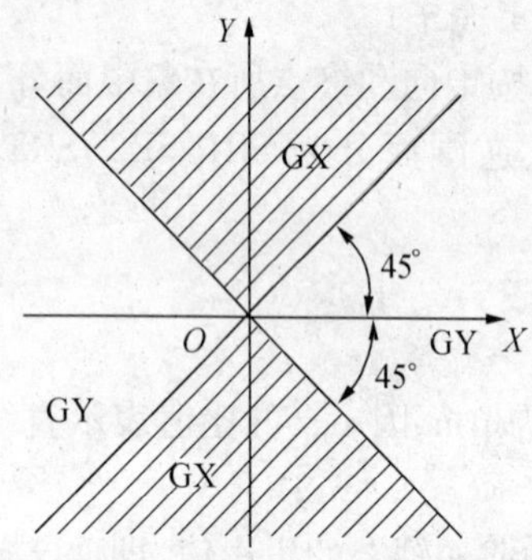

图 13 – 15　加工圆弧时计数方向的确定

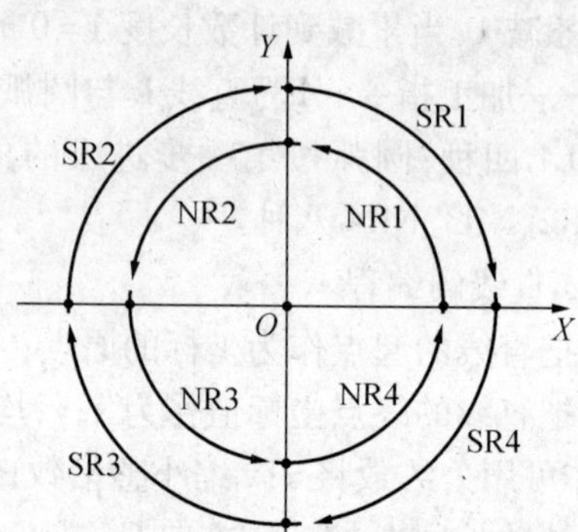

图 13 – 16　加工圆弧时的指令范围

2. ISO 代码编程

ISO 代码是国际标准化组织制定的通用数控编程格式。对线切割而言,程序段的格式如下。

程序格式:地址 + 数据

G____ X____ Y____ I____ J____

M____

其中:　G 表示准备功能,其后的两位数字表示不同的功能,见表 13 – 4;

M 为辅助功能,见表 13 – 4;

X、Y、I、J 后面插补终点坐标值。

表 13 – 4　常用代码表

代码	功能	代码	功能
G00	快速定位	G51	锥度左偏
G01	直线插补	G52	锥度右偏
G02	顺时针圆弧插补	G80	接触感知
G03	逆时针圆弧插补	G90	绝对坐标系
G40	取消间隙补偿	G91	相对坐标系
G41	左间隙补偿	G92	定义程序起始点
G42	右间隙补偿	M00	程序暂停
G50	取消锥度	M02	程序结束

例如：图 13－17 为一样板零件，定义 1 点为坐标原点，也为程序起始点，加工轨迹设定为①→⑧，加工程序为：

```
G90  G92   X0   Y0
G01  X0    Y2
G01  X－30  Y10
G01  X－30  Y34
G01  X0    Y42
G01  X0    Y32
G02  X0    Y12  I0  J－10
G01  X0    Y2
G01  X0    Y0
M02
```

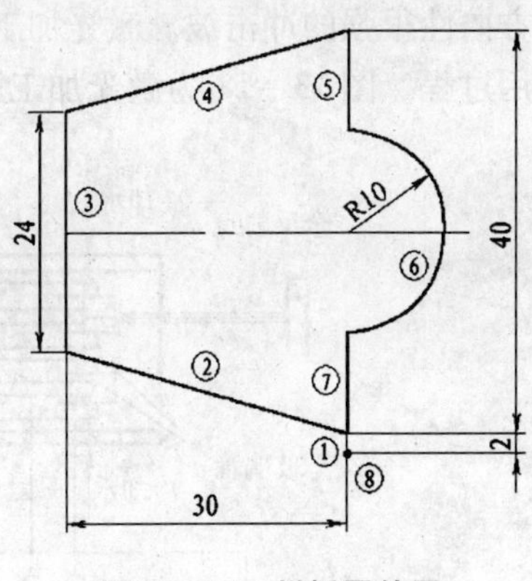

图 13－17　样板零件图

13.3.5　电火花线切割加工安全操作规程

电火花线切割操作除了必须遵守一般操作安全技术规范外，还应注意以下几点：

1. 加工时应随时观察加工运行情况，保证加工顺利进行；
2. 勿将非导电物体或锈蚀的工件安装在机床上进行加工，否则会损坏电源；
3. 装夹工件应考虑装夹部位和穿丝、切入点位置，保证切割路径通畅；
4. 扳手等工具使用后要放在安全位置，以免发生事故；
5. 加工时的进给速度不要太快，以免影响加工质量或出现断丝等；
6. 加工时也不要用手或其他物体去触摸工件或电极；
7. 放电加工时有火花产生，需注意防火措施；
8. 机床使用后必须清理擦拭干净，以免零部件锈蚀。

13.4　激光加工

激光技术是 20 世纪 60 年代初发展起来的一门新兴科学，在材料加工方面，已逐步形成一种崭新的加工方法——激光加工。激光加工是利用光的能量经过透镜聚焦后在焦点上达到很高的能量密度靠光热效应来加工各种材料的。由于激光加工不需要加工工具，而且加工速度快、表面变形小，可以加工各种材料，近年来得到了广泛的应用。主要用于打孔、切割、焊接、热处理以及激光存储等领域。

13.4.1　激光加工的基本原理和设备组成

1. 激光加工的基本原理

激光是一种经受激辐射产生的加强光，具有亮度高、方向性好、高单色性和高相干性的性能特点。通过光学系统可聚焦成为一个极小的光束（微米级），而且可根据加工要求调整光束粗细。激光加工时，把激光束聚焦在工件加工部位，工件材料会迅速熔化、气化（焦点处能量密度高达 $10^8 \sim 10^{10}$ W/cm^2，温度可达一万多摄氏度），随着激光能量的不断被吸收，材料凹坑内金属蒸气迅速膨胀，压力突然增大，熔融物爆炸式高速喷射出来，在工件内部形成方向性很强的冲击波。激光加工就是在光热效应下产生高温熔融和受冲击波抛出的综合作用过程。图 13－18 为激光加工原理示意图。

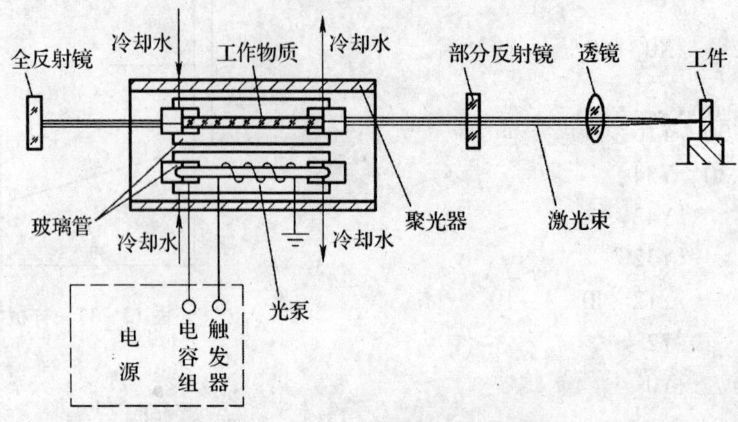

图 13－18　激光加工原理示意图

2. 激光加工的设备组成

激光加工设备一般由激光器、激光器电源、光学系统及机械系统四大部分组成。

(1) 激光器

激光器是激光加工的重要设备,它把电能转变成光能,产生激光束。按激活介质的种类可以分为固体激光器、气体激光器、液体激光器、半导体激光器、自由电子激光器等;按激光器的工作方式可大致分为连续激光器和脉冲激光器。

(2) 激光器电源

激光器电源为激光器提供所需要的能量及控制功能。由于各类激光器的工作特点不同,对供电电源的要求也不同。例如:固体激光器电源有连续和脉冲两种;气体激光器电源有直流、射频、微波、电容器放电以及这些方法联合使用等。

(3) 光学系统

包括激光聚焦系统和观察瞄准系统。光学系统是激光加工设备的主要组成部分,其作用是引导激光束至工件表面,并在加工部位获得所需的光斑形状、尺寸及功率密度,同时,瞄准加工部位、显微观察加工过程及加工零件。

(4) 机械系统

机械系统主要包括床身、能在三坐标范围内移动的工作台及机电控制系统等。随着电子技术的发展,已采用计算机来控制工作台的移动,实现激光加工的数控操作,激光加工机的种类也越来越多,结构形式不一。

13.4.2　激光加工的特点及其应用

1. 激光加工的特点

(1) 激光聚焦后,功率密度(可高达 $10^8 \sim 10^{10}$ W/cm^2)大,光能转化为热能,几乎可以熔化、气化任何材料。

(2) 激光斑点大小可以聚焦到微米级,输出功率可以调节,因此可用以精密微细加工。

(3) 加工所用工具是激光束,非接触加工,所以没有明显的机械力,没有工具损耗问题。

(4) 操作简单方便。

2. 激光加工的应用范围

利用激光能量高度集中的特点,可以用于打孔、切割、雕刻及表面处理。利用激光的单色性好的特点还可以进行精密测量。

(1) 激光打孔

激光打孔是激光加工中应用最早和应用最广泛的一种加工方法。利用凸镜将激光在工件上聚焦,焦点处的高温使材料瞬时熔化、气化、蒸发,好像一个微型爆炸,气化物质以超音速喷射出来,它的反冲击力在工件内部形成一个向后的冲击波,在此作用下将孔打出。激光打孔速度极快,效率极高。如用激光给手表的红宝石轴承打孔,每秒钟可加工个 14~16,合格率达 99%。目前常用于微细孔和超硬材料打孔,如柴油机喷嘴、金刚石拉丝模、化纤喷丝头、卷烟机上用的集流管等。

(2) 激光切割

与激光打孔原理基本相同,也是将激光能量聚集到很微小的范围内把工件烧穿,但切割时需移动工件或激光束(一般移动工件),沿切口连续打一排小孔即可把工件割开。激光可以切割金属、陶瓷、半导体、布、纸、橡胶、木材等,切缝窄、效率高、操作方便。

(3) 激光焊接

激光焊接与激光打孔原理稍有不同,焊接时不需要那么高的能量密度使工件材料汽化蚀除,而只要将工件的加工区烧熔,使其粘合在一起。因此所需能量密度较低,可用小功率激光器。与其他焊接相比,具有焊接时间短、效率高、无喷渣、被焊材料不易氧化、热影响区小等特点。不仅能焊接同种材料,而且可以焊接不同种类的材料,甚至可以焊接金属与非金属材料。

(4) 激光的表面热处理

利用激光对金属工件表面进行扫描,从而引起工件表面金相组织发生变化进而对工件表面进行表面淬火、粉末粘合等。用激光进行表面淬火,工件表层的加热速度极快,内部受热极少,工件不产生热变形,特别适合于对齿轮、汽缸筒等形状复杂的零件进行表面淬火。由于不必用加热炉,是开式的,故也适合于大型零件的表面淬火。粉末粘合是在工件表层上用激光加热后熔入其他元素,可提高和改善工件的综合力学性能。此外,还可以利用激光除锈、激光消除工件表面的沉积物等。

13.5 超声加工

超声加工有时也称超声波加工。电火花加工和电化学加工都只能加工金属导电材料,不易加工不导电的非金属材料,然而超声加工不仅能加工硬质合金、淬火钢等脆硬金属材料,而且更适合于加工玻璃、陶瓷、半导体锗和硅片等不导电的非金属脆硬材料,同时还可以用于清洗、焊接和探伤等。

13.5.1 超声加工的基本原理和设备组成

1. 超声加工的基本原理

超声波是频率超过 16 000 Hz 的声波。超声波加工是利用工具端面作超声频振动,通过磨料悬浮液加工脆硬材料的一种成形方法。加工原理如图 13-19 所示。加工时,工具以一定的静压力加在工件上,并向加工区内送入磨料悬浮液(磨料与水的混合液)。超声换能器产生超声频轴向振动,迫使工作液中悬浮的磨粒以很大的速度和加速度不断地撞击、抛磨被加工表面,把被加工表面的材料粉碎成很细的微粒,从工件上被打击下来。循环的磨料悬浮液不断地带走破碎下来的工件材料,工具便逐渐地伸入工件中去,在工件上加工出与工具形状相似的型孔。此外,当工具端面以很大的加速度离开工件表面时,加工间隙中的工作液内由于负压和局部真空形成许多微空腔,当工具端面再以很大的加速度接近工件表面时,空腔闭合,从而形成可以强化加工过程的液压冲击波,这种现象称为"超声空化"。

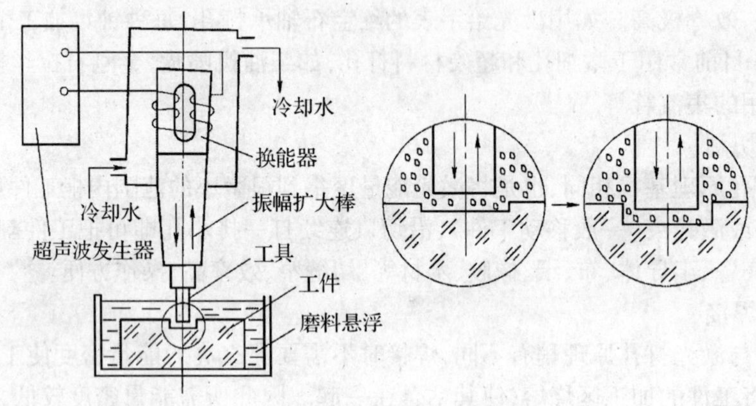

图 13-19　超声波加工原理示意图

由此可见,超声加工是磨粒在超声振动作用下的机械撞击和抛磨作用以及超声空化作用的综合结果,其中磨粒的撞击作用是主要的。

2. 超声加工的设备组成

超声加工的设备一般由超声发生器、超声振动系统、机床本体和磨料工作液循环系统等几部分组成。

(1) 超声发生器(超声电源)

超声发生器(也称超声波或超声频发生器)的作用是将工频交流电转变为有一定功率输出的超声频电振荡,以供给工具端面往复振动和去除被加工材料的能量。其基本要求是:输出功率和频率在一定范围内连续可调。

(2) 超声振动系统

超声振动系统主要包括换能器、变幅杆、工具。其作用是将超声发生器输出的高频电振荡转换成机械振荡(高频电能转变为机械能),并借助变幅杆把振幅放大(达 0.05 ~ 0.1 mm 左右),使工具端面作高频率小振幅的振动以进行加工。

(3) 机床本体

超声加工机床一般比较简单,包括支承振动系统的机架、工作台、使工具以一定压力作用在工件上的进给机构以及床身等部分组成。

(4) 磨料工作液及其循环系统

简单的超声加工装置,其磨料是靠人工输送和更换的,即在加工前将悬浮磨料的工作液浇注在加工区,加工过程中定时抬起工具和补充磨料。也可利用小型离心泵使磨料悬浮液搅拌后浇注到加工间隙中去。对于较深的加工表面,应将工具定时抬起以利磨料的更换和补充。

13.5.2 超声加工的特点及其应用

1. 超声加工的特点

(1) 适合于加工各种硬脆材料，特别是不导电的非金属材料，如玻璃、陶瓷、石英、锗、硅、石墨、玛瑙、宝石、金刚石等。对于硬质金属材料，如淬火钢、硬质合金等也能进行加工，但加工生产率较低，只宜作切削量很小的研磨和抛光。

(2) 由于工具可用较软的材料做成较复杂的形状，故不需要使工具和工件作比较复杂的相对运动，因此超声加工机床的结构比较简单，操作、维修方便。

(3) 由于去除加工材料是靠极小磨料瞬时局部的撞击作用，故工件表面的宏观切削力很小，切削应力、切削热很小，不会引起变形及烧伤，表面粗糙度也较好，可达 $Ra1 \sim 0.1$ μm，加工精度可达 0.01 ~ 0.02 mm，可以加工薄壁、窄缝、低刚度零件。

2. 超声加工的应用范围

(1) 型孔和型腔的加工

超声加工目前在各工业部门主要用于对脆硬材料加工圆孔、型孔、型腔、套料、微细孔等，如图 13－20 所示。

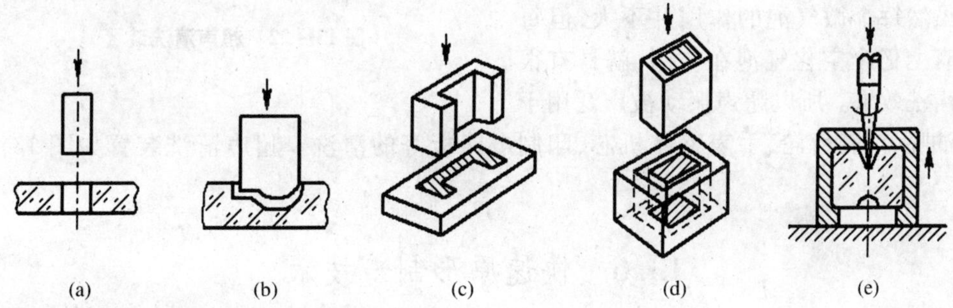

图 13－20 超声加工应用实例

(a) 加工圆孔；(b) 加工型腔；(c) 加工异形孔；(d) 套料加工；(e) 加工微细孔

(2) 切割加工

超声加工可用于切割单晶硅片等脆硬的半导体材料和陶瓷材料，如图 13－21 所示。

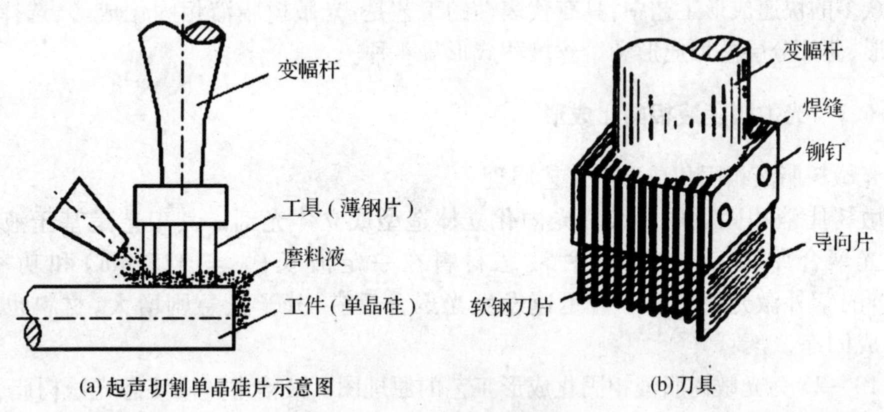

图 13－21 超声切割加工

(3) 复合加工

为了提高加工速度及降低工具损耗,可以把超声加工和其他加工方法相结合进行复合加工。例如采用超声与电化学或电火花加工相结合的方法来加工喷油嘴、喷丝板上的小孔或窄缝,可以大大提高加工速度和质量。超声波加工还可以研磨抛光电火花加工之后的模具表面、拉丝模小孔等,可以减小表面粗糙度值。

(4) 超声清洗

超声清洗的原理主要是基于超声频振动在液体中产生的交变冲击波和空化作用。超声波在清洗液(汽油、煤油、酒精、丙酮或水等)中传播时,液体分子往复高频振动产生正负交变的冲击波。当声强达到一定数值时,液体中急剧生长微小空化气泡并瞬时强烈闭合,产生的微冲击波使被清洗物表面的污物遭到破坏,并从被清洗表面脱落下来。即使是被清洗物上的窄缝、微小深孔、弯孔中的污物,也很易被清洗干净。虽然每个微气泡的作用并不大,但每秒钟有上亿个空化气泡在作用,就具有很好的清洗效果。所以超声振动被广泛用于对喷油嘴、仪表齿轮、手表整体机芯、印制电路板等的清洗。超声清洗装置如图 13-22 所示。

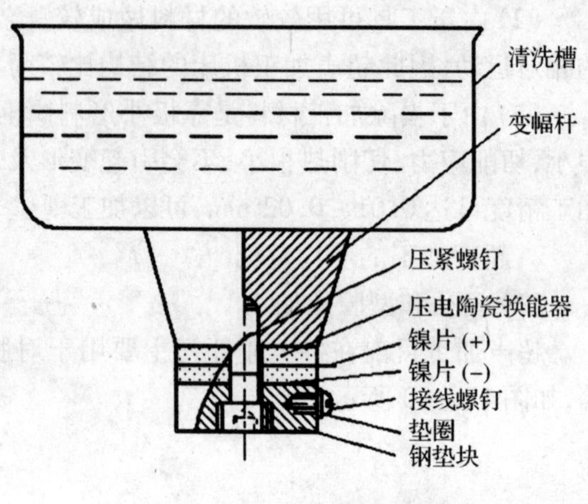

图 13-22 超声清洗装置

13.6 快速原形制造技术

快速原形制造技术又简称快速成形技术,是 20 世纪 80 年代出现的一种全新概念的制造技术,被认为是制造领域的一次重大创新。快速成形技术综合了机械工程、CAD、数控技术、激光技术以及材料科学技术,可以自动、直接、快速、准确地将设计思想转变为具有一定功能的原型或直接制造零件,从而可以对产品设计进行快速评估、修改及功能试验,大大缩短了产品的研制周期,是一种增材加工法。

在众多的快速成形工艺中,具有代表性的工艺是:光敏树脂液相固化成形、选择性粉末烧结成形、薄片分层叠加成形和熔丝堆积成形等 4 种。

13.6.1 光敏树脂液相固化成形

1. 光敏树脂液相固化成形的工艺原理

光敏树脂液相固化成形又称光固化立体造型或立体光刻。其工艺是基于液态光敏树脂的光聚合原理工作的。这种液态材料在一定波长(λ = 325 nm)和功率(P = 30 mW)的紫外激光的照射下能迅速发生光聚合反应,分子量急剧增大,材料也就从液态转变成固态。

图 13-23 为光敏树脂液相固化成形工艺的原理图。液槽中盛满液态光敏树脂,激光束在偏转镜作用下,在液体表面上扫描,扫描的轨迹及激光的有无均由计算机控制,光点扫描

到的地方,液体就固化。成形开始时,工作平台在液面下一个确定的深度,液面始终处于激光的焦点平面内,聚焦后的光斑在液面上按计算机的指令逐点扫描即逐点固化。当一层扫描完成后,未被照射的地方仍是液态树脂。然后升降台带动平台下降一层高度(约 0.1 mm),已成型的层面上又布满一层液态树脂,刮平器将黏度较大的树脂液面刮平,然后再进行下一层的扫描,新固化的一层牢固地粘在前一层上,如此重复,直到整个零件制造完毕,得到一个三维实体原型。

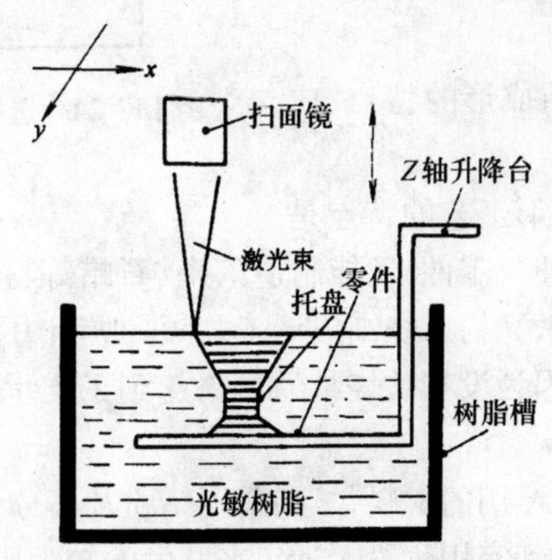

图 13-23　光敏树脂液相固化成形原理

光敏树脂液相固化成形方法是目前快速成形技术领域中研究得最多的方法,也是技术上最为成熟的方法。光敏树脂液相固化成形工艺成形的零件精度较高。多年的研究改进了截面扫描方式和树脂成形性能,使该工艺的精度能达到或小于 0.1 mm。

2. 光敏树脂液相固化成形的特点、成形材料和应用

这种方法的特点是精度高、表面质量好、原材料利用率将近 100%,能制造形状特别复杂(如空心零件)、特别精细(如首饰、工艺品等)的零件。制作出来的原型件,可快速翻制各种模具。

光敏树脂液相固化成形工艺的成形材料称为光固化树脂(或称光敏树脂),光固化树脂材料中主要包括齐聚物、反应性稀释剂及光引发剂。根据引发剂的引发机理,光固化树脂可以分为三类:自由基光固化树脂、阳离子光固化树脂和混杂型光固化树脂,它们各有许多优点,目前的趋势是使用混杂型光固化树脂。

光敏树脂液相固化成形的应用有很多方面,可直接制作各种树脂功能件,用作结构验证和功能测试;可制作比较精细和复杂的零件;可制造出有透明效果的制件;制作出来的原型件可快速翻制各种模具,如硅橡胶模、金属冷喷模、陶瓷模、合金模、电铸模、环氧树脂模和气化模等。

13.6.2　选择性激光粉末烧结成形

1. 选择性激光粉末烧结成形的工艺原理

选择性激光粉末烧结成形工艺又称为选区激光烧结,其工艺是利用粉末材料(金属粉末或非金属粉末)在激光照射下烧结的原理,在计算机控制下层层堆积成形。

如图 13－24 所示，此法采用 CO_2 激光器作能源，目前使用的造型材料多为各种粉末材料。在工作台上均匀铺上一层很薄（0.1～0.2 mm）的粉末，激光束在计算机控制下按照零件分层轮廓有选择性地进行烧结，一层完成后再进行下一层烧结。全部烧结完后去掉多余的粉末，再进行打磨、烘干等处理便获得零件。

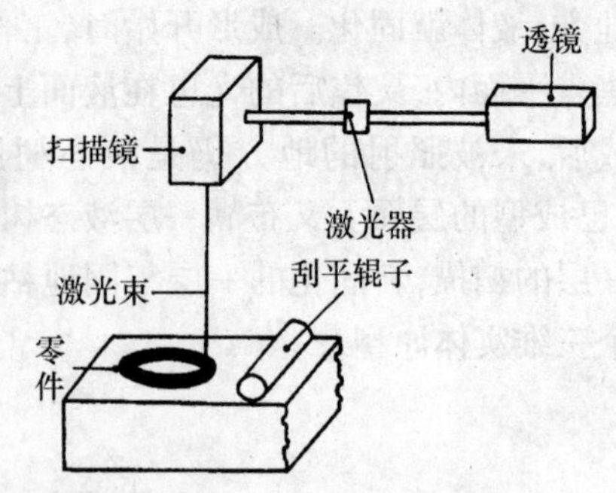

图 13－24 选择性激光粉末烧结成形原理

2. 选择性激光粉末烧结成形的特点、成形材料和应用

选择性激光粉末烧结成形工艺的特点是材料适应面广，不仅能制造塑料零件，还能制造陶瓷、石蜡等材料的零件。特别是可以直接制造金属零件，这使选择性激光粉末烧结成形工艺颇具吸引力；另一特点是选择性激光粉末烧结成形工艺无需加支承，因为没有被烧结的粉末起到了支承的作用。因此可以烧结制造空心、多层镂空的复杂零件。

选择性激光粉末烧结成形用的材料，早期采用蜡粉及高分子塑料粉，用金属或陶瓷粉进行粘接或烧结的工艺也已达到实用阶段。近年来开发的较为成熟的用于选择性激光粉末烧结成形工艺的材料有石蜡、聚碳酸酯、尼龙、钢铜合金等。

选择性激光粉末烧结成形激光粉末烧结的应用范围与光敏树脂液相固化成形工艺类似，可直接制作各种高分子粉末材料的功能件，用作结构验证和功能测试，并可用于装配样机。制件可直接作精密铸造用的蜡模和砂型、型芯，制作出来的原型件可快速翻制各种模具，如硅橡胶模、金属冷喷模、陶瓷模、合金模、电铸模、环氧树脂模和气化模等。

13.6.3 薄片分层叠加成形

1. 薄片分层叠加成形的工艺原理

薄片分层叠加成形工艺又称叠层实体制造或分层实体制造，因为常用纸作原料，故又称纸片叠层法。其工艺采用薄片材料，如纸、塑料薄膜等作为成形材料，片材表面事先涂覆上一层热熔胶。加工时，用 CO_2 激光器（或刀）在计算机控制下按照 CAD 分层模型轨迹切割片材，然后通过热压辊热压，使当前层与下面已成形的工件层粘接，从而堆积成型。

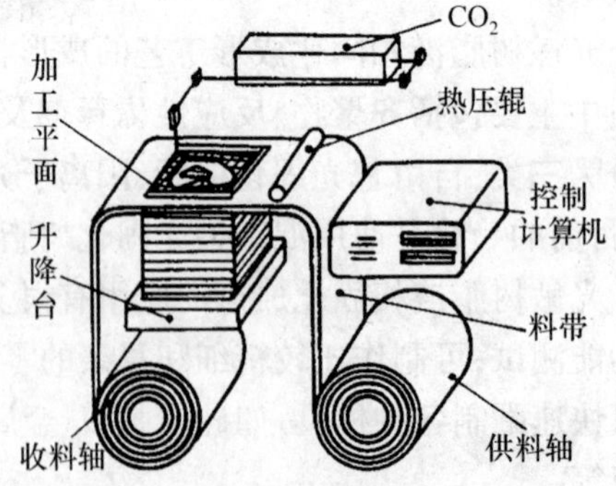

图 13－25 薄片分层叠加成形原理

图 13－25 为薄片分层叠加成形工艺的原理图。用 CO_2 激光器在刚帖接的新层上切割出零件截面轮廓和工件外框，并在截面轮廓与外框之间多余的区域内切割出上下对齐的网格；激光切割完成后，工作台带动已成形的工件下降，与带状片材（料带）分离；供料机构转动收料轴和供料轴，带动料带移动，使新层移到加工区域；工作台上升到加工平面；热压辊热压，工件的层数增加一层，高度增加一个料厚；再在新层上切割截面轮廓。如此反复直至零

件的所有截面切割、粘接完,得到三维的实体零件。

2. 薄片分层叠加成形的特点、成形材料和应用

薄片分层叠加成形工艺只需在片材上切割出零件截面的轮廓,而不用扫描整个截面,因此易于制造大型、实体零件。零件的精度较高(< 0.15 mm)。工件外框与截面轮廓之间的多余材料在加工中起到了支承作用,所以薄片分层叠加成形工艺无需加支承。

薄片分层叠加成形工艺的成形材料常用成卷的纸,纸的一面事先涂覆一层热熔胶,偶尔也有用塑料薄膜作为成形材料。对纸材的要求是应具有抗湿性、稳定性、涂胶浸润性和抗拉强度。

薄片分层叠加快速成形工艺和设备由于其成形材料纸张较便宜,运行成本和设备投资较低,故获得了一定的应用,可以用来制作汽车发动机曲轴、连杆、各类箱体、盖板等零部件的原形样件。

13.6.4 熔丝堆积成形

1. 熔丝堆积成形的工艺原理

熔丝堆积成形工艺是利用热塑性材料的热熔性、黏结性在计算机控制下层层堆积成型。

图 13－26 为熔丝堆积成形工艺的原理图。材料先抽成丝状,通过送丝机构送进喷头,在喷头内被加热熔化,喷头沿零件截面轮廓和填充轨迹运动,同时将熔化的材料挤出,材料迅速固化,并与周围的材料黏结,层层堆积成型。

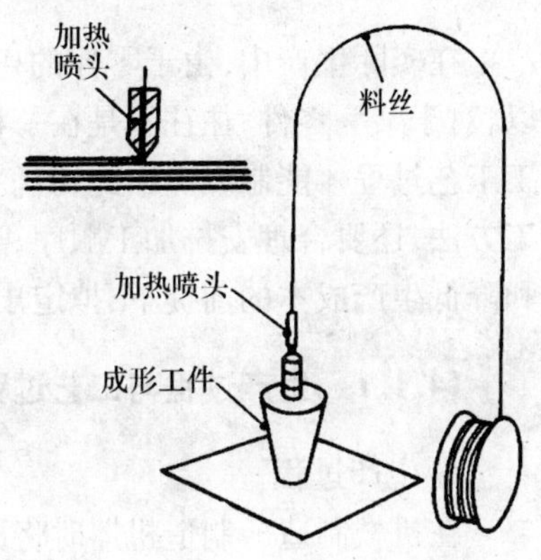

图 13－26　熔线堆积成形工艺原理图

2. 熔丝堆积成形的特点、成形材料和应用

该工艺不用激光,因此使用、维护简单,成本较低。用蜡成形的零件原型,可以直接用于失蜡铸造。用 ABS 工程塑料制造的原型因具有较高强度而在产品设计、测试与评估等方面得到广泛应用。

熔丝堆积成形工艺常用 ABS 工程塑料丝作为成形材料。

由于熔丝堆积成形工艺的一大优点是可以成形任意复杂程度的零件,经常用于成形具有很复杂的内腔、孔等零件。

复习思考题

1. 何谓现代加工方法？现代加工方法与传统的切削加工相比有什么不同的特点？常用的现代加工方法有哪些？

2. 电火花加工的原理是什么？常用的电火花加工工艺方法有哪些？

3. 试述电火花线切割加工的基本原理和加工范围。

4. 试述线切割机床组成和各部分的作用。

5. 何谓激光？试述激光加工原理和应用范围。

6. 何谓超声波？试述超声波加工原理和应用范围。

第 14 章　零件加工工艺和结构工艺性

【目的与要求】

1. 了解生产过程与工艺过程的关系及工艺文件在生产中的作用；

2. 掌握机械加工工艺过程的组成以及制定机械加工工艺规程的步骤；

3. 掌握拟定工艺路线的主要内容；

4. 能分析和编制简单典型零件的机械加工工艺过程；

5. 通过对一般典型零件的加工分析，结合机械加工工艺过程的制定方法，了解一般典型零件加工中的共性问题。

14.1　基本概念

在实际生产中，由于零件的生产类型、尺寸精度、形位精度和技术条件等要求不同，所以，对于某一零件，往往不是在一种机床上用一种加工方法就能完成，而是要经过一定的加工工艺过程才能制成。因此，我们不仅要根据零件的具体要求，对各组成表面选择合适的加工方法，还要合理安排加工顺序，逐步地把零件加工出来。即在保证加工质量、提高生产率和降低生产成本的前提下，拟定出较合理的机械加工工艺过程。

14.1.1　生产过程与工艺过程

1. 生产过程

在机械制造厂制造机器时将原材料转变为成品的全过程称为生产过程。它包括原材料的运输和保存、生产准备的工作、毛坯的制造、零件的加工与热处理、部件和整机的装配、机器的检验、调试以及油漆和包装等。

2. 工艺过程

由原材料经浇铸、锻造、冲压或焊接而成为铸件、锻件、冲压件或焊接件的过程，分别称为铸造、锻造、冲压或焊接工艺过程。将铸、锻件毛坯或钢材经机械加工方法，改变它们的形状、尺寸、表面质量，使其成为合格零件的过程，称为机械加工工艺过程。在热处理车间，对机器零件的半成品通过各种热处理方法，直接改变它们的材料性质的过程，称为热处理工艺过程。最后，将合格的机器零件、外购件及标准件装配成组件、部件和机器的过程，称为装配工艺过程。

3. 对工艺过程的基本要求

对于任何一种产品，不同工厂的工艺过程不会完全一样。每个工厂应该结合自己的设备、技术力量、管理能力等具体条件，确定一个较合理的方案，这个方案应满足如下要求：

(1) 保证零件和机器具有图样技术要求所规定的质量；

(2) 使设备和工人劳动生产率能达到较高水平；

(3) 保证有较好的经济性，即生产成本最低。

14.1.2　机械加工工艺过程的组成

机械加工工艺过程由一系列依次排列的工序所组成,毛坯通过这些工序而成为成品。

(1) 工序　工序是指一个或一组工人,在一个工作地对同一个或同时对几个工件所连续完成的那一部分工艺过程。工序是工艺过程的基本组成部分,也是安排生产计划的基本单元。如加工图 14－1 所示阶梯轴,在不同生产形式下的工序分别由表14－1和表 14－2 给出。

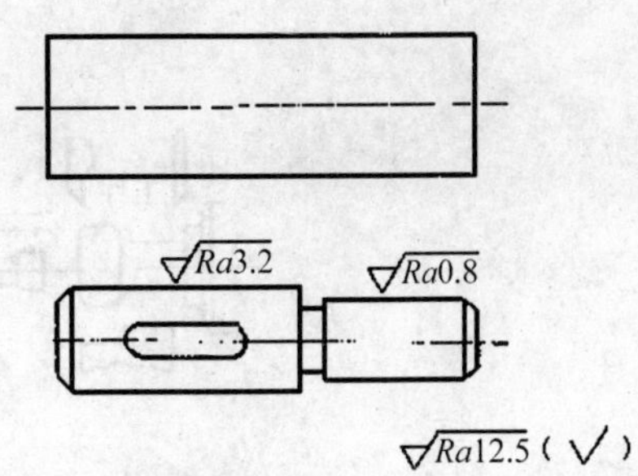

图 14－1　阶梯轴及毛坯

表 14－1　阶梯轴单件生产的工艺过程

工序号	工序名称	设备
1	车端面,打中心孔,车外圆,切退刀槽,倒角	车床
2	铣键槽	铣床
3	磨外圆,去毛刺	磨床

工人、机床(工作地点)、工件和连续作业是构成工序的四个要素,其中任意一个要素的变更即构成新的工序。连续作业是指在该工序内的全部工作要不间断地接连完成。

(2) 安装　工件在一次装夹下所完成的那一部分工艺过程,称为一个安装。一道工序按其工作内容不同,有时只包含一个安装,有时则包含几个安装。

如表 14－1 的工序 1,先用三爪卡盘夹紧工件,车端面,打中心孔,然后松开工件,调头装夹后车另一端面,打中心孔,这些工作是在工件经过两次装夹下完成的,故属于两个安装。而表 14－2 的工序 1 是在双面铣端面打中心孔机床上,在一次装夹下完成的,所以它只含一个安装。在一道工序中,应该尽量减少装夹次数。因为多一次装夹,就会多一份误差,而且装卸工件的辅助时间也会增加。

表 14－2　阶梯轴大批大量生产的工艺过程

工序号	工序名称	设备
1	铣端面,打中心孔	铣端面和打中心孔机床
2	粗车外圆	车床
3	精车外圆,倒角,切退刀槽	车床
4	铣键槽	铣床
5	磨外圆	磨床
6	去毛刺	钳工台

(3) 工步　在加工表面(或装配时的连接表面)、加工(或装配)工具、转速和进给量都不变的情况下,所连续完成的那一部分工序,称为工步。如图 14 - 2 所示的在转塔自动车床上加工零件的一个工序,包括六个工步。

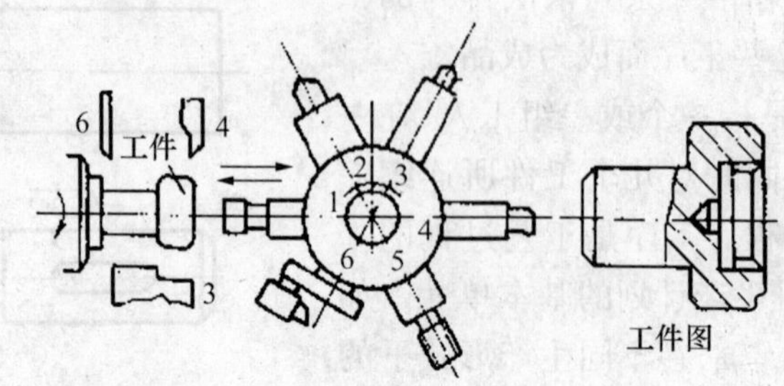

图 14 - 2　包括六个工步的工序

(4) 工位　工件与夹具或机床的移动部分一起相对于机床的固定部分所占据的每一个位置所完成的那一部分工艺过程,称为工位。例如,用分度头铣六方,每转位一次即为一个工位。

(5) 走刀　同一个工步中,若加工余量大,需要用同一刀具,在相同转速和进给量下,对同一加工面进行多次切削,则每切削一次,就是一次走刀。

14.1.3　生产类型及其工艺特征

1. 生产纲领

企业在计划期内应当生产的产品产量和进度计划,称为生产纲领。零件的年生产纲领就是包括备品和废品在内的生产量,通常按下式计算:

$$N_{零} = N \cdot n(1 + \alpha + \beta)$$

式中　$N_{零}$——零件的年生产纲领(件/年);

N——产品的年产量(台/年);

n——每台产品中,该零件的数量(件/台);

α——备品率,以百分数表示;

β——废品率,以百分数表示。

2. 生产类型的工艺特征

根据产品的大小和生产纲领的不同,按企业(或车间、工段、班组、工作地)生产专业化程度,一般把机械制造生产分为两种类型。

(1) 单件生产　单个制造一种零件(或产品),很少重复或不重复生产,称为单件生产。例如,重型机器、大型船舶制造及新产品试制等。

(2) 成批生产　成批制造相同的零件(或产品),一般是周期性地重复进行生产,称为成批生产。每批所投入或产出的同一零件(或产品)的数量,称为批量。按照批量的大小和产品的特点,成批生产又可分为小批、中批、大批生产三种类型。

(3) 大量生产　同一种零件(或产品)的制造数量很多,大多数工作地点经常重复地进行一种零件的某一工序的加工,称为大量生产。例如汽车、拖拉机、轴承、缝纫机和自行车的制造,通常是以大量生产的方式进行的。

由表 14 - 3 可见生产类型主要由生产纲领来确定,同时还与产品大小和复杂程度有关。

表 14 – 4 列出了各类生产类型的主要工艺特征。

表 14 – 3　生产类型和生产纲领的关系

<table>
<tr><td colspan="2" rowspan="2">生产类型</td><td colspan="3">同种零件的生产量/件</td></tr>
<tr><td>重型(30 kg 以上)</td><td>中型(4 ~ 30 kg)</td><td>轻型(4 kg 以下)</td></tr>
<tr><td colspan="2">单件生产</td><td>5 以下</td><td>10 以下</td><td>100 以下</td></tr>
<tr><td rowspan="3">批量生产</td><td>小量生产</td><td>5 ~ 100</td><td>10 ~ 20</td><td>100 ~ 500</td></tr>
<tr><td>中批生产</td><td>100 ~ 300</td><td>200 ~ 500</td><td>500 ~ 5 000</td></tr>
<tr><td>大批生产</td><td>300 ~ 1 000</td><td>500 ~ 5 000</td><td>5 000 ~ 50 000</td></tr>
<tr><td colspan="2">大量生产</td><td>1 000 以上</td><td>5 000 以上</td><td>50 000 以上</td></tr>
</table>

表 14 – 4　各种生产类型的工艺特征

项　目	单件小批量生产	成批生产	大批、大量生产
产品数量	少	中等	大量
加工对象	经常变换	周期变换	固定不变
机床设备和布置	采用通用(万能的)设备,按机群布置	通用和部分专用设备,按工艺路线布置成流水线。	广泛采用高效率专用设备和自动化生产线
夹具	极少用专用夹具和特种工具	广泛采用专用夹具和特种工具	广泛采用高效率专用夹具和特种工具
刀具和量具	一般刀具和通用量具	部分采用专用刀具和量具	高效率专用刀具和量具
安装方法	划线找正	部分划线找正	不需划线找正
加工方法	根据测量进行试切加工	用调整法加工,有时还可以组织成组加工	使用调整法自动化加工
装配方法	钳工试配	普通应用互换性,同时保留某些试配	全部互换,某些精度较高的配合件用配磨,配研,选择装配,不需钳工试配
毛坯制造	木模造型和自由锻	部分采用金属模造型和模锻	采用金属模机器造型、模锻、压力铸造等高效率毛坯制造方法
工人技术水平	需技术熟练工人	需技术比较熟练的工人	调整工要技术熟练,操作工要求技术熟练程度较低
工艺过程的要求	只编制简单的工艺过程卡片	除有较详细的工艺过程外,对重要零件的关键工序需有详细说明的工序操作卡	详细编写工艺过程和各种工艺文件
生产率	低	中	高
成本	高	中	低

14.2 机械加工工艺规程的制定

14.2.1 工艺规程的作用

把工艺过程按一定的格式用文件的形式固定下来，便成为工艺规程。正确的工艺规程，是根据长期的生产和科学实验总结出来的经验，结合具体生产条件而制定的，并通过生产实践不断改进和完善。生产中有了这种工艺规程，就有利于保证产品质量，便于车间的生产管理，以及计划和组织工作，提高设备的利用率。工艺规程是一切生产人员都应严格执行，认真贯彻的纪律性文件。生产人员不得违反工艺规程或任意改变工艺规程所规定的内容，否则就会影响产品质量，打乱生产秩序。

工艺规程必须满足优质、高产、低消耗的要求。首先是确保设计图纸所要求的质量，同时还应确保以最经济的办法达到所要求的生产纲领，即人力、物力消耗最少而生产率足够高。

提高生产率和提高经济性，二者有时是互相矛盾的。如果用了高生产率设备，虽然可以提高生产率，但这些设备的价格较高，投资较多，在生产纲领不够大的情况下，就会使生产成本提高；倘若产品数量增加，高生产率的设备得到充分利用，则此时不但提高了生产率，制造成本也会随之降低。由此可见，质量、生产率和经济性三者之间具有辩证的关系。在设计工艺规程时还应根据生产类型和现有设备，在保证质量的前提下选择最经济，最合理的工艺方案。

14.2.2 制定机械加工工艺规程的原始资料

制定机械加工工艺规程时，必须具备下列原始资料：

(1) 零件的设计图和产品装配图；

(2) 零件的生产纲领；

(3) 毛坯和半成品的资料　包括毛坯的品种和规格图，毛坯供应单位的生产能力与技术水平；

(4) 工厂的生产条件　如现有设备的规格、性能、设备更新计划、工人技术水平、设备及工艺装备的制造能力；

(5) 国内外生产技术的发展情况　各种技术资料，如切削用量手册、夹具手册、机械加工工艺师手册，有关的国家标准、部颁标准及厂标、类似零件的工艺规程以及国内外新技术、新工艺资料等。

14.2.3 制定工艺规程的步骤

制定零件机械加工工艺规程的步骤大致如下：

(1) 加工对象的工艺分析　首先计算零件的生产纲领，确定生产类型，大致了解该种生产类型所具有的工艺特征；然后熟悉产品的性能、用途和工作条件，了解各零件的装配关系及其作用，分析各项技术要求的必要性和合理性，找出主要表面和主要技术要求，审查零件的结构工艺性；

(2) 确定毛坯　毛坯质量高，则机械加工劳动量少、可提高材料利用率、降低机械加工成本，目前国内机械制造厂多半由本厂的毛坯车间供应毛坯，选择毛坯时，既要充分注意到采用新工艺、新技术、新材料的可能性、又必须结合毛坯车间的具体情况，确定毛坯的形式和制造

方法;

(3) 拟定工艺路线　选择定位基面,确定各表面的加工方法,划分加工阶段;确定工序集中与分散的程度,合理安排各表面加工顺序等;

(4) 确定各工序的设备、刀具、夹具、量具和辅助工具;

(5) 确定各工序的加工余量,计算工序尺寸及其公差;

(6) 确定各工序的技术要求及检验方法;

(7) 确定切削用量及工时定额;

(8) 填写工艺文件。

14.3　工件的安装与定位

机械加工时,为使工件的被加工表面获得图纸规定的尺寸和位置精度要求,必须使工件在加工前相对机床、刀具占有某一正确的位置,这个过程称为定位。在加工过程中,工件在各种力的作用下应当保持这一正确位置始终不变,这就需要夹紧。定位和夹紧两个过程的总和称为工件的"安装"。工件安装时必须依据一定的基准,下面先讨论一下基准的概念。

14.3.1　基准的概念

工件上任何一个点、线、面的位置必须用它与另外一些点、线、面的相互关系(如尺寸、同轴度、平行度等)来表示,这些被用来作为依据的点、线、面叫做基准。根据基准的用途不同,可分为两类:设计基准和工艺基准。

1. 设计基准

在零件图上用来确定其他点、线、面位置的基准为设计基准。如图 14-3 所示轴套零件,外圆和孔的设计基准是零件的轴线;端面 *A* 是端面 *B*、*C* 的设计基准;内孔 *D* 的轴心线是 ϕ25h6 外圆径向跳动的设计基标。对于某一个相互位置要求(包括两个表面之间的尺寸或者相互关系)而言,它所指向的两个表面之间常常是互为设计基堆的。如图14-3中,对于尺寸 35 来说,*A* 面是 *C* 面的设计基准,也可以认为 *C* 面是 *A* 面的设计基准。

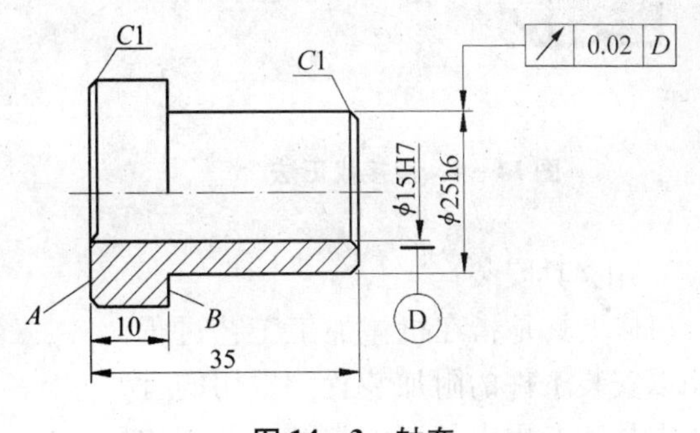

图 14-3　轴套

2. 工艺基准

零件在制造过程中所使用的定位基准、测量基准、和装配基准。

(1) 定位基准　工件定位时用以确定被加工表面位置的基准。

(2) 测量基准　用来测量工件各加工表面位置的基准。如图 14-3 所示零件以内孔套在心轴上测量外圆 ϕ25h6 的径向跳动,则内孔为外因的测量基准,用卡尺测量尺寸 10 和 35,表面 *A* 且是表面 *B*、*C* 的测量基准。

(3) 装配基准　装配时用以确定零件在部件或产品中位置的基准,如箱体零件的底面,主轴的主轴颈等。

14.3.2 工件的安装方式

根据定位的特点不同,工件在机床上安装一般有三种方式。

1. 直接找正安装

工件定位时,用量具或量仪直接找正工件的某一表面,使工件处于正确的位置,称为直接找正安装。在这种安装方式下,被找正的表面就是工件的定位基准。如图 14－4 所示的套筒,为了保证磨孔时孔的加工余量均匀,先将套筒预夹在四爪卡盘中,用划针或百分表找正内孔表面。

2. 划线找正安装

这种安装方式是先按加工表面的要求在工件上划线,加工时在机床上按线找正以获得工件的正确位置。如图 14－5 所示为在牛头刨床上按划线找正安装。可在工件底面垫一适当的纸片或铜片以获得正确的位置,也可将工件支承在几个千斤顶上,调整千斤顶的高低以获得工件正确的位置。此时支承工件的底面不起定位的作用,而定位基准即为所划的线。

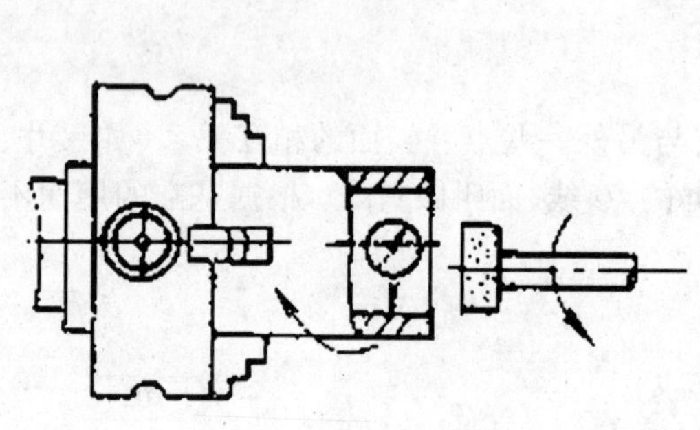

图 14－4　直接找正法

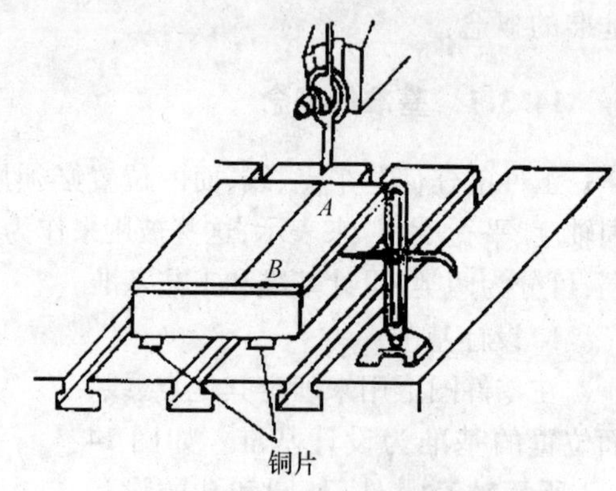

图 14－5　划线找正法

3. 用夹具安装

机床夹具是指在机械加工工艺过程中用以安装工件的附加装置。常用的有通用夹具和专用夹具两大类型。车床的三爪卡盘和虎钳便是最常用的通用夹具,图 14－6 所示钻模是专用夹具的一个例子。轴套零件以其内孔为定位基准套在夹具定位销上定位,用螺母和压板夹紧工件,钻头通过夹具上的钻套引导在工件上钻出孔来。使用夹具安装时,工件在夹具中迅速而正确地定位与夹紧,不需找正就能保证工件与机床、刀具间正确的相对位置,广泛用于成批和大量生产。这种方式生产率高、定位精度好。

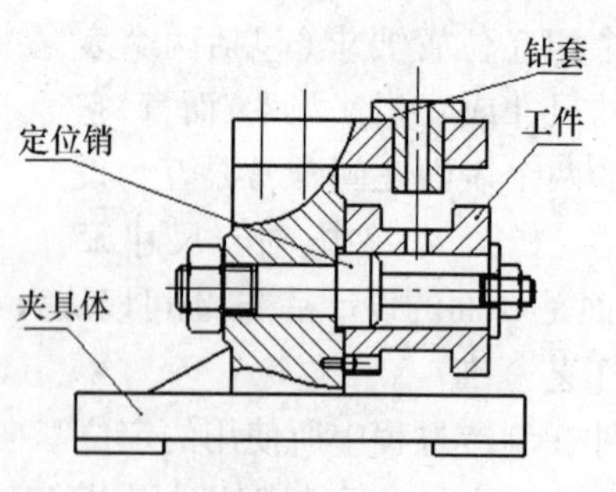

图 14－6　固定式钻模

14.4 零件的结构工艺性和毛坯的选择

14.4.1 零件的结构工艺性概述

设计人员在进行机械产品零件设计时,一方面必须保证使用要求,即所设计的产品或零件应当性能优良、工作效率高、寿命长、安全可靠、操纵灵活、易于维修等;另一方面要使设计的产品或零件,必须能够制造、易于装配、便于拆卸。而且采用周期短、效率高、劳动量小、耗材少和成本低的方法。

在零件的整个制造过程中,切削加工所占加工工时比例往往最大,切削加工费用约占整个产品成本的50%~60%,所以切削加工的结构工艺性就显得特别重要。

切削加工结构工艺性具有综合性和相对性等特点,因此要结合机器的整个制造过程来考虑。例如要自制一把呆扳手,应采用自由锻造毛坯。此时,扳手上圆角、曲线、凹槽(如图14-7所示)难以锻出,只能留待切削加工完成。但切削加工时希望毛坯的加工余量(余块)愈少愈好。这就要求设计人员从整体出发,在仍然采用自由锻造的前提下,将零件尽量简化,如去掉某些曲线、内凹面等以适应自由锻造结构工艺性要求。这时适当增加一些切削加工工作量也是可取的。

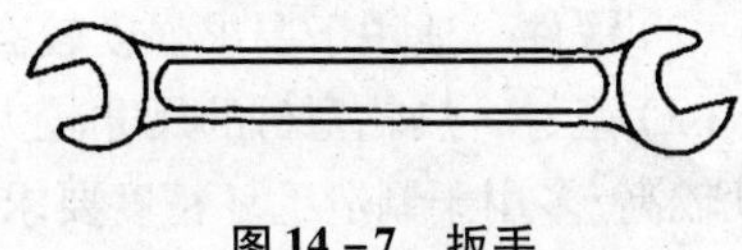

图14-7 扳手

零件结构工艺性应结合实际生产条件(生产批量、设备条件和加工方法等)确定。例如,铣床工作台端部结构设计(如图14-8(a)所示),在小批量时,其工艺性是良好的。但批量生产时要求在龙门刨床一次同时加工多件,以提高生产率。此时,由于 a 壁挡刀,结构工艺性就不好。改成由14-8(b)、(c)图结构,均不挡刀,但图14-8(b)的结构,增加了结合面的加工工作量和结构复杂程度,而图14-8(c)的结构,将油槽位置降低,a 壁顶面低于T形槽底面,既不增加加工工作量和加工成本,又可实现多件同时加工。

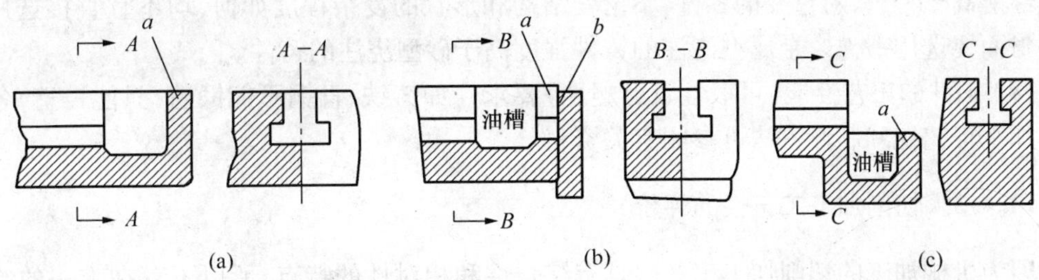

图14-8 铣床工作台端部的结构工艺性

结构工艺性不是一成不变的,而是随着新的工艺方法的出现而变化。例如,生产塑料管的螺旋挤出机内主要零件是变螺距的螺杆,它用普通机床很难加工,往往是把它分成几段不同螺距螺杆加工好后再用焊接或机械方法将它们连接起来,工作量大、成本高而且质量难以保证。现在用数控车床加工是很轻松的事,而且容易保证加工质量。再举一例说明,电动剃须刀网罩制造,它的作用是固定刀片。网孔外边缘须倒圆,从而保证网罩在脸上能顺滑移动,并使胡须容易进入网孔;而网孔内侧边缘锋利,使旋转刀片很容易切削胡须。若用普通机械加工方法加工，质量很难保证而且生产效率低，而采用电铸这种特种加工方法，产品质量容易保证且无需专用设备，生产效率也远较普通机械加工方法高。

另外，必须看到，随着科学技术的发展，新工艺、新设备不断涌现，零件的结构工艺性也应随之发生变化。如异形孔、形状复杂的轮形件和曲面等结构，过去很难加工，但是随着仿形机床加工、电火花、激光等特种加工方法以及数控线切割机床的出现，加工变得容易了。因此，零件切削加工结构工艺性应视为相对概念，它是在实际生产中随着科学技术的发展而不断丰富和完善的。

14.4.2 毛坯的选择

1. 毛坯的种类

机械加工中常用的毛坯有：

(1) 铸件　适用于做形状复杂的零件毛坯；

(2) 锻件　适用于要求强度较高、形状比较简单的零件；

(3) 型材　热轧型材的尺寸较大、精度低，多用作一般零件的毛坯，冷拉型材尺寸较小、精度较高，多用于制造毛坯精度要求较高的中小型零件，适宜于自动机加工；

(4) 焊接件　对于大件来说，焊接件简单方便，特别是单件小批生产，可以大大缩短生产周期，但焊接的零件毛坯变形较大，需要经过时效处理后才能进行机械加工；

(5) 冷冲压件　适用形状复杂的板料零件，多用于中小尺寸零件的大批、大量生产。

2. 选择毛坯应考虑的因素

(1) 生产类型　产品年产量的批量大，应采用精度高、生产率高的毛坯制造方法。

(2) 工件结构和尺寸　它决定了选用方法的可能性和经济性。例如形状复杂的薄壁件毛坯，往往不采用金属模铸造，尺寸较大的毛坯也往往不采用模锻和压铸。某些外形特殊的小零件，由于机械加工困难，往往采用较精密的毛坯制造方法。如压铸、熔模铸造等，以最大限度地减少机械加工余量。

(3) 工件的机械加工性能要求　毛坯制造方法不同，将影响其机械性能。例如锻件的机械性能高于型材，对重要的零件，不论其结构和形状的复杂程度如何，均不宜直接选用轧制型材而要选用锻件。金属型浇注的铸件强度高于砂型浇注的铸件。

(4) 工件的工艺性能（可锻性及可塑性）要求　如铸铁、青铜不能锻造，只能铸造，各种材料加工工艺性和制坯方法可参阅有关资料。

14.4.3 切削加工工艺性的评价

因为机械加工的切削加工工艺性具有综合性和相对性的特点，所以不存在唯一的绝对评价指标。常用的评价方法是从加工成本、加工劳动量、加工周期，材料消耗及材料利用率，标准化结构要素利用率，平均和最高加工精度等级，平均和最高表而粗糙度等，成熟工艺过程利用率，现有机床和工艺装备利用率，高、大、精、尖加工和检测设备用量，特种刀具用量，检测难易程度，生产投资等方面进行衡量。主要是按照最低成本原则予以综合评价。

切削加工工艺性的评价也具有高度的综合性和显著的相对性。只有从工厂的全局出发，通盘考虑零件和产品的整体工艺性，并且抓住降低生产成本这一主要矛盾，才能做出较为客观的评价。

14.5 典型零件的机械加工工艺过程

14.5.1 轴类零件的机械加工工艺过程

图 14 -9 为压缩机活塞杆的零件图,该零件为小批生产。现以该零件为例说明其工艺规程编制的步骤、内容和方法。

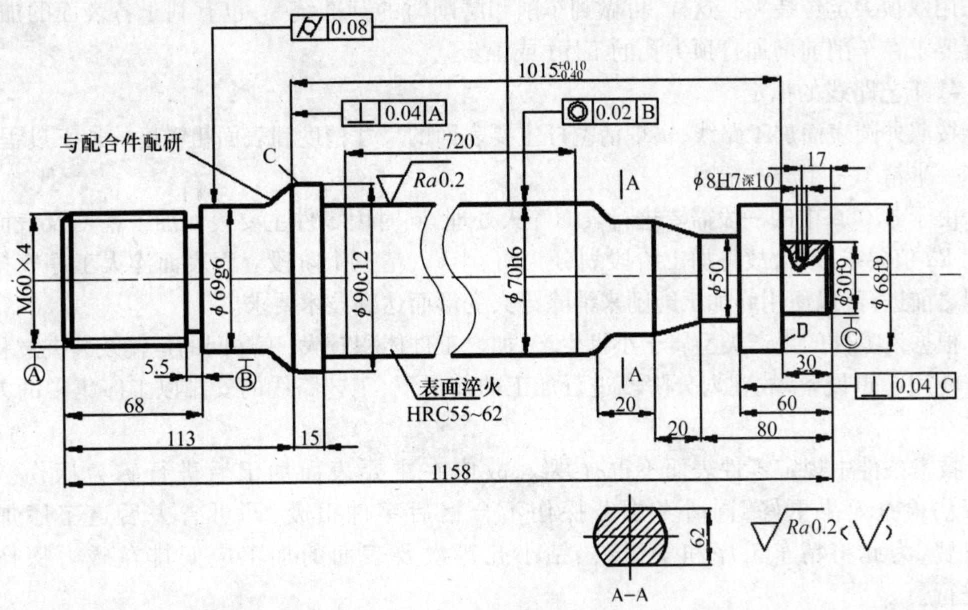

图 14 -9 活塞杆零件图

1. 零件结构特点和技术要求的分析

从加工观点来看,活塞杆属于轴类零件,该轴长径比约等于 12,已属细长轴,而且又是一根多阶梯的实心轴,轴上还有螺纹、小孔和退刀槽,轴上多处端面都是其他零件的装配基准。该零件的主要技术要求有:

(1) 轴颈的加工精度 轴颈精度分两档,高档处为标准公差 6 级,圆度、圆柱度 7 级,其他部分标准公差 9 级;

(2) 轴向尺寸精度 轴向尺寸要求不高,其只有 $1\,015^{+0.10}_{-0.40}$ 标有公差要求;

(3) 位置精度 关键的位置精度要求是 ϕ65g6 对 ϕ70h6 圆柱面的同轴度误差不大于 ϕ0.02 mm,还有 *C* 和 *D* 两支承端面对活塞杆轴心线的垂直度误差不大于 0.04 mm;

(4) 表面粗糙度 *Ra* 值为 0.2 ~ 3.2 μm;

(5) 热处理 ϕ70h6 外圆在长度为 720 mm 上进行表面淬火,其硬度为 HRC55 ~ 62 并不得存在裂纹。

不难看出,该轴在结构上,精度要求和表面粗糙度要求上都是较高的。因此,在制定工艺过程时,主要从这些技术要求出发,必须予以充分重视。

2. 毛坯的选择

由于活塞杆在工作过程中受很大的拉力和压力,要求具有较高的强度,所以采用 45 号钢锻造毛坯。活塞杆的锻造比,用钢锭时应小于 2.5,用轧制钢材时不小于 1.3,直径及两端留加工余量不小于 8 ~ 10 mm。同时，在必要时，毛坯的一端还应留出 80 mm 长一段，以备作机械性能检查。

锻造后的毛坯，要进行正火处理，以获得良好的机械性能，改善切削加工性能。

3. 定位基准的选择

按基准选择原则，凡有位置精度要求的各表面，最好能在一次安装中进行加工，以利于保证达到技术要求中提出的各项位置精度要求。由于本零件 ϕ70h6 与 ϕ65g6 之间有 ϕ90c12 的凸缘，以外圆定位无法在一次安装中加工出有位置精度要求的有关表面，所以考虑采用双顶尖定位装夹。这样，可做到车削和磨削时的基准统一，也有利于各表面的加工，这就要求在车削前增加打顶尖孔的工序（或工步）。

4. 工艺路线的拟定

按照外圆表面加工路线，实现活塞杆主要表面的尺寸精度和表面粗糙度的加工过程是：粗车—半精车—粗磨—精磨。

由于 ϕ70h6 中的一段需要进行表面淬火处理，同时因零件主要表面加工精度及表面粗糙度 Ra 值要求较小，故将加工阶段划分为粗、半精、精三个阶段。而表面淬火工序安排在磨削之前进行，以便用终加工磨削来消除淬火变形而达到技术要求。

根据该零件的生产类型属于小批生产，加之工件体积较大，工序间的运输及装夹过程中均需使用起重设备，故在划分阶段进行加工的前提下，工艺路线的安排以工序集中的方案为好。

技术条件中规定零件表面不得有裂纹，故应在主要表面加工后进行磁力探伤。为使探伤检查效果更好，同时考虑若探伤不合格后零件报废，即可省去后道工序加工的浪费，为此将精车工序和车螺纹、钻小孔等次要表面的加工应安排在磁力探伤之后进行。

综上分析，制订的活塞杆加工工艺过程见表 14 – 5。

表 14 – 5　活塞杆机械加工工艺过程

序号	工序内容	定位基准	机床设备
1	平毛坯端面	外圆	端面铣床
2	打中心孔，粗车各部外圆	外圆	普通车床
3	半精车 ϕ70，ϕ50，ϕ48 及 ϕ90 外圆	中心孔	普通车床
4	表面淬火（ϕ70h6 处长 720）		
5	修研中心孔		
6	粗磨外圆 ϕ70，精磨外圆 $\phi70^{0}_{-0.019}$	中心孔	外圆磨床
7	磁力探伤		
8	精车 ϕ68f 9，ϕ80f 9，ϕ65g6 及 C，D 两个端面，车螺纹 M60 × 4	中心孔	普通车床
9	铣 ϕ70 圆面上两平面	中心孔	卧式铣床
10	钻 ϕ8h7 孔，手铰达要求		立式钻床

14.5.2 盘套类零件的机械加工工艺过程

盘套类零件在机械制造中占有很大的比重,特别是齿轮生产占有重要的地位。近十年来,在制造高精度齿轮(或蜗轮)方面有了突破性进展,例如采用磨齿法可制造出4级、甚至3级精度的齿轮。同时,还出现了许多齿轮加工新工艺,如精密锻造、铸造、精冲、热轧、冷挤及冷打成形等,减少了切削加工量,大幅度提高了生产率,节省了材料,降低了成本。

1. 圆柱齿轮的技术要求及齿坯

齿轮的技术要求主要包括四个方面:齿轮精度及齿侧间隙;齿坯主要表面的尺寸精度及表面位置精度;表面粗糙度;热处理要求。

圆柱齿轮按精度要求的不同,通常分为四类:超精密、精密、普通精度和低精度齿轮。按照GB10095—88《渐开线圆柱齿轮精度》的规定,圆柱齿轮及其齿轮副有12个精度等级,按精度高低依次为1,2,…,12级。其中8级以下为低精度级,7~8级为普通级,5~6级为精密级,3~4级为超精密级。而7级是用滚、插、剃、珩齿等常用切齿工艺方法能达到的基础级。

齿轮和齿轮副主要的误差项目有15项,可查阅相关的工艺手册。按照齿轮公差对其传动性能的影响,将15项公差分为三个公差组:

(1) 第Ⅰ组为齿轮传递运动准确性项目;

(2) 第Ⅱ组为齿轮传递运动的平衡性项目;

(3) 第Ⅲ组为齿轮传动载荷分布均匀性项目。

根据齿轮副使用时的精度等级要求和生产规模,在各公差组中选定1~2项,作为齿轮加工时控制与验收齿轮的检验组。因此,制定圆柱齿轮工艺规程的关键在于:如何采用合理的渐开线齿形的加工方法,达到上述这些所需的公差项目。

齿轮的材料应根据其工作性能要求而选定。齿轮材料的不同对齿轮的加工方法和热处理工序的安排均有很大影响。常用的齿轮材料有:铸铁,45钢,40Cr,18CrMnTi和38CrMoA1A等。45钢经正火或调质后,可改善金相组织及加工性;再经高频淬火便可提高齿面硬度。40Cr钢晶粒细,比45钢淬透性强,淬火变形较小。18CrMnTi钢采用渗碳淬火处理,齿面硬度较高,而心部有较好的韧性和抗弯强度。38CrMoAlA经氮化后,具有高的耐磨性和耐腐蚀性,多用于制造高速齿轮。

齿轮毛坯以锻件为主,锻造常用模锻法。锻造后齿轮毛坯需经过正火处理,以消除锻造内应力。大直径齿轮常用铸造齿坯。

2. 圆柱齿轮加工工艺

圆柱齿轮的加工工艺过程,是根据齿轮精度要求、结构形式、产量多少、材料及各工厂设备条件而制定的,大致的路线如下。

毛坯制造—热处理—齿坯加工—轮齿加工—轮齿热处理—定位基面精加工—轮齿精加工。图14-10为一个双联齿轮零件图,小齿轮精度为7级,齿数为60,模数为3,压力角为20°。大齿轮精度为6级,齿数为80,模数为3,压力角为20°。双联齿轮的齿面硬度为HRC52,图上未注明倒角均为1×45°,材料为40Cr,生产批量为中批生产。表14-6为其加工工艺过程,由此可归纳出一些共同的规律。

(1) 定位基准的确定与加工

齿轮加工的定位基准应尽可能与设计基准相重合,而且,在加工齿形的各工序中尽可能

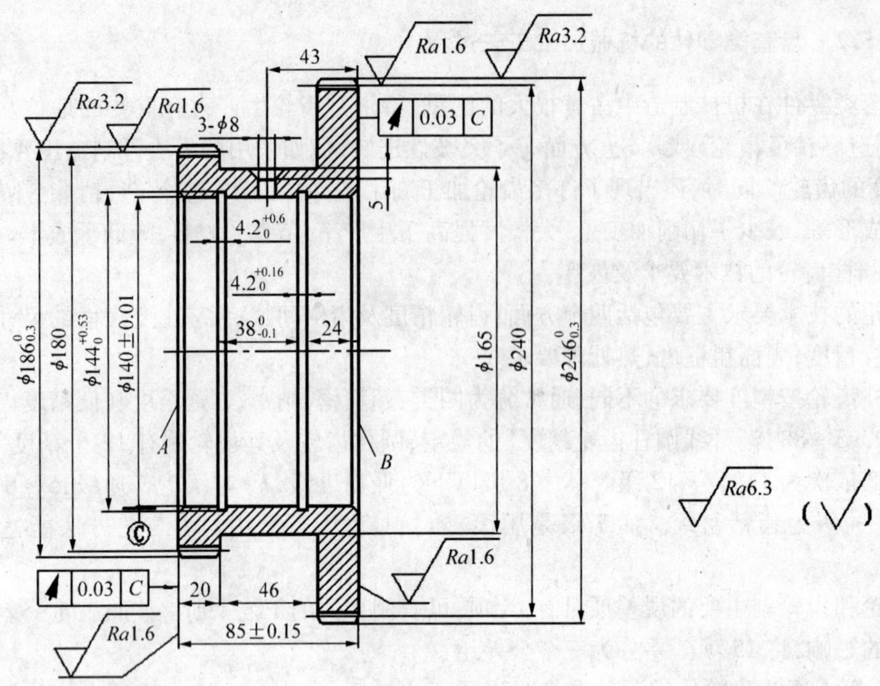

图 14－10 双联齿轮

应用相同的定位基准。对于小直径的轴齿轮，定位基准采用两端中心孔；大直径的轴齿轮通常用轴颈及一个较大的端面支承来定位；带孔（或花键孔）齿轮则以孔和一端面来定位。

必须注意：当齿面经淬火后，在齿面精加工前，必须对基准孔进行修正，如表 14－6 中 14 号工序，以修正淬火变形。内孔的修正通常采用在内圆磨床上磨孔工序，或用推刀在压床上推孔的工序。

表 14－6 双联齿轮机械加工工艺过程

序号	工序内容	定位基准
1	锻：锻坯	
2	粗车：粗车外圆留余量 3 mm	*B* 面和外圆
3	热处理：正火	
4	精车：夹 *B* 端，车 $\phi246^{0}_{-0.3}$（h11），$\phi186^{0}_{-}$ 0.3（h11）及 $\phi165$ mm 至尺寸；车 $\phi140$ mm 孔为 $\phi138^{+0.04}_{0}$（H7）合塞规，光平面、倒角、不切槽；调头：光 B 面留余量 0.5，倒角 1.5×45°	*B* 面和外圆 *A* 面和至外圆
5	平磨：平磨 *B* 面 85±0.15	*A* 面
6	划线：划 3－$\phi8$ 油孔位置线	
7	钻：钻 3－$\phi8$ 油孔，孔口倒角至图纸要求	*B* 面和内孔
8	钳：内孔和毛刺	
9	滚齿：滚齿 $z=80$，$W=78.841^{-0.16}_{-0.21}$ mm（即留磨量 0.2 mm），$n=9$	*B* 面和内孔
10	插齿：插齿 $z=60$，$W=60.088^{-0.008}_{-0.11}$ mm，$n=7$	*B* 面和内孔
11	齿倒角：齿倒圆角，去齿部毛刺	*B* 面和内孔
12	剃齿：剃齿 $z=60$，$W=60.088^{-0.14}_{-}$0.17mm，$n=7$	*B* 面和内孔
13	热处理：齿部高频淬火，HRC50－55	
14	精车：精车 $\phi140^{+0.004}_{-0.000}$（J6）合塞规，切槽至要求	*B* 面和分面

表 14-6(续)

序号	工序内容	定位基准
15	齿：齿 $z=60, W=60.088_{-0.205}^{-0.15}$ mm, $n=7$ 齿：齿 $z=80, W=78.841_{-0.21}^{-0.16}$ mm, $n=9$	B 面和内孔 B 面和内孔
16	检验	
17	入库	

磨孔时应该以齿轮的分度圆作定位基准，若工件齿数是 3 的倍数可用图 14-11 所示的方法。

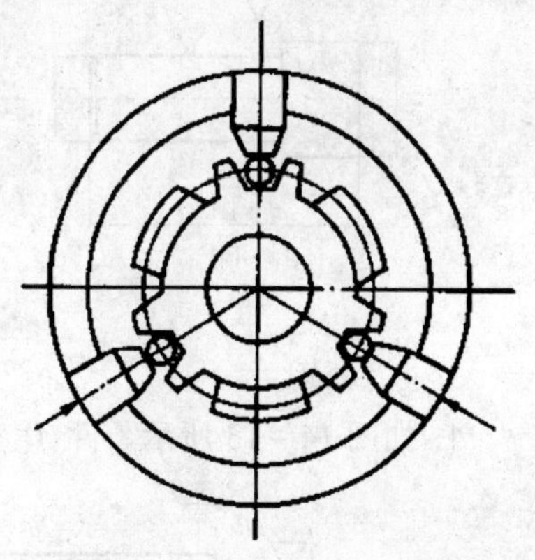

图 14-11　分度圆定位磨内孔

在成批生产中，常用六角车床或单轴多刀半自动车床加工齿坯；在大批大量生产中，采用多轴多刀半自动机床或自动线加工齿坯。

(2) 齿形加工工序的安排

齿形加工工序的安排主要取决于齿轮精度等级和热处理要求。

①对于 8 级精度的齿轮，滚齿或插齿就能满足要求。采取的工艺路线为：滚(或插)齿—齿端倒角—齿面热处理—校正内孔。热处理前的齿形加工精度应提高一级。

②7 级精度的齿轮，一般的工艺路线为：锻造—粗车—正火—拉孔—精车—钳工—滚齿—齿端倒角—剃齿—热处理(齿面高频淬火)—磨内孔(或校正花键孔)—珩齿—检验。

7 级齿轮齿形的基本加工工艺为：滚—剃—热—珩；或者也可以采用粗滚—精滚；有时还采用滚—热—磨的工艺，但这样做增加了成本。

③对于 6 级以上的精密圆柱齿轮，常用齿形加工路线有：粗滚—精滚—淬火—磨齿(4~6 级)；或者，粗滚—精滚(或精插)—剃—高频淬火—珩(6 级)。

如果所用精密滚齿机的周期误差非常小，且滚齿机的传动链带有误差校正装置，也可以加工出 4~5 级的齿轮与蜗轮。

复习思考题

1. 何为工艺规程，它对组织生产有何作用？
2. 什么是生产过程、工艺过程？
3. 什么是工序、安装、工步、工位和走刀？
4. 生产类型是如何划分的？常用的有哪几种生产类型？它们各有哪些主要工艺特征？
5. 机械加工工艺规程设计应遵循的步骤和具备的原始资料。
6. 零件图的工艺分析的内容是什么？
7. 毛坯的种类一般有哪些？
8. 毛坯选择时应考虑的因素有哪些？
9. 试述设计基准、工序基准、定位基准和装配基准的概念。
10. 试分析图 14-12 所示零件的基准。

（1）如图 14－12（a）为零件图，图 14－12（b）为工序图。试分析台肩面的设计基准、定位基准。

（2）如图 14－12（c）为铣削连杆一端的工序图。本工序要求：铣削连杆两端与杆身对称，并保证厚度为 39 mm（尺寸 19.5 mm 为前道工序保证）。试在图中指出加工连杆端面的定位基准。

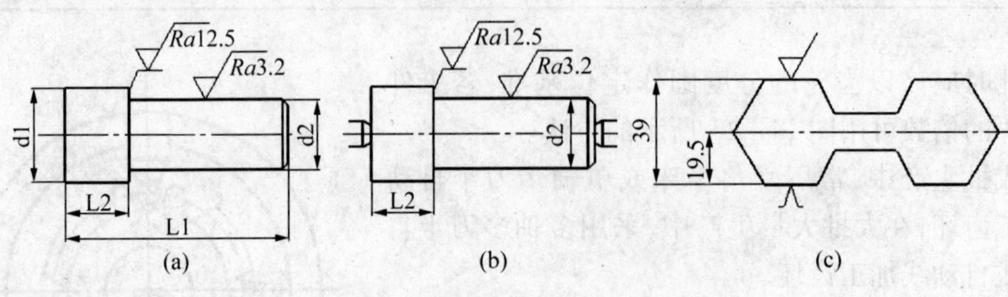

图 14－12

11. 如图 14－13 所示零件，生产批量为 1 500 件，试制定其机械加工工艺规程。

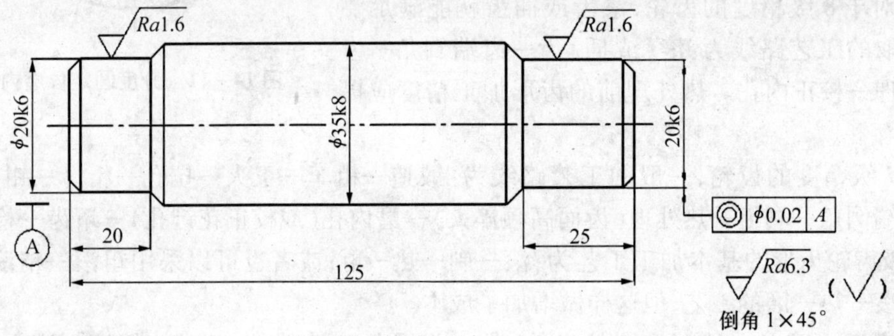

图 14－13

第 15 章　综合创新训练

【目的与要求】

1. 了解创新的概念和特性；

2. 熟悉创新与实践的关系；

3. 熟悉创新的思维方式和创新的技法；

4. 掌握创新方案的审查标准和创新的实施要求；

5. 熟悉创新能力的培养途径和训练方法；

6. 综合创新训练的教学目的主要是进一步培养学生的创新意识、创新精神和创新能力。

15.1　创新的概念及特性

15.1.1　创新及其相关概念

1. 创新的概念

创新是人们把新设想、新成果运用到生产实际或社会实践而取得进步的过程，是获得更高社会效益和经济效益的综合过程。或者可以认为是对旧的一切所进行的革新、替代或覆盖。这种效益可能是物质的，也可能是精神的，但必须是对人类社会有益的。由以上定义不难看出，构成创新的基本要素是人、新成果、实施过程和更高效益。

创新从经济现象开始，随着科学技术的进步和经济的发展，人们对创新的认识也在不断扩展和深化，而且已扩展至科学、政治、文化和教育等各个方面。其中既有涉及技术性变化的创新，如知识创新、技术创新和工艺创新等；也有涉及非技术性变化的创新，如组织创新、管理创新、政策创新等，创新已经成为人类社会进步中的普遍现象。我们主要研究涉及机电工程技术方面的创新。

2. 创新与其他相关概念的关系

(1) 创造

创造与创新的内涵没有太大的差别，两者都具有首创性特征。但创造与创新的首创性特征的含义并不完全相同。创造是指新构思、新观念的产生，创造的“首创性”是指“无中生有”，着重于一个具体的结果；创新的含义要广泛得多，创新的“首创性”不仅指“无中生有”，更多的是指“推陈出新”，它指的是事物内部新的进步因素通过矛盾斗争战胜旧的落后因素，最终发展成为新事物的过程，是一切事物向前发展的根本动力。

创新与创造的主要差别是：创新有很强的目的性，它更着重于市场需求，着重于与市场相关的技术；创造着重的是研究活动本身或它的直接结果，而创新着重的是新事物的发展过程和最终结果。譬如，怎样把创造应用于生产过程和商业经营活动中去，并由此带来更高的经济效益和社会效益。

(2) 发现和发明

发现是指经过探索研究找出以前还没有认识的事物规律。如科学家发现地球本身自转一周为一天等。

发明是指获得人为性的创造成果。如人类发明了第一艘宇宙飞船进入太空飞行等。

发明加上成功的开发才可以称为创新。付诸实践的创新也不一定必然是任何一种发明,创新是把发明创造应用于生产经营活动中去的一个过程,过程的起始应该是发明创造。有了发明创造出来的新理论、新产品、新工艺和新技术,创新也就有了起始点。小的发明有时可以引发大的创新,如集装箱的出现算不上大的发明,甚至谈不上技术上的发明创造,但它引发了世界运输革命,使航运业的效率增加了 3 倍,因此被认为是重大创新。

3. 创新能力

创新能力是指一个人(或群体)通过创新活动、创新行为而获得创新性成果的能力。它是人的能力中最重要、层次最高的一种综合能力。创新能力包含多方面的因素,如探索问题的敏锐力、联想能力、侧向思维能力和预见能力等。

对于在校就读的学生而言,创新能力是求职、就业、创业乃至其一生事业发展过程中的一种通用能力。

创新能力在创新活动中,主要是提出问题和解决问题这两种能力的合成。提出问题包括了发现问题和提出问题,首要的是发现问题的能力。发现问题的能力是指从外界众多的信息源中,发现自己所需要的、有价值的问题的能力。发现问题也是科学研究和发明创造的开端。相对于解决问题,提出问题在创新活动中占有更重要的地位。

15.1.2 创新的特性

创新研究者认为,创新具有以下主要特性。

1. 首创性

创新是解决前人没有解决的问题,因此创新必然具有首创性特征。创新要求人们要敢于积极进取、标新立异。一件创新产品应该具有时代感和新颖性。

创新并不一定是全新的东西,旧的东西以新的方式结合或以新的形式出现也是创新。一般认为某些模仿也是创新,模仿已成为创新传播的重要形式之一。模仿可分为创造性模仿和简单性模仿。现实中的模仿大多数属第一类,对原产品进行了进一步的改进,带有一定的创造性,因此被看作是创新。没有创造性的产品属低级重复性产品。在经济发展不均衡的地区,不排除这种产品会有一定的市场,但这种市场往往表现出很大的局限性和暂时性,这种产品的制造与销售,多数人认为不能称之为创新。

2. 综合性

创新不是凭空设想。一项创新活动需要广泛的知识和深厚的科技理论功底。在学习的时候,人们往往是一个学科、一门课程地分开学习,但如果把思想仅仅束缚在某一门课程的知识范围内就很难进行创新。创新需要把各相关学科的知识加以综合利用,融会贯通。

作为一个完整的产品创新活动,需要完成由产品发明到开发直至市场化的过程。在这个过程中,除了需要发明者的科技知识,还需要各有关方面具体创新执行者的密切配合,主要是生产工作者和经营管理者的密切配合,创新才能成功。

创新过程每一个阶段的工作往往不是仅凭一个人的能力就能完成的。不同的人在其中所起的作用不同,但一项创新产品的成功必然是众多参与者集体智慧的结晶。创新的综合性就表现在创新活动的产品是众多人的共同努力、多学科知识交叉融会及多种行业协调配合的成果。

3. 实践性

创新活动自始至终都是一项实践活动。创新初期,产品类型的确定是建立在社会需要的基础之上。在创新过程中,产品的构思阶段和制造阶段中都显示出或隐含着大量实践性经验的因素。一项新产品产生后,能否被称为完整意义上的创新最终还要经过市场实践的检验。

15.1.3 创新的思维方式

创新思维是人们在已有的知识和经验的基础上,通过主动地、有意识地思考,产生独特、新颖的认识成果,是一种心理活动过程,从创新的特性可推出,创新思维应该具有突破性、独立性和辩证性。应该强调要创新,就应该突破原有的思维定势,打破迷信权威的思维障碍,敢于标新立异。

创新思维有形象思维、联想思维、发散思维、辩证思维等。

15.2 工程综合创新训练

15.2.1 实践是创新实现的基本途径

人类所从事的任何创新,无论是物质创新还是精神创新,无论是具体物品创新还是知识理论创新,都是通过实践来实现的,是在实践的过程中形成、检验和发展的。脱离了实践活动,任何创新都难以实现与发展。

1. 创新与实践检验

选题和目标需要实践检验。选题和目标是根据社会的需要和实现的可能提出的,经过理论的论证才确定下来。但选题和目标确定得是否完全合理,能否像人们预想的那样克服实现过程中遇到的困难,只有通过实践检验后才能最终确定。

实践可以检验创新过程和创新的成果。在检验中就会发现问题和不足,从而有针对性地提出改进的措施和方法,修正创新目标或创新方案,修正创新的过程,使创新得以实现和发展。任何事物的发展,都是在修正错误中前进的,创新也不例外。一些重大的创新目标,往往要经过实践的反复检验,才能最终确立和完善。

2. 实践锻炼提高人的创新能力

创新成果的大小,往往取决于人的创新能力。创新能力和创新品质是在实践中锻炼和发展起来的。人们只有在社会实践中丰富了创新知识,培养了创新思维,加强了创新意识,修炼了创新意志,增长了创新才干,才能成为勇于创新、善于创新的人。

由于实践贯穿于创新的全过程,而且反馈和调节着整个创新活动,因此实践在创新中的地位和作用决不能低估。有人认为创新是头脑的自由创造物,是某种机遇、某种灵感,似乎只要某种灵机一动就可轻而易举地取得某种创新成果。这种观点显然是不科学的,必然导致对实践操作和实验的轻视。明确了这一点,我们就必须着重实践能力的培养和锻炼。

总之,创新是通过实践来实现的。任何创新思想,只有付诸行动,才能形成创新成果。因此重视实干、重视实践才能提高创新能力。

15.2.2 创新能力的培养和训练

现代心理学的研究表明,人人都有创造力,都有创造的可能性。人的创新思维能力不是天生的,天生的只是创新的潜能,这种潜能仅具有自然属性。

创新能力是在实践中、日常生活中、学习和工作中锻炼和培养起来的。人人都有好奇的心理、求知的欲望和创新的潜力,创新训练就是为了重新激发潜能,使学生的创新潜能转变为创新能力。

创新能力是靠教育、培养和训练激励出来的。提升创新能力主要通过三条途径来实现。

1. 培养问题意识

第一是在日常生活中经常有意识地观察和思考一些问题,如"为什么"、"做什么"、"应该怎样做"、"是不是只能这样"、"还有没有更好的方法"等。通过这种日常的自我训练,可以提高观察能力和大脑灵活性。

2. 系统学习创新理论和技法

通过参加创新能力的培训班,学习一些创新理论和技法,建立"创新思维能够改变你的一生"、"方法就是力量"、"方法就是世界"的观念,经常做一做创造学家、创新专家设计的训练题,就能收到提高创新思维能力的效果。

3. 积极参加创新实践活动

积极参加创新实践活动是最重要的,如小发明、小制作和小论文写作等实践活动,尝试用创造性方法解决实践中的问题,在实践中培养和训练自己的创新能力。只要持之以恒,必有所成。

15.3 综合创新训练的技法

创新技法即创新的技巧和方法,是以创新思维规律为基础,通过对广泛创新活动的实践经验进行概括、总结和提炼而得出来的。创新技法是最终实现创新目标的重要武器和途径,世界各国已经总结出300多种,以下介绍几种可操作性强,并能够按照一定的方法、步骤进行实施的常用创新技法。

15.3.1 设问法

设问法是围绕创新对象或需要解决的问题发问,然后针对提出的具体问题予以研究解决的创新方法。其特点是强制性思考,有利于突破不善于思考提问的思维障碍;目标明确、主题集中,在清晰的思路下引导发散思维。

1. 5W2H法

这种方法是围绕创新对象从七个主要方面去设问的方法。这七个方面的疑问用英文字表示时,其首字母为W或H,故归纳为5W2H。

(1) Why(为什么)　为什么要选择该产品？为什么必须有这些功能？为什么采用这种结构？为什么要经过这么多环节？为什么要改进？……

(2) What(是什么)　该产品有何功能？有何创新？关键是什么？制约因素是什么？条件是什么？采用什么方式？……

(3) Who(谁)　该产品的主要用户是谁？组织决策者是谁？由谁来完成产品创新？谁被忽略了？……

(4) When(何时)　什么时候完成该创新产品？产品创新的各阶段怎样划分？什么时间投产？……

(5) Where(何地)　该产品用于何处？多少零件自制,其余到何处外购？什么地方有资金？……

(6) How to (怎样做)　如何研制创新产品？怎样做效率最高？怎样使该产品更方便实用？……

(7) How much(多少)　产品的投产数量是多少？达到怎样的水平？需要多少人？成本是多少？利润是多少？……

此种方法抓住了事物的主要特征,可根据不同的问题,确定不同的具体内容,适用于技术创新中的全新型创新选题。

2. 和田十二法

“和田法”是我国的创造学者,根据上海市和田路小学开展创造发明活动中所采用的技法，总结提炼而成的,共12种,下面分别加以简要介绍。

(1) 加一加　可在这件东西上添加些什么吗？把它加大一些、加高一些、加厚一些,行不行？把这件东西和其他东西加在一起,会有什么结果？

(2) 减一减　能在这件东西上减去什么吗？把它减小一些、降低一些、减轻一些,行不行？可以省略取消什么吗？可以减少次数或时间吗？

(3) 扩一扩　使这件东西放大、扩展会怎样？功能上能扩大吗？

(4) 缩一缩　使这件东西压缩一下会怎样？能否折叠？

(5) 变一变　改变一下事物的形状、尺寸、颜色、味道、时间或场合会怎样？改变一下顺序会怎样？

(6) 改一改　这种东西还存在什么缺点或不足,可以加以改进吗？它在使用时是不是会给人带来不便和麻烦,有解决这些问题的办法吗？

(7) 联一联　把某一事物与另一事物联系起来,能产生什么新事物？每件事物的结果，跟它的起因有什么联系？能从中找出解决问题的办法吗？

(8) 学一学　有什么事物可以让自己模仿、学习一下吗？模仿它的形状或结构会有什么结果？学习它的原理技术,又会有什么创新？

(9) 代一代　这件东西有什么东西能够代替？如果用别的材料、零件或方法等行不行？替 代后会发生哪些变化？有什么好的效果？

(10) 搬一搬　把这件东西搬到别的地方,还能有别的用途吗？这个事物、设想、道理或技术搬到别的地方,会产生什么新的事物或技术？

(11) 反一反　如果把一个东西、一件事物的正反、上下、左右、前后、横竖或里外颠倒一下，会产生什么结果？

(12) 定一定　为了解决某一问题或改进某一产品,为了提高学习、工作效率,防止可能发生的不良后果,需要新规定些什么？制定一些什么标准、规章和制度？

“和田法”深入浅出、通俗易懂,且便于掌握,被人们称为“一点通”。此法适合各个领域的创新活动,尤其适合青少年开展的创新活动。

15.3.2　创新的其他技法

创新的技法还有类比法、组合创新法、逆向转换法、列举法等。

15.4　综合创新训练的实施

15.4.1　明确教学目标

综合创新训练的教学目标是巩固所学知识，增强锻炼工程实践能力，提高综合素质，培养创新意识与创新能力。

创新能力的培养，要求丰富的知识和较高的技能为基础，高校教学存在理论教学和实践教学(线)两条线，理论教学线包括基础课及技术基础课等一系列课程；实践教学线包括各类实验和实习等。综合创新训练以理论教学和实践教学为基础，也是大学生知识、素质与能力培养的关键结合点。

综合创新训练就是运用工程实践的方式，将诸多的知识和技能充分地消化、吸收，使之转化成为创新能力，创新能力的培养需要一个训练过程，理论和实践都证明，这种转变具有不可替代性，必须亲身经历和体验。

15.4.2　综合创新训练的实施

综合创新训练的实施分为以下三个阶段。

1. 选题规划与方案设计阶段

综合创新训练动员，应在机械工程训练过程中进行，使学生了解综合创新训练的意义，列出一些创新项目，教师有任务、有目的地进行宣传和介绍，鼓励学生参加创新小组，进行方案设计，教师应加强指导和引导，也可以和专业课老师联合指导。

综合创新训练过程中，视情况可以进行专题讲座，基本内容为“创新思维方式”、“产品创新技法”，教师还可以根据需要就创新的具体课题举行研讨，创新小组逐步形成创新产品构思方案，并随时与教师讨论研究。方案交至训练中心后，训练中心组织进行方案审查。审查通过者，在教师的指导下完成草图设计，并进行方案修改。对于好的创新项目，可以反复修改和审查。

2. 产品设计与制造实践阶段

经过方案审查，可以进入综合创新训练，进行创新产品的自主设计、自行加工和装配训练。在教师的指导下完成技术设计、工艺设计；在加工和装配中学生不断与实习指导人员和现场教师交流，增强和巩固工艺知识，并进行答辩准备。

3. 最后阶段是创新小组进行答辩

各小组展示产品，组长进行创新产品性能介绍、创新思维与创新过程汇报。答辩结束后教师进行总结，同学上交产品和技术文件。实践表明，在总结答辩中各组同学的代表都能对产品的创新思路、使用性能等进行清晰明确的说明。

15.4.3　产品方案审查的标准

创新产品原理方案的审查决定着该产品是否能进入制造实践，是综合创新训练过程中至关重要的环节。方案设计在很大程度上决定产品的特征和最终性能，影响所有后续阶段的工作。因此，对创新产品方案的审查必须给予足够的重视，并遵循科学的审查标准。在综合创新训练实践的基础上，总结出了以下五条标准。

1. 创新性

原理方案设计阶段应该是最富有创新性的阶段。原理方案是创新者对该产品创新性构思的总体体现。

创新产品方案是否具有创新性特征应作为产品是否进入制造实践的首要标准。

如果创新者设计出的是一种前所未有的全新产品，可认为是完全的创新；也可以是对已有的产品进行改进、革新，使该产品改善或增加性能、降低生产成本或提高生产效率，也应承认其革新过程中所蕴含的创新性，可以认为是部分的创新；对于艺术、装潢等专业的创新者，其创新性往往较多地体现于外观造型和色彩。

2. 可行性

在审查创新产品原理方案的同时，还要审查学生填写的"审查表"。其主要内容包括产品的功能与性能、设计参数及相关指标、外观造型和可行性分析等，最重要的是可行性分析。

在可行性分析中，不但要详细说明产品的创新性即创新点，而且要论证该产品的水平与效益、设计与工艺方面的关键问题、现有条件下开发的可行性及对制造工时的初步估计。

可行性审查的重点有两个方面，一个方面是产品功能实现的可能性，另一个方面是完成产品制造的可行性。在实际审查工作中，往往以第二个方面为重点。对于某些创意很好，但依靠目前训练中心的设备及技术状况难以完成制造的创新产品，除建议同学去参观加工现场、改进设计外，还建议其进行市场调研，考虑外协加工的可能性，但外协加工件不能超过零件总数的1/3；对于某些过于复杂，在规定的训练课时内不可能完成制造的创新产品，则建议其作为课外科技活动去完成制造。

3. 可训练性

综合创新训练并不仅是技术创新过程，而且是教学中的一个实践教学过程，这就决定了对学生的创新产品方案必须提出可训练性的要求，也就是要求创新产品的种类必须与训练相适应、创新产品的零件数量必须与创新小组的人数相适应，工作量与教学课内外学时相适应。

学生自己动手将创新产品制造出来，在制造实践过程中提高学生的工艺创新能力、实际动手能力、与人合作能力和解决问题能力。这些能力在其他课程或教学环节中很难提高，是综合创新训练最主要的特色之一。

4. 感兴趣性

感兴趣性即学生的感兴趣程度，兴趣是最好的老师，对创新的过程影响很大。

任何一个人做一件事情，只有对这件事情感兴趣，才会真正用心去做，才有可能把这件事做好。在产品原理方案审查中，对兴趣的判断主要来源于两个方面：一个方面是硬件，即学生所上交的原理方案设计图和可行性分析报告；另一个方面是软件，即原理方案形成前后教师与学生的讨论和交流。对创新感兴趣的学生，把参加综合创新训练看做是一次难得的机会；他们对综合创新训练的各项工作表现出很高的积极性；他们多方搜集资料，多次考察加工现场，多次召开小组会议，甚至提出多种产品方案；他们会经常主动地找教师讨论自己的产品方案，并大胆发表自己的见解。在下一步的设计与制造过程中，这样的学生也会深入探索、克服困难，团结一致并积极地完成自己所设计的产品。

5. 可展示性

优秀创新产品的展示可起到以下作用：

①有利于肯定学生的创新成果，让学生充分体会成功的快乐，激励学生的再创造热情；

②为后续参加综合创新训练的学生提供实物参考，开阔创新的思路，激发他们创新的勇气，树立赶超的自信心；

③有利于避免创新产品的重复；

④有利于兄弟院校之间的互相学习和交流。

综上所述，创新产品方案的审查工作是综合创新训练一个教学环节或过程，要求方案审查者首先要解放思想、勇于创新。在方案审查中，要打破传统的教育教学思想，尊重学生的个性特点。不强调整齐划一，不鼓励墨守成规、盲目随从的思想；在方案审查中，要以平等的态度对待学生，认真听取学生的意见和想法，允许学生充分阐述自己的观点，确保学生在综合创新训练中的主体地位；教师仅充当创新训练的组织者和引导者，教师要了解学生的设计思想，但绝不能代替学生去设计，由学生始终把握产品创新的自主性；对学生思想中微小的创新火花也要予以发现和肯定，让学生感受自己见解的价值，特别是对创新产品方案没有通过的创新小组的学生。

在方案审查中，一定要遵守不轻易否定，不简单比较的原则。传统的思维方式使人们习惯于用已知的、熟悉的理论和技术去理解创新产品，认为与之不符的便给予否定，这很可能造成对创新的扼杀和对学生创新积极性的打击。

在无线通讯发明之前，权威人士曾断言，无线电波不可能沿着地球曲面传播，无法成为通讯手段；如果对"用火箭飞出地球"的大胆设想按常规方法进行论证，也会得出否定的结论，因为当时还没有多级火箭的概念。事实上，现代科技的发展，已经使许多"不可能"成为可能。不同的创新不要简单进行比较，如汽车和火车之间、钢笔和铅笔之间都不适宜进行简单比较，它们的发明应用都是创新的内容，它们满足了不同的社会需求，具有优势互补、共存共荣的效果。不轻易否定，不简单比较的原则是创新者在创新思维过程中同样应该遵守的原则。

复习与思考题

1. 创新具有哪些主要特性？
2. 培养创新能力主要途径有哪些？
3. "和田法"是创新技法之一，试写出其主要内容。
4. 写出产品方案审查标准的内容及其主要内涵。
5. 论述或说明创新与实践的关系。

参考文献

[1] 孙以安,鞠鲁粤. 金工实习. 上海:上海交通大学出版社,2005.
[2] 赵熹华. 压力焊. 北京:机械工业出版社,1992.
[3] 杜丽娟,胡秀丽. 工程材料成形技术基础. 北京:电子工业出版社,2003.
[4] 王荣声,陈玉琨. 工程材料及机械制造基础(实习教材). 北京:机械工业出版社,2000.
[5] 赵熹华. 焊接检验. 北京:机械工业出版社,2005.
[6] 周伯伟. 金工实习. 南京:南京大学出版社,2006.
[7] 朱世范. 机械工程训练. 哈尔滨:哈尔滨工程大学出版社,2003.
[8] 高忠民. 实用电焊技术. 北京:金盾出版社,2004.
[9] 朱玉义,刘德凌,高顶. 焊工实用技术手册. 南京:江苏科技出版社,2004.
[10] 黄天佑,都东,方刚. 材料加工工艺. 北京:清华大学出版社,2004.
[11] 刘胜青,陈金水. 工程训练. 北京:高等教育出版社,2005.
[12] 张学政,李家枢. 金属工艺学实习教材(第三版). 北京:高等教育出版社,2003.
[13] 祝小军,文西芹,马卫明. 工程训练. 南京:南京大学出版社,2009.
[14] 费从荣,尹显明. 机械制造工程训练教程. 成都:西南交通大学出版社,2006.
[15] 李文双,耿雷,都维刚. 机械工程训练. 哈尔滨:黑龙江科技出版社,2008.
[16] 马保吉. 机械制造基础工程训练. 西安:西北工业大学出版社,2009.
[17] 清华大学金属工艺学教研组. 金属工艺学实习教材. 北京:高等教育出版社,1985.
[18] 雷宏等. 机械制造基础实践. 辽宁:辽宁科学技术出版社,1994.
[19] 朱海等. 金属工艺学实习教材. 哈尔滨:东北林业大学出版社,2004.
[20] 程益良. 机械加工实习. 北京:机械工业出版社,2000.
[21] 周世权. 工程实践(机械及近机械类). 武汉:华中科技大学出版社,2004.
[22] 吴海华等. 工程实践(非机械类). 武汉:华中科技大学出版社,2004.
[23] 刘晋春,赵家齐,赵万生. 特种加工(第四版). 北京:机械工业出版社,2006.
[24] 白基成,郭永丰,刘晋春. 特种加工技术. 哈尔滨:哈尔滨工业大学出版社,2006.
[25] 陈前亮,等. 数控线切割操作工技能鉴定考核培训教程. 北京:机械工业出版社,2006.
[26] 庄品,周根然,张明宝. 现代制造系统. 北京:科学出版社,2005.
[27] 何鹤林,等. 金工实习教程. 广州:华南理工大学出版社,2006.
[28] 蒋增福,等. 钳工工艺与技能训练. 北京:中国劳动社会保障出版社,2006.
[29] 党新安. 工程实训教程. 北京: 化学工业出版社,2008.
[30] 刘胜青. 工程训练. 成都:四川大学出版社,2002.
[31] 董桂田. 工程训练. 科学出版社,2003.
[32] 张力重,王志奎. 图解工程训练. 武汉:华中科技大学出版社,2008.
[33] 尚可超. 金工实习教程. 西安:西北工业大学出版社,2007.
[34] 陈季涛,苑喜涛. 金工实习. 石油工业出版社,2008.
[35] 任国兴. 数控铣床. 北京:中国劳动社会保障出版社,2005.
[36] 耿国卿. 数控铣床及加工中心编程与应用. 北京:化学工业出版社,2008.
[37] 明兴祖. 数控技术. 北京:清华大学出版社,2008.
[38] 贺曙新. 数控加工工艺. 北京:化学工业出版社,2005.

[39] 王金城. 数控机床实训技术. 北京:电子工业出版社,2006.
[40] 王永章. 机床数字控制技术. 哈尔滨:哈尔滨工业大学出版社,2000.
[41] 赵长发. 机械制造工艺学. 哈尔滨:哈尔滨工程大学出版社,2008.
[42] 陈明. 机械制造工艺学. 北京:机械工业出版社,2005.
[43] 李硕;栗新. 机械制造工艺基础. 北京:国防工业出版社,2008.
[44] 徐圣群. 简明机械加工工艺手册. 上海:上海科学技术出版社,1991.
[45] 李丽英. 机械制造技术. 北京:中国计量出版社,2003.
[46] 李华. 机械制造技术. 北京:机械工业出版社,1997.
[47] 魏瑞增. 铣工技能. 北京:航空工业出版社,1992.
[48] 骆志斌. 金属工艺学(第五版). 北京:高等教育出版社,2000.
[49] 周伯伟. 金工实习. 南京:南京大学出版社,2006.
[50] 张巨香. 机械制造基础实习(下册). 南京:南京大学出版社,2007.
[51] 邓文英. 金属工艺学(第四版). 北京:高等教育出版社,2003.
[52] 杨昆. 金工实训. 北京:机械工业出版社,2002.
[53] 中国机械工业教育协会组编. 金工实习. 北京:机械工业出版社,2001.
[54] 林建榕等. 工程训练. 北京:航空工业出版社,2004.
[55] 邢书明. 工程训练(机械类). 北京:国防工业出版社,2009.
[56] 郭永环,江银方. 金工实习. 中国林业出版社;北京大学出版社,2006.
[57] 李喜桥. 创新思维与工程训练. 北京:北京航空航天大学出版社,2005.
[58] 严绍华,张学政. 金属工艺学实习. 北京:清华大学出版社,2006.
[59] 张忠有,宋世贵,陈桂芝. 创造理论与实践. 北京: 中国矿业大学出版社, 2002.
[60] 黄志坚. 工程技术思维与创新. 北京: 机械工业出版社,2007.
[61] 郗安民. 金工实习. 北京:清华大学出版社,2009.
[62] 崔明铎. 机械制造基础. 北京:清华大学出版社,2008.
[63] 刘胜清,陈金水. 工程训练. 北京:高等教育出版社,2005.
[64] 孙庆群. 机械工程综合实训. 北京:机械工业出版社,2005.
[65] 严绍华. 材料成形工艺基础. 北京:清华大学出版社,2008.
[66] 张木青,于兆勤. 机械制造工程训练教材. 广州:华南理工大学出版社,2004.
[67] 吴鹏,迟剑锋. 工程训练. 北京:机械工业出版社,2005.
[68] 高美兰. 金工实习. 北京:机械工业出版社,2006.
[69] 杨志勤、何鹤林. 金工实习报告与习题. 广州:华南理工大学出版社,2007.
[70] 王兵,柯学东. 金工实训. 北京:化学工业出版社,2010.
[71] 魏思亮,李兵,艾勇. 金工实习. 北京:北京理工大学出版社,2009.
[72] 萧泽新. 金工实习教材. 广州:华南理工大学出版社,2004.